服装高等教育“十二五”部委级规划教材（本科）

# 男装纸样设计原理与应用训练教程

刘瑞璞　编著

中国纺织出版社

## 内 容 提 要

本书是“十二五”普通高等教育本科国家级规划教材《男装纸样设计原理与应用》的配套训练教程，既可与主教材配套使用，成为主教材系列款式与纸样设计拓展训练的实训教材，也可作为自学训练教程单独使用。全书分为上、下两篇，品类涵盖西装、外套、户外服、裤子、背心和衬衫。上篇主要阐述根据TPO知识系统和规则的男装款式与纸样系列设计的基本原理和方法，包括款式系列设计、基本纸样的确认以及款式到纸样转换的系列设计原理与方法；下篇着重实际操作训练，分门别类、分部位要素特点讲解由标准款拓展开来的款式系列设计和一板多款、一款多板、多款多板与不同造型焦点的纸样系列设计。本书中男装款式和纸样系列类型完整、分类详细、脉络清晰，对于男装款式转换纸样的实践教学既有设计与技术操作的指导作用，又有产品创新与开发训练的功能。

本书既可作为高等院校服装专业教师实践教材和学生的自学用书，亦可作为男装设计、板型设计、技术、工艺和产品开发人士的学习与培训参考书。

**图书在版编目（CIP）数据**

男装纸样设计原理与应用训练教程 / 刘瑞璞编著 .-- 北京：中国纺织出版社，2017.3

服装高等教育“十二五”部委级规划教材 . 本科

ISBN 978-7-5180-2359-2

Ⅰ. ①男…　Ⅱ. ①刘…　Ⅲ. ①男服—纸样设计—高等学校—教材　Ⅳ. ① TS941.718

中国版本图书馆 CIP 数据核字（2016）第 030416 号

责任编辑：张晓芳　　责任校对：寇晨晨
责任设计：何　建　　责任印制：何　建

中国纺织出版社出版发行
地址：北京市朝阳区百子湾东里 A407 号楼　邮政编码：100124
销售电话：010—67004422　传真：010—87155801
http：//www.c-textilep.com
E-mail：faxing@c-textilep.com
中国纺织出版社天猫旗舰店
官方微博 http：//weibo.com / 2119887771
北京华联印刷有限公司印刷　各地新华书店经销
2017 年 3 月第 1 版第 1 次印刷
开本：889 × 1194　1/16　印张：15.25
字数：256 千字　定价：39.80 元

# 出版者的话

《国家中长期教育改革和发展规划纲要》中提出“全面提高高等教育质量”，“提高人才培养质量”。教高［2007］1号文件“关于实施高等学校本科教学质量与教学改革工程的意见”中，明确了“继续推进国家精品课程建设”，“积极推进网络教育资源开发和共享平台建设，建设面向全国高校的精品课程和立体化教材的数字化资源中心”，对高等教育教材的质量和立体化模式都提出了更高、更具体的要求。

“着力培养信念执著、品德优良、知识丰富、本领过硬的高素质专业人才和拔尖创新人才”，已成为当今本科教育的主题。教材建设作为教学的重要组成部分，如何适应新形势下我国教学改革要求，配合教育部“卓越工程师教育培养计划”的实施，满足应用型人才培养的需要，在人才培养中发挥作用，成为院校和出版人共同努力的目标。中国纺织服装教育协会协同中国纺织出版社，认真组织制订“十二五”部委级教材规划，组织专家对各院校上报的“十二五”规划教材选题进行认真评选，力求使教材出版与教学改革和课程建设发展相适应，充分体现教材的适用性、科学性、系统性和新颖性，使教材内容具有以下三个特点：

（1）围绕一个核心——育人目标。根据教育规律和课程设置特点，从提高学生分析问题、解决问题的能力入手，教材附有课程设置指导，并于章首介绍本章知识点、重点、难点及专业技能，增加相关学科的最新研究理论、研究热点或历史背景，章后附形式多样的思考题等，提高教材的可读性，增加学生学习兴趣和自学能力，提升学生科技素养和人文素养。

（2）突出一个环节——实践环节。教材出版突出应用性学科的特点，注重理论与生产实践的结合，有针对性地设置教材内容，增加实践、实验内容，并通过多媒体等形式，直观反映生产实践的最新成果。

（3）实现一个立体——开发立体化教材体系。充分利用现代教育技术手段，构建数字教育资源平台，开发教学课件、音像制品、素材库、试题库等多种立体化的配套教材，以直观的形式和丰富的表达充分展现教学内容。

教材出版是教育发展中的重要组成部分，为出版高质量的教材，出版社严格甄选作者，组织专家评审，并对出版全过程进行跟踪，及时了解教材编写进度、编写质量，力求做到作者权威、编辑专业、审读严格、精品出版。我们愿与院校一起，共同探讨、完善教材出版，不断推出精品教材，以适应我国高等教育的发展要求。

中国纺织出版社

教材出版中心

# 序

通过《男装纸样设计原理与应用》《女装纸样设计原理与应用》主教材的学习，解决了纸样设计原理和应用规律的问题，但由于篇幅和课时所限，读者仍然得不到系统的训练，这将对纸样设计原理与应用规律的掌握大打折扣，更多的实践知识和实践经验的积累也在此终结。更重要的是对服装“外观设计与纸样技术紧密关系的认识和学习”，如果没有一定量的实务分析和案例训练，也很难理解和掌握国际上先进服装设计教学“以纸样规律介入服装造型设计”的理论体系。《男装纸样设计原理与应用》《男装纸样设计原理与应用训练教程》和《女装纸样设计原理与应用》《女装纸样设计原理与应用训练教程》（后简称“训练教程”）捆绑作为“十二五”规划教材出版，在这些方面将是个重大突破，具有本教材体系化建设里程碑式的意义。《男女装纸样设计原理与应用》主教材和训练教程关系紧密且自成体系。对于企业的技术高手和服装专业高年级学生，“训练教程”具有很强的工具书自学功能，重要的是整个教材体系成功导入 TPO 知识系统，以国际服装规则（The Dress Code）为指导，用国际品牌的专业化视角总结出了“服装语言流动”的设计理论，即高一级元素向低一级流动；同类型元素间相互流动；礼服相同穿用时间元素间的相互流动；男装元素向女装流动的设计原则。在此基础上构建了“款式与纸样系列设计”的方法体系和训练流程指引，即一款多板、一板多款、多板多款的系统训练方法，从根本上解决了服装造型设计与板型技术脱节的单一训练模式和服装作坊式的教材结构。这对提振服装人才适应数字化产品研发、生产和网络化商业运营的现代产业模式具有积极意义和推动作用。

值得一提的是，将科学手段和训练方法相结合的思想在“训练教程”中得到完全的贯彻和执行。这是与同类传统教材完全不同的全新面貌展现。所谓训练方法与科学手段结合，就是借鉴“文字结构机制”诠释服装语言的创作过程。服装造型元素相当于汉字偏旁部首的基本要素，服装元素结构规律相当于汉字元素结构规则，例如“服装”是由元素“月、𠬝”“丬、士、衣”构成的，要想成功组成这个词组，必须掌握和遵守文字元素的构成规律与法则，当然这个规律与法则的形成是复杂漫长的，这其中有语言学、历史学、美学、民族学、宗教等知识，但最后的“法规”我们必须接受和遵守，否则这个词组就会成为天马行空的臆造之物，如“𠬝、月”“衣、士、丬”的无规则组合，它们虽然是“服装”构成的基本元素，但我们谁都不认识，这是因为它们没有按照汉字元素构成的规律和法则去组织。这样的文字病笃在现实生活中不可能被容忍，因为它违反了人们对文字的基本认知。而在服装中无论是制造者还是接受者对这样的低级错误司空见惯，而我们为什么见怪不怪，这是因为我们既不知道“现代服装语言”也不懂得“现代服装规则”……

事实上，现代服装国际规则（The Dress Code）有着非常完备的语言系统和制度规则体系，只是它的执行方式是靠修养和博雅教育实现的，即不靠法规制度而靠社交伦理修炼的。我国服装旧的秩序被打破，新的秩序又未建立，使人们产生困惑，因此建立“现代服装国际规则”是首要的，首先应从认识“现代服装的基本语言”开始。虽然这或许是一场“蒙学”运动，但不能逾越，例如服装领型系统就是靠社交惯例维系着它的造型秩序设计者和社交规范使用者，在外衣中戗驳领的级别最高所以多用在礼服；平驳领的级别次之多用在常服西装；巴尔玛领更低所以用在休闲装上；拿破仑领排在最后故有运动装的暗示。这样的服装语言系统充盈在服装的方方面面，且男女装语言流程有序不紊，这几乎成为国际奢侈品牌的门槛，只是我们没有解读。

本训练教程的训练方法与科学手段，试图全方位地解读这些语言系统和规则，并有效地运用它们，当我们像认识汉字一样认识服装的语言与规则的时候，将是我们创造出世界级服装品牌的时候。

由此表现出本套教材鲜明的特色：

第一，在款式和纸样系列设计中首次导入 TPO 知识系统和规则。以有效地学习和掌握国际化的服装语言，使设计在国际化、市场化、产品化、专业化的要求下变得更加理性、有规律性和可预期性。

第二，在 TPO 知识系统和规则的指导下，建立了从男装到女装的学习流程和方法的训练模式。从根本上解决了设计的情绪化、随意性问题，取而代之的是传承性和逻辑性，这对设计的系统把握和纸样技术控制的理性表达提供了行之有效的方法。

第三，教材体系化建设提高本教材的国际水平。国内服装高等教材建设始终停留在“百家争鸣”的状态，整体行业人员文化偏低，形不成完整的、相对统一的理论体系。同类教材都是以单一图书面貌出现，形成款式设计、纸样设计和技术各思其道、各谋其路，表现出原始积累的竞争格局，普遍缺乏系统理论与实践的紧密性、纸样与款式设计的统筹性，特别在实践类教材上缺少系列设计与开发成功案例的实务分析和设计流程范式的逻辑推导。因此，本套教材试图在服装款式与纸样设计的理论教学、实践教学和实务案例教学相结合的体系化教材建设上有所突破。

《男装纸样设计原理与应用训练教程》和《女装纸样设计原理与应用训练教程》的出版，凝结了太多人的心血。事实上，它亦是主教材《男装纸样设计原理与应用》《女装纸样设计原理与应用》从 1991 年出版以来，在纸样设计理论与实践积累至今的经验总结及取得的又一次重大成果。在这个过程中，特别对 TPO 知识系统的研究和成功导入，不仅使款式设计与纸样更加紧密，更重要的是使整个款式与纸样设计根植在一个强有力的国际化专业平台上，并通过大量成功案例的分析研究，使本教材知识系统更加可靠、权威且操作技术路线实用有效。研究生刁杰、魏莉、刘钱州、谢芳、常卫民、马淑燕、王永刚、陈果、赵立、于汶可、薛艳慧、刘畅、周长华、万小妹、张婠等为此做了大量的基础性工作。

在纸样系列设计知识体系建设中，要解决两个难题，一是 TPO 知识系统的导入和建立它的指导原则和方法，这就需要这个团队成员具备 TPO 知识和纸样设计知识的专门人才；二是款式与纸样系列设计的统筹与体系化建设，这项工作细致、繁复、技术性强，但又要保持足够的创新意识。通过二十多年的理论教学、产品开发、实践教学与课题的研究，建立了在 TPO 知识系统原则指导下，以男装款式与纸样系列设计到女装款式与纸样系列设计的流程方法和技术路线。这套书充分表达了这种思想。在这个过程中，通过产品开发、课题研究，研究生魏佳儒、李静、王丽琄、詹昕怡、尹芳丽、黎晶晶、张金梅、李兆龙、胡苹、赵晓玲、万岚、李洪蕊、陈静洁等做了很有价值的技术理论与课题研究，为建立市场化系列款式与纸样紧密结合的系统化训练方法奠定了基础。特别要指出的是，王俊霞和张宁研究生将 TPO 知识系统与男装纸样设计、女装纸样设计知识加以整合完成了她们的学位论文，使本“训练教程”提升了科学性和理论价值。

刘瑞璞
2015年3月
于北京服装学院

# 目录

# 上篇

# 男装款式和纸样系列设计方法

就服装而言，款式和纸样（结构）是硬币的两面，本来就不能分开。“男装”是个社会学概念，它一定有与“女装”分别的社会规则，只是这种“规则”，随着历史的发展而改变。今天信息化时代，规则让男女变得平等，地域性让位于世界性，市场的规模系统、运营模式取代了单一个体运营模式。这些时代特征一定给标志服装形制的款式与纸样打上烙印，也就造就了主流社会TPO国际服装规则（The Dress Code）指导下的产品设计方法。

男装款式和纸样设计导入“国际服装规则”，不是可做可不做的问题，而是具有国际服装品牌的指标意义，且对女装也具有广泛的指导作用。因此在主教材《男装纸样设计原理与应用》中用了三分之一的篇幅对“TPO国际服装规则”进行了系统的梳理和案例的广泛阐释。自然也为本书提供了权威而有效的专业指引，正是这个指引使男装款式和纸样系列设计方法联系更加紧密，并建立了“一款多板、一板多款、多板多款”男装系列设计流程的操作体系。

# 第 1 章　西装款式和纸样系列设计实务

男装款式和纸样系列设计方法所建立的“一款多板、一板多款、多板多款”操作体系，具有服装产品开发的普遍指导意义，但不同的服装类型也存在着差异，具有各自的特殊性，因此需要在尊重各自规律的前提下依循对待。本章选择西装类型作为开篇，不仅因为它是男装最具典型和代表性的，更重要的是它比任何类型服装最能诠释和完整地实施一款多板、一板多款、多板多款的服装品种设计。而其他类型却偏重于单一的方法，如衬衫和外套偏重于一板多款；户外服类型偏重于多板多款、一板多款。只有西装可以全方位地得到学习和训练。

## §1-1　西装款式系列设计

根据 TPO（时间、地点、场合）知识系统的分类要求，塔士多礼服、董事套装、黑色套装、西服套装、运动西装、夹克西装的款式特征和纸样结构属于同类型，构成礼服西装、标准西装和休闲西装的“西装语言系统”，在系列设计中，它们运用的一般规律是：高一级语言向低流动易逆动要谨慎；同类型语言流动易异类型的要谨慎；在礼服中同时间语言流动易不同时间语言流动要慎用。值得注意的是，要综合运用这三个语言规则就要认真解读每个语言元素的内涵（图 1-1）。

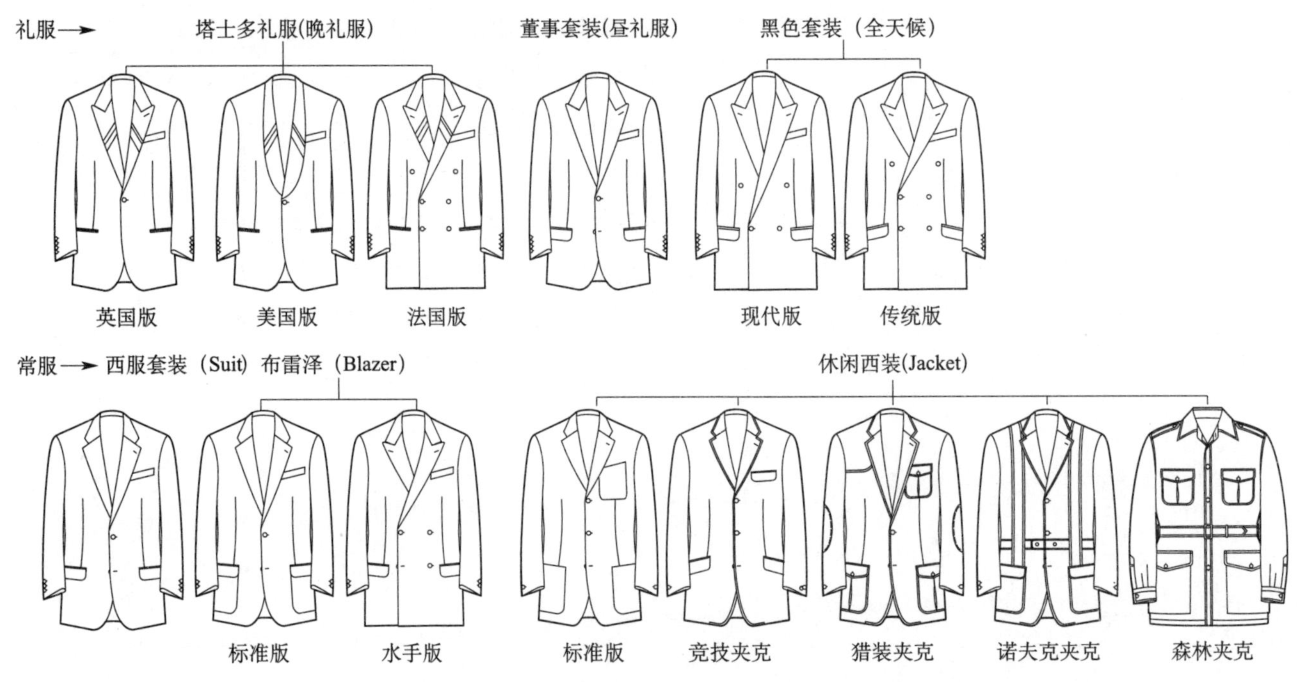


图 1-1　西装语言系统的经典款式（基于 TPO 的标准款式，参阅《男装纸样设计原理与应用》第 1 章和第 2 章）

提及西装设计，往往给人以误解，似乎这个过于传统的服装类型已无多大的设计空间。很多设计师习惯于天马行空的展示概念，却对西装的本质要素视而不见，因而难于进入高端市场。其实，只要掌握一定的要领，了解其中的变化规律，就可以建立起一个有效的西装品牌设计系统。

“西装语言系统”的款式较为内敛含蓄，设计多体现于细节变化中，高端消费者也是依此进行选购的。因此，款式系列设计采用“细节扩展设计法”是明智的。所谓“细节扩展”是以标准款式为基准，从细节入手，对既定的元素做细节改变，扩展系列，这样的款式系列变化并不十分明显但很耐看，西装类型表现尤为明显。

首先，选择最常用的 Suit（西服套装）作为“西装系统”系列设计的基本款，即标准款式。根据 TPO，确认 Suit 标准款式元素为：①平驳领、②单排两粒扣门襟、③圆摆、④双嵌线有袋盖口袋、⑤左胸有手巾袋、⑥三粒袖扣、⑦侧开衩（图 1–2）。

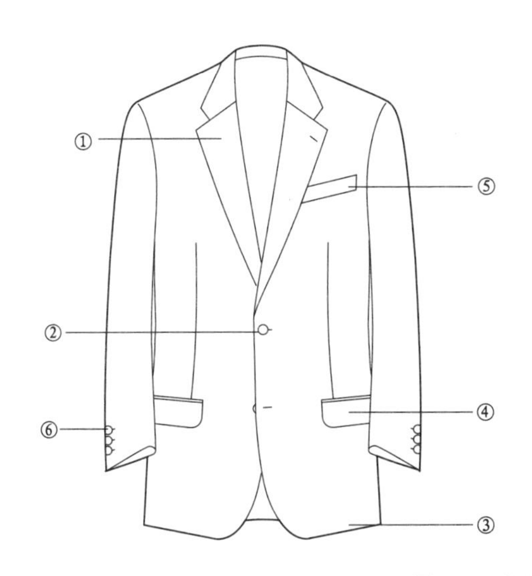


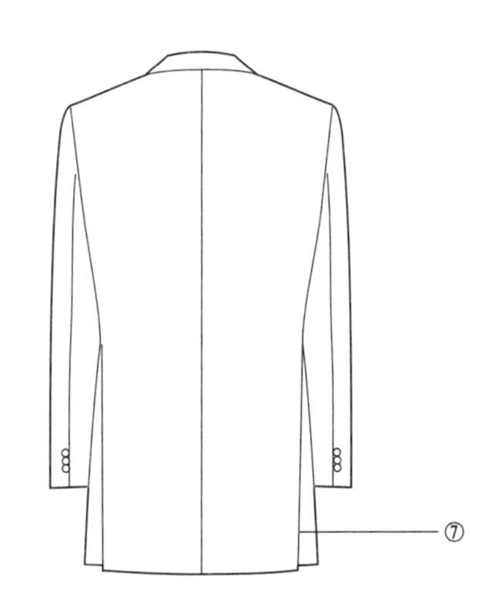


图 1–2　Suit 标准款式元素

根据单一到综合元素的设计方法，可以在全部七项元素中选择最具表现性和发展潜力的 1 ~ 3 个元素，如门襟、领型、口袋等进行设计。

款式系列一，是门襟和袖扣的变化，袖扣从四粒至一粒，门襟从一粒至三粒展开设计。设计并非异想天开，而是有理可依、有据可循的。根据 TPO 设计原则，相邻级别的元素之间能够互用，实际上是塔士多礼服的一粒扣门襟和四粒袖扣、Blazer（布雷泽）和 Jacket（休闲西装）的三粒扣门襟和一粒、二粒袖扣样式在 Suit 设计中的应用。同时也暗示我们在 Suit 中选择谁的元素越纯粹、越多，其性格倾向越偏向谁，如图中左侧两款偏向礼服；右侧两款则偏向休闲西装（图 1–3）。如果这些语言元素颠覆常规使用，便有另类之嫌。

图 1–3　Suit 系列一（门襟、袖扣变化系列）

款式系列二，是单元素的领型系列设计，通过改变驳领串口线的位置分别设计成扛领、垂领，改变驳领宽度得到宽驳领和窄驳领，还有比较概念的锐角领和折角领。若将上述各变化因素再进行排列组合，设计会更加细腻耐看，如用扛领加窄驳领等，此时则要视流行而定（图 1–4）。不过根据造型规律扛领通常伴随着高驳点；垂领伴随着低驳点，门襟的跟进设计会使这组系列突显某种味道的追求（图 1–5）。

图 1–4　Suit 系列二（领型变化系列）

图 1–5　Suit 系列二的跟进设计产生味道变化

款式系列三，是口袋单元素的系列变化，可以加入小钱袋设计，也可以是双嵌线口袋（无袋盖，一般不加小钱袋）或竞技夹克的斜口袋（可加小钱袋）。值得注意的是，不同口袋样式的使用依 TPO 原则都有社交学上的暗示，不可随心所欲，这就是 TPO 的魅力。例如加小钱袋只能在右襟大袋上，有崇英暗示；采用双嵌线口袋，因来源于塔士多礼服，故有升级的提示；采用斜口袋，因取自竞技夹克西装，故有休闲的提示；采用右襟有小钱袋的斜口袋则是英国萨维尔街（绅士服定制圣地）风格（图 1–6）。

图 1–6　Suit 系列三（口袋变化系列）

款式系列四，选择两个元素的组合系列设计，原则上两个元素无需有内在联系，如同时改变领型和口袋的款式。此时的款式变化较单纯的单元素设计丰富且个性特征突出（图 1–7）。

款式系列五，综合元素的系列设计是将两个以上元素进行排列组合的系列设计，这是走向高级和成熟设计的有效训练。重要的是虽然各元素之间没有制约的因果关系，但元素之间的协调是必需的，因为 Suit 作为标准西装的主题是确定的，尽管如此，两个元素以上的排列组合也会使西装款式变化无限强大（图 1–8）。

Suit 的款式变化虽小，但变化规律明显，我们可以将上述 Suit 款式系列设计实务视为一个基准，对整个“西装语言系统”的运用具有示范意义。这个系统有严格的级别界限，Suit 处在它们的中间位置，级别越高（如塔士多礼服），限制越多、变化越少、程式化也越明显；级别越低，限制越少，变化空间也越大（如 Jacket）。这需要设计师全局掌控，才能使款式系列有条不紊地进行（参阅下篇训练一西装款式系列设计训练）。

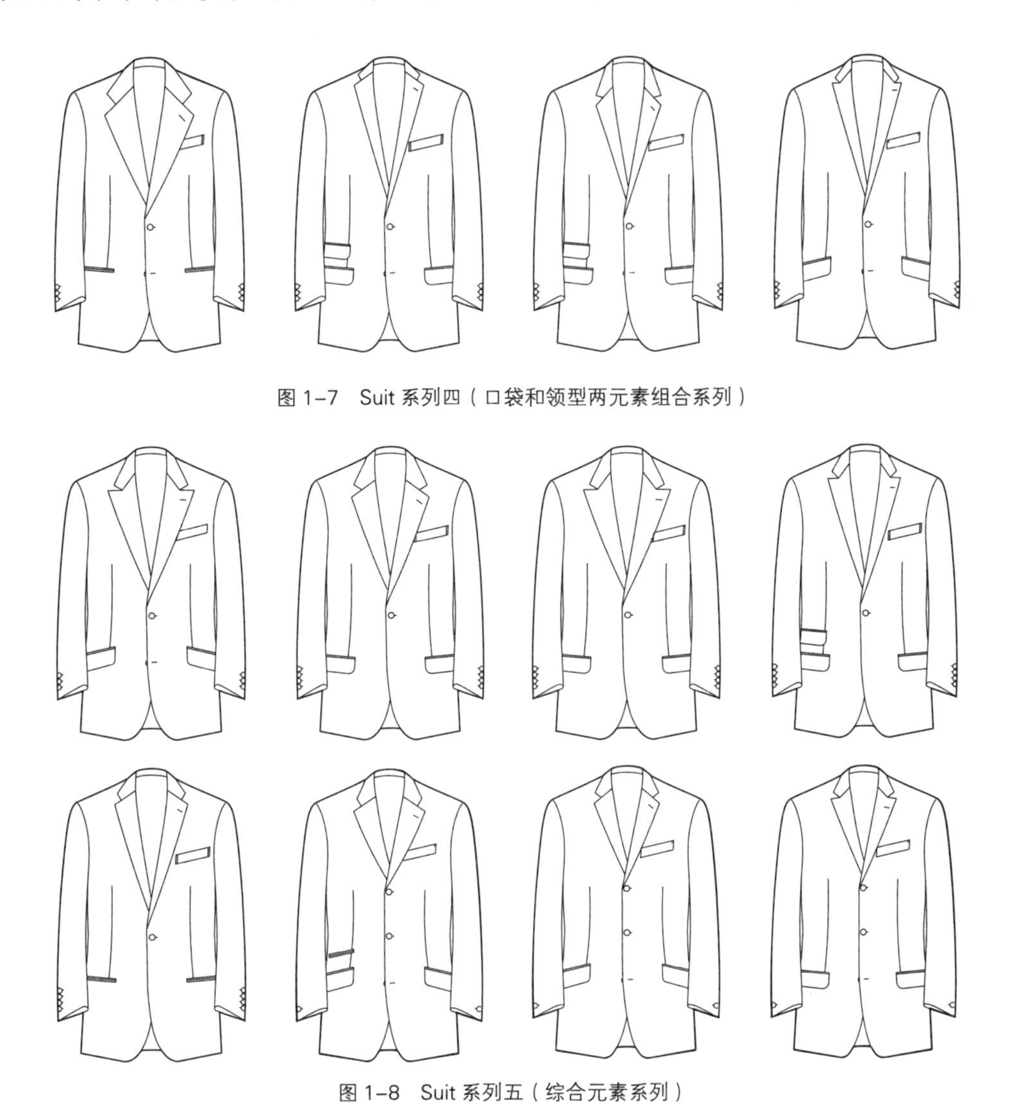

图 1–7　Suit 系列四（口袋和领型两元素组合系列）

图 1–8　Suit 系列五（综合元素系列）

# §1–2　男装基本纸样的绘制

根据系列纸样设计从基本纸样、亚基本纸样到类基本纸样的流程，首先要获得基本纸样，而且可以从它直接进入西装的类基本纸样展开系列纸样设计。

男装基本纸样在欧美和日本应用广泛，多以胸围为基础确立关系式，以比例为原则，以定寸作补充的方法进行。本书采用的是第四代男装基本纸样，它是以《服装纸样设计原理与方法　男装编》（中国纺织出版社出版）第三代男装标准基本纸样为基础，将袖窿深公式由原来的$\frac{B}{6}$+9.5cm 调整为$\frac{B}{6}$+10cm，使袖窿深增加了 0.5cm，同时前肩线凸度从 0.5cm 增加到 0.7cm。显然这些微调是对舒适度和造型有所考虑（图 1–9、图

1–10）。使用的规格为 94A6（参考《男装纸样设计原理与应用》表 3–11，数字“6”表示身高，为 1.75m），即胸围 =94cm，腰围 =82cm，胸腰差（$A$）=12cm，背长 =43cm。本书所有上装（包括下篇）均使用此规格完成的第四代男装基本纸样（图 1–10）。

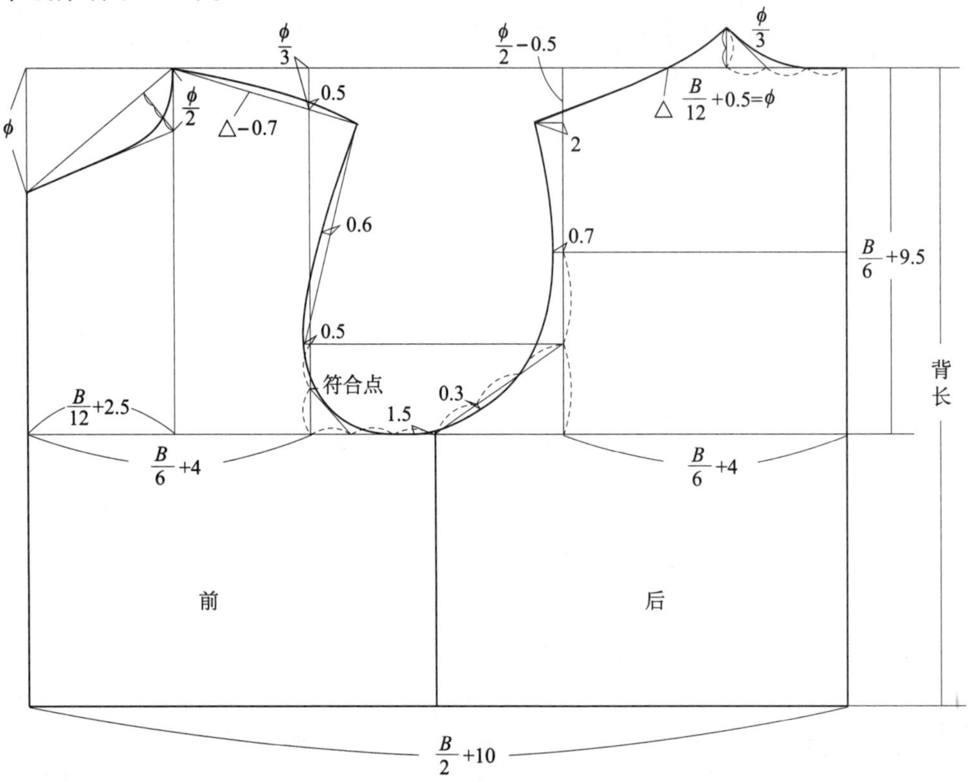


图 1–9　第三代男装基本纸样

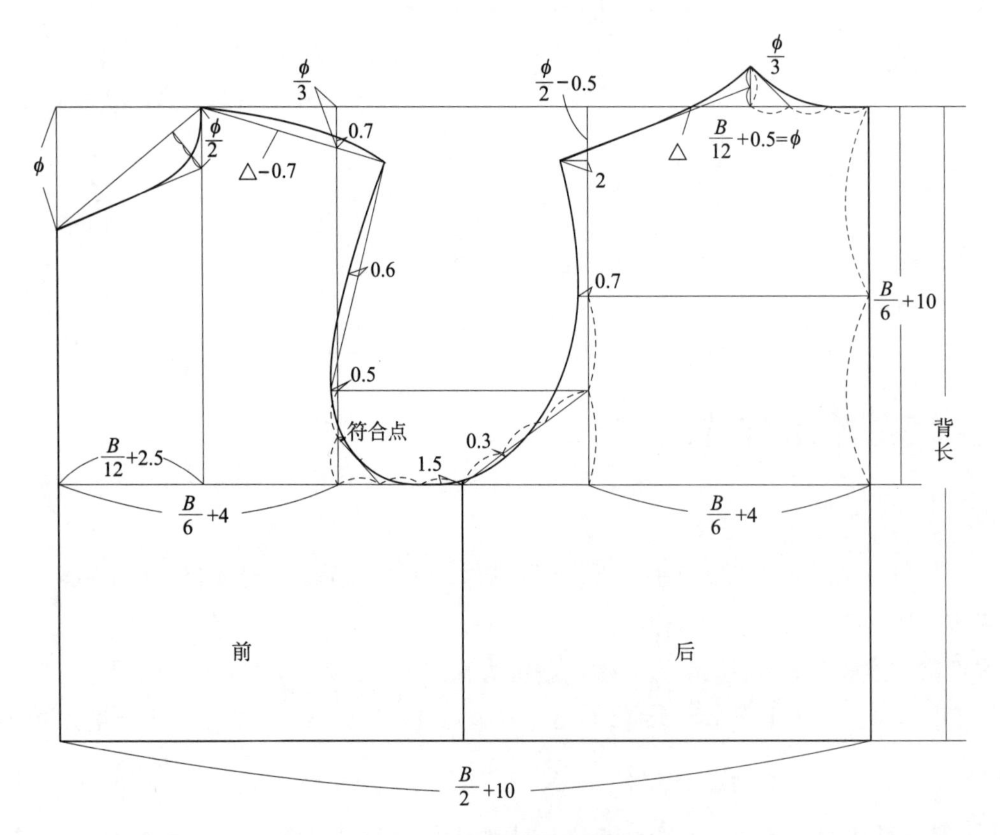


图 1–10　第四代男装基本纸样

# §1-3　西装类基本纸样的确认

从纸样结构上看，整个西装系统同属于合体型结构，技术含量高，纸样设计变化丰富而细腻。

我们可以用树状图形象地展示出西装系统纸样系列设计的脉络：以 Suit 四开身纸样作为西装系列生成的基本纸样，然后分别进行 Suit 纸样的“一款多板”和“一板多款”系列设计。首先利用基本纸样完成四开身 Suit 纸样并作为西装系统纸样系列设计的类基本纸样，辐射出 Blazer、Jacket、黑色套装、董事套装和塔士多礼服，即一板多款；同时也可以在一种款式中采用四开身、六开身、加省六开身等不同板型，即一款多板，继而平行展开各自的纸样系列设计（图 1-11）。

按照树状图的思路，先得到 Suit 四开身纸样（图 1-12），这是所有工作的基础。作为西装系统的类基本纸样，还要通过封样、确认样板才可以进入一款多板、一板多款和多板多款的设计程序（图 1-13）。

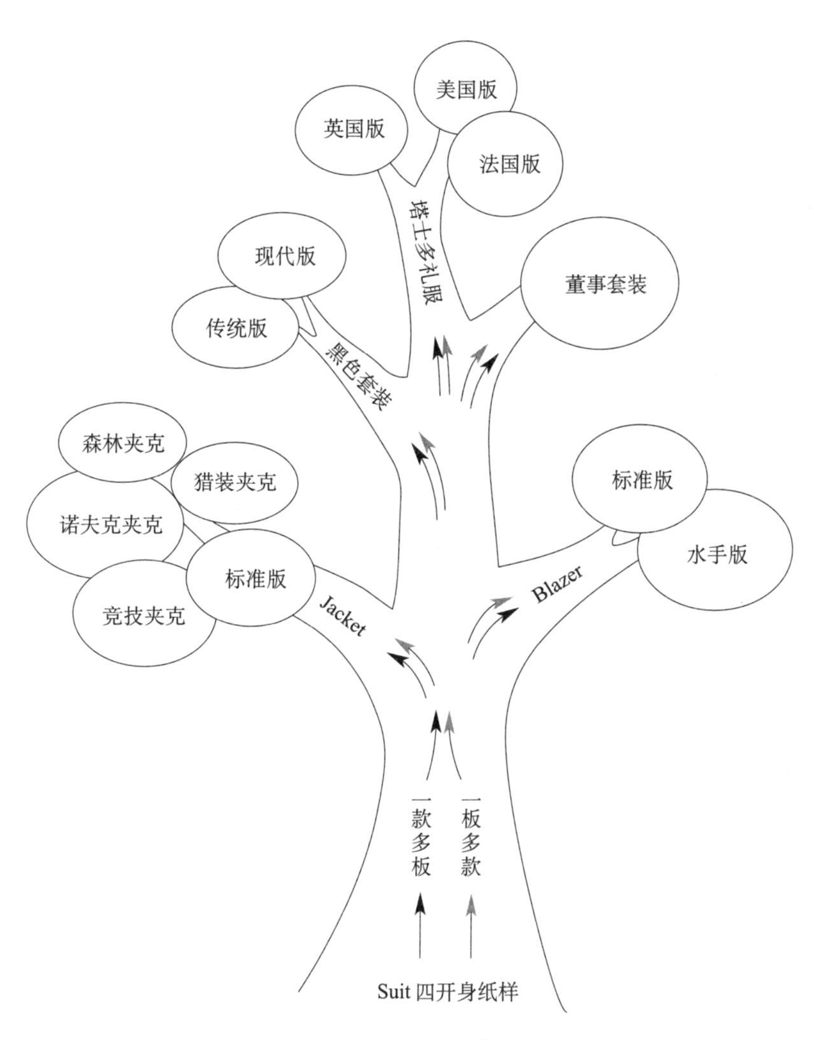


图 1-11　西装系统纸样系列设计树状图

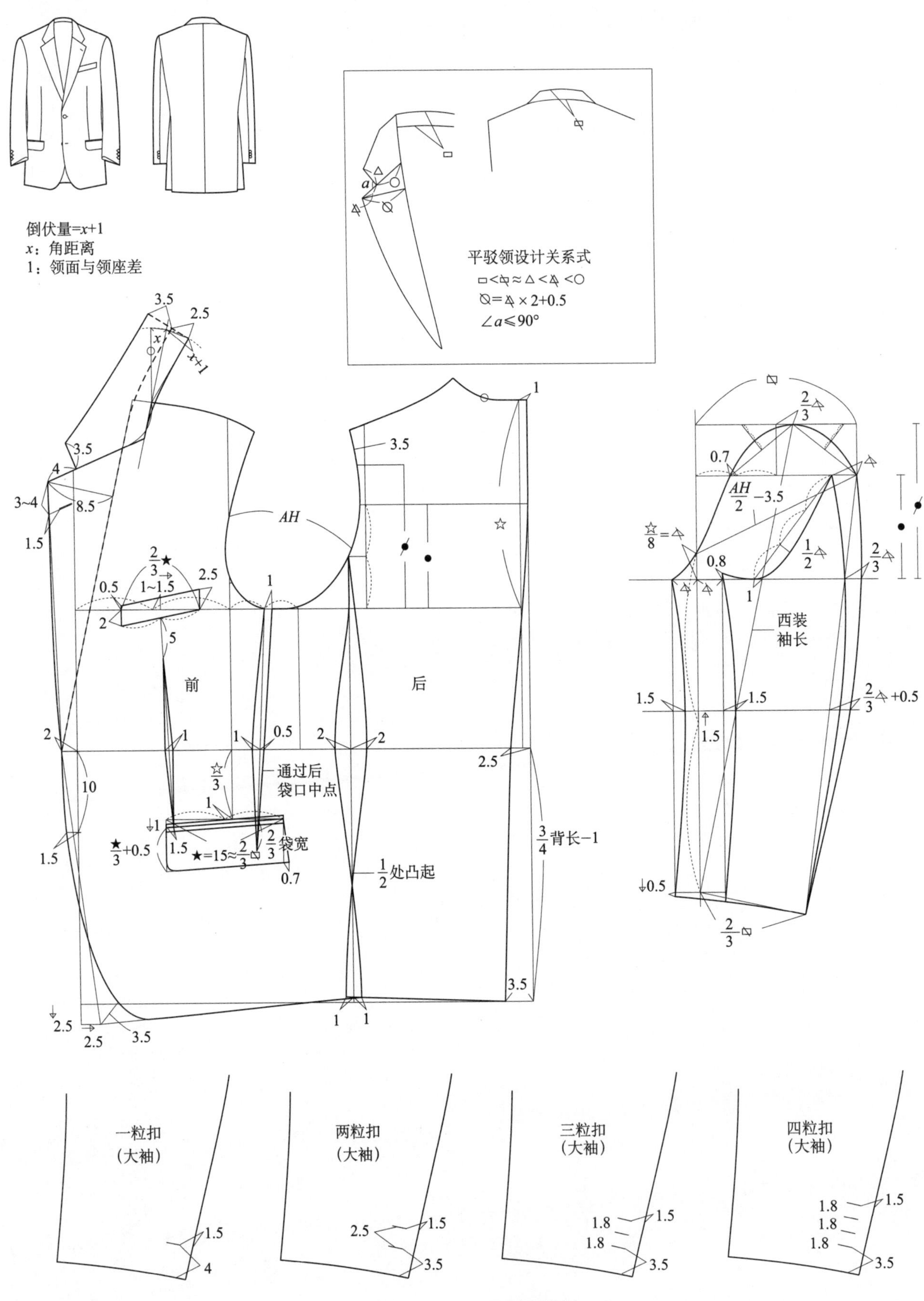


图 1–12　Suit 四开身纸样设计

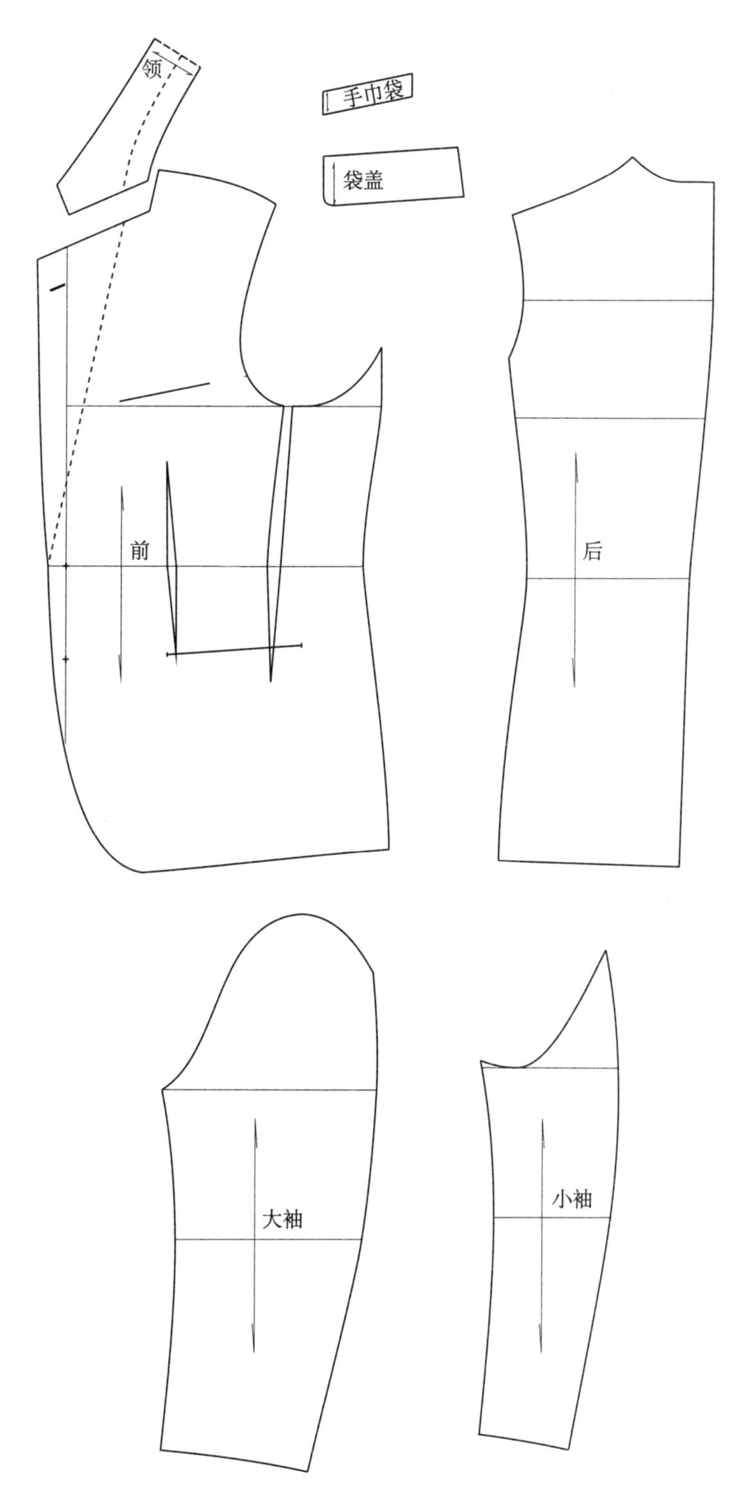


图 1-13　Suit 四开身确认样板（西装类基本纸样）

# §1–4　西装一款多板纸样系列设计

一款多板纸样系列设计是西装所特有的，根据品质和造型需要而总结的一整套款式相对不变处理板型的系统技术。流程是首先要获得西装的三种基本板型，即将 Suit 标准四开身作为类基本纸样（可视为三种基本板型之一），在此基础上展开一款多板的纵向纸样系列设计。将四开身的侧省转化为分割缝，从而形成一个侧片，得到 Suit 六开身（图 1–14）；然后在六开身基础上，在口袋位置切开，把胸省菱型调整成剑型，通过收摆将腹省转移至口袋切开位置的前侧缝中，得到 Suit 加省六开身（图 1–15）。无论是六开身还是加省六开身都只有前片结构发生改变，领子、后片、口袋、袖子都保持原样，这说明一款多板不仅在款式上没有变化，在板型上的处理也很微妙，反映在造型上，非专业人士也很难察觉，这也是男装板型设计的魅力所在。在此基础上可以向纵深发展实现 O 版、X 版、Y 版等更细致的纸样系列设计。O 版则是这种表达的集大成者。所谓 O 版其实可理解为板型的回归，它与欧洲古代男装板型有着相似之处，即使用大撇胸。O 版加省六开身纸样，是针对特殊体型的挺腹、垂肩、弓背等特征对纸样的修正处理，但它并非是单纯地按照特体尺寸打板，而是需要通过尺寸配比来调整数据，进而达到掩盖人体缺点的目的。因此 O 版和“欧版”是一回事，有高品质板型的含意，在纸样的难度上也深化了。首先根据不同规格，调整胸腰差与撇胸和弓背的参数关系（表 1–1）。即使不是特体，也可以通过 O 版技术使西装更加有造型感。在这里选择 BE 体（典型肥胖体）进行设计，即胸腰差 =4cm，撇胸 =3cm，弓背 =1cm。纸样设计过程中，应先进行撇胸和弓背的处理，再将胸围线、腰围线等重要辅助线还原为垂直和水平线，重新修正袖窿弧线和调整后的各收腰尺寸，最后按照加省六开身纸样的操作方法打板。由于是偏胖的 BE 体，腰围收省量应适当减小，胸腰省变为丁字省（图 1–16）。

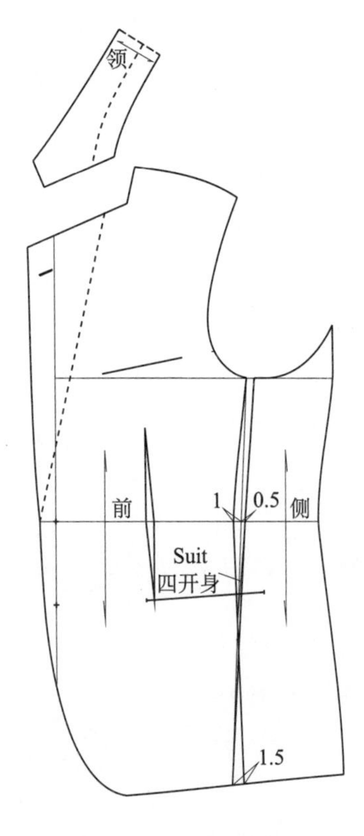


图 1–14　Suit 六开身纸样

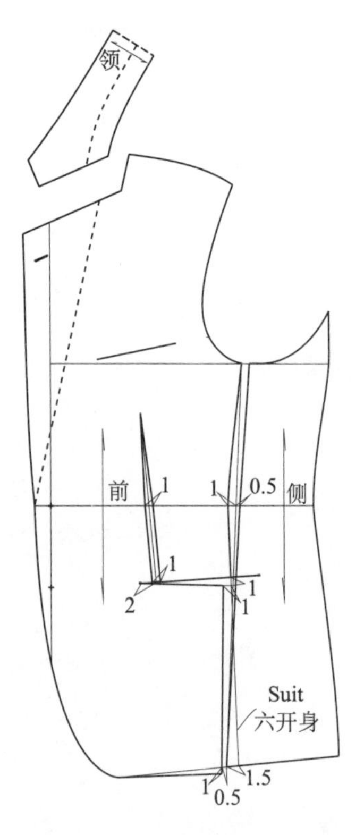


图 1–15　Suit 加省六开身纸样

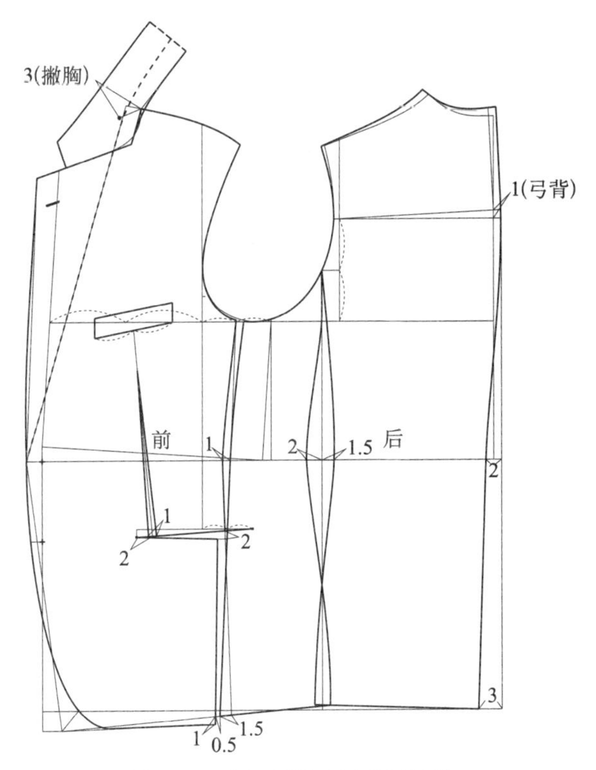


图 1-16　Suit O 版加省六开身纸样

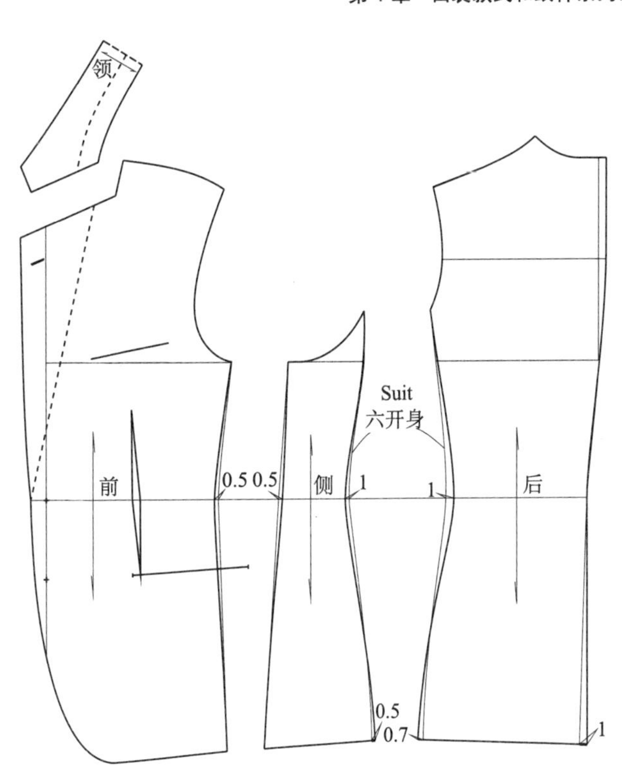


图 1-17　Suit 六开身 X 型纸样

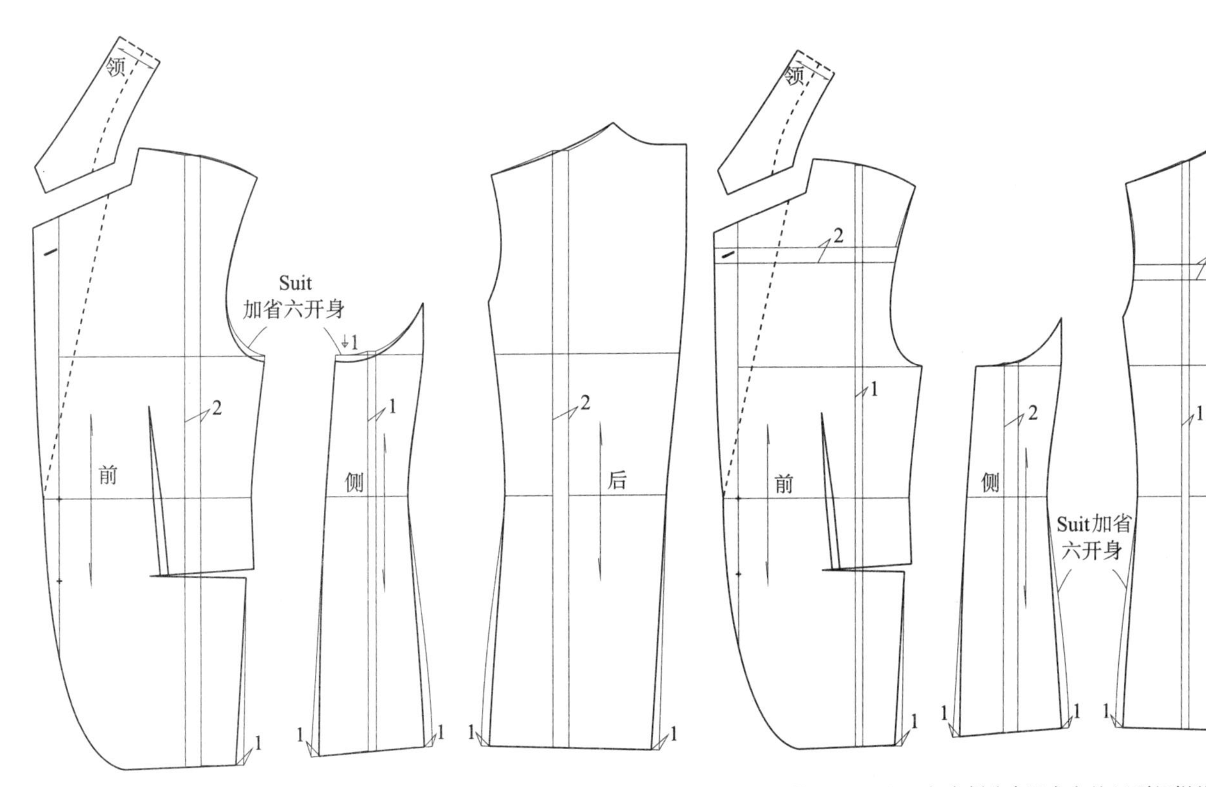


图 1-18　Suit 肩增宽大于侧片的 Y 型纸样处理

图 1-19　Suit 加宽侧片大于肩宽的 Y 型纸样处理

**表 1-1　O 版胸腰差和撇胸、弓背的参数关系**

单位：cm

| 胸腰差 | Y | YA | A | AB | B | BE | E |
|---|---|---|---|---|---|---|---|
| | 16 | 14 | 12 | 10 | 8 | 4 | 0 |
| 撇胸 | 1 | 1 | 1 | 1 | 1 ～ 2 | 2 ～ 3 | 3 ～ 4（上限） |
| 弓背 | 0 ～ 0.5 | | | 0.5 ～ 1 | | 1 ～ 1.5（上限） | |

按照常规理解 Suit 四开身标准纸样所完成的造型特点为 H 廓型，六开身和加省六开身也只是 H 廓型的深化处理，当跳出 H 廓型时，四开身就显出它的局限性了，因此，六开身和加省六开身就成为进入其他廓型的跳板。如 O 版是在加省六开身基础上实现的。还有另外两种造型——X 型和 Y 型也要通过六开身或加省六开身完成。X 造型是在六开身基础上均匀收腰和增加下摆完成的（图 1–17）；Y 型的处理又细分为强调宽度的设计——增加肩宽大于侧片的结合收小下摆纸样处理（图 1–18）和强调厚度的设计——加宽侧片大于肩宽的结合收小下摆纸样处理（图 1–19）。

至此完成了 Suit 一款多板纸样系列设计，这一部分主要强调的是在款式不变的前提下，根据造型需要调整主体结构，它的技术含量要高于一板多款，是西装纸样基于造型系列设计的重点和难点。

## §1–5　西装一板多款纸样系列设计

一板多款纸样系列设计在已经完成的 Suit 款式系列中选取一个典型款式进行“横向”纸样设计。这一部分强调纸样系列的“文化”内容，TPO 规则指导作用明显。同时选择加省六开身 Suit 纸样作为“多款”纸样系列设计的类基本纸样，这是因为它比四开身和六开身更加完备，设计空间更大，而且要被固定下来，即所谓“一板”，选择最优化的结构做类基本纸样就很重要了。在此基础上通过局部结构有规律的设计完成系列，如加入领型、口袋、门襟变化的系列设计。

纸样系列一是扛领的设计，串口线上提至前领口深的$\frac{1}{2}$处（此为上限），同时改变串口线的角度——略倾斜，其他参数按“关系式”设计，得到扛领的板型（图 1–20）。更多信息参阅本训练教程下篇。

纸样系列二是平驳领改变八字领角度，在标准板基础上仅在翻领角处做细微处理，使串口线与翻领线的夹角小于 90°，当然可以通过改变翻领角线，也可以通过改变串口线角度和状态实现，本设计是前者（图 1–21）。

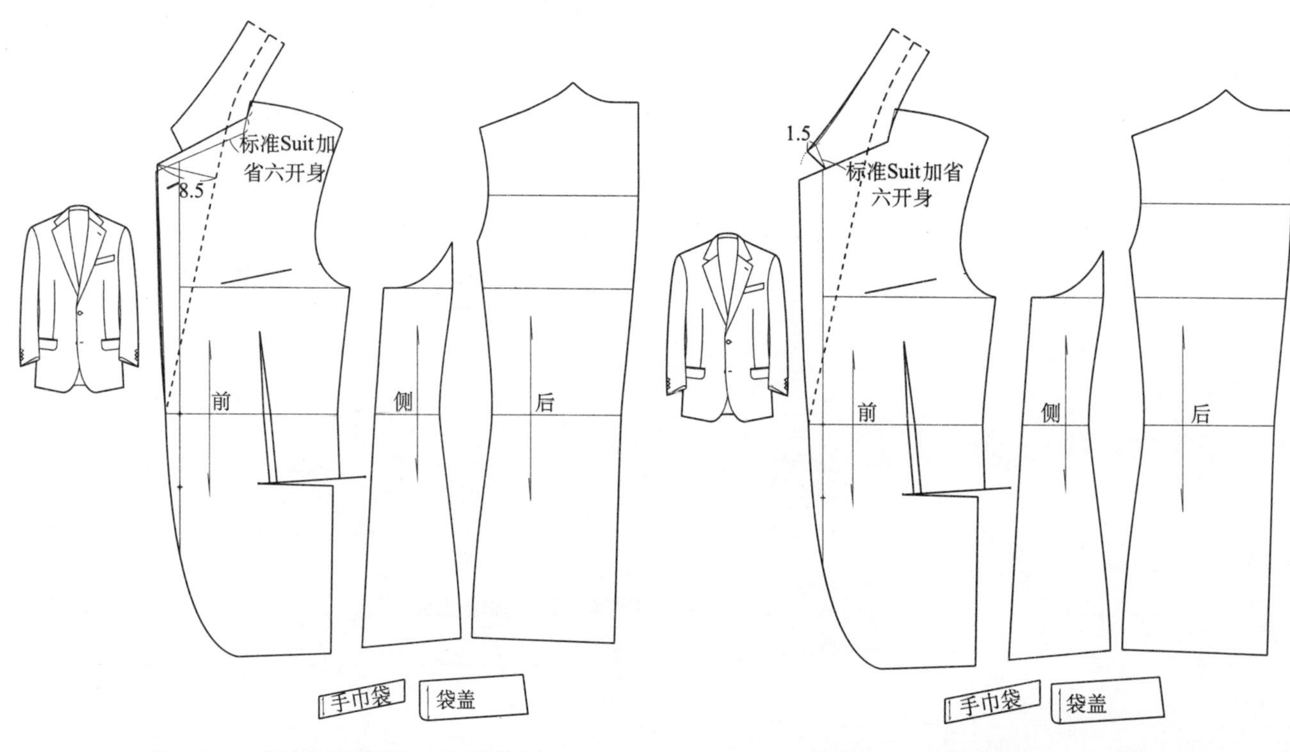


图 1–20　一板多款纸样系列一（扛领设计）

图 1–21　一板多款纸样系列二（锐角领设计）

更多信息参阅本训练教程下篇。

纸样系列三为窄驳领小钱袋组合设计，驳领的宽度采用7.5cm（标准为8.5cm），领座：领面调整为2∶3（标准为2.5∶3.5）。同时加入小钱袋的设计，需要将原袋位下降1.5cm，确定新的袋位后，再向上1.5cm确定小钱袋位置，以此来满足外观的视觉平衡，注意小钱袋只设在右襟（图1-22）。

纸样系列四是一粒扣门襟、折角领和小钱袋的组合设计。驳点在标准纸样上降低半个扣距，确定为一粒

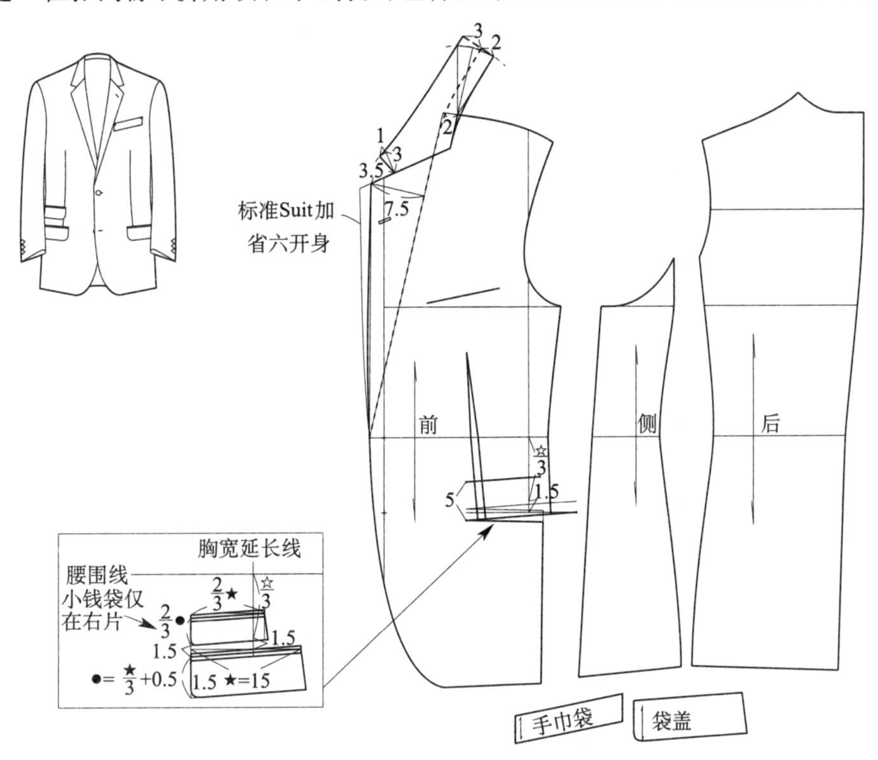


图 1-22　一板多款纸样系列三（小钱袋、窄驳领和锐角组合设计）

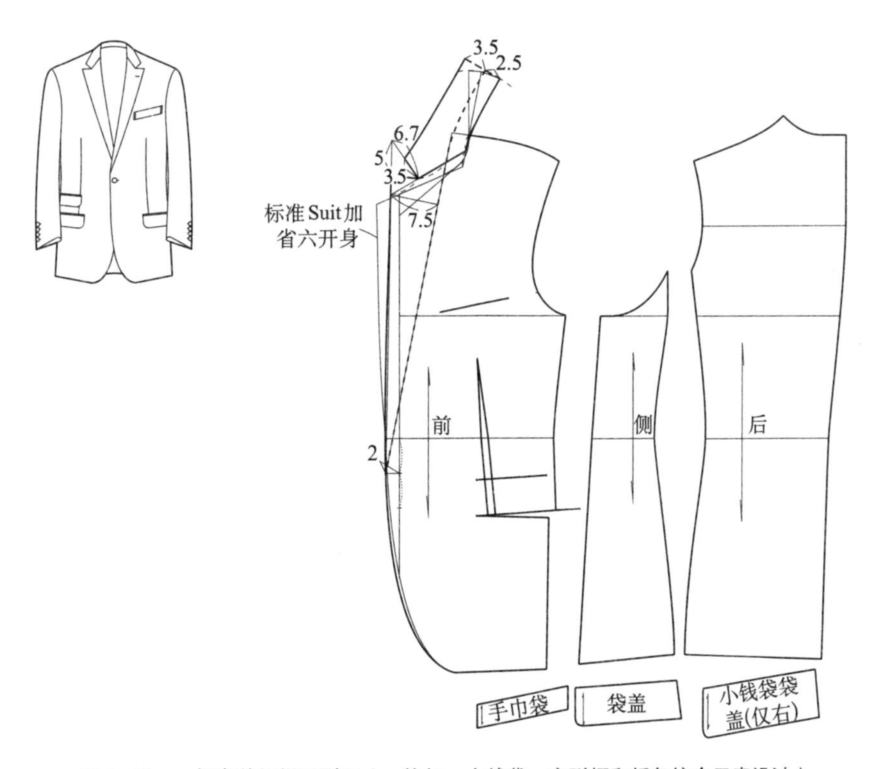


图 1-23　一板多款纸样系列四（一粒扣、小钱袋、窄驳领和折角综合元素设计）

扣门襟。折角领按照戗驳领的制图方法（参见图 1-28）做出扛领式戗驳领结构，再将驳领角降低 5cm，形成串口线的折线结构。这是一板多款典型的多元素综合设计，也是西装纸样系列设计最常用的手段（图 1-23）。更多信息参阅本训练教程下篇。

以上款式的纸样系列都是在 Suit 加省六开身结构中展开的，同样也可以使用四开身、六开身、O 版、X 板、Y 板作为主体结构进行一板多款的系列纸样设计，如果款式和板型同时进行系列设计，即是所谓的“多款多板”。

## §1-6　西装多款多板纸样系列设计

西装多款多板纸样系列设计，是在类基本纸样——Suit 四开身纸样基础上既改变款式也改变板型的系列设计。需要注意的是要根据 TPO 规则确定相对稳定的品种和它们元素流动的规律，如运动西装类、夹克西装类，还有包括日间礼服和晚礼服的礼服西装类都有相对稳定的元素和流动规律。最有效的方法是从它们最典型款式入手，实施多类型、多板型训练。Blazer 用四开身纸样加入特有的两个半门襟扣和复合贴口袋设计（图 1-24），Jacket 用六开身加入典型的三个门襟扣和贴口袋设计并作扛领处理（图 1-25）。礼服纸样系列设计，传统版黑色套装用四开身结构，从单排扣门襟变为双排扣门襟，领型从平驳领变为戗驳领（图 1-26）。董事套装从 Suit 四开身结构变平驳领为戗驳领，变四开身为六开身（图 1-27）。Suit 四开身驳点下降半个扣位得到一粒扣门襟，加上戗驳领结构，从四开身变成加省六开身就完成了塔士多礼服纸样设计（图 1-28）。它们的两片袖纸样是通用的。

如果充分利用一款多板和一板多款相结合的纸样系列设计方法，来拓展多款多板的设计形式，设计空间

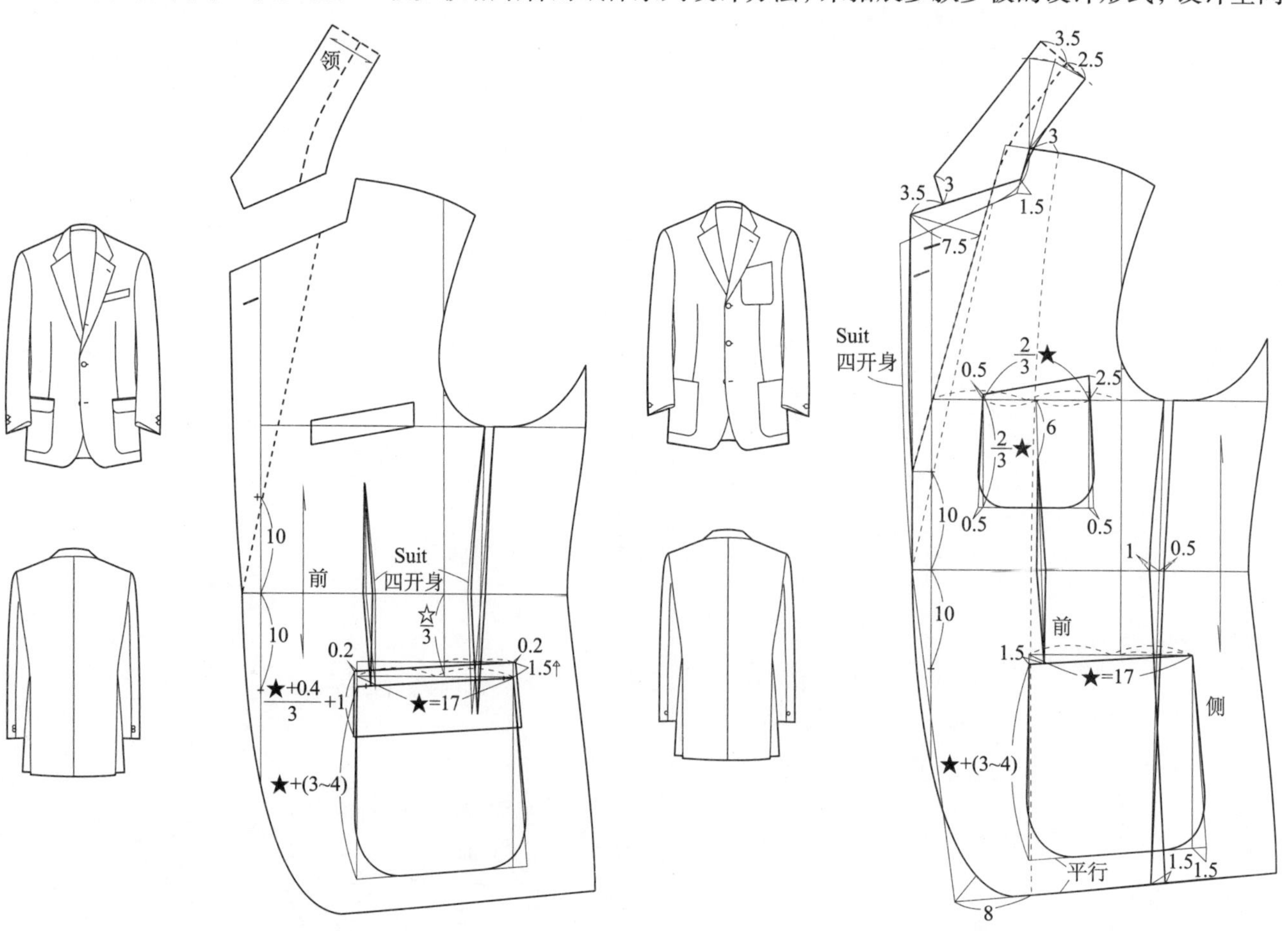


图 1-24　Blazer（运动西装）四开身纸样　　　图 1-25　Jacket（夹克西装）六开身纸样

会变得无限大，如在任何一个类型中又可以用多种板型（更多信息参阅本训练教程下篇）。

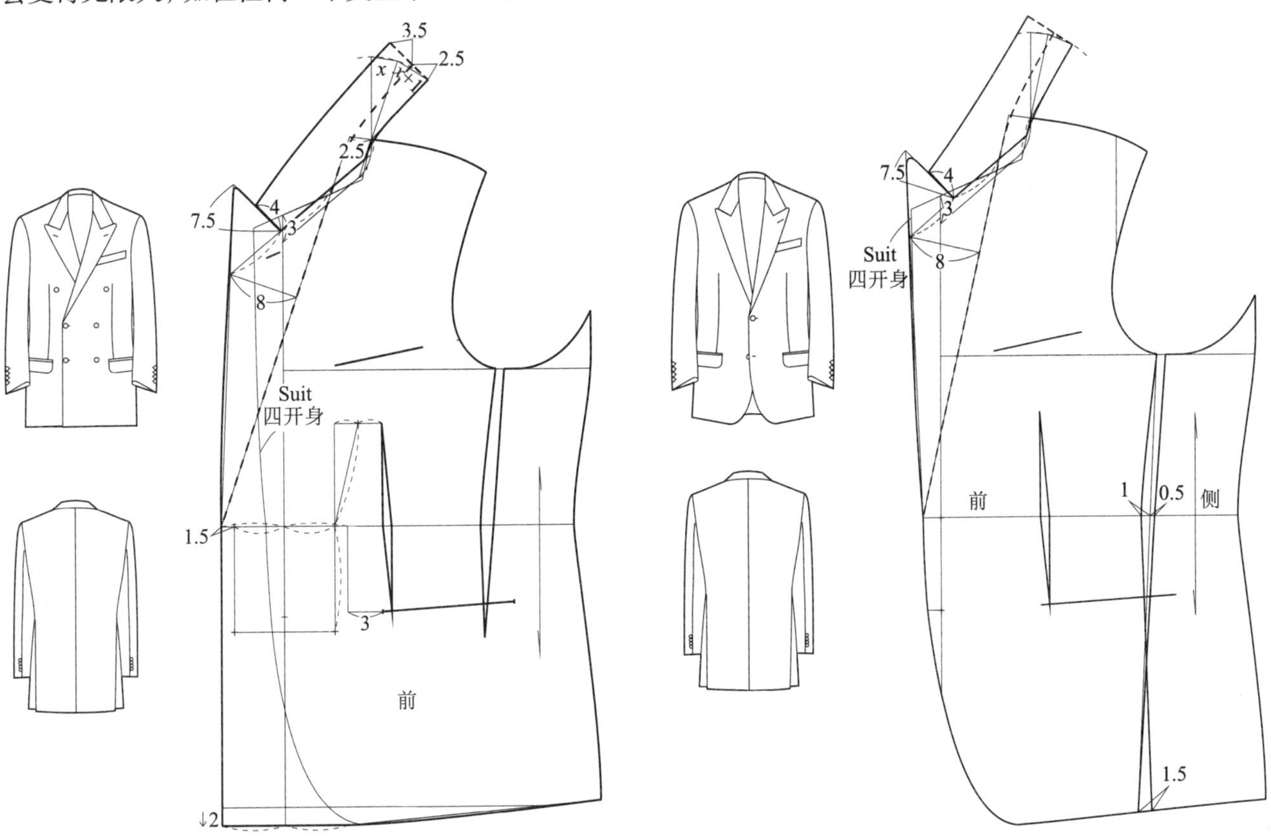


图 1-26　传统版黑色套装（准礼服）四开身纸样　　图 1-27　董事套装（日间礼服）六开身纸样

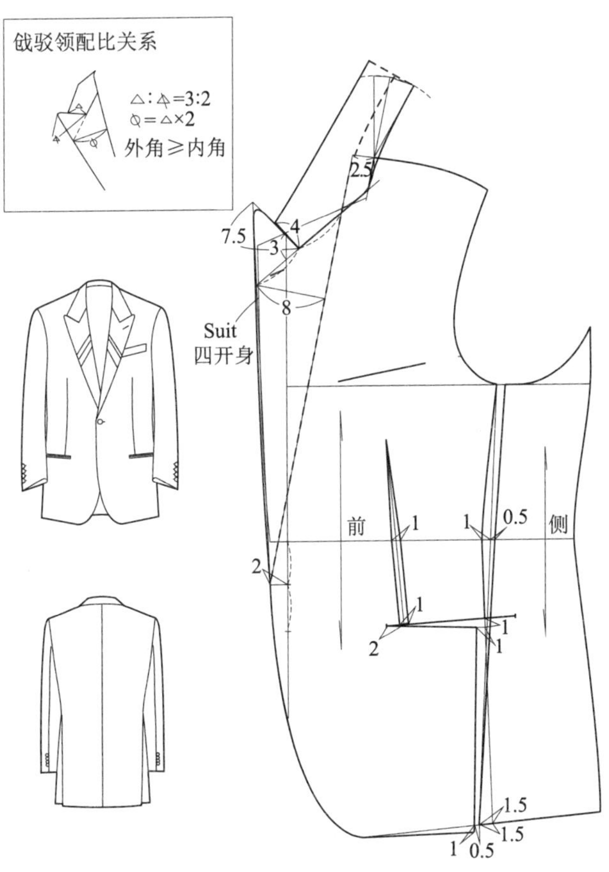


图 1-28　塔士多礼服（晚礼服）加省六开身纸样

# 第2章　外套款式和纸样系列设计实务

外套是现代绅士最后的守望者，因此，它的造型元素相当稳定，设计方法基本采用它的基本元素进行重构。按照TPO礼仪级别可划分为礼服外套、常服外套和休闲外套（图2-1）。外套设计中面料和色彩的作用举足轻重，现代经典外套在20世纪初定型下来基本都与面料有关，如华达呢与巴尔玛肯（简称巴尔玛），礼服呢与柴斯特，粗纺呢与Polo（波罗外套），麦尔登和苏格兰复合呢与达夫尔，等等。因此，在考虑款式改变的同时要对面料有所顾及，如从中性外套巴尔玛入手是明智的，因为在面料的选择上，它已经脱离单一面料范围，成为全天候适应面料的外套。

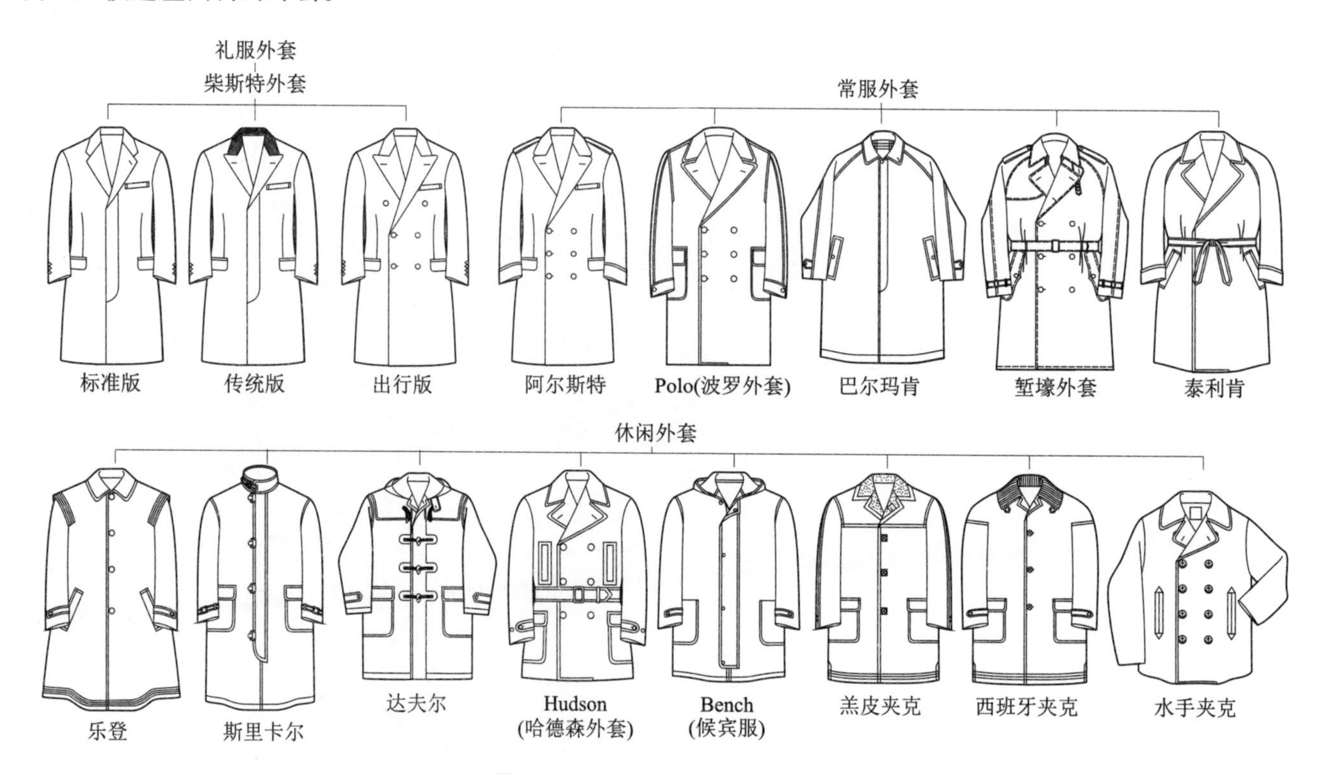


图2-1　TPO知识系统中的经典外套

## §2-1　外套款式系列设计

外套的构成元素经过历史的积淀已经非常完备了，同时由于备受绅士们的重视，它的造型语言经典而考究。因此，款式系列设计不要轻易放弃它固有的语言元素，可采用元素互借设计法，即不同外套的元素打散重组、互换使用，在重组中赋予元素新的概念和语言表达全新的内涵。而以创造新的元素去彻底颠覆这个传统，是危险的也是徒劳的，特别是作为市场化品牌开发。外套的款式设计尤为强调级别的秩序性，设计中要注重TPO原则的指导作用，承上启下应用元素，如果“越级别”使用元素，需要慎重考虑它的可行性，否则会造成设计秩序和礼仪级别的混乱。下面以巴尔玛外套为例对外套款式系列设计进行深入分析。

巴尔玛外套是准绅士们使用概率最高的常服外套，又称万能外套、雨衣外套、风衣等。最早它作为雨衣使用，因源于英国的巴尔玛肯地区而得名，由古老奢侈品牌博柏利（Barberry）经过第一次世界大战、第二次世界大战的洗礼，奠定了它作为绅士经典外套的地位。其款式特征为巴尔玛领（可开关领）、暗门襟、斜插袋、插肩袖等，这一切都是因防雨的功能而设计（图 2–2）。从外套的 TPO 分布情况看，巴尔玛上一级与 Polo 外套相接，下一级与堑壕外套、泰利肯相邻。根据相邻元素互通容易的原则，运用上一级的 Polo 元素尚可，但再向上一级使用 Chester（柴斯特）外套的礼服元素时会受 TPO 规则限制。根据上一级元素向下一级流动容易的原则，向下一级看，与巴尔玛临近几款外套的元素均可使用，不受限制，如堑壕外套、泰利肯外套、乐登外套等。

根据这样的思路，以袖子设计为例，在巴尔玛和 Polo 外套之间元素可交换使用，就自然而然出现了插肩袖、包袖和它们中间状态的前装后插袖子的系列设计（图 2–3）。

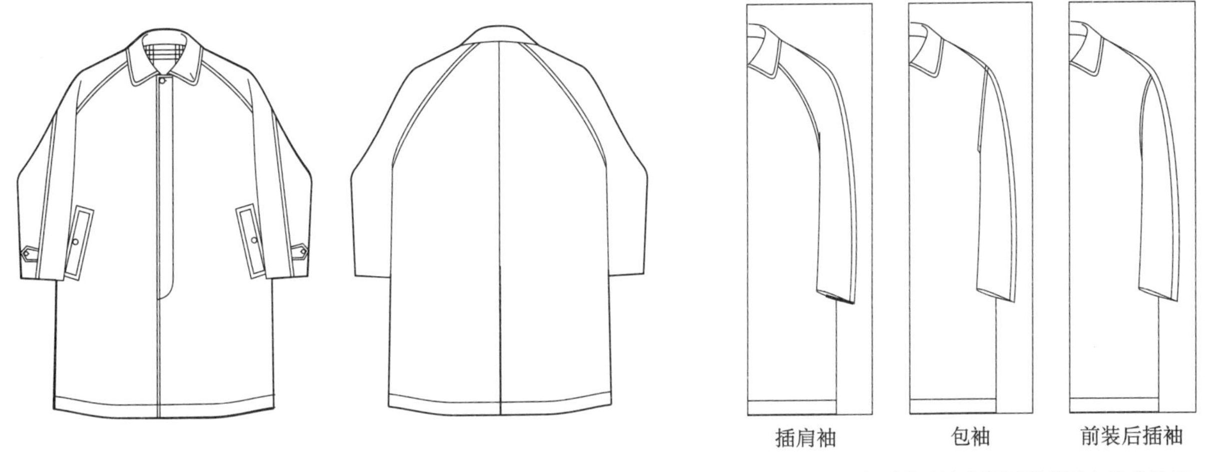


图 2–2　巴尔玛外套标准元素

图 2–3　巴尔玛外套连身袖系列的三个经典造型

巴尔玛款式系列的深化设计是保持巴尔玛领不变，分别加入 Polo 外套的标志性元素——包袖、贴口袋、明袖头以及双排扣，形成三款具有 Polo 风格的巴尔玛外套（图 2–4）。鉴于造型的要求，这个系列必须考虑面料问题，贴口袋、明袖头的设计都不宜用防雨材质，而最好采用 Polo 外套常用的粗呢羊毛面料制作，会产生新概念的感觉，否则会导致设计感的缺憾（图 2–4）。

图 2–4　Polo 风格的巴尔玛外套款式系列

在此基础上加入泰利肯外套元素保持巴尔玛领标志性语言不变，会使巴尔玛款式系列丰富起来。图 2–5 中第一款使用双排扣暗门襟，同时袖子变成前装后插袖的袖型；第二款在前款的基础上加入腰带设计（泰利肯标志）；第三款使用泰利肯的翻折袖头设计；第四、五款变为明门襟设计，区别主要在袖型上。

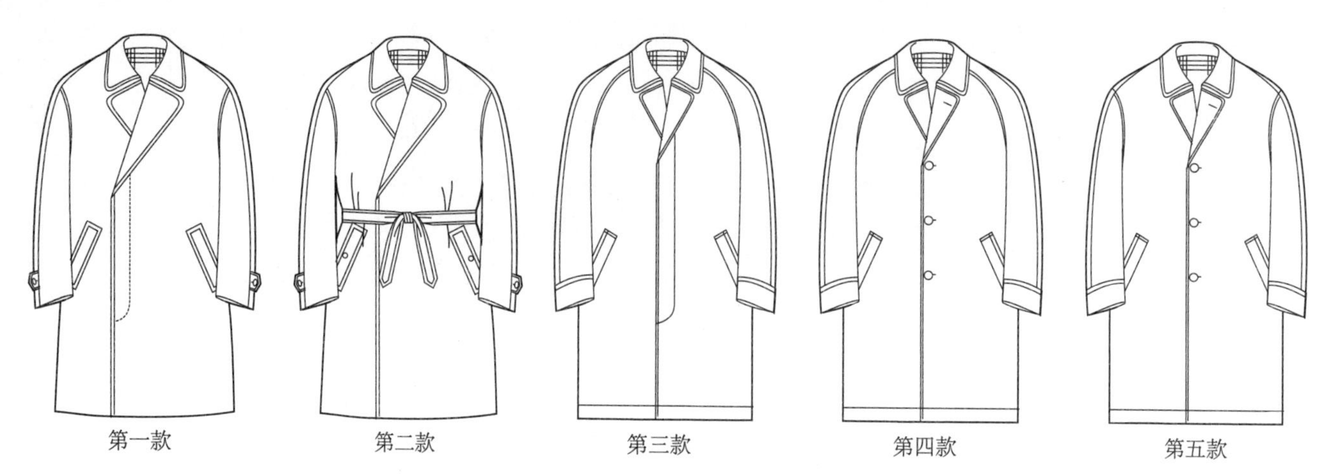


图 2-5 加入泰利肯元素的巴尔玛外套款式系列

加入乐登外套绗缝（下摆）标志性元素，此元素可用在袖口、肩部和下摆，本系列最适合用在下摆。不过这需要在中厚型粗呢料上实现，乐登呢就是因为乐登外套而存在（图 2-6）。

图 2-6 加入乐登元素的巴尔玛外套款式系列

加入斯里卡尔雨衣外套元素（参见图 2-1），通过袖型、口袋元素排列组合，再加入立领、明门襟和袖襻的新元素完成系列设计（图 2-7）。

图 2-7 加入斯里卡尔元素的巴尔玛外套款式系列

巴尔玛加入堑壕外套（参见图 2-1）的元素是最合乎逻辑的设计，因为历史上堑壕外套就是在巴尔玛基础上完善功能设计演变而来并成为新的经典，而且堑壕外套可用的元素很多，常常成为风衣外套系列设计用之不竭的造型语言。通常情况下，每次只使用 1 ～ 2 个元素进行变化。图 2-8 中第一款，加入腰带和袖带元素；第二款，变换口袋和袖带元素；第三款将巴尔玛领换成堑壕外套的拿破仑领；第四和第五款，在保持第三款领型基础上变换泰利肯腰带，并采用双排扣、肩襻和袖襻设计产生更加混合型的概念。

巴尔玛外套和堑壕外套经常使用元素互换法展开设计，将各自系列分别融入对方的元素，任何一个细节点，如领襻、袖襻、口袋等都可作为互换元素，因此它们的界限往往很模糊，但不能毫无章法地混用，需要慎重考虑元素与款式整体风貌的统一。基本手法是：巴尔玛作加法向堑壕外套靠拢，堑壕外套作减法向巴尔玛靠拢。这几乎成为奢侈品牌风衣外套设计的套路。运用此方法也可以设计任何一类外套，其他系列已在本训练教程下篇中悉数完成。

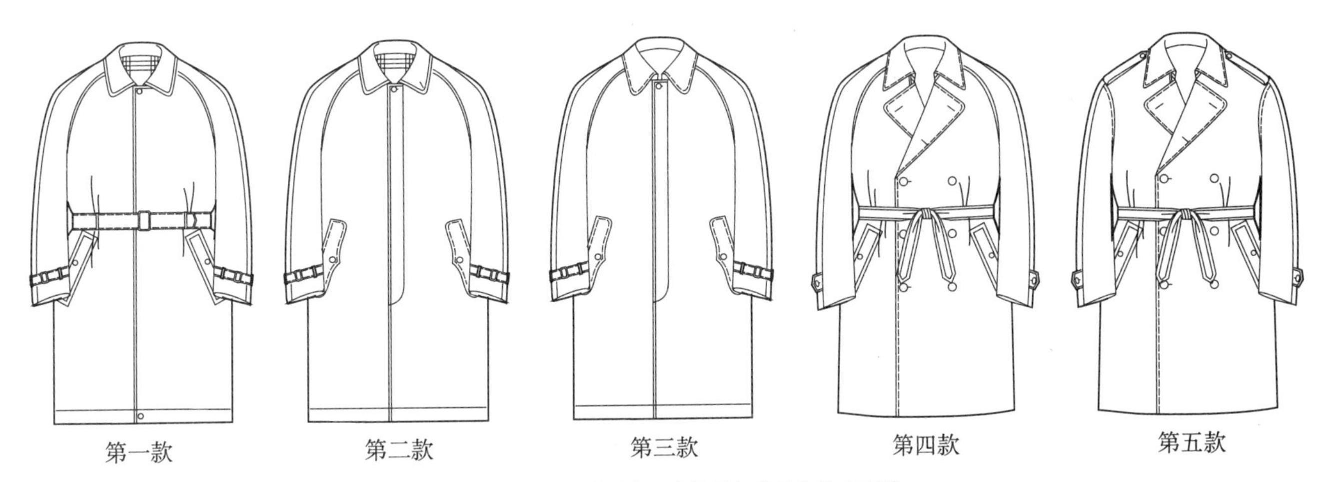


图 2-8　加入堑壕外套元素的巴尔玛外套款式系列

## §2-2　外套亚基本纸样的确认

外套类型多样，但在结构上它们都分布在有省的 X 型和无省的 H 型两个板型系统中，柴斯特（Chester）外套以 X 型板型特点展开纸样系列设计；其他外套均以 H 型板型特征展开纸样系列设计。设计流程通过基本纸样、亚基本纸样（相似形），分别进入 X 型类基本纸样和 H 型类基本纸样完成各自的系列设计，在结构上 X 型和 H 型是可以相互转化的（图 2-9）。

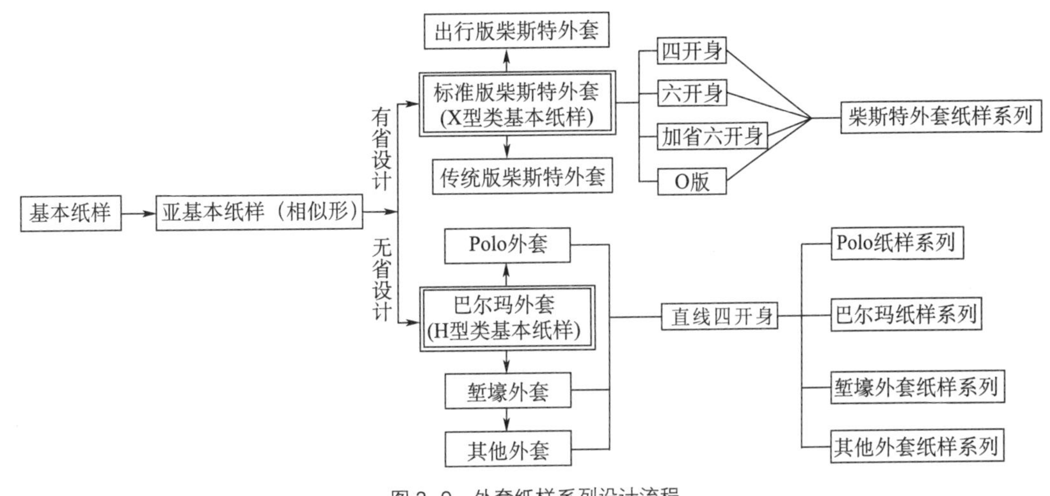


图 2-9　外套纸样系列设计流程

亚基本纸样是在基本纸样基础上通过相似形放量设计完成的。外套的穿法源于绅士的生活方式，是由衬衫、背心、套装和外套一层层穿着的，因此外套结构受内层服装结构的影响明显，这就是外套亚基本纸样采用相似形放量的原理。放量设计要大于内层服装松量 8cm 以上，才能保证穿着的舒适性，所以采用相似形放量是客观要求，不能单纯理解为造型设计。放量包括围度放量和长度放量。

围度放量包括前后片侧缝和前后片中缝，追加放量分配是按“几何级数递减”结合“微调”方法进行的。例如，设追加量为 14cm（在≥ 8cm 前提下根据造型需要设计追加量），一半制图为 7cm，按照几何级数结合微调设计，后侧：前侧：后中：前中≈ 2.5：2：1.5：1。这组数值分配不规则，是根据综合分析进行微调获得的结果。微调原则即强调、可操作性和不可分性。“强调”是针对纸样中需要强调的某个部位，适当增加量，但要保证递减原则不变；“可操作性”是采用定性和定量相结合的方法，强调定性分析，具体操作若配比中出现过小的数值可以忽略不计，出现不规整数值按规整分配操作；“不可分性”指追加量总体较小时，不需要每个位置都给出放量数值。

长度放量的原则为无论哪个部位，后片放量大于前片放量。肩升高量采用前后中放量之和 2.5cm，后肩：前肩 =1.5∶1；后颈点升高量 $=\frac{\text{后肩升高量 }1.5\text{cm}}{2}\approx 0.7\text{cm}$ 或 0.8cm（根据“可操作性”的微调原则将 0.75 中的 0.05 舍掉或是进位）；肩加宽量 $=\frac{\text{前后中放量和}}{2}\approx\frac{1\text{cm}+1.5\text{cm}}{2}\approx 1\text{cm}$ 或 1.5cm；袖窿开深量 $=\text{前后侧放量}-\frac{\text{肩升高量}}{2}=4.5\text{cm}-1.5\text{cm}\approx 3\text{cm}$；腰线下调量 $=\frac{\text{袖窿开深量}}{2}=\frac{3\text{cm}}{2}=1.5\text{cm}$。

通过以上操作，可得出外套的亚基本纸样（图 2-10）。当然根据需要也可以设追加量 10cm、12cm……，根据上述原则方法会产生各自的尺寸分配方案，它们可以作为所有外套的基本纸样使用。进入外套类基本纸样的 X 型或 H 型。

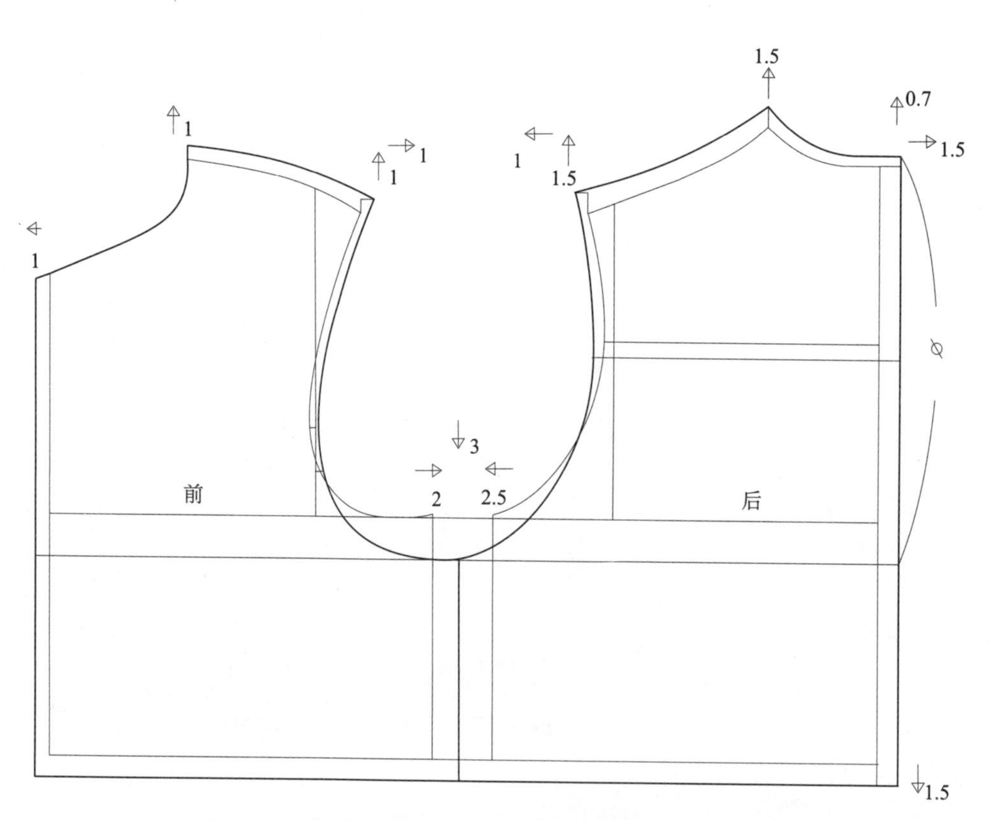


图 2-10　追加胸围放量为 14cm 的外套亚基本纸样（相似形放量）

# § 2–3　外套类基本纸样的确认

外套类基本纸样分两种，第一种以柴斯特外套为典型的有省结构，即 X 板型系统；第二种以巴尔玛外套为代表的无省结构，即 H 板型系统，它们需要分别设计，也可以实现相互转换。

X 型有省结构的典型是柴斯特外套，它的完成就作为这类外套系列纸样设计的基本纸样。理论上它仍属于西装的结构系统，是西装主体板型的扩大，相似形结构明显。选择标准柴斯特外套款式有四开身、六开身、加省六开身以及 O 板四种不同结构，款式变化相对严格，即一款多板系列纸样设计特点突出。标准柴斯特外套四开身（类基本纸样）由于驳点较高（相对标准西装驳点），需要将串口线上调，使领型与衣身协调，扣距为西装扣距的 1.5 倍，口袋在标准西装口袋的基础上加宽 2cm，即 17cm，袖子则采用新袖窿参数设计合体型两片袖（图 2–11）。

柴斯特外套纸样系列设计方法与西装完全相同。以此作为类基本纸样，通过一款多板、一板多款和多款多板方法实现柴斯特外套纸样系列设计。具体实务案例详见本训练教程下篇。

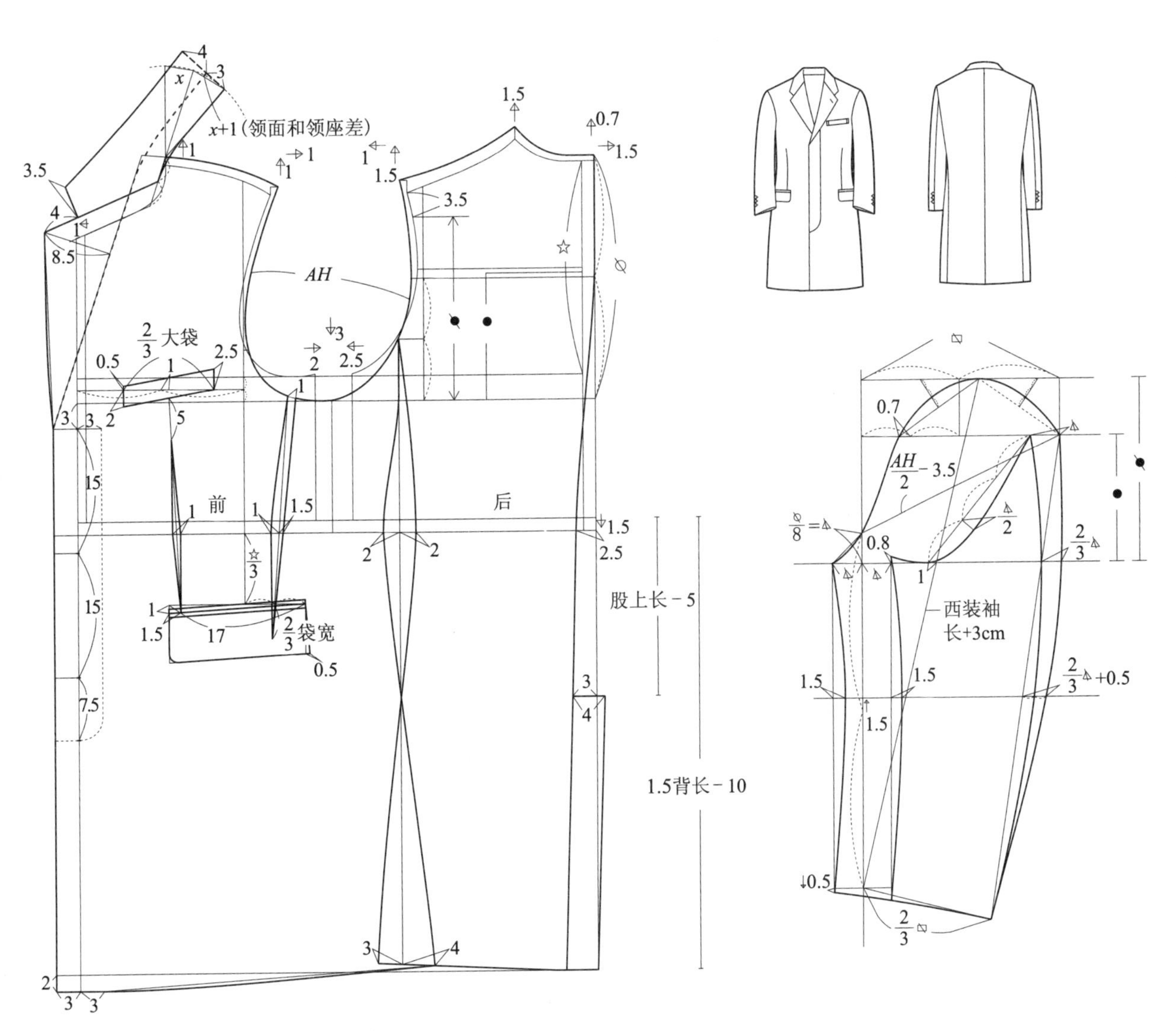


图 2–11　标准版柴斯特外套四开身纸样及袖子（X 型外套基本纸样）

H 型无省结构，除柴斯特以外的所有外套都属于无省外套，这是外套的主流板型。这种结构是在 X 型的基础上除去省结构，变收腰曲线为直线完成的。Polo 外套、巴尔玛外套和堑壕外套等主体结构完全相同，只是通过袖型、领型和口袋等细节的处理加以区别。因为巴尔玛外套在它们中间更具典型性，故将巴尔玛外套定为 H 型外套中的类基本纸样（图 2–12）。

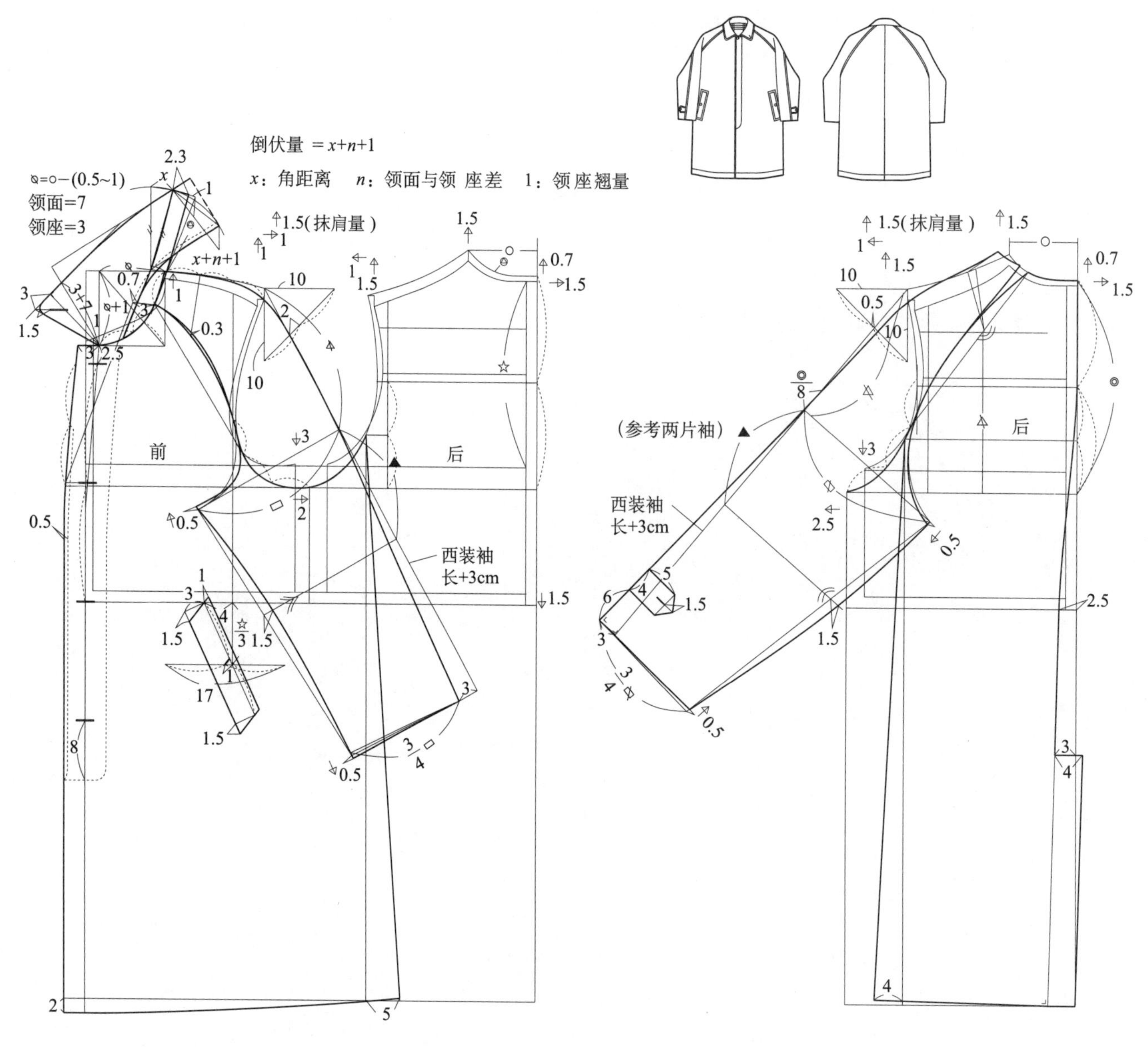


图 2–12　巴尔玛外套纸样（H 型外套基本纸样）

## §2–4　巴尔玛外套纸样系列设计案例

以巴尔玛外套纸样系列设计作为案例举一反三可运用于其他实践（更多信息参阅本训练教程下篇）。

巴尔玛外套纸样系列设计，H 型结构相对稳定，一般不采用一款多板的系列设计，但理论上是可以实现的，也可以理解为 H 型外套成为今天的流行趋势，一板多款就是其主要的纸样系列设计方法。

纸样系列一，主体结构和领型不变，将原来的斜插袋换成 Polo 外套风格的复合贴口袋，袖型使用包袖结构，明袖头缩小处理，在袖中线以内（图 2–13）。

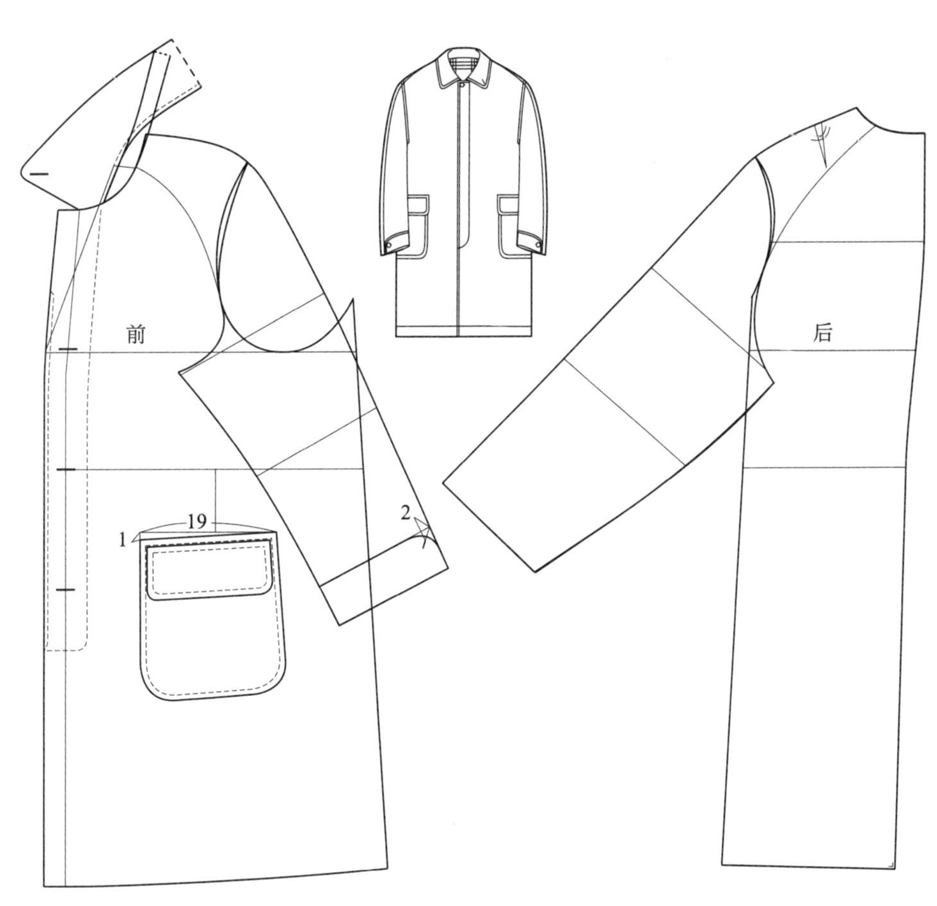


图 2-13　一板多款纸样系列一（加入 Polo 元素的巴尔玛外套）

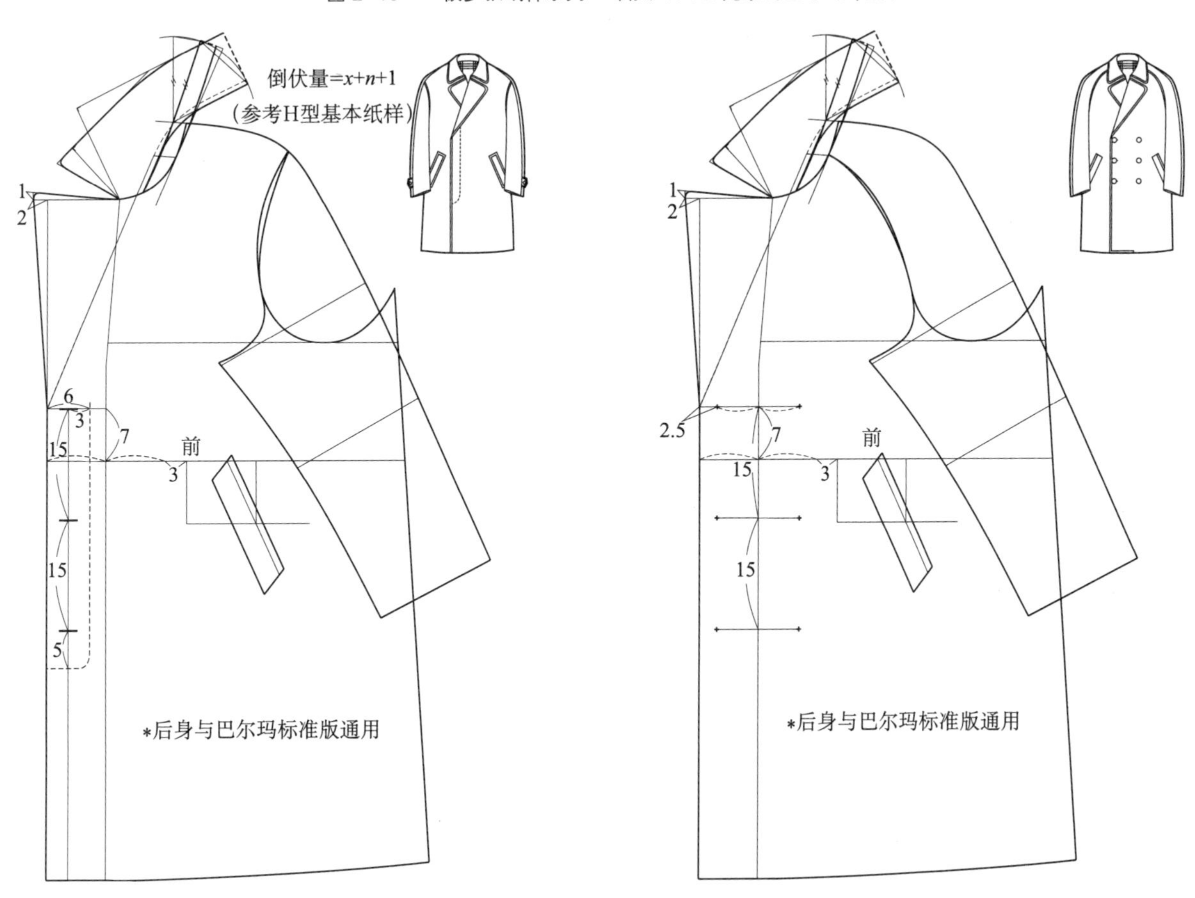


图 2-14　一板多款纸样系列二（双排扣暗门襟前装后插袖巴尔玛外套）

图 2-15　一板多款纸样系列三（双排扣明门襟巴尔玛外套）

纸样系列二，以巴尔玛前中线为基准做双排扣暗门襟不对称设计，驳点定在腰围线向上 7cm 的位置，注意此时倒伏量有所增加，需要重新确定。前片作包袖处理，后袖不变，形成前装后插的袖型（图 2–14）。

纸样系列三，在系列二基础上继续变化，变成双排明门襟，扣距使用 1.5 倍的西装纸样扣距。还原插肩袖型（图 2–15）。

纸样系列四，衣身主体不变，核心技术是加入堑壕外套元素，将巴尔玛领变成拿破仑领结构，同时口袋和袖口换成堑壕外套风格（图 2–16）。

纸样系列五，在巴尔玛标准纸样上，将原来的暗扣变明扣，袖襻从后袖移到前袖，下摆加入乐登外套绗缝元素有休闲外套暗示（图 2–17）。

纸样系列一～五，后片相对不变，只需局部调整与前片呼应部分即可完成系列设计。表现出设计路线和操作方法很强的规律性、逻辑性和预期性，而成为品牌化纸样系列设计训练的经典案例。

其他外套（如 Polo、堑壕外套等）的纸样系列设计可以由标准巴尔玛外套纸样作为类基本纸样进行有规律的变化，它会产生各自风格的系列纸样设计（详见本训练教程下篇 Polo、堑壕外套及休闲外套相关内容）。

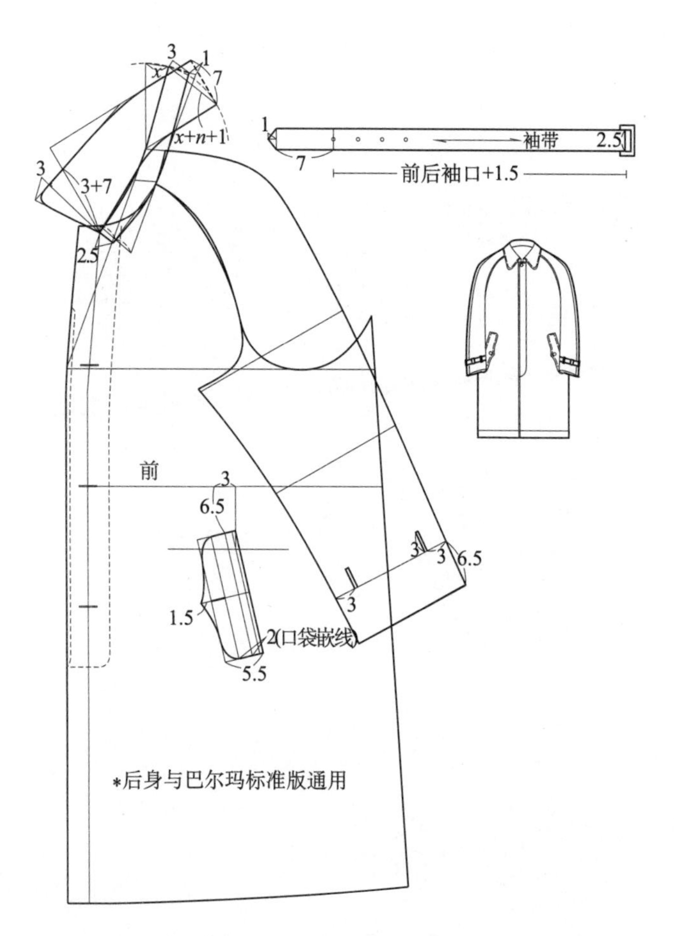


图 2–16　一板多款纸样系列四（加入堑壕外套元素的巴尔玛外套）

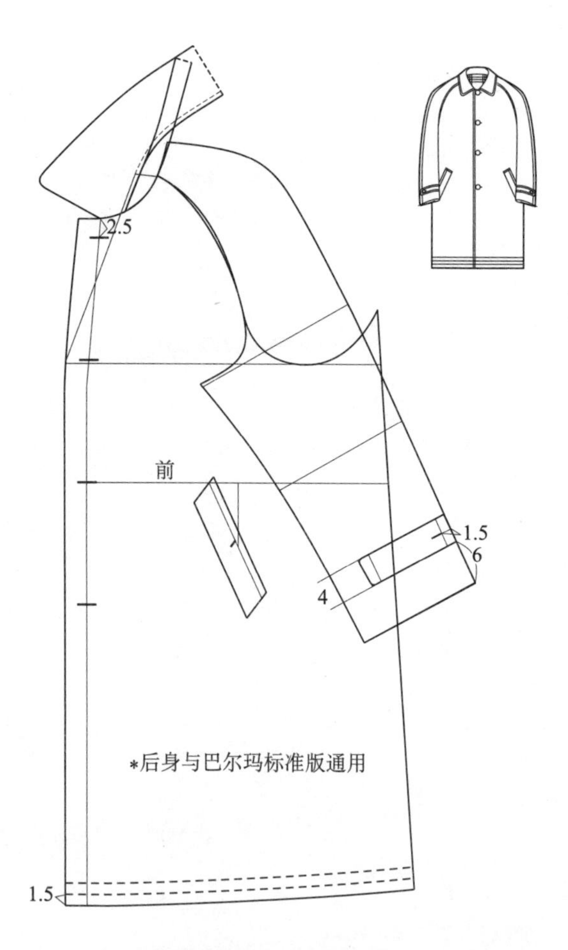


图 2–17　一板多款纸样系列五（由暗变明加入乐登外套元素有休闲巴尔玛外套的暗示）

# 第 3 章　户外服款式和纸样系列设计实务

户外服在男装中是最具功能性的非礼仪服装，常常用于劳作、园艺、旅游、体育运动等户外活动。男装本身就是功能的诠释者，而这其中又以户外服的表现最为突出。随着现代工作和生活压力的增大，人们越来越向往自由、无束缚的生活状态，也渴望在着装上得到释放。户外服集实用性、功能性、运动性、舒适性于一体，造型随意、方便耐用的特征与大众追求务实精神的社会潮流不谋而合，因此，户外服在男装中是最有活力的品种。相对于礼服华美的外观，户外服更加注重人性化的设计。追求功能语言是客观实在而非符号性的。实用性和功能性是户外服设计的核心内容，设计中须考虑防水、防风、保暖、透气、耐磨等实际功用，任何没有实用的装饰都是不可取的，即使一个小的细节也不能给人矫揉造作的感觉。户外服的经典正是在这样的历史积淀中形成的，成为现代户外服设计的语言基础。

户外服分为外衣类和外穿衬衫两种，外衣类品种较为代表性的是巴布尔夹克、白兰度夹克、斯特加姆夹克、高尔夫夹克、牛仔夹克等（图 3–1）。外穿衬衫将在衬衫章节系统介绍。

图 3–1　男装经典户外服（外衣类）

## § 3–1　户外服款式系列设计（巴布尔夹克设计案例）

户外服强调功能性概念设计，这取决于它处在 TPO 非礼服级别，无太多礼仪限制，满足功能目标是它的基本需求。因此，户外服款式系列设计采用基本型发散设计是一种有效的方法。首先，选择一个基本款式作为基本型，深入分析基本型中的各个元素后，设定一个系列的基本变化款，在这个基础上不断加入新元素，进行发散设计。在形成系列款式的一定规模后，保留好的部分，去掉无关紧要的款式，由此及彼地衍生出其他系列，周而复始，不断形成质量更高的系列。巴布尔（Barbour，英国休闲奢侈品牌）是户外服款式中的经典，下面以巴布尔为例展开系列设计。

### 1　巴布尔 TPO 的基本信息

巴布尔是创始人 John Barbour 的姓，它创造的“巴布尔概念”是迄今为止最具绅士品格的休闲夹克。Barbour 的设计不是为城市生活，而是为上山打猎、下海捕鱼而作。巴布尔最值得骄傲的地方是它与牛仔裤有同样的耐穿性和质朴的影响力，不同的是牛仔裤完全没有它那种高贵的血统（英美两种休闲文化的代表）。它的外观历久弥新，古朴却仍然质地优良，有一种典型的英国贵族气质。它的现代仿制品，面料不用昂贵的埃及棉加上独特的施蜡工艺（本品牌仍保留），而是一种户外服常见的尼龙加防水涂层面料，内衬苏格兰棉布，结实耐用。由于它在户外运动上的优越表现，深受英国皇室的追捧，成为男装高品质户外服必备的开发产品。

## 2 巴布尔构成元素分析

由于它的原始功能为户外狩猎，这种古老而典型的绅士休闲文化造就了巴布尔夹克的经典样式。也是出于保持它的文化特质的考虑进行款式设计是明智的，深刻理解其每个设计点的内涵非常必要，只有在此基础上的设计才是好的设计。巴布尔基本款式大体可以被分解为①领、②门襟、③袖子、④口袋、⑤下摆（襻、分割）等元素（图 3–2）。

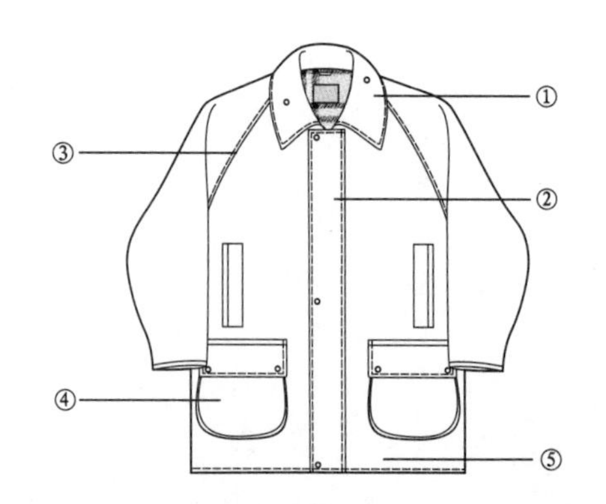


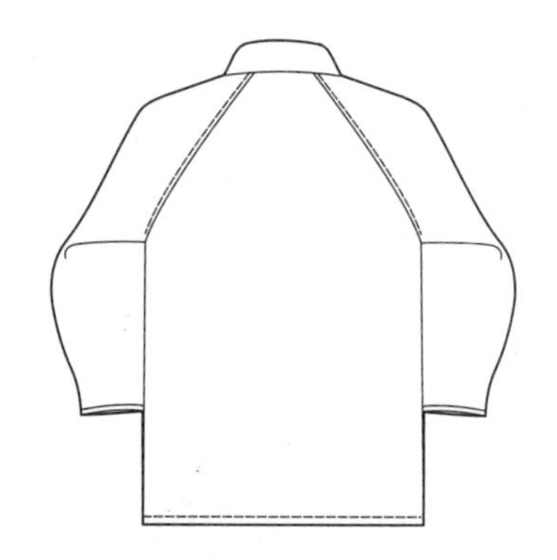

图 3–2　巴布尔标准元素

如果详细剖析每个元素，会发现每个元素都有各自功能的设计空间：①领子根据 TPO 的指导，因为它特有的实际功能要求，运用礼服的开门领，戗驳领、平驳领等并不适合它，而具有防风、防雨、防寒作用的关门领和可开关领更为合适。②门襟同样遵循实用的原则，为阻挡外界风寒的侵袭，多用暗门襟（单衣）和复合门襟（棉服）。③插肩袖是它的标准款式，袖子的变化为常规的装袖和连身袖两种，连身袖可以结合结构线一同设计。④口袋受功能的限制，不宜使用西装类口袋形式，而大多采用容量大的立体贴口袋和复合口袋。口袋的设计可以产生丰富的变化，形成概念设计，因此是户外服设计的重点。⑤户外服下摆以直摆为主，在概念设计中根据需要亦可选用圆摆。⑥襻饰的设计可用于领口、袖口、下摆等开口位置，起到收紧和固定的功效。⑦分割线可以与口袋、袖子等结合设计，形成独特的功能造型，使设计理念进一步提升。⑧其他肩盖布、带、褶等也都是巴布尔的设计点，这些元素巧妙地应用于设计，可以使功能款式系列更为丰富。

## 3 实用为先，循序渐进的设计原则

巴布尔款式系列设计具有多变性和派生性，应遵循“实用为先循序渐进”的原则展开。

款式系列一，把插肩袖变成装袖且与其他元素相对不变前提下，以口袋元素作为设计点。口袋的变化丰富，可使用贴口袋、立体袋、复合贴袋，也可以是缉明线的暗袋，但均以实用性作为评判设计优劣的标准（图 3–3）。

款式系列二，是在口袋系列设计的基础上再加入连身袖元素。它的可塑性强，款式线变化多样，能够产生独特的概念造型系列（图 3–4）。

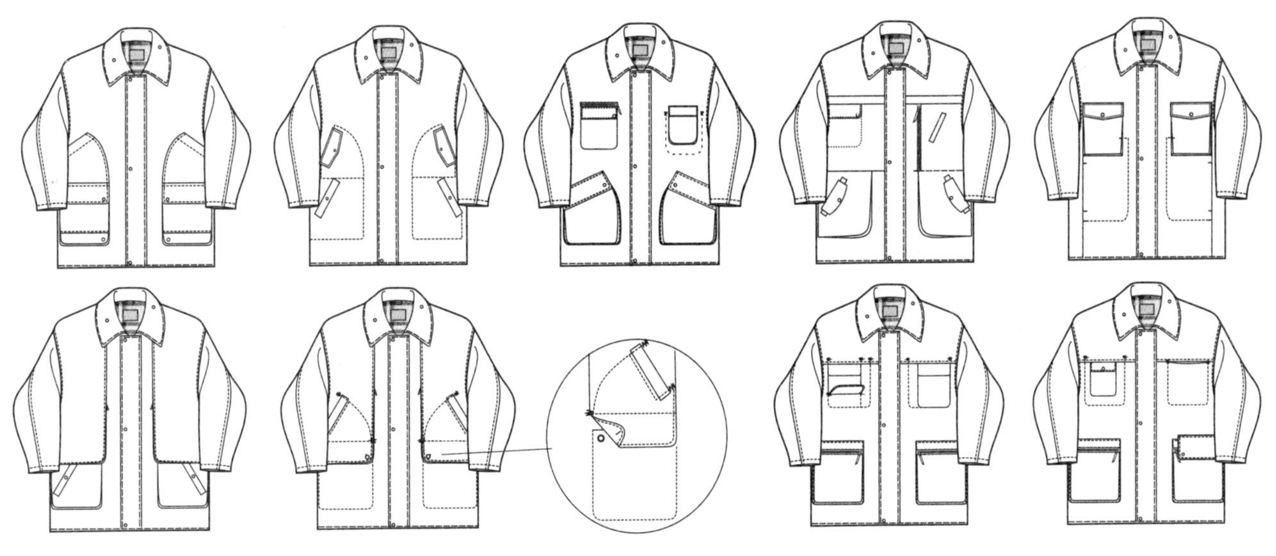

图 3-3 款式系列一（以口袋为设计点的巴布尔）

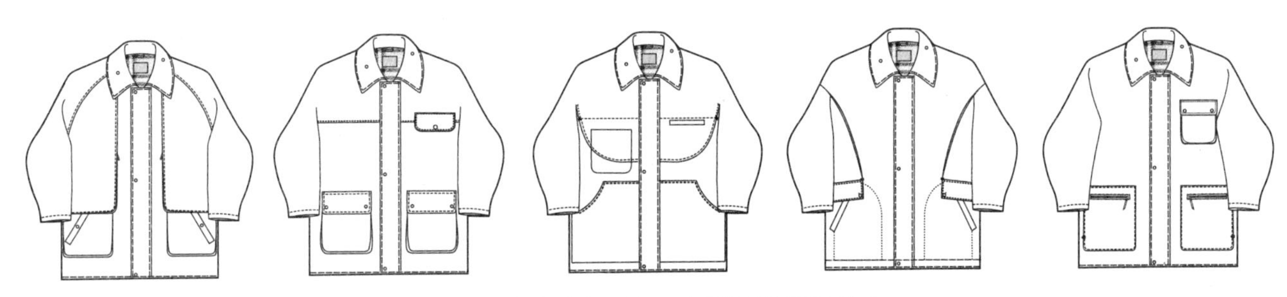

图 3-4 款式系列二（加入连身袖元素的巴布尔）

款式系列三，分割线的设计并非单纯地在衣身上进行装饰线处理，而是结合口袋和连身袖结构合理使用，使元素与元素之间所表达的装饰语言与功能语言结合得天衣无缝，追求去除任何装饰的设计境界（图 3-5）。

款式系列四，上述系列运用了三个基本元素进行设计，综合这些款式，再融入领型和门襟的变化，形成综合的杂糅风格系列（图 3-6）。至此，巴布尔夹克形成无限拓展的系列款式设计，并且达到了结构、功能、审美的三位一体。设计由感性升级为理性，由自由进入秩序，以此我们可以举一反三，运用于整个户外服系列设计（参阅本训练教程下篇户外服部分）。

图 3-5 款式系列三（加入分割线元素的巴布尔）

图 3-6 款式系列四（综合元素的巴布尔）

需要特别强调的是，在户外服设计中也要考虑它的“功能美学”，此类服装应用于非正式场合，在保证设计的均衡和协调的同时，要尽量避免左右对称的设计，否则会产生过于正统和呆板的效果；还要做到瞻前顾后，考虑前后身的结构呼应；元素表现主题切忌全面开花，为了功能而功能的设计有矫枉过正之嫌。如果前身功能完备、变化丰富，后身则尽可能简化设计。“添之不得，去之不得”是户外服设计的终极目标。

## §3-2 户外服亚基本纸样和类基本纸样的确认

根据外套的设计经验，户外服亚基本纸样和类基本纸样的放量设计是在外套相似形放量基础上调整完成，步骤是相同的。户外服属休闲服类，为保证服装有足够的活动量，纸样的基本松量和结构形态需要改变。户外服穿着自由，不受内层服装的限制，因此应采用变形放量设计（外套为相似形）。变形放量设计属于“无省”的范畴，放量时要遵守“整齐划一”的原则，在相似形放量的基础上调整为前后侧缝放量相等、前后中缝放量相等，强调可操作性。

在基本纸样基础上，制作“变形”亚基本纸样。首先设定追加量，如设追加量为10cm，一半制图为5cm，后侧、前侧、后中线、前中线的比例关系可以是2 ： 2 ： 0.5 ： 0.5，这组数据说明强调服装的厚度造型。选择1.5 ： 1.5 ： 1 ： 1的配比，说明强调前后身宽度。这里选择1.5 ： 1.5 ： 1 ： 1的配比，之后按照公式计算出其他部位的放量。肩升高量参数是前后中缝放量的和为2cm，根据后身大于前身的放量原则，后肩：前肩=1.5 : 0.5。后颈点升高量 $=\frac{\text{后肩升高量 1.5cm}}{2}\approx$ 0.7cm或0.8cm。后肩加宽量 $=\frac{\text{侧缝放量}}{2}+1\text{cm}=\frac{1.5\text{cm}+1.5\text{cm}}{2}+1\text{cm}=2.5\text{cm}$（公式中的1cm为可调节量的中间值，故它的范围是0～2cm，如果肩比较窄，可以不加量，如果强调肩宽，则可以加到2cm）。袖窿开深量 $=\text{侧缝放量}-\frac{\text{肩升高量}}{2}+\text{后肩加宽量}=(1.5\text{cm}+1.5\text{cm})-\frac{2\text{cm}}{2}+2.5\text{cm}=4.5\text{cm}$。腰线下降量 $=\frac{\text{袖窿开深量}}{2}\approx$ 2cm或2.5cm。

各部位放量的数值确定后，在基本纸样上进行处理。在确定后肩和后领口之后，依此数据完成前领口并实现去撇胸目的（做去撇胸处理与相似形放量相反，这是无省板型的特点），再用后肩截取前肩长，然后按照比例关系得到“剑形”袖窿。由于户外服有其独特的工艺手法，需要先缝合袖子和大身后再整体缝合侧缝线与袖底缝线，因此“剑形”袖窿为使用这种工艺提供了方便（图3-7）。

户外服类基本纸样，就是在变形放量的亚基本纸样基础上，选择户外服某个类型的标准款式完成的，以此可以顺利快捷地设计出该系列纸样。以巴布尔为例，由原腰线向下一个背长定出巴布尔的衣长。根据标准款式得到巴尔玛领、插肩袖等典型结构的类基本纸样。领型采用分体式巴尔玛领结构。袖型采用变形类（属宽松类）低袖山插肩袖结构，它需要对前后袖内缝进行复核，若有差量，则要按照“平衡”原则将差量分解掉，使前后袖内缝相等。老虎袋（立体袋）不可离侧缝过近，根据西装确定口袋位置的方法进行微调处理，向前平移1.5cm，同时由于腰部侧插袋的存在，需要适当降低老虎袋的袋位，以寻求功能完善和视觉平衡。完整的制图过程如图3-8所示。

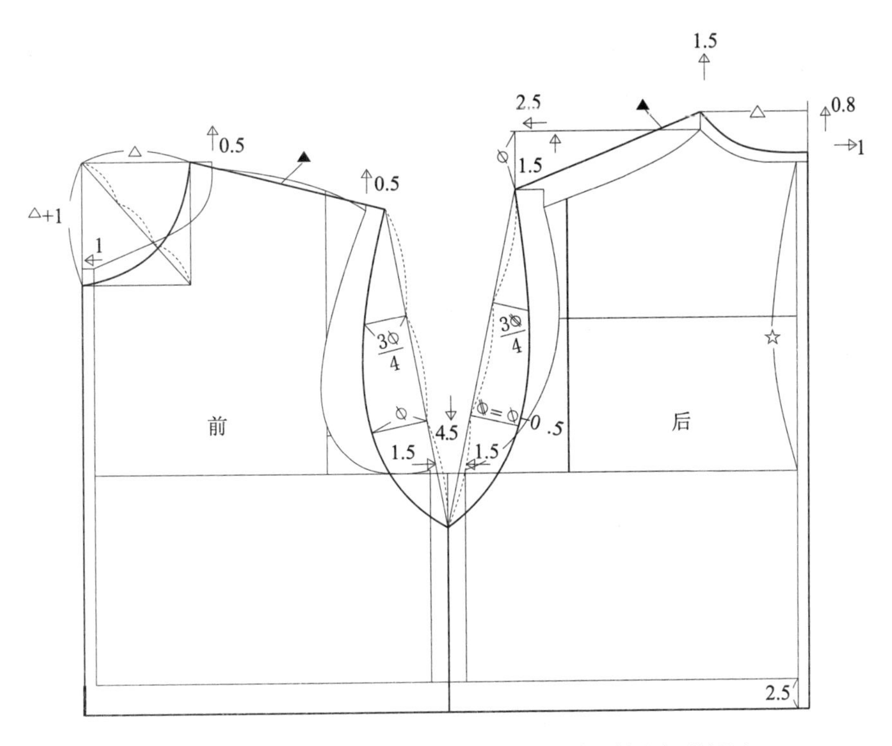


图 3-7　追加胸围放量为 10cm 的户外服亚基本纸样（变形放量）

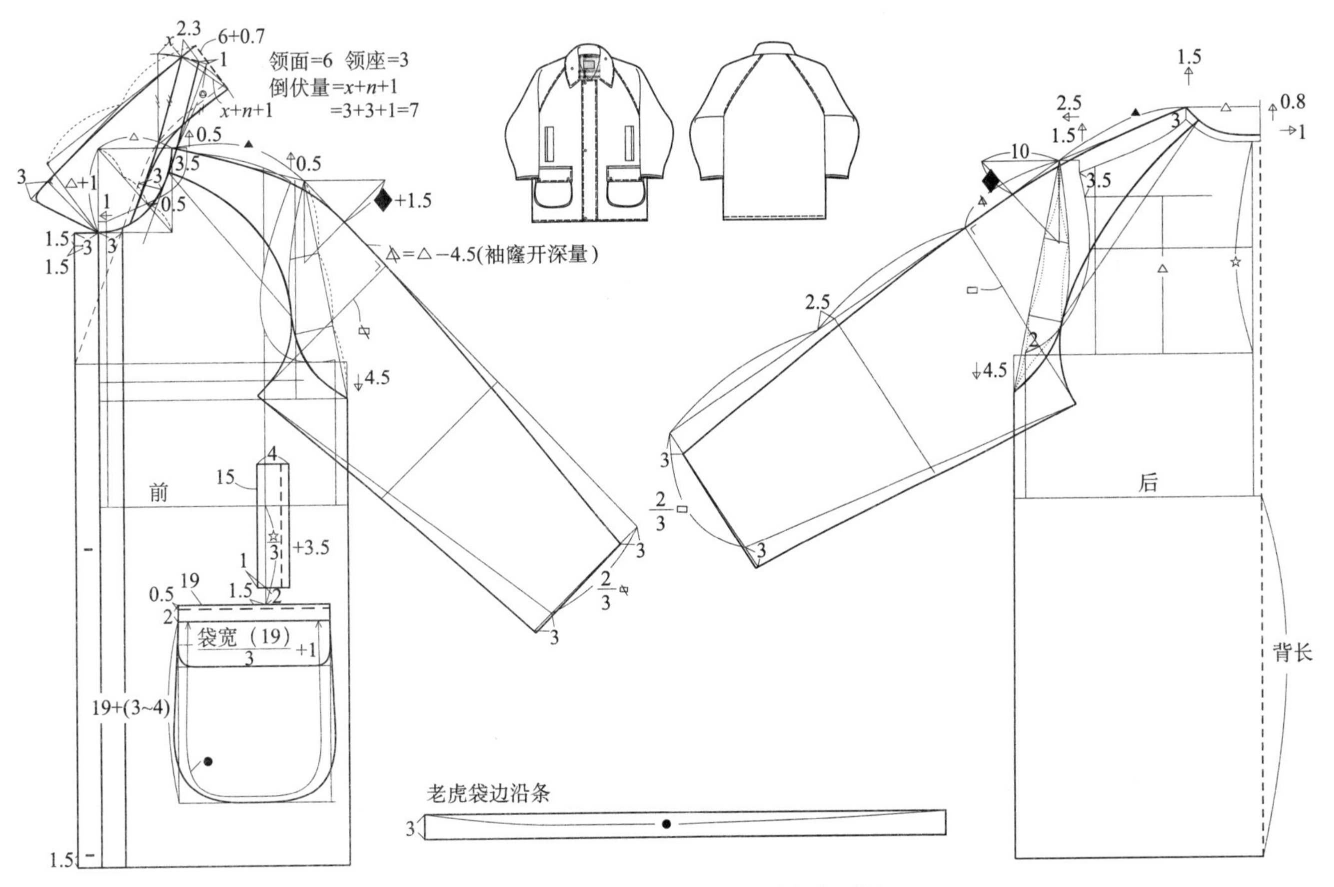


图 3-8　标准巴布尔纸样（户外服类基本纸样）

# §3-3 巴布尔夹克纸样系列设计案例

由于巴布尔为H型无省结构，主板结构相对稳定，因此一板多款是其主要设计方法，基础板型确定后，接下来只是局部的变化产生系列，规律明显，且自由发挥的空间大。

纸样系列一，装袖的设计在类基本纸样上只要将变形放量的袖窿弧线直接还原，去掉连身袖结构。装袖结构的袖山高确定方法同连身袖方法相同，袖子破缝定在后袖中间位置。口袋采用暗袋明线设计（图3-9）。

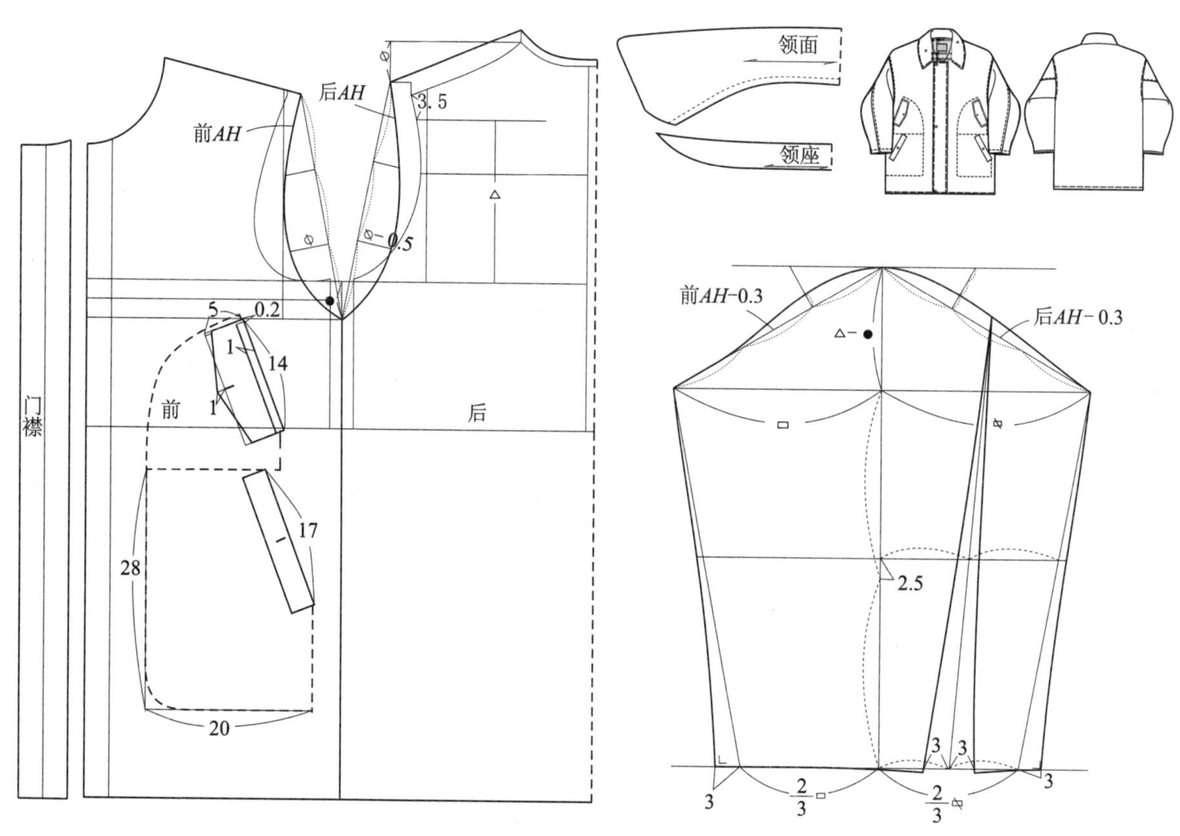


图3-9 一板多款巴布尔纸样系列一（装袖、暗袋、明线设计）

纸样系列二，在系列一上结合分割线设计做明暗复合口袋结构（图3-10）。

纸样系列三，在插肩袖转折点处改变连身袖的款式线造型，利用款式线，在胸前形成立体纸样结构，使之具备袋盖和口袋的功能，下摆大袋造型与连身袖的款式线相呼应。为提高袖子结构合理性，将前后袖采用借袖处理（图3-11）。

纸样系列四，继续改变连身袖款式线的设计，由此衣身结构分为两个部分，利用衣身破缝顺势设计口袋和袋盖，使看似款式线的造型均变为具有实际功能的结构设计。大袋的上面再覆上15cm长的斜插袋，方便插手用。后片纸样与前片结构呼应，同时加A侧衩设计（图3-12）。

纸样系列五，连身袖的极限表达——袖裆设计。这是纸样设计中较复杂的技术。在巴布尔标准纸样基础上，从后片开始操作，以袖片与衣身的转折点作为起点，连接插肩袖与侧缝交点，前片做同样处理。如图3-13所示，在后片上确定$y$值，结合前后片侧缝和袖缝的参数关系，得到$y'$值，进而得到$M$、$N$、$M'$ 、$N'$ （前放

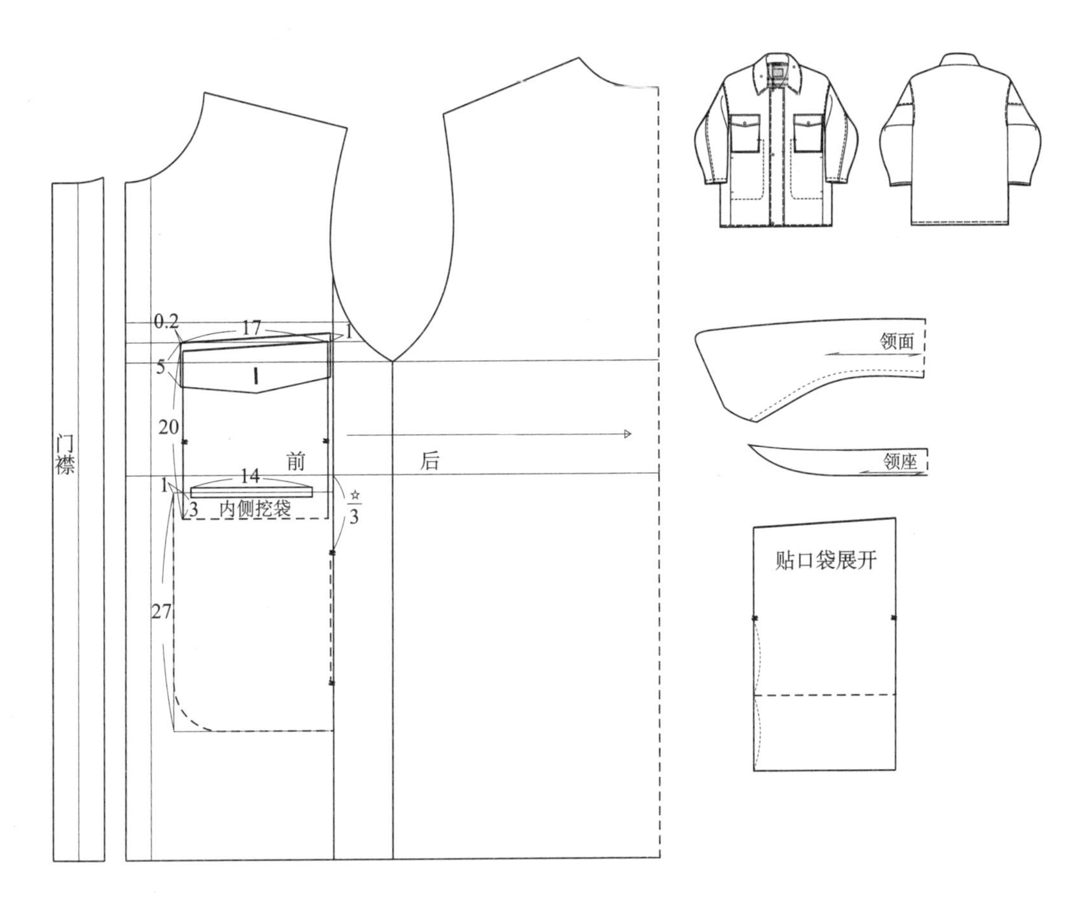


图 3-10　一板多款巴布尔纸样系列二（结合分割线明暗复合口袋设计）

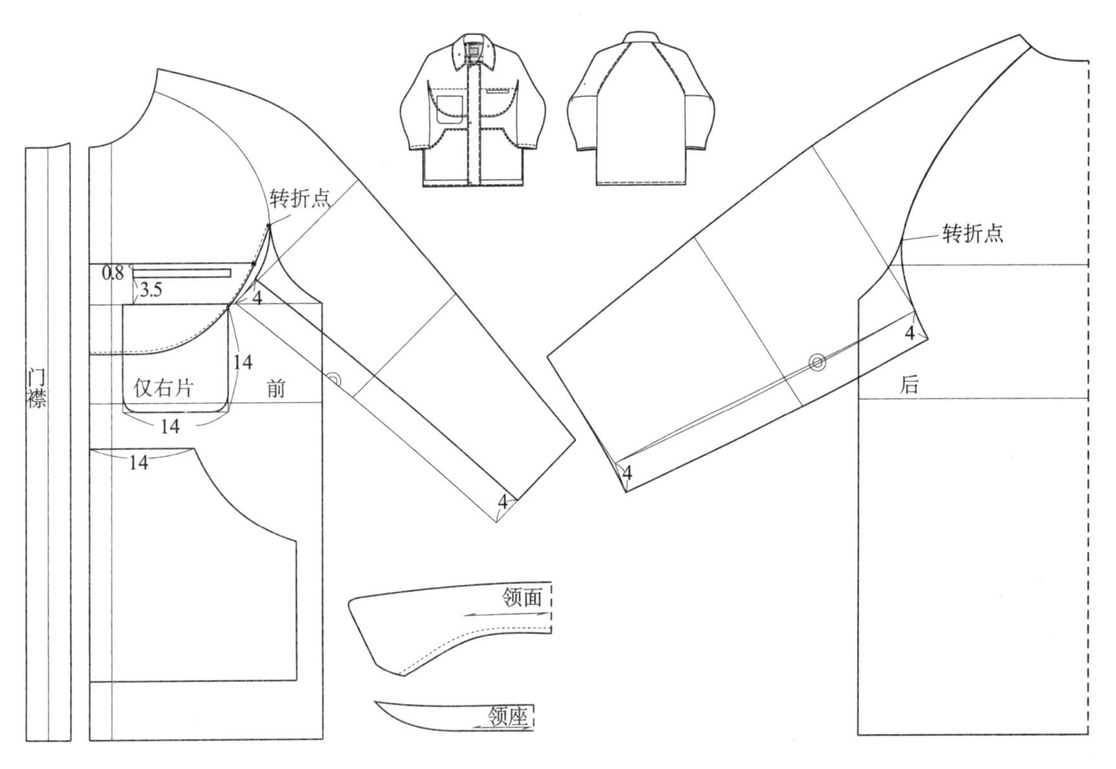


图 3-11　一板多款巴布尔纸样系列三（连身袖结合口袋设计）

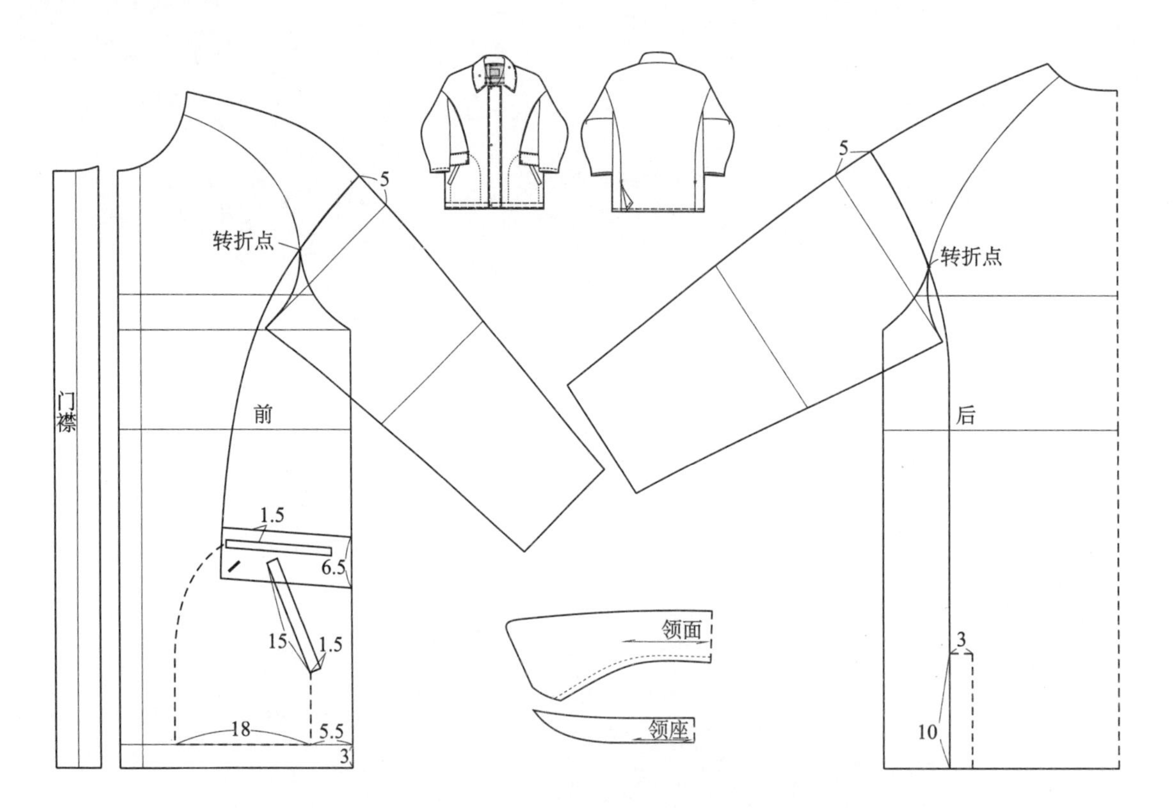


图 3-12 一板多款巴布尔纸样系列四（连身袖结合分割线、口袋、开衩设计）

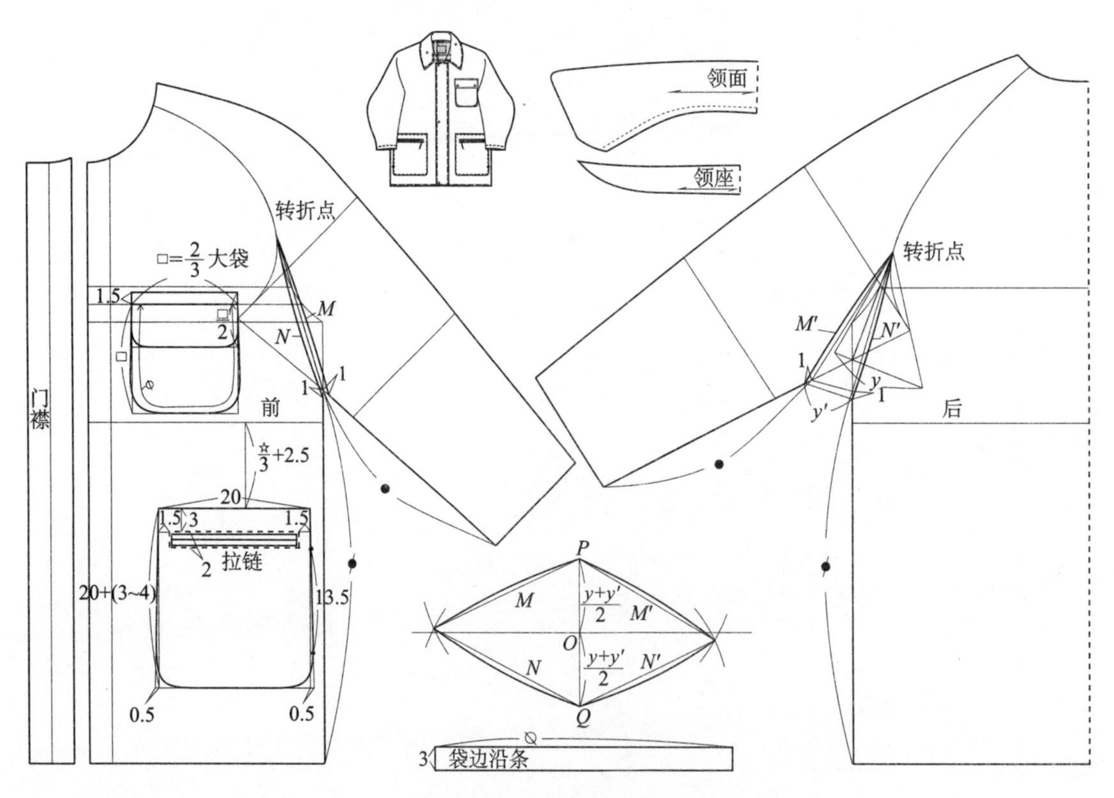


图 3-13 一板多款巴布尔纸样系列五（袖裆与复合口袋设计）

出 1cm 是为做缝后的考虑）四条线段。以 $O$ 为原点画坐标轴，向上和向下的长度均为$\frac{y+y'}{2}$（袖裆量），之后分别以 $P$ 和 $Q$ 为圆心，以 $M$、$M'$、$N$、$N'$ 为半径画弧，得到交点连线并做弧线处理，得出袖裆纸样。口袋采用复合贴袋设计（图 3-13）。

纸样系列六，连身袖的款式线在前片变成横向直线结构，配合斜向分割线，形成具有“构成感”的纸样，并沿分割线依次做插手袋和立体贴袋设计，为将二者在外观上区分开来，将贴袋加上袋盖和立体设计。可见斜向分割线是为口袋而存在（图 3-14）。

巴布尔是最具代表性的绅士户外服，由纸样系列设计的经验可以发现，它的经典结构为“功能”设计提供了很好的基础和发散空间。由开始的袖型、口袋的简单变换，到连身袖款式与结构的结合，最后考虑设计美感，整个造型过程始终没有离开功能这个主题。流行趋势和面料与此相辅相成，流行元素和新型面料的运用可以增强设计的时尚感和现代感。它可以作为户外服纸样系列设计的典范，举一反三，这些元素的综合运用不仅可以在巴布尔系列设计中充分表现，也可以普遍运用在所有类型的户外服系列设计中（参阅本训练教程下篇相关部分）。

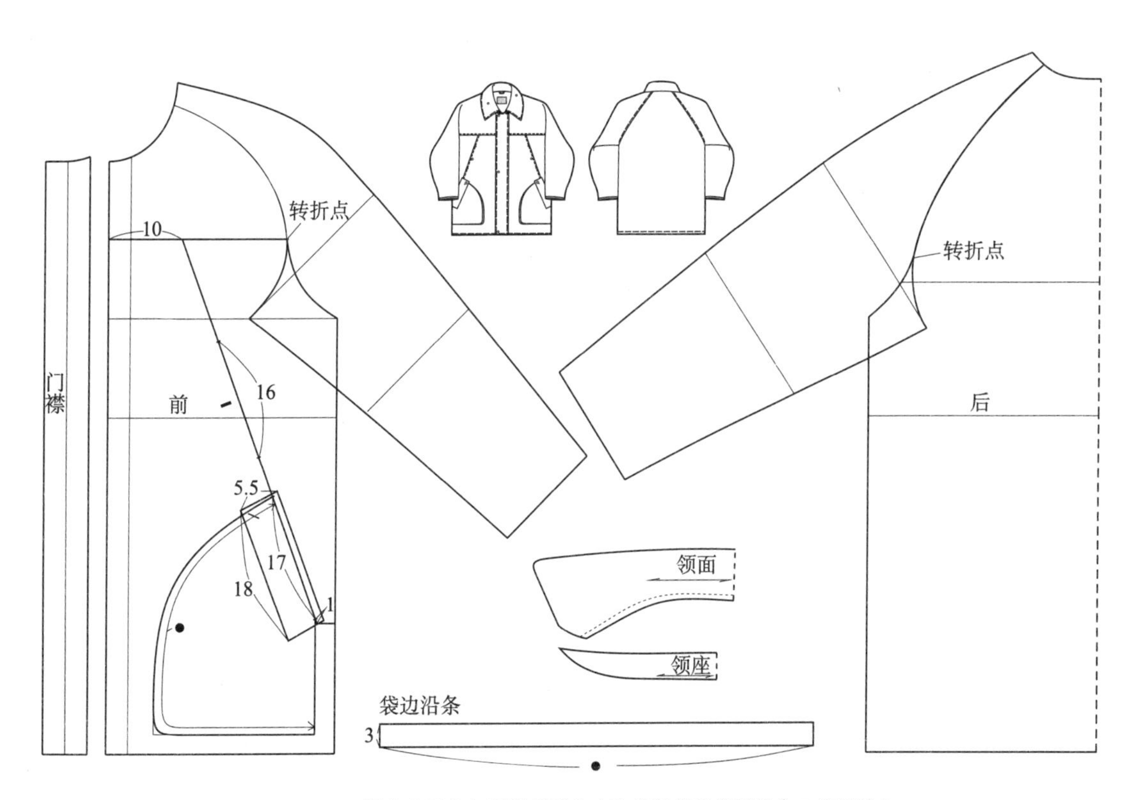


图 3-14　一板多款巴布尔纸样系列六（连身袖斜线分割结合口袋设计）

# 第 4 章　裤子款式和纸样系列设计实务

裤子是男装最重要的配服，适用于不同场合，按照 TPO 规则可划分为晚礼服裤、常服西裤和休闲裤，款式设计是以此作为基本分类展开的（图 4-1）。

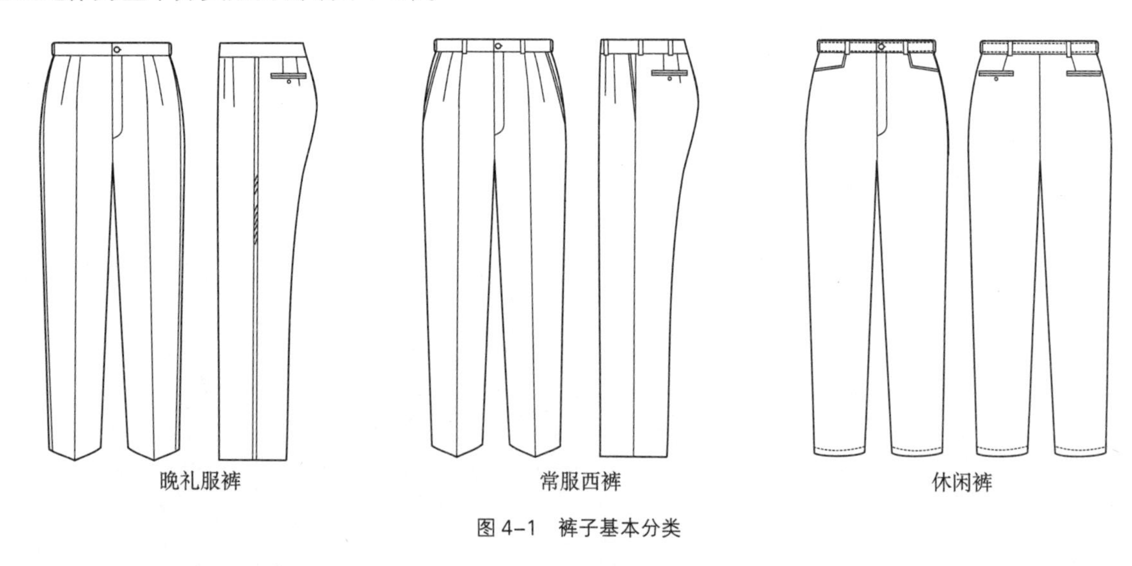


图 4-1　裤子基本分类

## §4-1　裤子款式系列设计

男裤的款式设计容易被人忽视，虽然不如女裤那么形式多样、变化繁多，如果深入挖掘，善于运用系列设计方法，与上衣同样有很大的设计空间。不同类型，变化方法亦有不同。“整体递进设计方法”是常规而有效的方法，先对其构成要素与基本廓型做出整体的规划和安排，然后分别做系列设计，以廓形为先导，各自突出重点元素从单一到多元推进，寻求各自的发展空间各个击破。

晚礼服裤子款式特征为必配吊带而无腰襻、有侧章。它的既定形制使此类裤子设计单纯、细节隐蔽、规则严谨、款式变化少，一般只在标准西裤基础上对面料和结构进行微调处理，这里不做过多讨论。

常服西裤款式设计保守固定，款式变化非常有限，多是在口袋、裤脚、腰头和面料等细节上做微妙的变化。廓型可以由 H 型变成小 A 型或小 Y 型（更多信息参阅本训练教程下篇相关内容）。

休闲裤款式系列设计适用于非正式场合，设计时应以功能性作为基本出发点。根据廓型可划分为 H 型、Y 型和 A 型三个大类，元素运用灵活多变，款式系列设计主要集中在廓形与元素之间功能关系的协调展开。由于 H 型属于中性结构，不受任何元素制约，所有裤子设计元素均可使用，涵盖面最广，下面以 H 型休闲裤子为例演示设计过程。

首先，对 H 型基本款式裤子进行元素拆解分析，可拆解的元素越多，未来的设计空间就越大。①腰位，分为绱腰、连腰和高腰、中腰、低腰的基本变化，也可使用松紧腰。②前门襟，可以改变形状，如直角、方角、尖角，根据需要可长可短、可明可暗。③省（育克），后片可以将省合并加横向分割，形成育克造型，这是休闲裤款式变化中的一个重要设计元素。④口袋，基本变化是直插袋、斜插袋和横插袋，还可以进行概念设计，如贴口袋、老虎袋（立体口袋）等，视功能需求而定。⑤襻，腰部可以加调节襻或与腰带组合的设计。⑥裤口，有无翻脚、有翻脚、收口、扩口的变化，收口的款式可以使用拉链、衩式等元素。这里给出的标准款式为无褶款式，还可做单褶、双褶、三褶或多褶设计（图 4–1、图 4–2）。

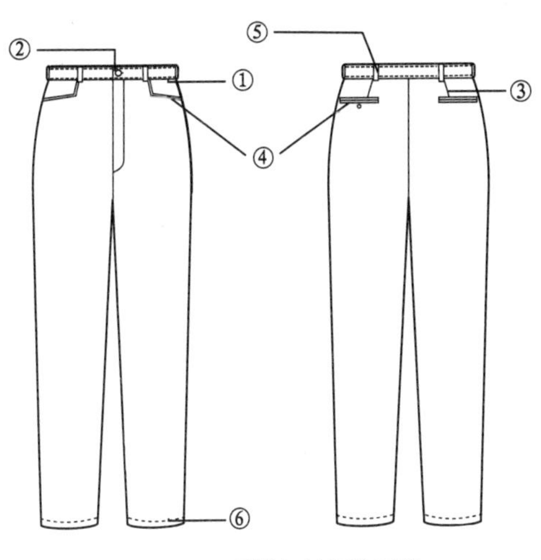


图 4–2　H 型休闲裤标准元素

款式系列一，口袋设计。在其他元素相对不变的前提下，改变侧袋和后袋的款式，各种口袋样式都适用，重点体现功能作用，必要时加入育克等元素与之配合。注意避免使用过于繁琐的装饰性设计（图 4–3）。

款式系列二，育克设计。育克在保有省功能的前提下，形状可以自由设计成上折、下折、上弧、下弧或直线型等各种形式，当加入其他元素时要注意协调关联性（图 4–4）。

款式系列三，腰头设计。可以采用连腰的款式，后中部位可加松紧带或整个腰围都是用松紧腰，方便穿脱，适合运动。后侧部位加调节襻同样具有调节腰围松量的功能。这类设计比较方便，富于人性化，多用于运动款式（图 4–5）。

款式系列四，裤口设计。可以装拉链、使用调节扣（或襻）、松紧口等，这些元素多用于运动或工装裤设计（图 4–6）。

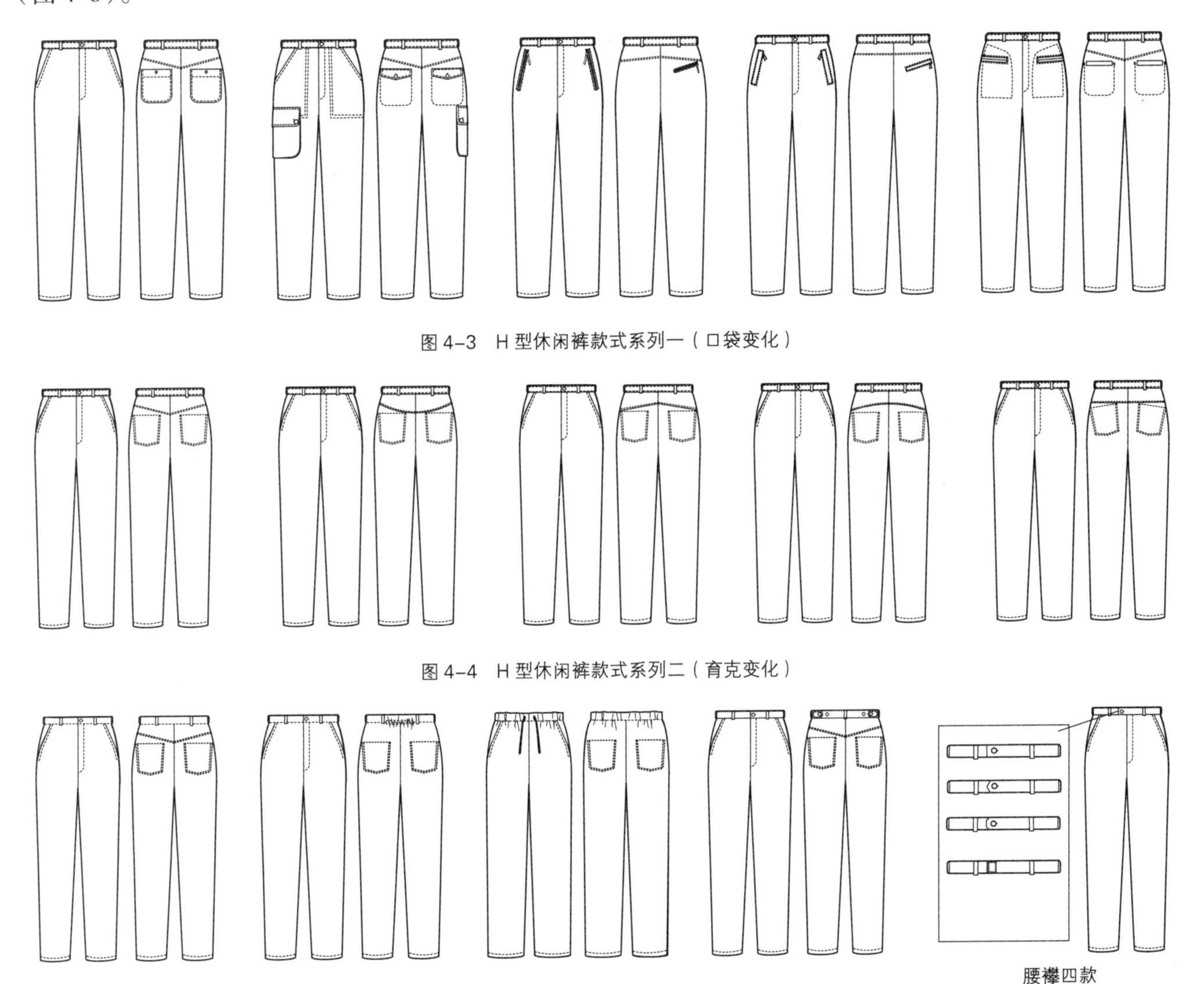


图 4–3　H 型休闲裤款式系列一（口袋变化）

图 4–4　H 型休闲裤款式系列二（育克变化）

图 4–5　H 型休闲裤款式系列三（腰头变化）

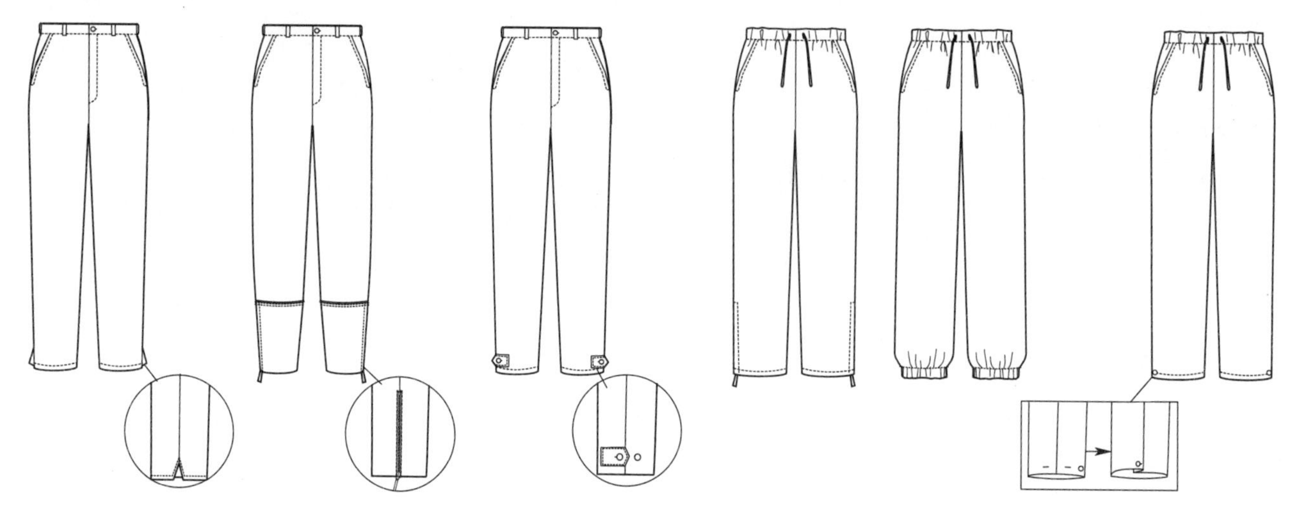

图 4-6 H 型休闲裤款式系列四（裤口变化）

以上四个单元素设计系列，若能分别双双结合，还可以形成单元素结合的款式系列，在此省略这一过程（更多信息参阅本训练教程下篇相关内容），直接进入综合元素设计。

款式系列五，综合元素设计。将以上的款式系列整合，选取腰头作为变化主线，分别得到三个不同风格的综合系列：综合一，采用绱腰和连腰的款式，融合口袋、分割线和育克的设计（图 4-7）；综合二，是以松紧腰为特色融合口袋、分割、拉链等元素的设计，体现运动风格（图 4-8）；综合三是在综合二的基础上作收紧裤口的系列设计（图 4-9）。

理论上“整体递进设计方法”随着不同元素的加 A 可以不断深化设计，得到无穷多个系列。以上这些只是 H 廓型改变局部元素的变化系列，只要稍加改动就能轻而易举地获得 Y 型和 A 型系列，重要的是要找出

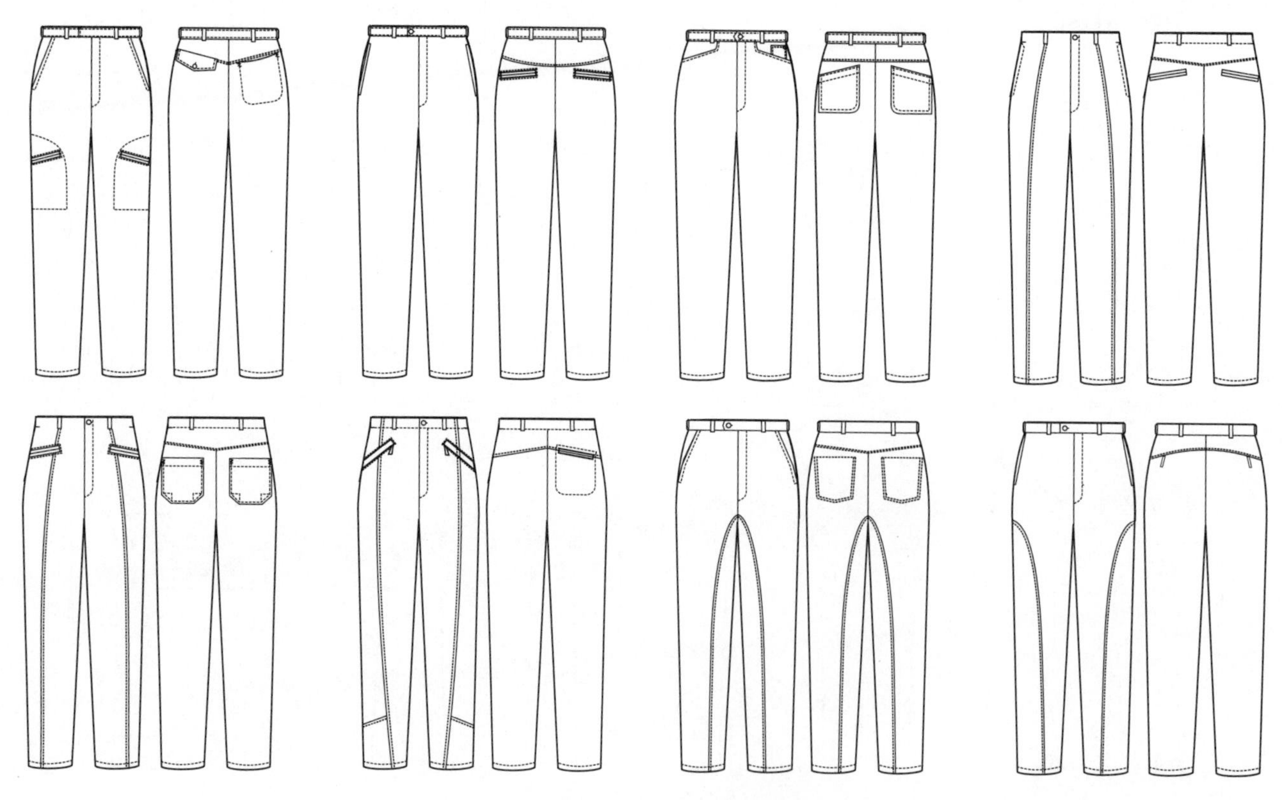

图 4-7 H 型休闲裤款式系列五（综合一）

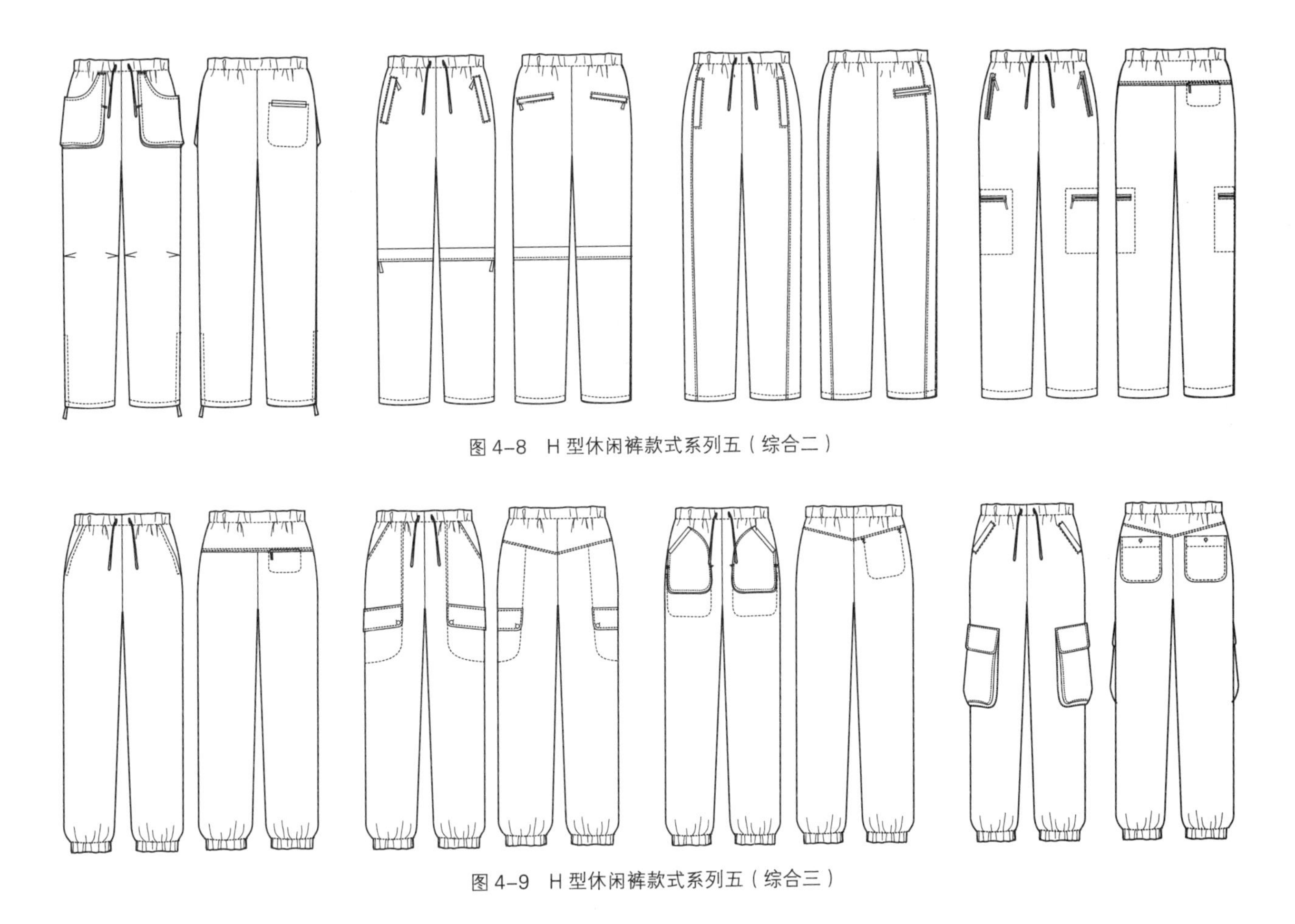

图 4-8　H 型休闲裤款式系列五（综合二）

图 4-9　H 型休闲裤款式系列五（综合三）

整体廓形和局部元素的关联性。例如将 H 型通过有效元素变成上大下小的廓型而进入 Y 型系列，相反的处理方法就进入了 A 型系列的款式设计（更多信息参阅本训练教程下篇相关内容）。可见获得 H 型、Y 型和 A 型三种基本板型是关键。

## §4-2　裤子基本纸样及其三种基本板型

裤子纸样设计与上衣不同，款式元素与板型结构的关系更加紧密。因此，裤子的基本纸样同时有亚基本纸样和类基本纸样的功能，H 型裤板型就具备这样一个功能，它可以同时完成 Y 型和 A 型两大主体板型设计。

制作裤子基本纸样，依然使用 94A6 规格：股上长 =25cm，股下长 =75cm，腰围（$W$）=82cm，臀围（$H$）=96cm。将最常用的 H 型单褶西裤作为标准款式，并以此为基本纸样展开裤子纸样系列设计（图 4-10）。

由裤子基本纸样（H 型）完成 Y 型和 A 型裤，有些类似上衣的一款多板的原理，区别是裤子款式元素与板型结构元素结合紧密，因此主板改变，局部也会相应改变。它表现在裤子的廓型变化系列上，又有点像多板多款的味道。可见，一款多板、一板多款和多板多款方法，不仅在裤子纸样系列设计中适用，且“款板关系”更加严密。

西裤的廓型变化细腻，由 H 型基本纸样变化成 A 型和 Y 型都是通过细微处理完成的。H 型自身的变化也是如此。

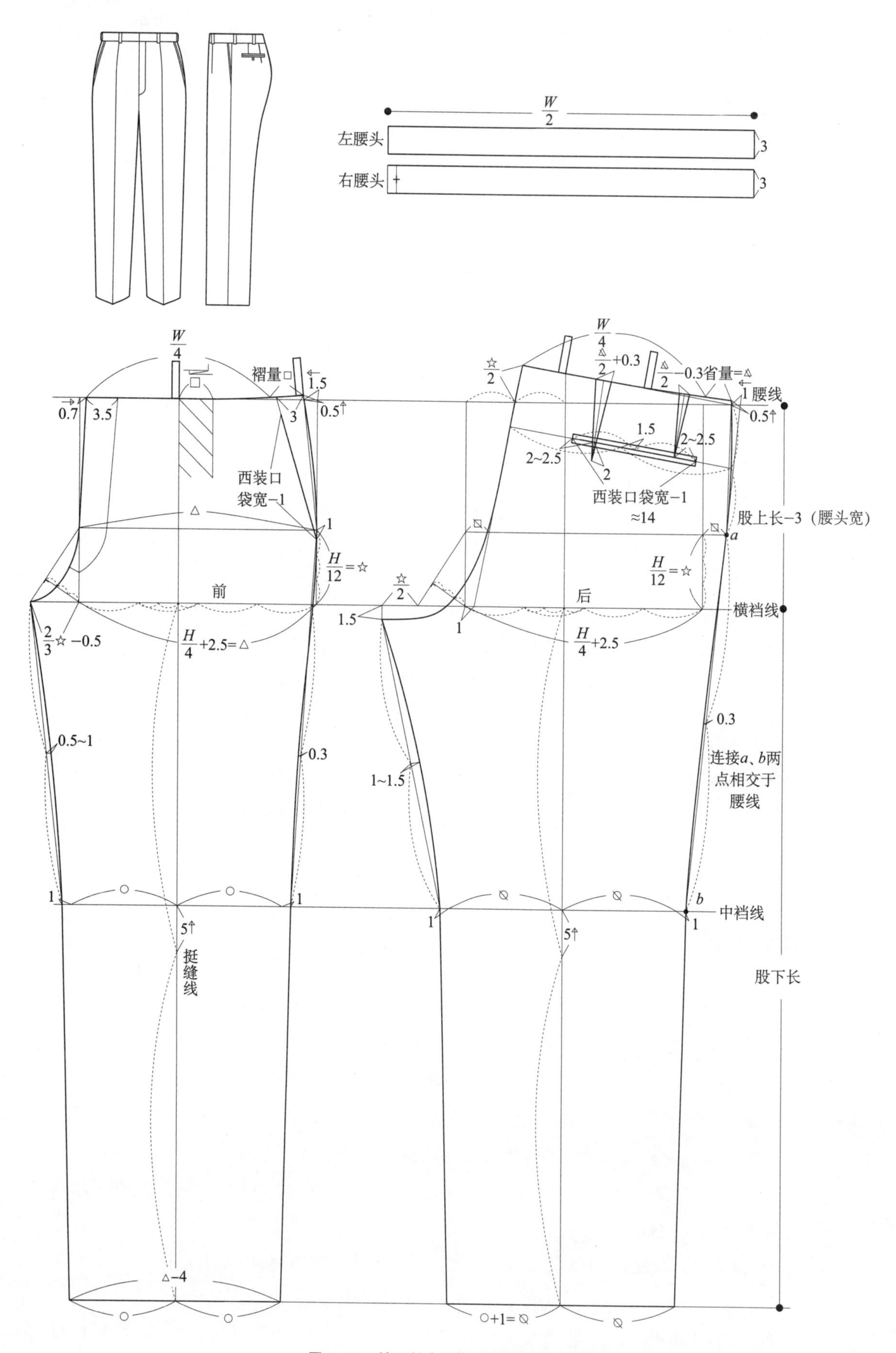


图 4-10　裤子基本纸样（H 型单褶西裤）

## 1　H 型单褶、无褶和双褶裤纸样设计

裤子基本纸样所表达的就是西裤的单褶形式，可以直接用于单褶裤制作。将基本纸样中的单褶变成无褶结构就实现了 H 型无褶裤设计。方法是沿挺缝线剪开后，向内重叠 2.5cm 收缩，缩进的量以保留四分之一臀围为参照值，保证前片臀围量不小于臀围，在腰线若剩余的褶量较小，可平均分配到后片的后中线、后侧缝中分解掉。最后重新订正前片挺缝线（图 4–11）。用与此相反的处理方法就会得到 H 型双褶裤子纸样设计，然后重新分配褶量确定褶位，订正前片挺缝线，后裤片与 H 型通用（图 4–12）。这个从 H 型单褶到 H 型无褶和双褶裤的纸样处理，也可以理解为“一板多款”的裤子纸样系列设计，再跟进其他元素，这个系列会有无限的发展空间（更多信息参阅本训练教程下篇相关内容）。

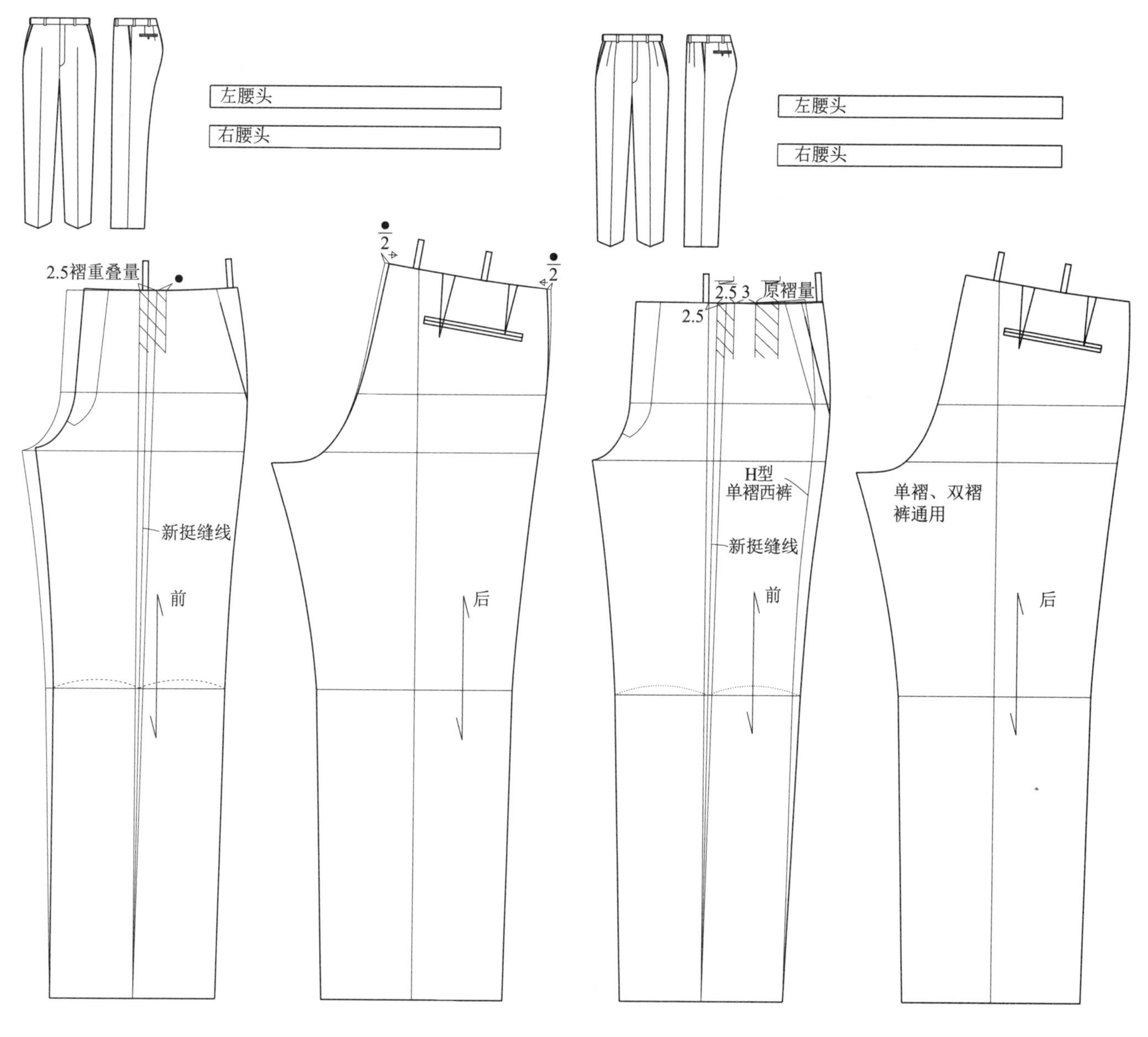


图 4–11　H 型无褶裤子纸样设计

图 4–12　H 型双褶裤子纸样设计

## 2　Y 型双褶裤纸样设计

Y 型双褶裤是在裤子基本纸样基础上，采用前片切展的方法，人为追加到设定两个褶量的总和，如设总褶量为 7cm（4cm+3cm），若原褶量 3cm（基本纸样），追加量就是 4cm（与 H 型双褶裤处理方法相同）。裤口两侧各缩进 3cm，腰位向上平移 2cm，形成高腰收口的 Y 造型（男装的高腰不同于女装，一般不超过股上长为上限）。最后重新订正前片挺缝线，后片裤口缩进处理和订正挺缝线与前片方法相同（图 4–13）。此板型可以作为 Y 型类基本纸样用于 Y 型裤纸样系列设计（更多信息参阅本训练教程下篇相关内容）。

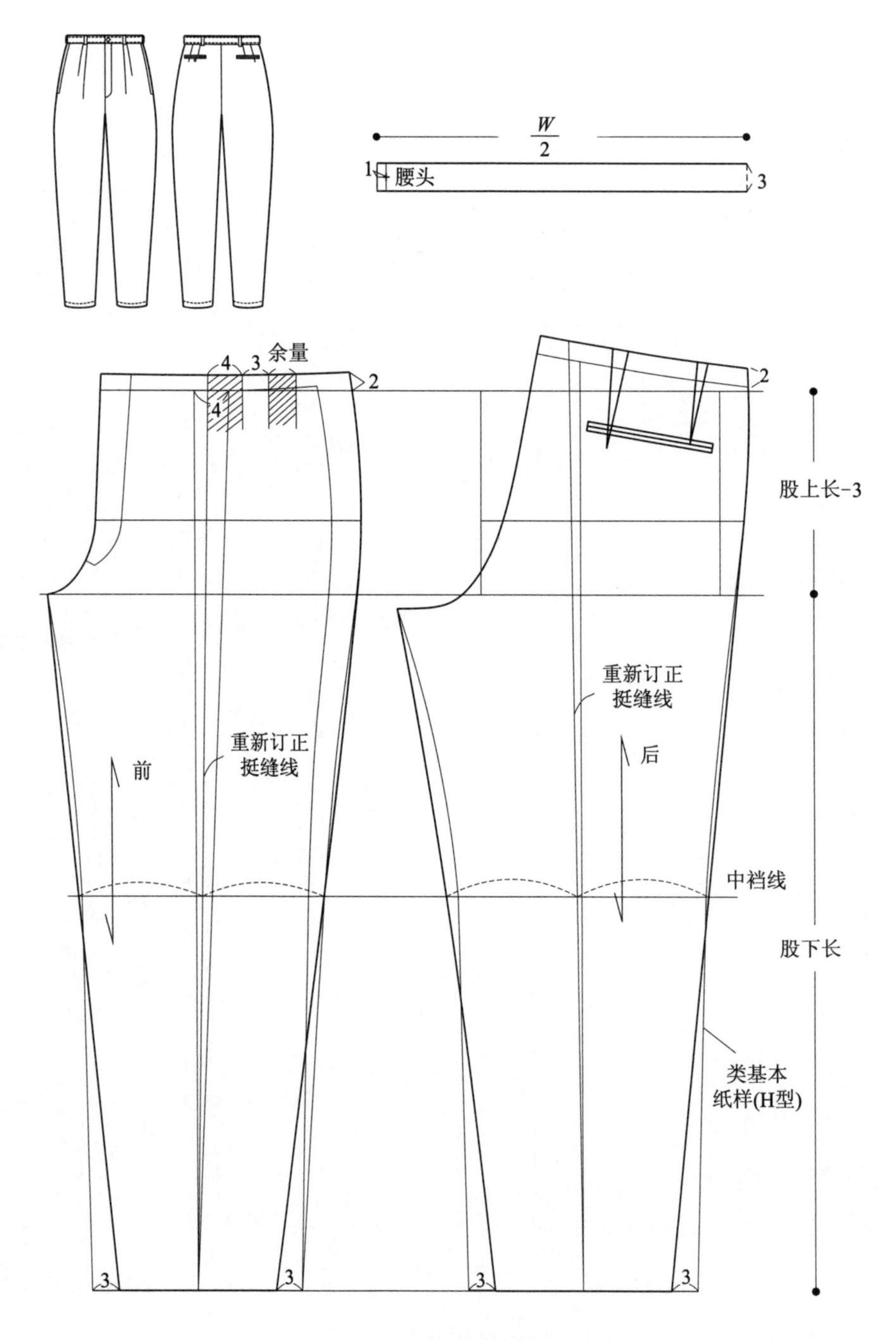


图 4–13　Y 型双褶裤子纸样设计

## 3　A 型无褶裤纸样设计

A 型无褶裤纸样设计以牛仔裤为典型，与无褶 H 型处理相似，采用前片切剪收缩褶量的方法，缩量后腰位平行向下落 3cm，形成低腰款式，同时裤口向下延长 4cm，两侧各加 1.5cm 的摆量，中裆位置两侧各收进 1cm，形成喇叭造型。后片裤口和中裆作同样处理，并通过两省重新分配转移进行育克的设计（图 4–14）。

H 型、Y 型和 A 型板的完成，为一板多款的裤子系列纸样设计提供了板型基础。

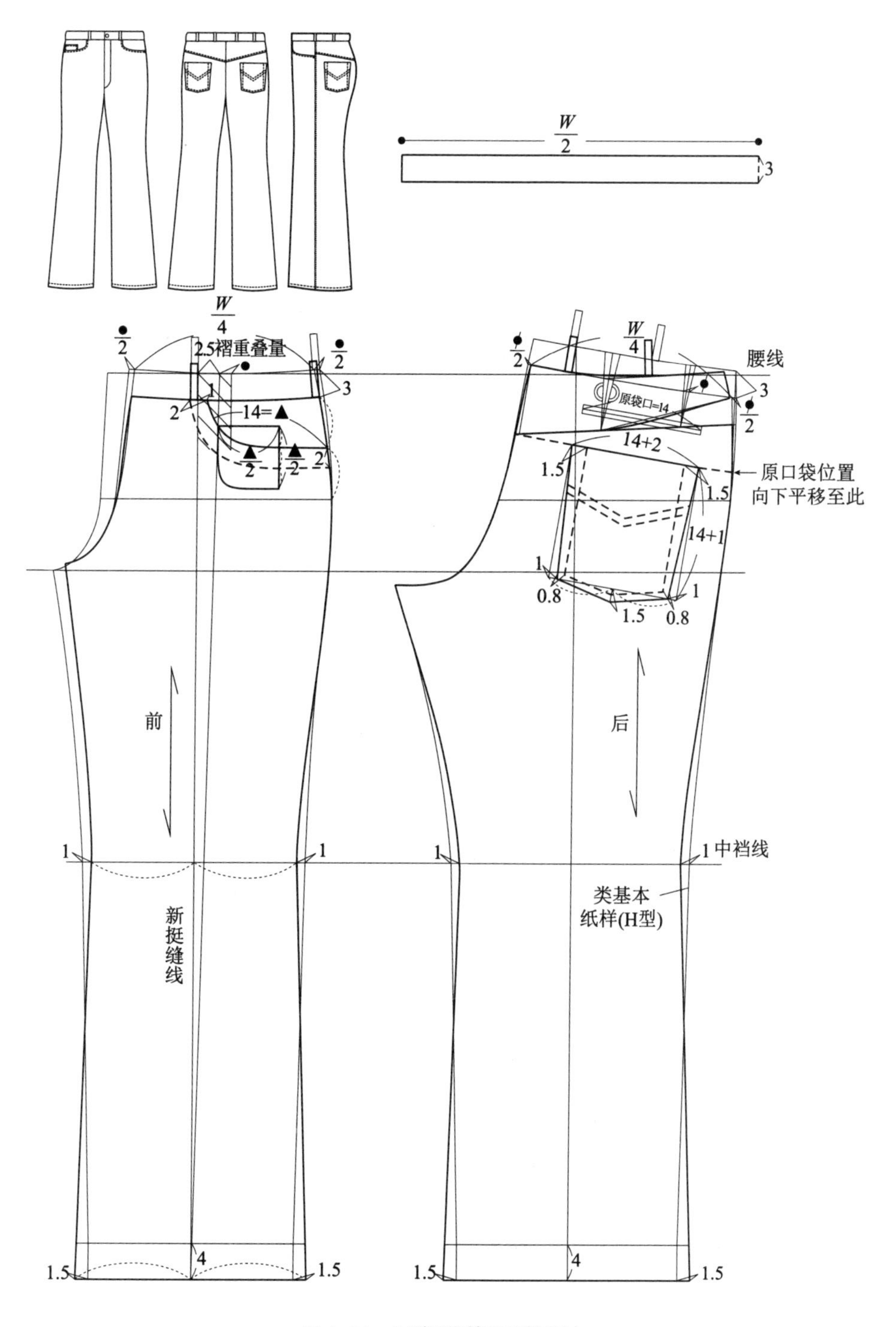


图 4–14　A 型无褶裤子纸样设计

# §4-3 A型裤一板多款纸样系列设计案例

每个廓型都可以理解成裤子相对稳定的板型，改变它的局部就实现了一板多款的纸样系列设计。这其中H型纸样处于中性状态，故Y型和A型的纸样设计规律完全可以运用到H型裤的系列设计中，相反H型元素向Y型和A型流动亦然。但A型跨越H型向Y型流动，Y型向A型流动要谨慎，这正是裤子结构的廓形和局部元素关系紧密所致。这里选取A型休闲裤作为代表演示这个设计过程。以A型板作为类基本纸样使用，通过单一元素到多个元素的加入，完成系列设计，例如以育克元素为突破口的系列设计。

纸样系列一，将后片两省中小省量分解到侧缝和后中缝中，然后依大省省尖设计与传统育克线逆向的形状，再将省合并，省量转移至育克缝中，前裤片不变（图4-15）。

纸样系列二，在系列一的基础上，改变前后口袋设计（图4-16）。

纸样系列三，将逆型育克回归传统型并以直线育克设计为上弧造型，且育克后中为不断缝结构（图4-17）。

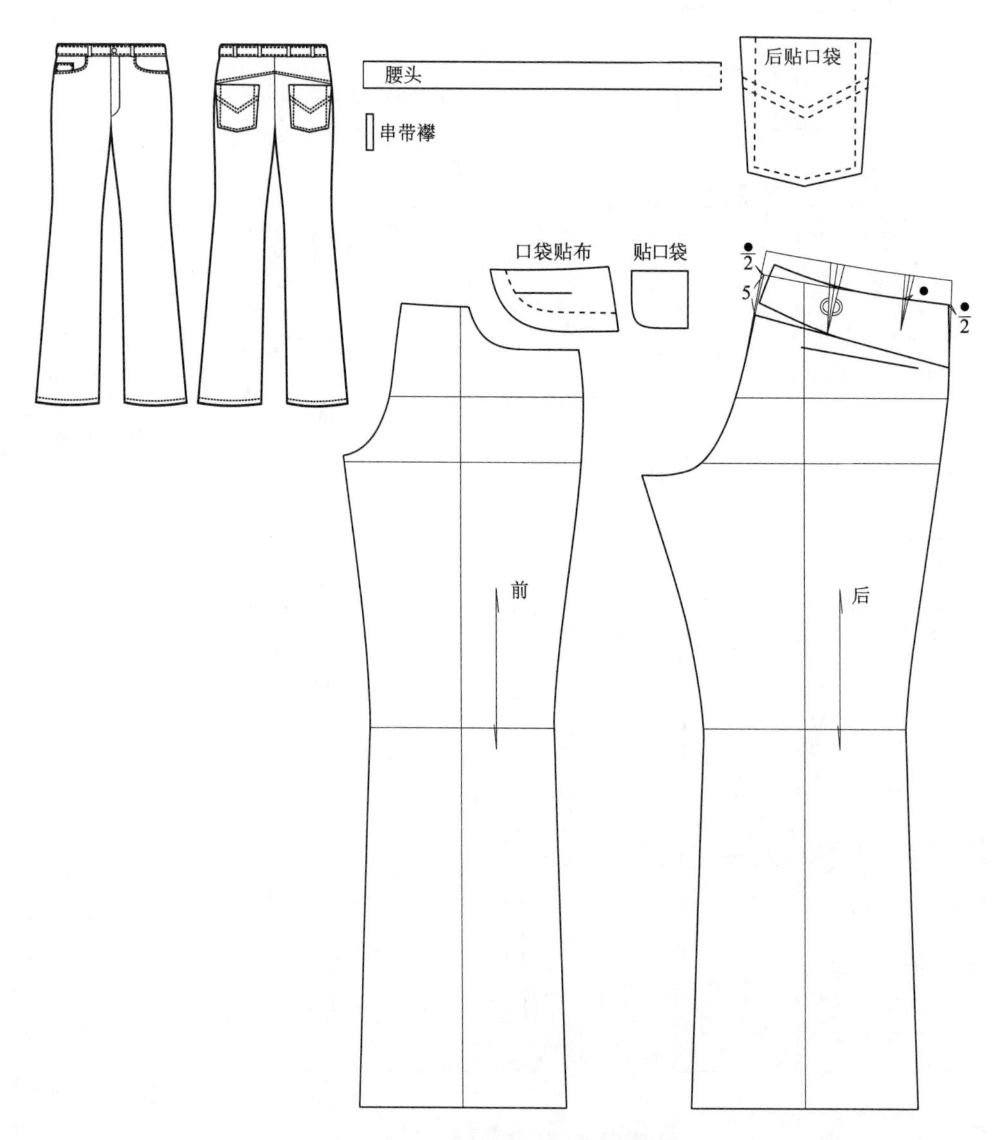


图4-15　一板多款A型裤子纸样系列一

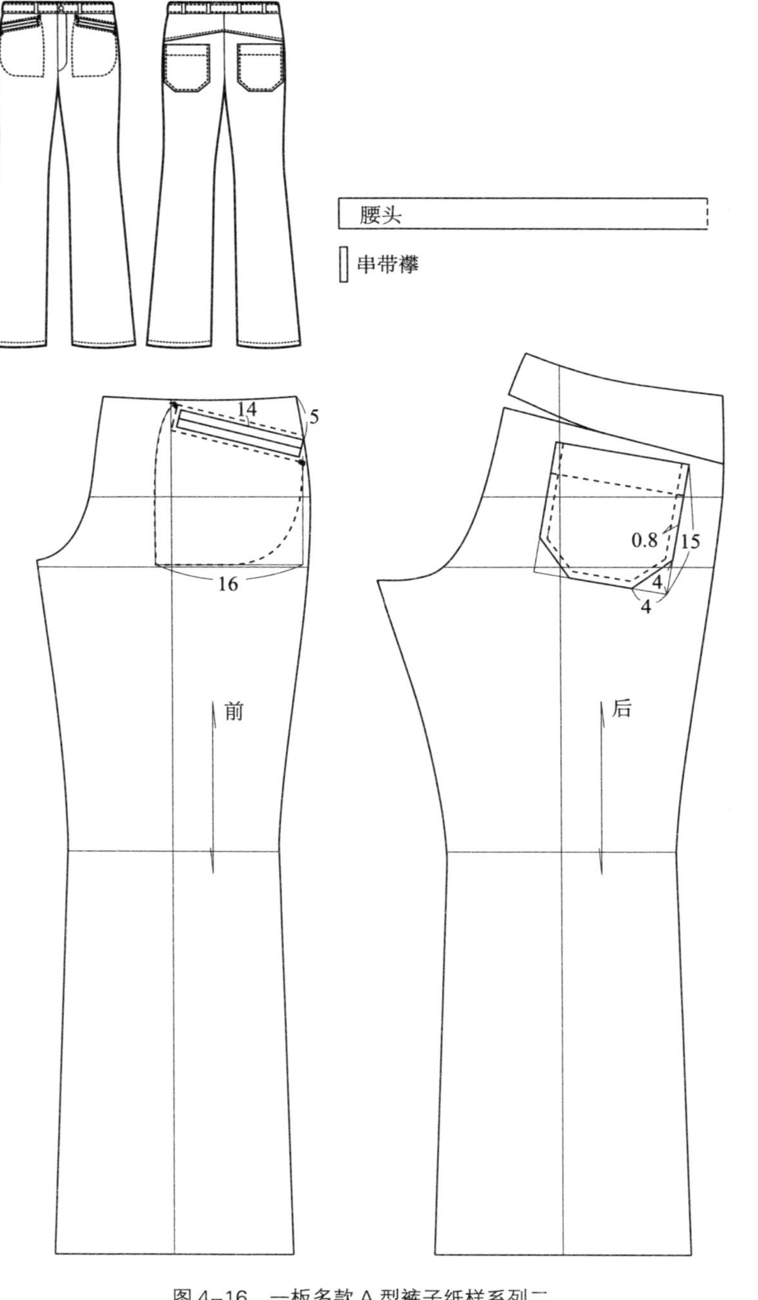


图 4-16　一板多款 A 型裤子纸样系列二

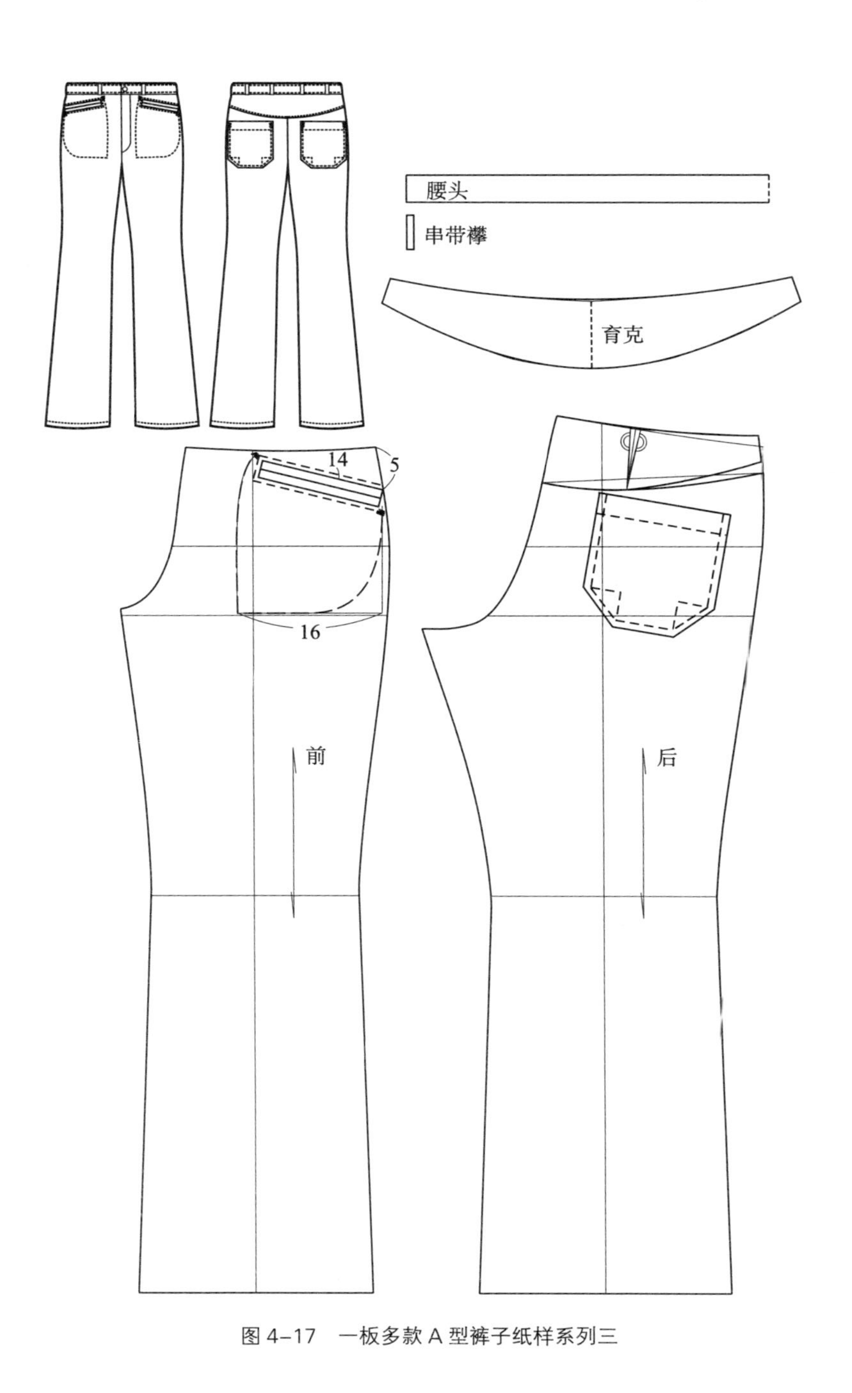


图 4-17　一板多款 A 型裤子纸样系列三

纸样系列四，前片和后片结合育克功能设分割缝。将前后侧缝顺成直线、去摆量后合并成一片（侧片），分割缝裤口处分别加 3cm，补充摆量，形成 A 型结构，配合侧腰分割线设计成调解襻，成为本系列设计的神来之笔。此时，纸样还可以继续设计成 H 型或 Y 型结构（详见本训练教程下篇）。可见纸样设计走到高处，显得灵动有趣，亦充满了智慧（图 4–18）。

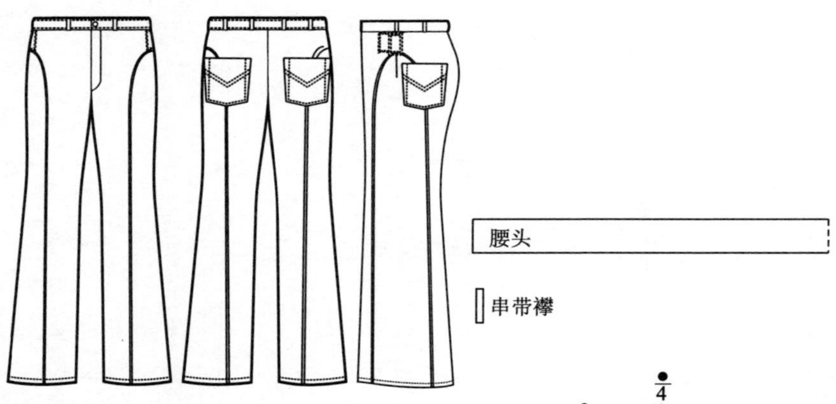

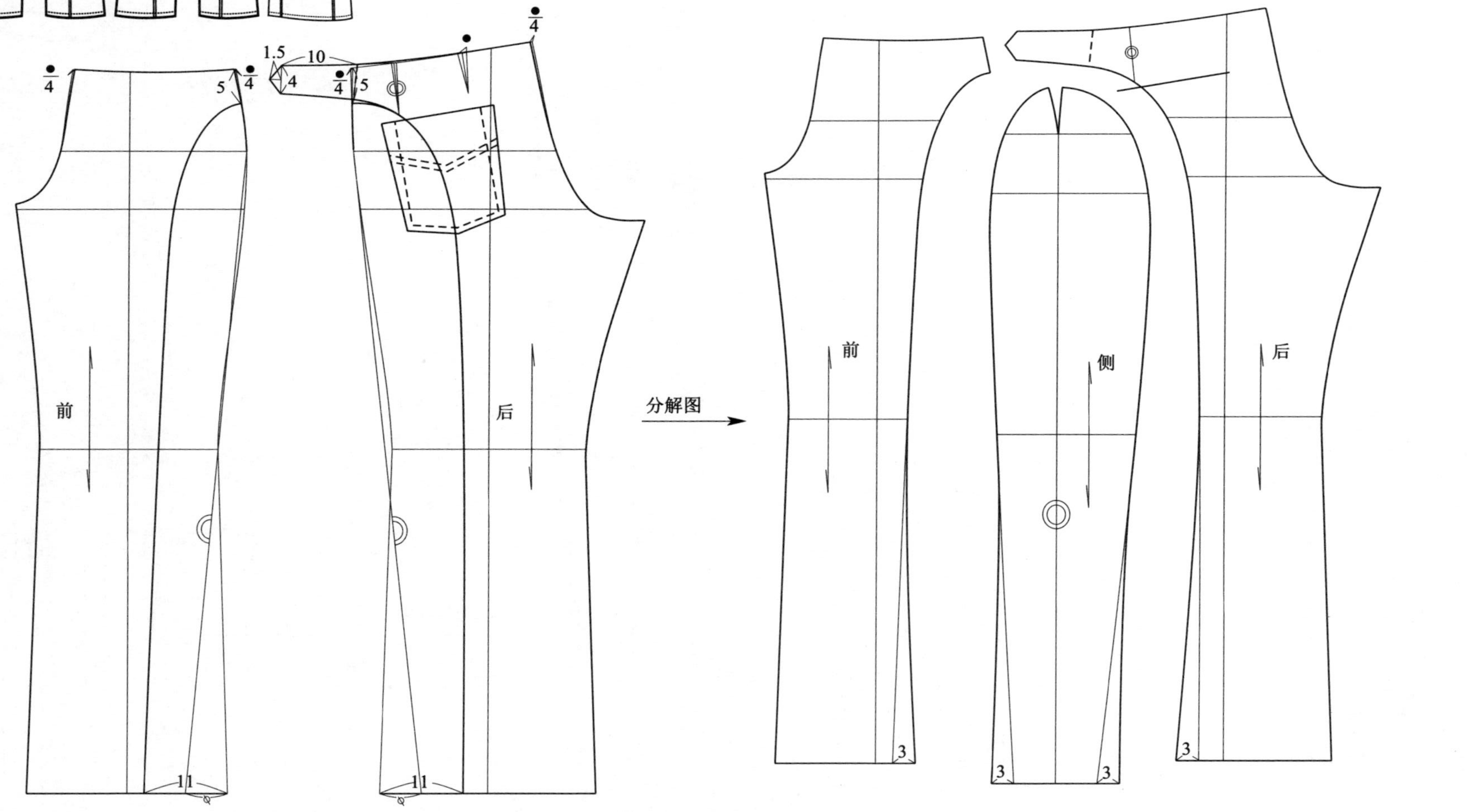

图 4–18　一板多款 A 型裤子纸样系列四

纸样系列五，前片保持不变，后片沿袋口位置向下断开，将省转入分割缝中，残省量很小，可以直接在侧缝处收掉，后口袋借用横向分割线作袋口。整体上功能隐蔽风格硬朗（图 4–19）。

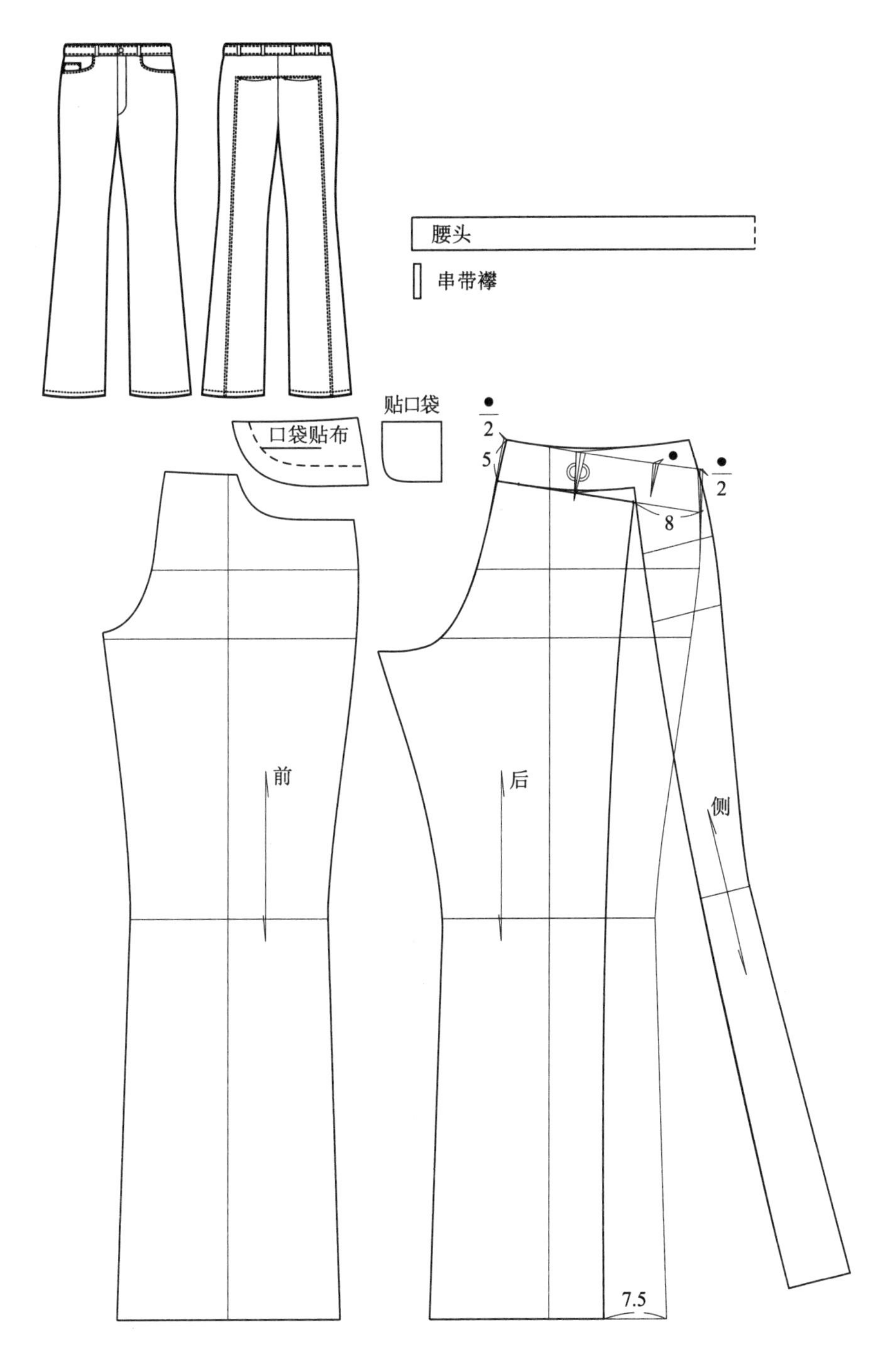


图 4–19　一板多款 A 型裤子纸样系列五

# 第 5 章　背心款式和纸样系列设计实务

背心在男装中虽然不是必备的配服，但承载着其他配服不可替代的绅士语言，因此有很强保有传统的程式规范，一般不单独使用，为配合主服或礼服而使用于不同场合，也称内穿背心。按 TPO 规则划分为礼服背心和普通背心（图 5-1）。其中，礼服背心包括燕尾服背心、塔士多礼服背心和晨礼服背心，普通背心包括套装背心和调和背心（与休闲西装搭配）。因此，它们在设计上有各自的语言规范和变通范围。通常情况，礼仪级别越高，规则越严，变通范围越小。重要的是要首先了解构成它们的基本元素和内涵。

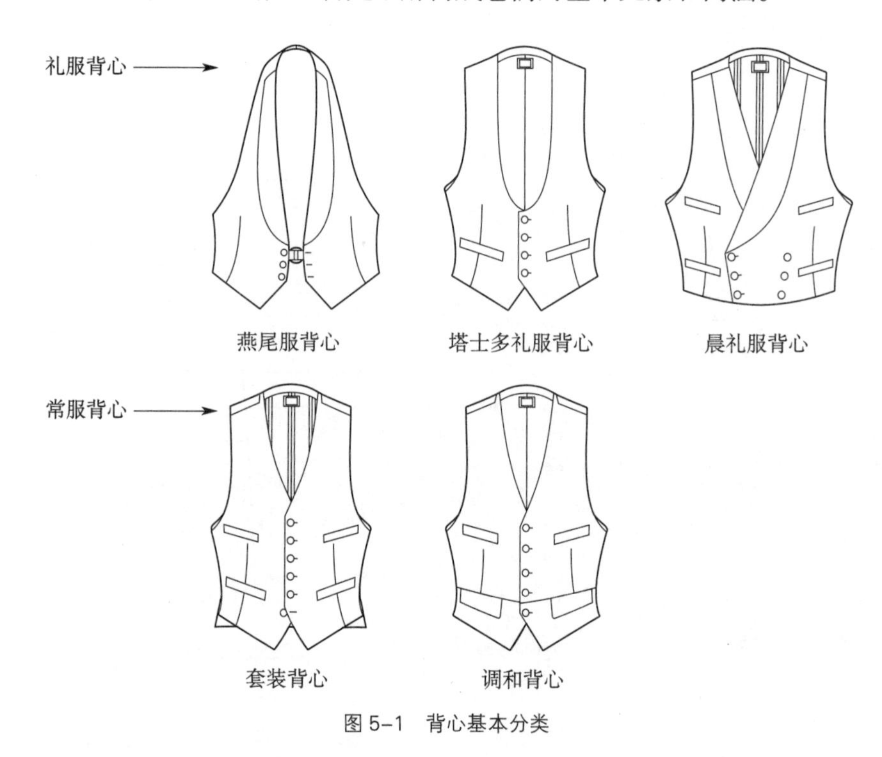


图 5-1　背心基本分类

## §5-1　背心款式系列设计（套装背心设计案例）

背心由于受到外层服装的制约，且主要作为西装和礼服的配服穿着，所以款式单纯、固定，设计只在既定款式的基础上，尽量选择同系统的元素，从细节着眼略作调整和变化，因此采用与西装相同的设计方法，即“细节扩展设计方法”。这里以西服套装 Suit 背心为例介绍系列设计个案拓展的方法。

套装背心是与西服套装、西裤配套的背心，而且是同色、同材质，标准款式为单排六粒扣、四个口袋（图 5-2）。

套装背心构成单纯，它的主要功能是不使腰带部分暴露出来，因此前摆长度要保持稳定。可设计元素集中在门襟、口袋和领型三个元素上。设计方法从单元素到多元素递进，排列组合。

款式系列一，由标准款式分别做口袋变化，第一款减掉上面两个口袋；第二款是将下边口袋加装袋盖，即在标准版基础上的微调处理（图 5-3）。

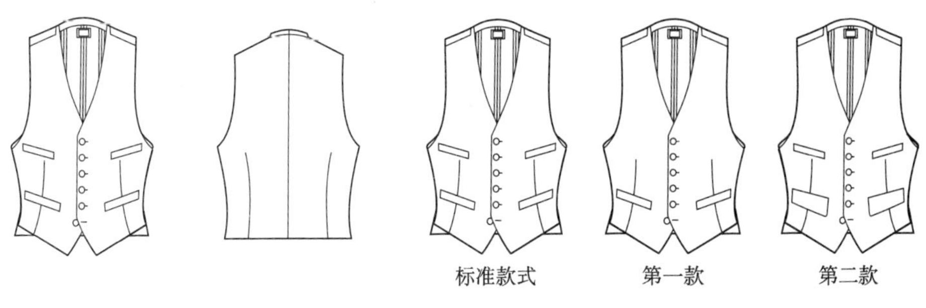


图 5-2　套装背心标准款式

图 5-3　套装背心款式系列一（口袋变化）

款式系列二，将系列一的三个款式加入平驳领设计，其他元素不变。此系列为传统回归怀旧风格（图 5-4）。

图 5-4　套装背心款式系列二（口袋变化加入平驳领）

款式系列三，将系列一的标准版六粒扣变为现代版五粒扣款式。做减法处理，简约概念明显（图 5-5）。

图 5-5　套装背心款式系列三（五扣门襟的口袋变化）

款式系列四，综合系列二和系列三，得到五粒扣、平驳领套装背心款式系列（图 5-6）。

图 5-6　套装背心款式系列四（五扣门襟加平驳领的口袋变化）

套装背心和包括董事套装、晨礼服在内的日间礼服背心属于同一系统，因此它们的元素可以通用，这样就可以派生出套装背心的礼服版系列和标准版系列。同样，包括塔士多礼服和燕尾服在内的晚礼服背心之间的元素也可通用，可产生晚礼服背心款式系列（更多信息参阅本训练教程下篇）。

# §5–2 背心纸样系列设计

将标准套装背心作为所有内穿背心的类基本纸样，展开系列纸样设计。一板多款是它的主要设计方法，但款式元素的类型和范围是有界定的，如低开领多用于晚礼服背心；双排扣背心比单排扣、有领背心比无领礼仪级别高或暗示传统品位等。

背心类基本纸样总体结构采用缩量设计。基本纸样中围度松量有 20cm，而背心的必要松量需控制在 8cm 左右，缩量的设计范围有限，多集中在前身的基本纸样上。这里围度收缩采用胸宽线到原侧缝线距离一半的位置定为前身侧缝。后背收腰量比西装（2.5cm）稍大，定为 2.7cm。长度缩量只在前肩线的基础上向下平移 2cm。衣摆设计是根据背宽横线与袖窿深线之间的距离（△）作为基础数据推导而来。这些尺寸的配比可以满足作为内穿背心功能的基本要求，既能够保证活动的需要量，也能够充分覆盖腰带（图 5–7）。

背心纸样系列设计，选择调和背心、塔士多礼服背心和晨礼服背心，采用多板多款的方法实现系列设计。以套装背心纸样作为类基本纸样，保持主体结构稳定，改变局部，虽然局部变化根据 TPO 规则是既定的，但方法是灵活有效的。

* 胸袋和腰袋与下摆斜线平行
* 胸袋长与西装手巾袋相等，腰袋追加2cm
* 扣位，先确定第一粒和第五粒扣并做五粒扣等距，按等距确定第六粒扣

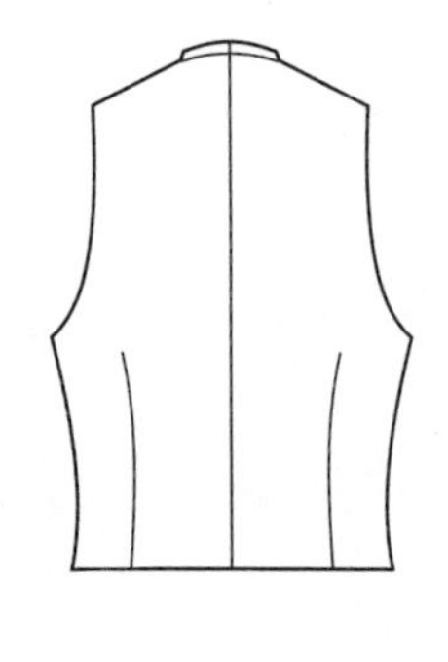

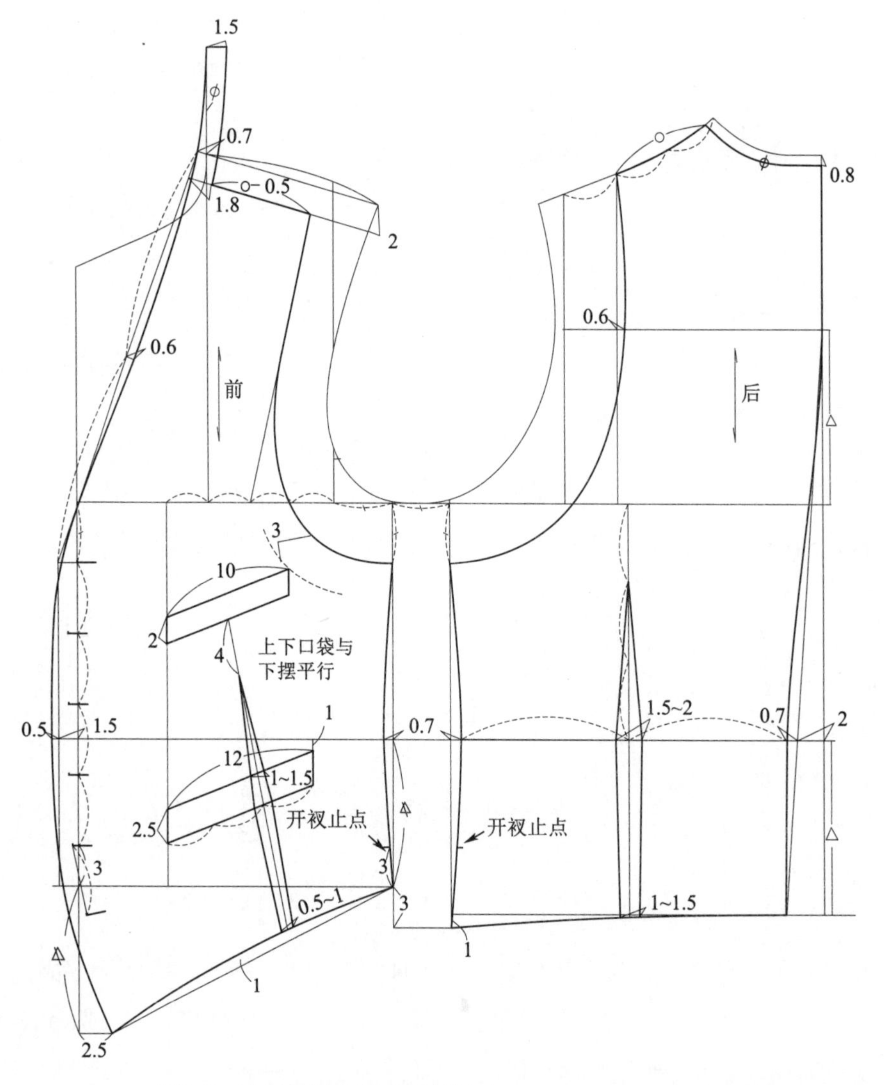


图 5–7 背心类基本纸样（套装背心）

纸样系列一，调和背心纸样设计。在套装背心纸样基础上，调整成五粒扣设计，由底摆辅助直线与前中线的交点确定最下方一粒扣的位置，之后该扣与最上方第一粒之间确定第三粒扣的位置，最后在第一和第三粒之间确定第二粒扣的位置，在第三和第五粒之间确定第四粒扣的位置。前身腰部设计分割缝，分割缝处确定袋位，加入袋盖设计。后片底摆向上平移，使后侧缝长等于前侧缝，这些简化的手段说明它是休闲背心（图 5-8）。

纸样系列二，塔士多礼服背心纸样设计。在套装背心基础上，袖窿追加开深 4.5cm，前襟下摆缩短变为小敞角，领口向下开深接近腰线呈“U”型，门襟为三粒扣，连体领台去掉，补充在后领口上完成纸样设计，并以此作为晚礼服背心基本纸样，运用一板多款方法展开系列设计（图 5-9）。

纸样系列三，晨礼服背心纸样设计。在套装背心纸样基础上变单排扣为双排扣结构，前襟采用平摆设计，六粒扣距根据前中线采用上宽下窄并对称分布。四个口袋，受下摆的影响，口袋的倾斜度与下摆平行，趋于平缓；领口呈“V”型并附加青果领；连体领台去掉补充到后领口处（图 5-10）。

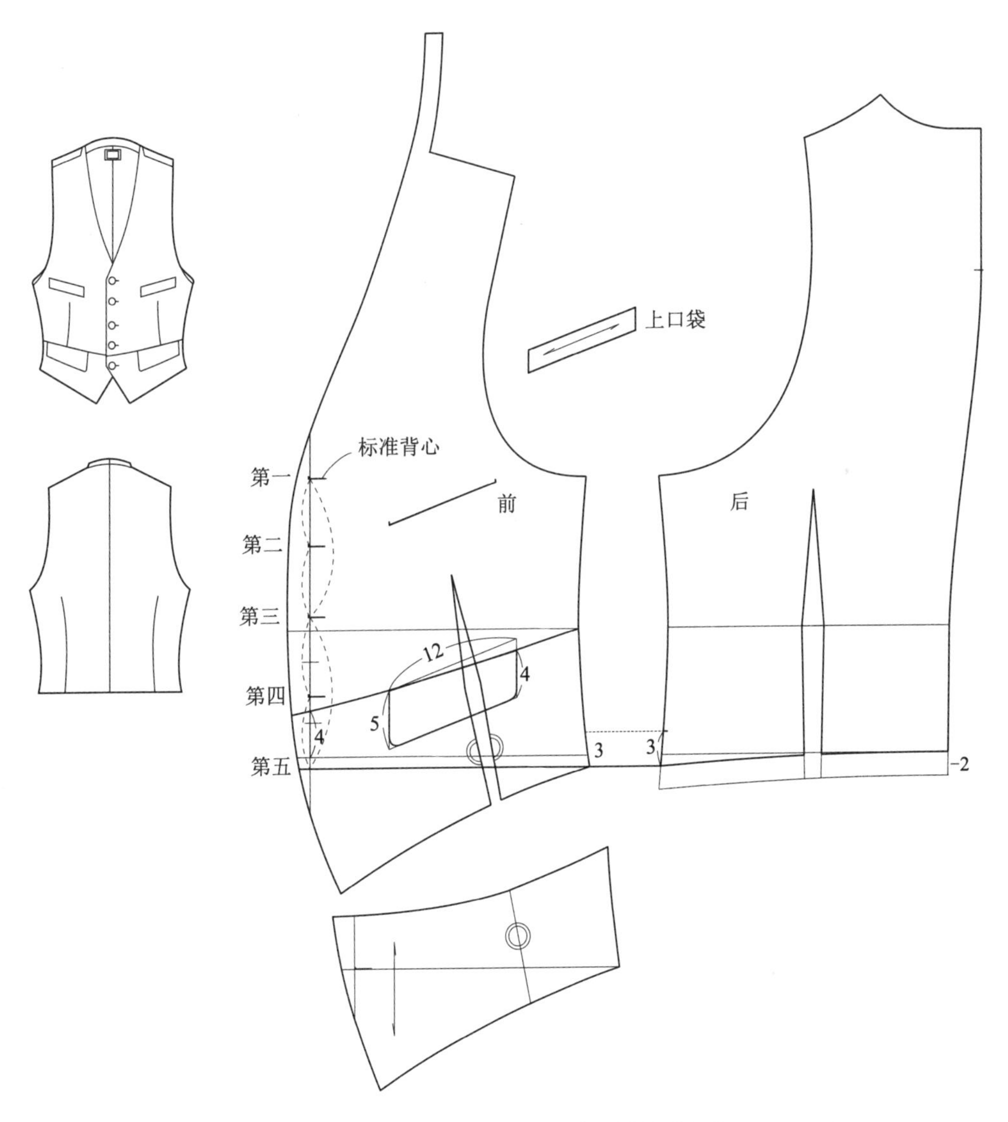


图 5-8　多板多款背心纸样系列一（调和背心）

背心纸样系列一至系列三分别为不同种类和不同款式的多板多款设计，我们可以选出任何一类作为主板，根据款式系列继续进行各类背心的一板多款的纸样系列设计。例如拓展套装背心款式系列、塔士多礼服背心款式系列、晨礼服背心款式系列完成各自的纸样系列设计（更多信息参阅本训练教程下篇相关内容）。

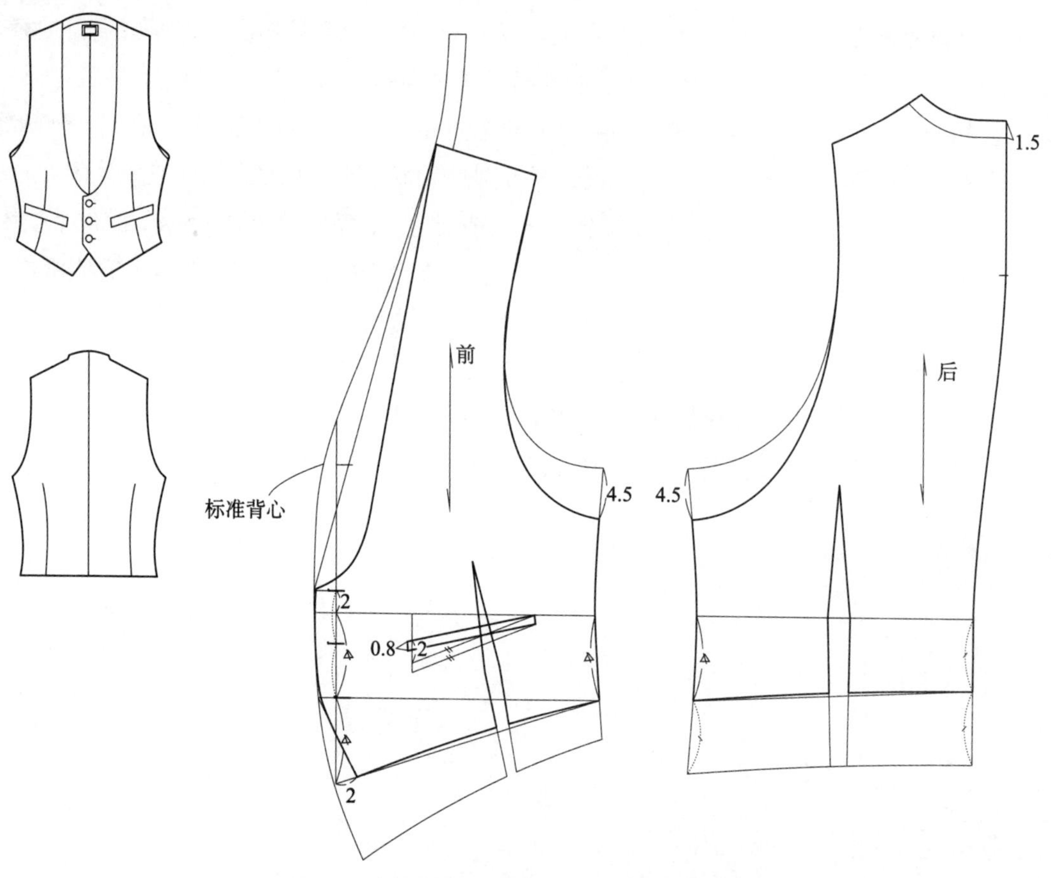


图 5-9　多板多款背心纸样系列二（塔士多礼服背心）

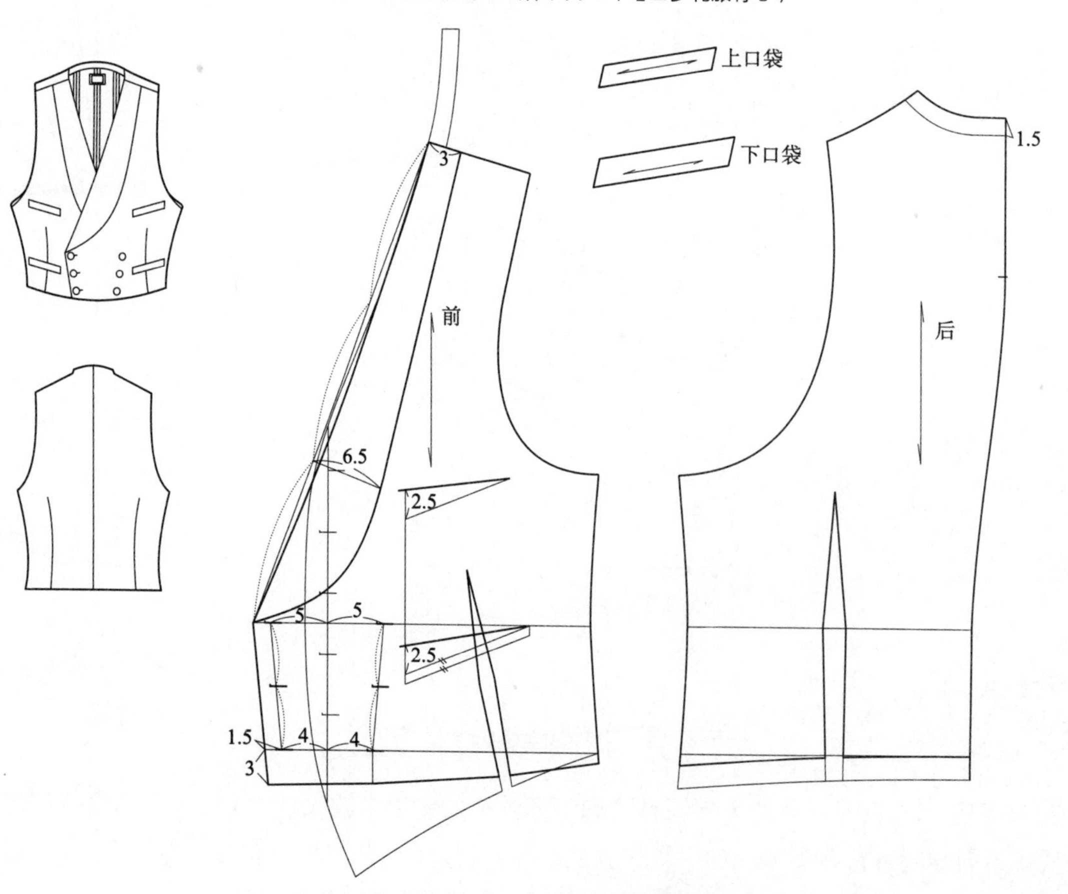


图 5-10　多板多款背心纸样系列三（晨礼服背心）

# 第6章 衬衫款式和纸样系列设计实务

按照TPO礼仪级别的划分，有礼服衬衫、普通衬衫和外穿衬衫（图6-1）。其中，礼服衬衫和普通衬衫是具有和西装（包括礼服）、裤子严格搭配关系的内穿衬衫（属于内衣类），是男装中最主要的配服。而外穿衬衫则属于户外服类，是可以单独穿用的。两类衬衫无论是款式、板型、工艺，还是用料都有很大不同，但它们的传承性是明显的，外穿衬衫是通过内穿衬衫外衣化形成的，它归在户外服类，因此无论是款式还是纸样，其系列设计空间远大于内穿衬衫。

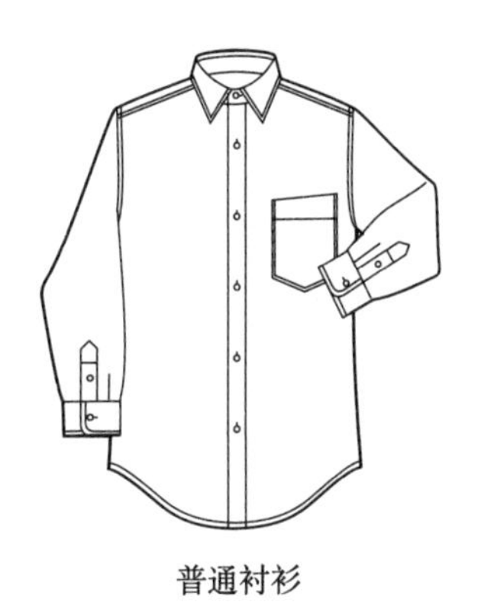

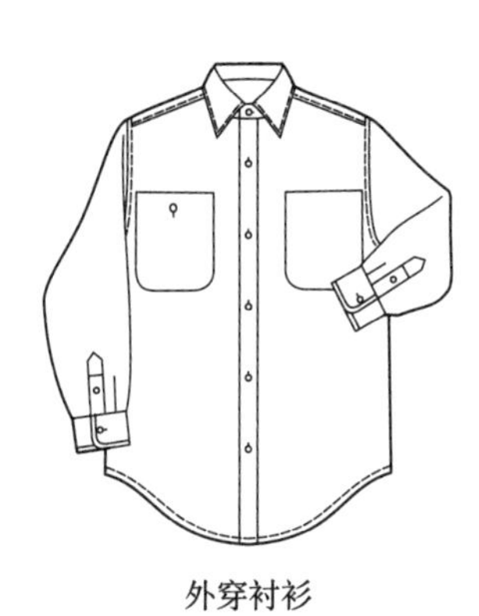


图6-1 衬衫基本分类

## §6-1 内穿衬衫款式系列设计（普通衬衫设计案例）

内穿衬衫分为礼服衬衫和普通衬衫，礼服衬衫又可细分为晚礼服衬衫和日间礼服衬衫。无论哪种衬衫，由于它是配服，受外衣和裤子的制约，款式变化有限，甚至有些元素的基本形态是不能改变的，如前短后长的圆摆造型是和衬衫总要放到裤腰里的固定穿着方式有关；育克的保留，这是由男权文化和历史积淀下来的男人符号。这种文化和生活方式不改变，衬衫对应的形态也就不会改变。下面以普通衬衫款式系列设计做案例分析。

首先归纳出衬衫标准款式的基本元素。①企领；②肩部育克（过肩）；③六粒扣明门襟；④左胸贴袋；⑤圆摆；⑥后身设有固定明褶；⑦圆角袖头，连接剑型明袖衩（图6-2）。

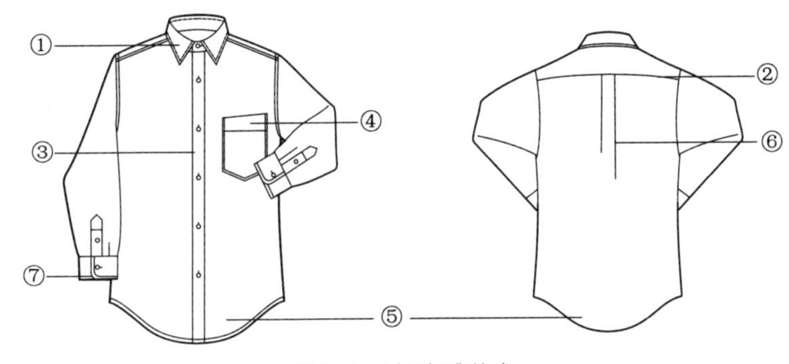


图6-2 衬衫标准款式

由于内穿衬衫形态基本固定，可变元素十分有限，主要是企领领角的设计、袖头和门襟的设计，这些皆为细节的设计，因此款式系列普遍采用廓形稳定、细节扩展的设计方法。

款式系列一，背部褶的设计。内穿衬衫除了在后中线位置设计一个明褶外（见图6-2），还可以设计成双明褶和缩褶，它的功能主要是容入手臂前屈时所需的活动量（图6-3）。礼服衬衫由于活动量小有时不设背褶。

款式系列二，领角设计。领角变化可以说是衬衫的主要设计元素，它能有效反映流行趋势和审美取向，尖角领、直角领、钝角领、圆角领、立领都是常用款式。立领是作为不系领带的便装化设计，如果作为礼服衬衫还要外设企领或翼领配件设计配合使用（图6-4）。

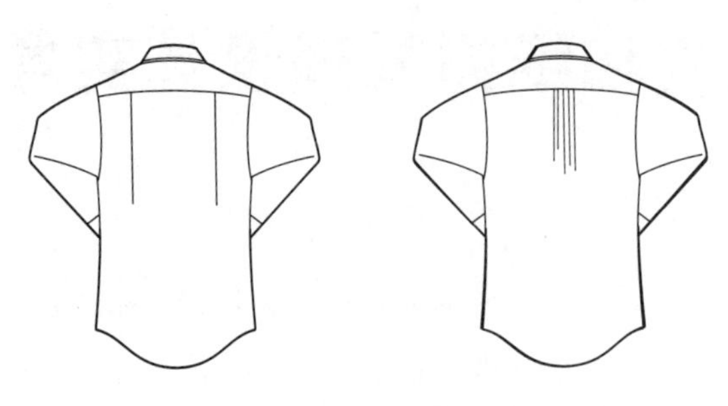

图 6-3　普通衬衫款式系列一（背褶设计）

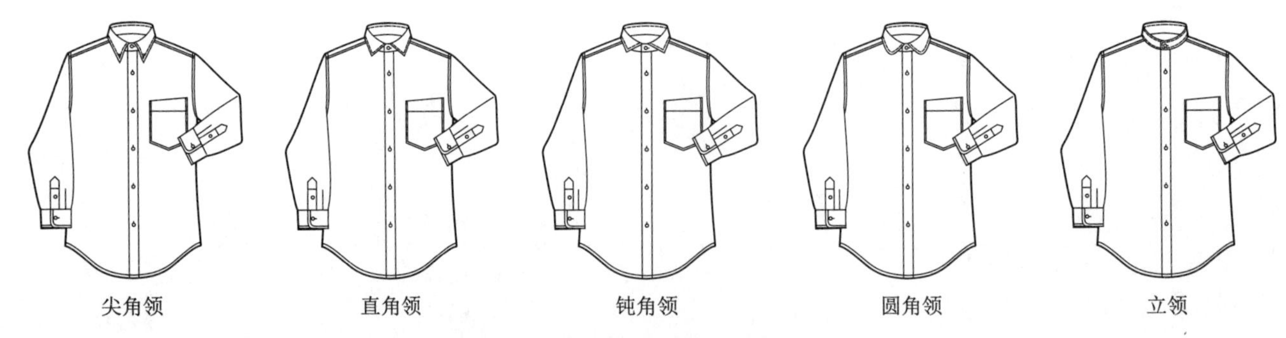


图 6-4　普通衬衫款式系列二（领型设计）

款式系列三，门襟设计。在系列二的基础上，将所有款式的明门襟变成暗门襟，其他元素不变（图 6-5）。

款式系列四，袖头设计。普通衬衫的袖头有直角、圆角和方角（切角）三种基本变化。袖头宽度也有普通和宽袖头的区别，宽袖头主要用在欧款设计上。袖衩也可以由剑形变成方形。此外，还有链扣式豪华版的双层和单层袖头两种，同时袖头的三种“角式”通用。需要注意的是在普通衬衫中采用链扣式双层或单层袖头，说明它有升级礼服衬衫的暗示（图 6-6）。

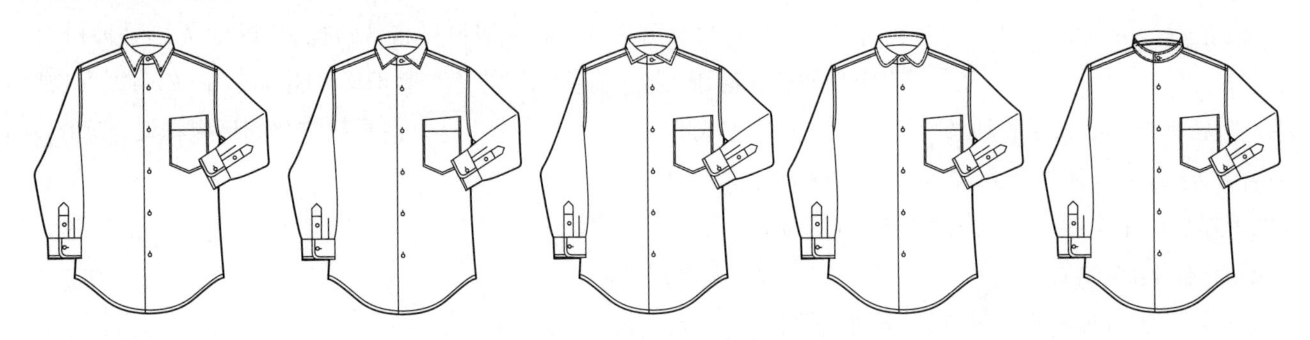

图 6-5　普通衬衫款式系列三（暗门襟设计的领型变化）

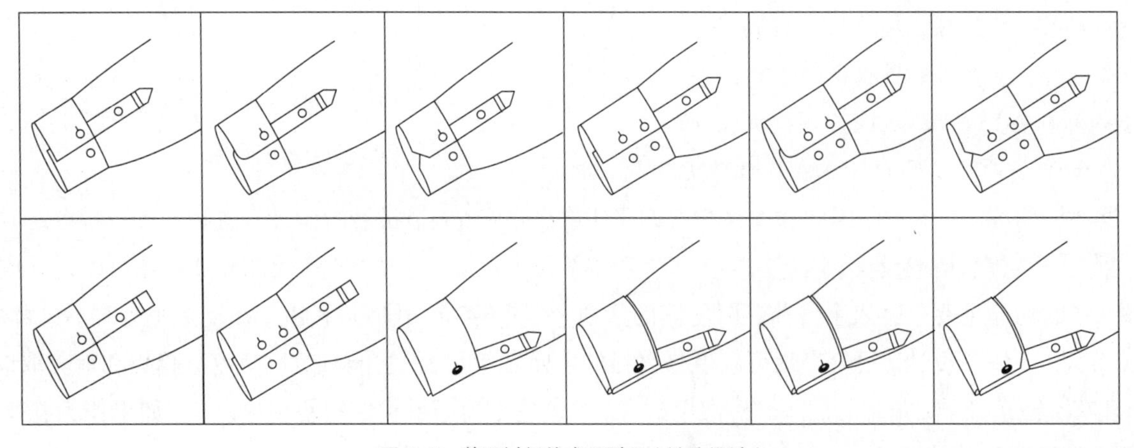

图 6-6　普通衬衫款式系列四（袖头设计）

# §6-2　内穿衬衫纸样系列设计

衬衫在男装结构中是最稳定的，普通衬衫和礼服衬衫在整体的板型上也基本相同，在设计语言上领型、前胸和袖头的表现有所不同。因此，它的重要设计手法是“一板多款”，这里将标准衬衫板型视为内穿衬衫的类基本纸样展开系列纸样设计。

内穿衬衫类基本纸样也做缩量设计。衬衫要与西装搭配穿用，松量应小于西装，故采用缩量设计。在基本纸样上追加背长减 4cm 得到衣长。前片侧缝向胸部收进 1.5cm 到 3cm，根据需要确定。通常情况，礼服衬衫的级别越高收缩量越大，当然也有个人对衬衫宽松度的习惯，特别是定制衬衫。前下摆收进 2.5cm，后片下摆收进 1cm 并处理成前短后长的圆摆，之后前后片侧缝同时做收腰处理。领口做净领口缩量处理，由后领宽减 1cm 确定新的领宽，更准确的衬衫领宽公式为$\frac{领围}{5}$−0.7cm，以此为参数确定前领宽和领深，得到新的领口弧线。如图 6-7 所示重新订正袖窿弧线，袖窿弧长变小得到前后 *AH*。育克的设计是通过后颈点到背宽横线之间距离的比例关系推导而来。后中线处的明褶是为手臂前屈运动设计的余量。领子由领座和领面两部分结构组成。袖山高取新袖窿弧长的六分之一，后袖口设计一个 4cm 褶量，袖长应保证袖片加上袖头大于西装袖长 4cm。所完成纸样即是标准衬衫纸样也是内穿衬衫纸样系列设计的类基本纸样（图 6-7）。

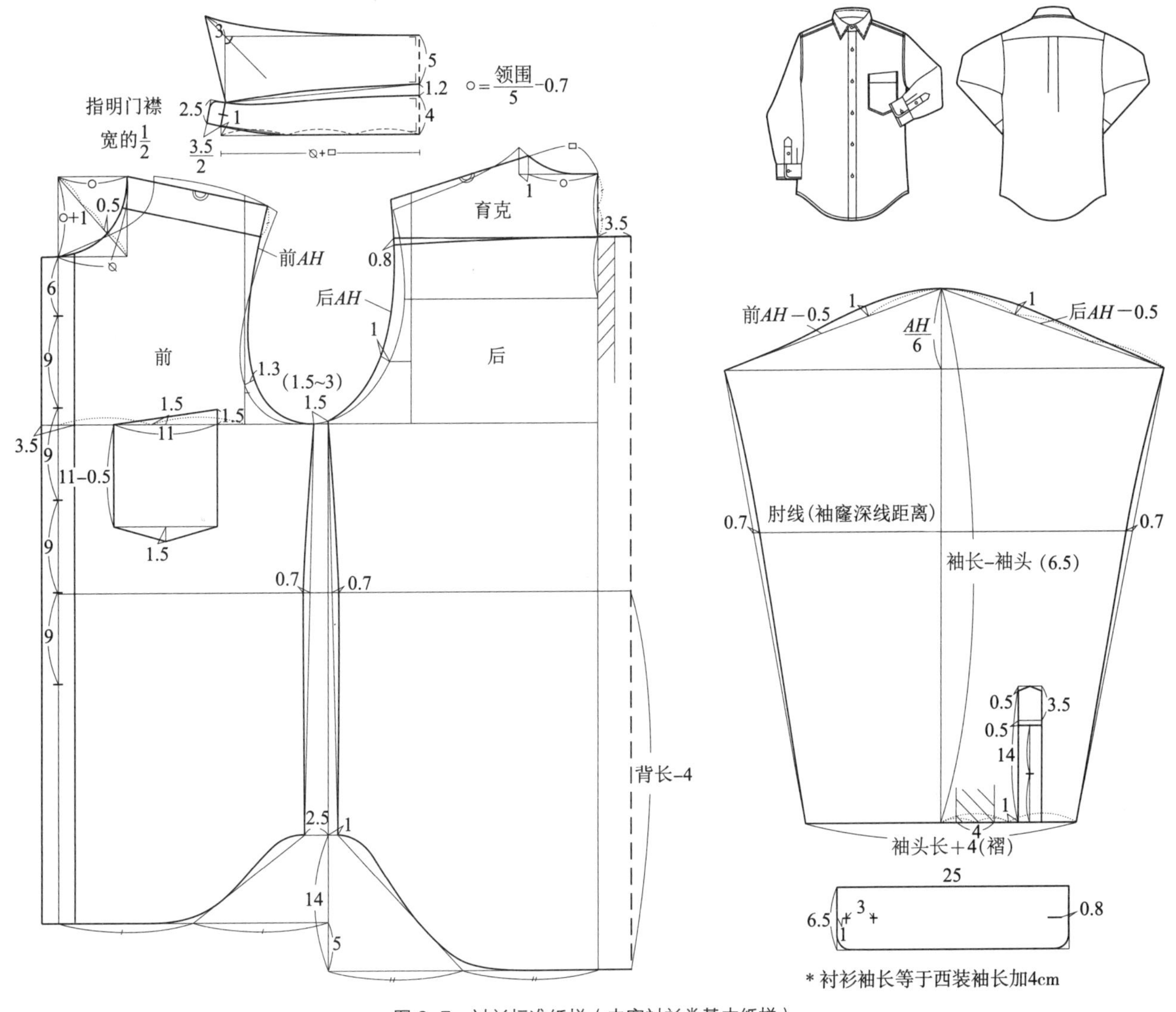


图 6-7　衬衫标准纸样（内穿衬衫类基本纸样）

纸样系列一，是在衬衫标准基本纸样基础上改变领角的系列设计。纸样设计是在尖角领结构基础上，变成直角、钝角领、圆角和立领等，其他元素保持不变（图 6–8）。

纸样系列二，立领和翼领复合型燕尾服衬衫纸样设计。在标准纸样基础上，去掉口袋，前胸设计成 U 型胸挡。领型由双翼领和立领组合而成。由于双翼领（尖角）没有领面，因此可直接在立领的结构上进行设计，宽度在 5~6cm 之间，保证衬衫领高出礼服翻领 2cm 左右。立领随衣身一起缝合，翼领随“U”型胸挡单独缝制，穿时立领衬衫在下，翼领胸挡在上组合穿着。袖头设计成链扣式双层复合型结构，宽度在普通袖头基础上增加一倍（图 6–9）。

纸样系列三，塔士多礼服衬衫纸样设计。在燕尾服衬衫基础上将前胸设计成有襞褶的胸挡与大身缝合到一起，双翼领的领角变化为小圆角造型且不采用与立领组合设计（图 6–10），袖子与袖头纸样与燕尾服衬衫通用。

纸样系列四，晨礼服衬衫纸样设计，前身做素胸处理，其他与晚礼服衬衫纸样相同（图 6–11）。礼服衬衫也可以采用企领的各种领角变化（参见图 6–8），但普通衬衫不可以采用翼领的各种变化和晚礼服衬衫的各种胸挡元素，因为正是这些标志性元素成为识别衬衫社交的符号（更多信息参阅本训练教程下篇相关内容）。

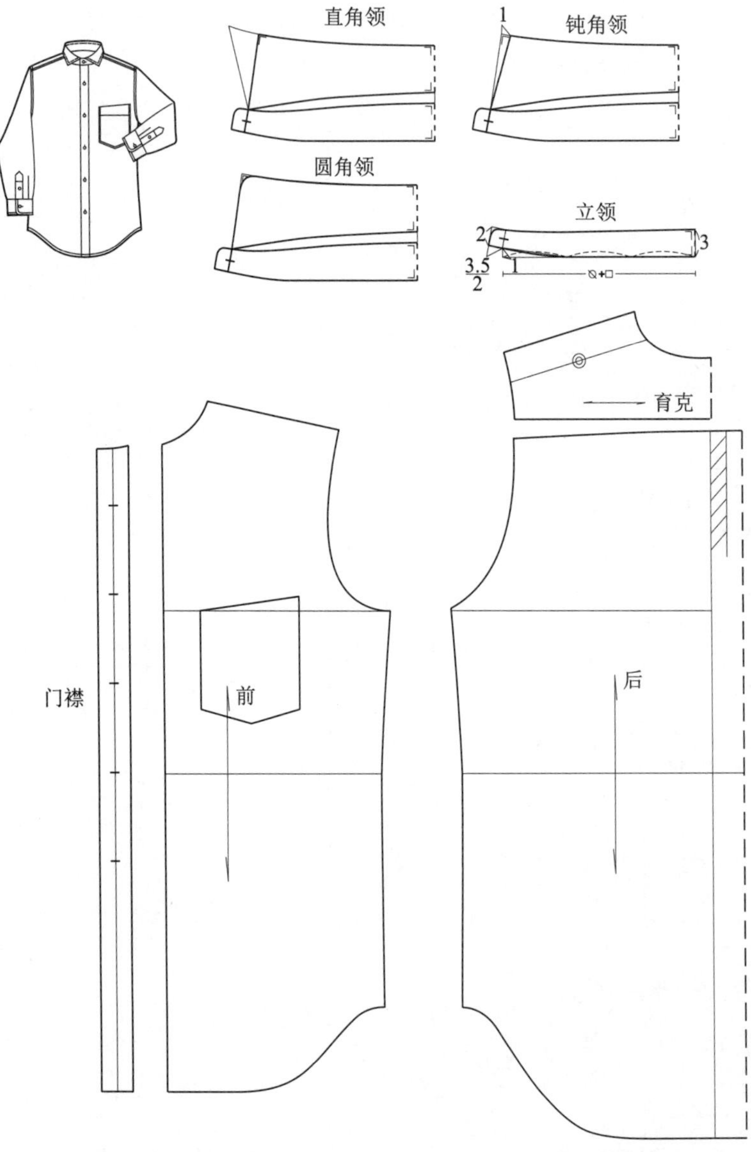


图 6–8　一板多款衬衫纸样系列一（领角设计，内穿衬衫通用）

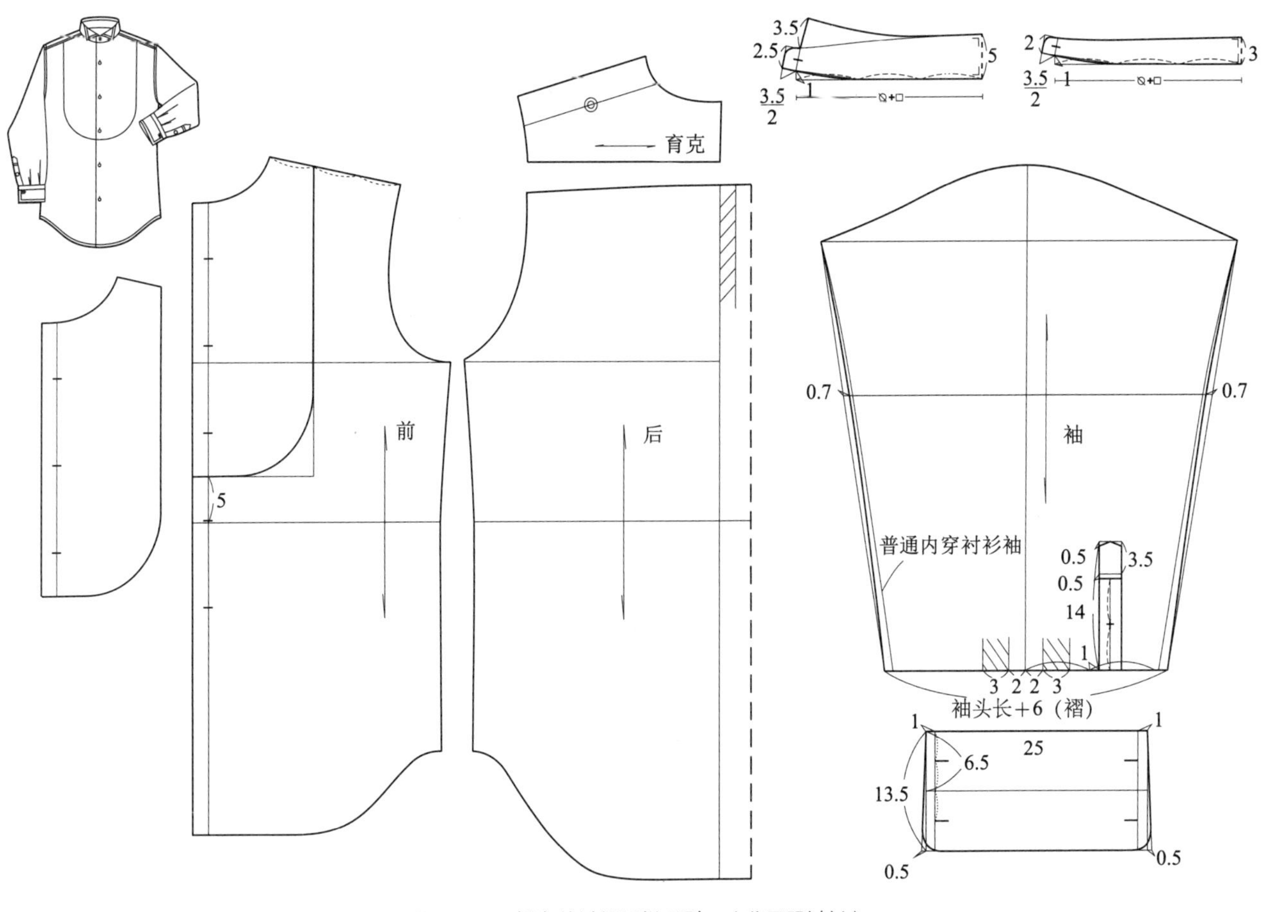


图 6-9　一板多款衬衫纸样系列二（燕尾服衬衫）

＊礼服衬衫袖子纸样通用

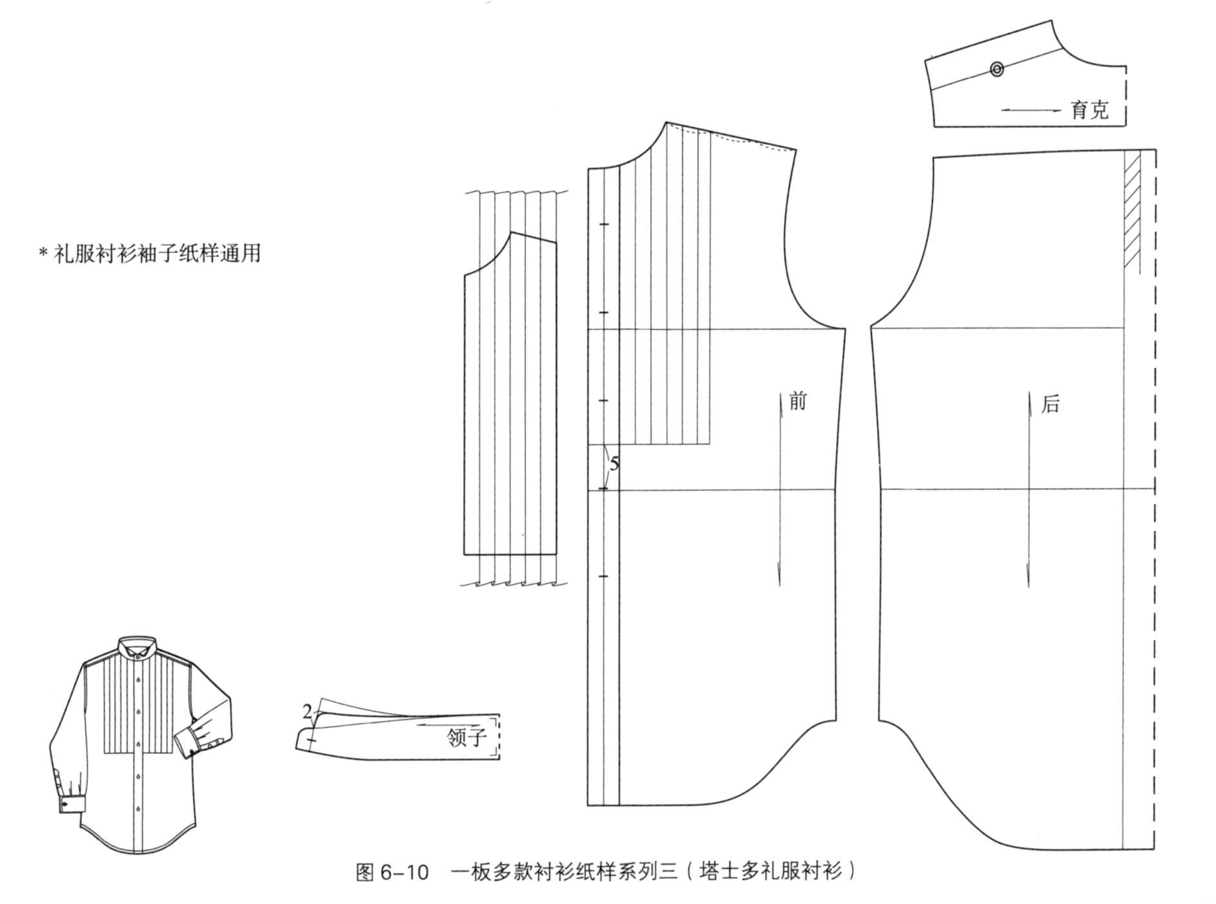


图 6-10　一板多款衬衫纸样系列三（塔士多礼服衬衫）

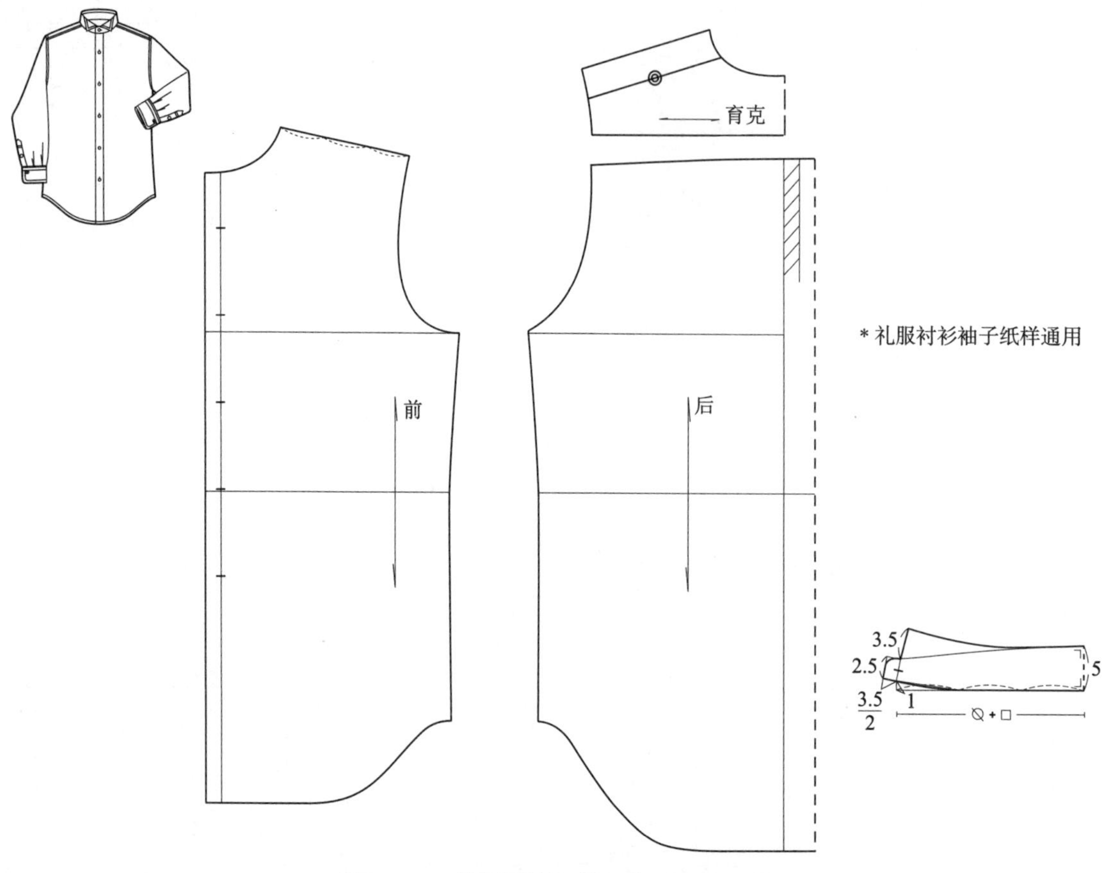


图 6-11　一板多款衬衫纸样系列四（晨礼服衬衫）

## §6-3　外穿衬衫款式系列设计

外穿衬衫属于户外服类，也采用户外服款式的"基本型发散设计方法"，强化功能作用。

外穿衬衫构成元素分解：虽然基本元素与内穿衬衫相同，但发散设计的空间很大。①领型的变化除了角度的设计，所有关门领款式都可使用，如外衣类领型。②门襟，除明门和暗门之分，外衣类门襟也不放弃。③口袋是外穿衬衫款式变化的重点，由于外穿衬衫仍保留内衣的形态，因此只有胸袋的设计，不设下口袋，但口袋的变化也是服从于外衣的功能性。④袖头除圆角、方角、直角之外，夹克外衣类袖头的变化规律均可使用。⑤育克主要与各种分割线结合设计。⑥下摆，方摆和圆摆都可以使用（图 6-12）。这里选择领子、门襟和口袋三个元素集中进行系列款式设计，后三个元素不作为重点，可以在系列中穿插使用。

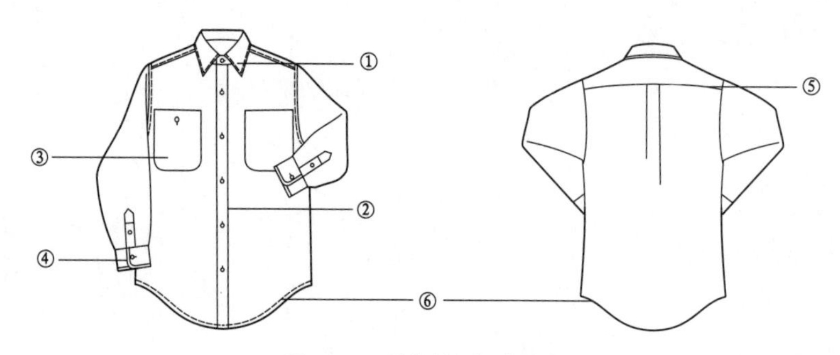


图 6-12　外穿衬衫标准款式

款式系列一，领型设计。领子除了立领和企领几种领角角度变化外，还可以使用领扣，起到固定作用，必要时在后领居中位置加领扣，与前领扣相匹配。这是外穿衬衫领型设计常用的软领保型手段，是常春藤风格休闲衬衫标志性语言（图 6–13）。

款式系列二，选取钝角领款式集中做门襟的变化，可设计成半暗门襟、纯暗门襟，内贴边缉明线的巧妙设计。外穿衬衫门襟的多变设计是与采用独特的休闲面料有关，户外活动的方式不同款式元素也不同（图 6–14）。

款式系列三，口袋款式设计。其他元素不变，强化口袋的功能设计。口袋强调不对称设计，通常左胸袋要简化，因为它被右手经常使用。为了提高功效可用复合贴口袋或加装袋盖，也可以结合前育克线进行“联姻”设计。鉴于保养问题，口袋下转角一般不设计成直角（图 6–15）。

款式系列四，综合元素设计。将系列一至三的元素变化打散并重新组合，局部再加入方摆和宽袖头的设计，创造出变化丰富的款式系列，当然是基于户外休闲生活多功能的综合考虑（图 6–16）。

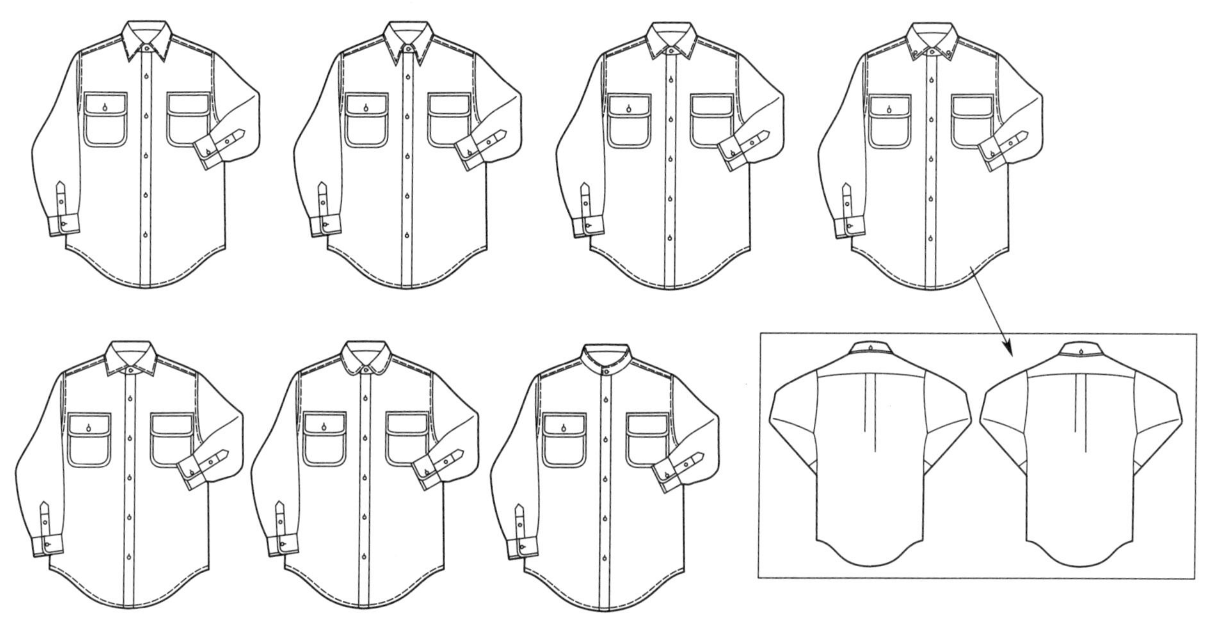

图 6–13　外穿衬衫款式系列一（领型设计）

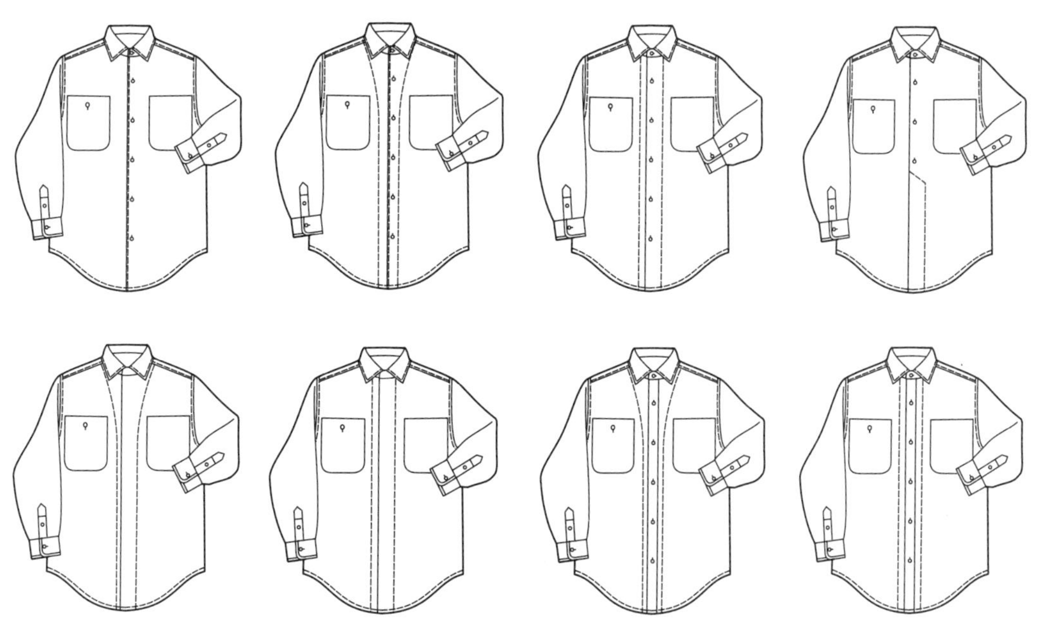

图 6–14　外穿衬衫款式系列二（门襟设计）

图 6–15　外穿衬衫款式系列三（口袋设计）

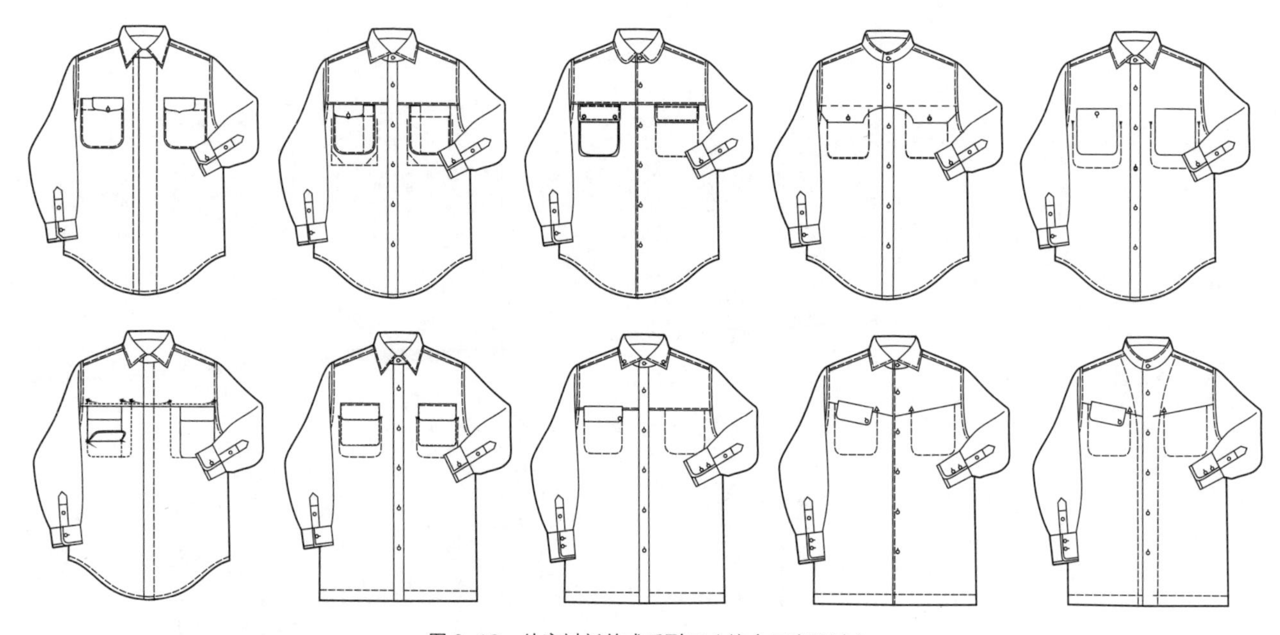

图 6–16　外穿衬衫款式系列四（综合元素设计）

## §6–4　外穿衬衫纸样系列设计

外穿衬衫类基本纸样属于变形放量结构，可直接利用户外服的亚基本纸样，也可根据变形放量原理重新设计追加量，获得外穿衬衫专用的亚基本纸样。这里用第二种方法，设追加量为 14cm，一半制图为 7cm，采用后侧缝、前侧缝、后中缝和前中缝的配比为 2.5 : 2.5:1:1（增大侧缝放量，强调厚度造型）。根据换算公式（参阅本训练教程 §3–2 中的变形放量原理），可得到后肩 : 前肩 =1.5 : 0.5；后颈点升高量为 0.7cm 或 0.8cm；后肩加宽量为 3.5cm，袖窿开深量为 7.5cm；腰线下降量为 4cm 或 3.5cm。特别需要注意的是，由于与户外服的外衣类不同，外穿衬衫属于夏季单穿服装，领口不应随放量的增加而变大，因此根据放量尺寸完成变形放量后，还需要做“还原领口”的处理，这是外穿衬衫的关键技术，也是和其他户外服根本不同的地方。方法是，在放量的基础上，使用男装基本纸样延后领中线位置向上平移，同时后肩线向外延长，至原后侧颈点与肩线延长线相交后停止，确定新后领口的位置及后肩线的长度。前领口根据订正的后领口宽度加入去撇胸处理完成，之后使前肩长度与后肩相等。最后完成袖窿弧线，用于外穿衬衫的亚基本纸样完成（图 6–17）。

在亚基本纸样基础上，完成一个标准款式外穿衬衫并视为类基本纸样。在原腰线向下取衣长 = 背长 –4cm，下摆前短后长，第一扣位与第二扣位间距 7cm，之后每个扣距为 10cm。外穿衬衫袖长为标准袖长 +3cm（约 62cm），袖口用双褶，以降低袖肥与袖口的反差（图 6–18）。

纸样系列设计，外穿衬衫纸样为无省结构，采用一板多款的设计方法是最普遍的方法。

纸样系列一，在类基本纸样基础上做门襟暗贴边缉明线设计。领型采用直角设计（图 6–19）。

纸样系列二，领角变成钝角造型，设前胸分割线和口袋做“联姻”复合内袋设计（图 6–20）。

纸样系列三，领型为立领结构，前胸的分割线变成兼顾袋盖功能的复合设计（图 6–21）。

纸样系列四，前门襟还原明贴边造型，口袋设计成内外复合口袋对称结构，右胸加纽扣（图 6–22）。

纸样系列一至系列四，后片和后育克线均不改变，袖子纸样设计通用。

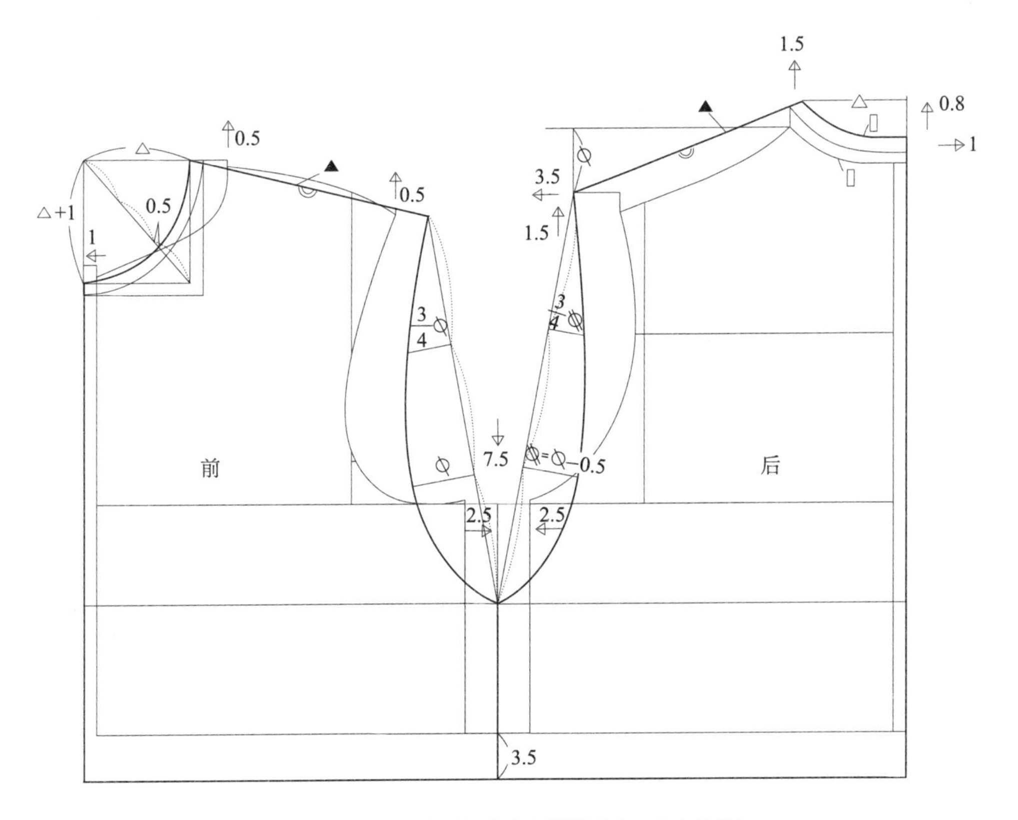


图 6–17　外穿衬衫基本纸样设计（亚基本纸样）

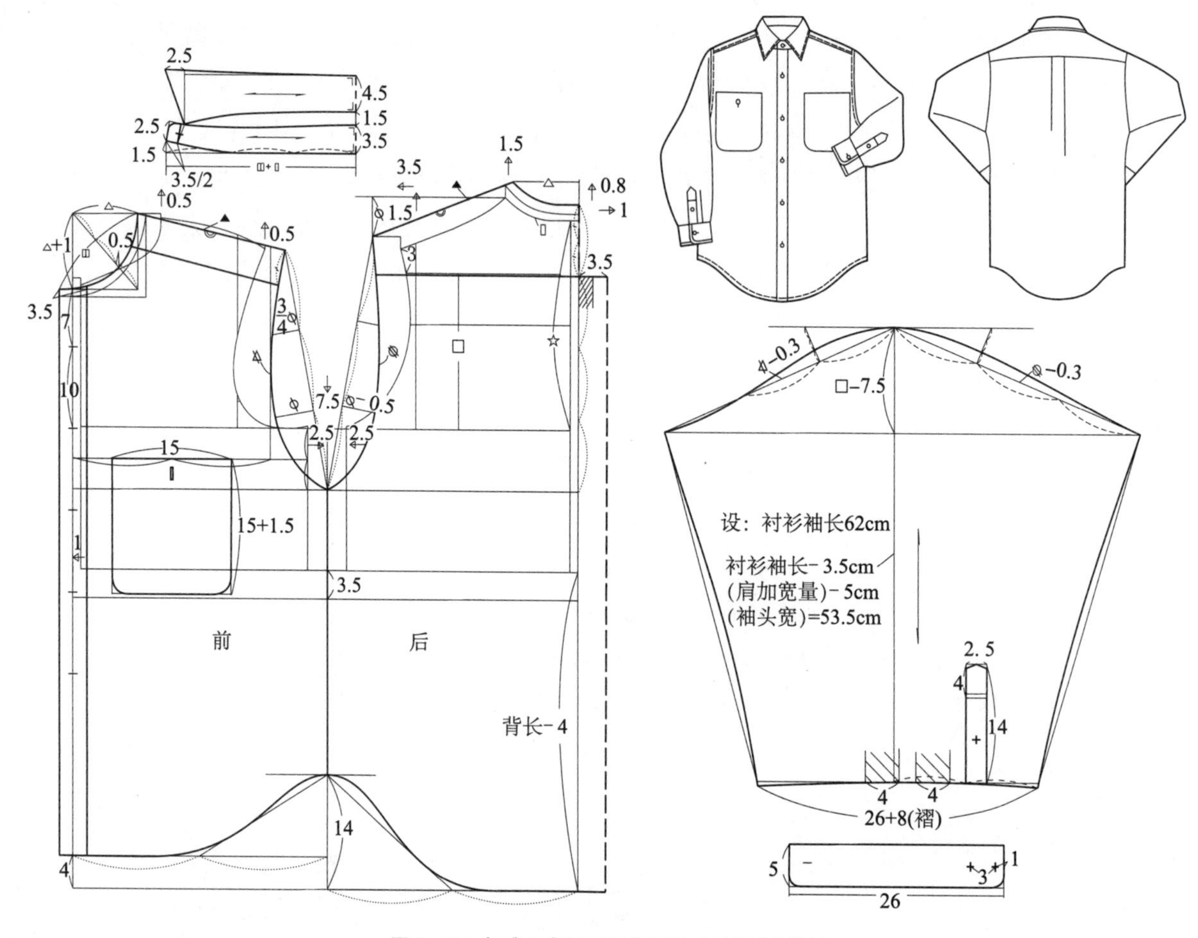


图 6-18　标准外穿衬衫纸样设计（类基本纸样）

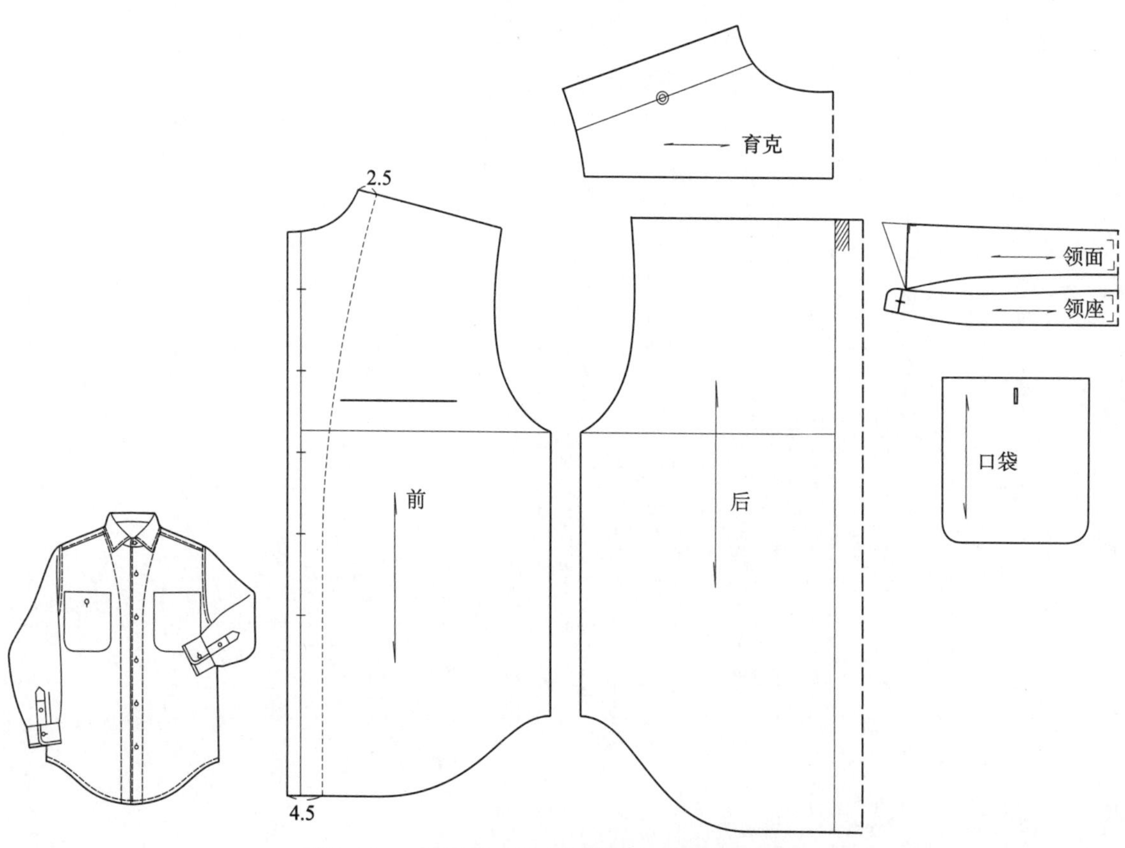


图 6-19　一板多款外穿衬衫纸样系列一（暗贴边明缉线）

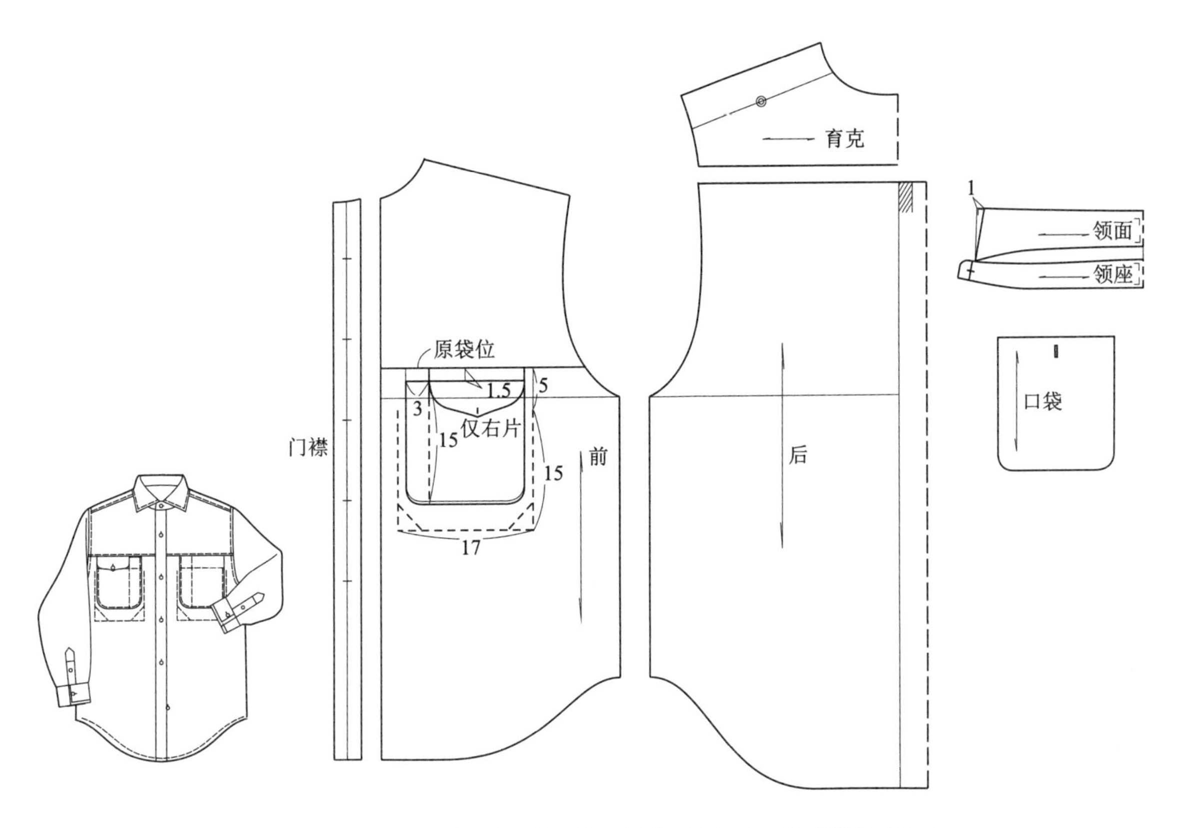


图 6-20　一板多款外穿衬衫纸样系列二（前胸分割线与口袋“联姻”设计）

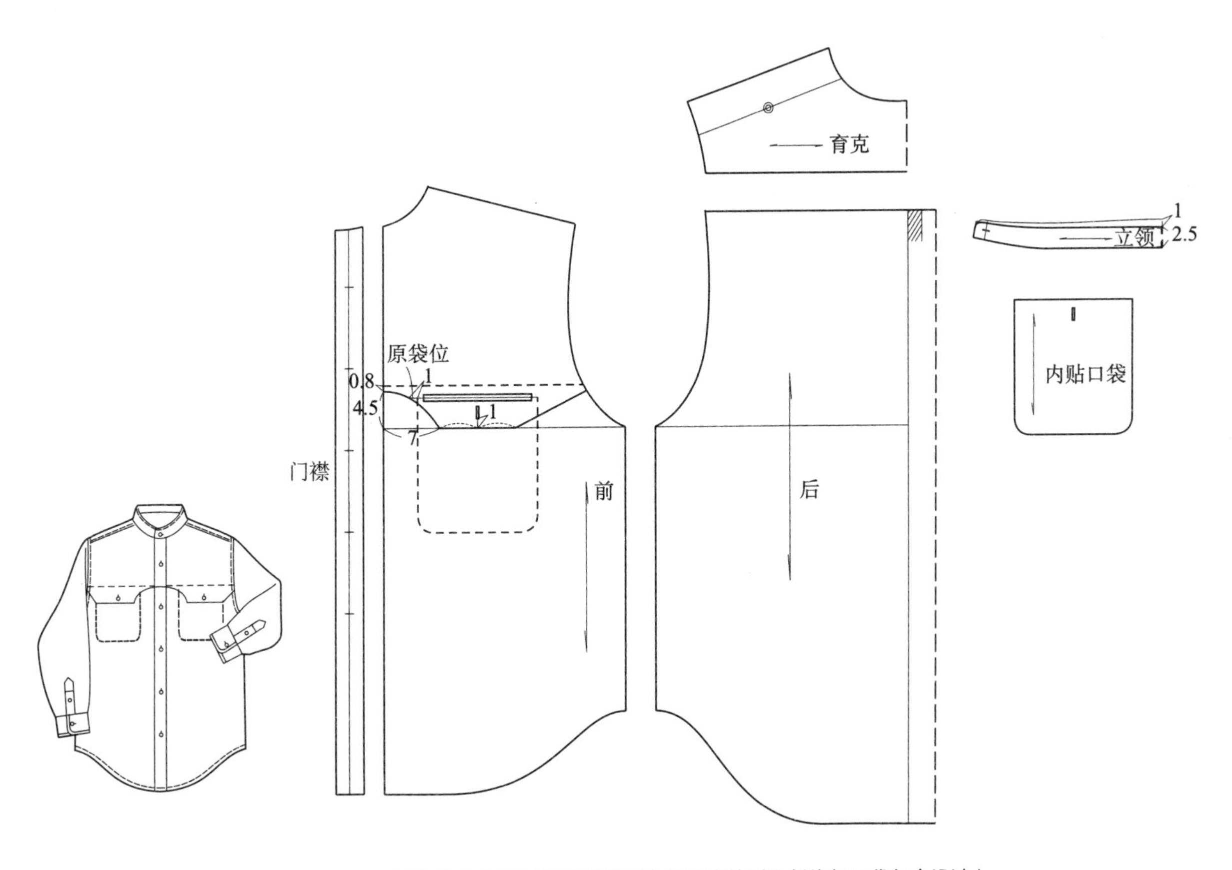


图 6-21　一板多款外穿衬衫纸样系列三（前胸袋盖型分割线与口袋复合设计）

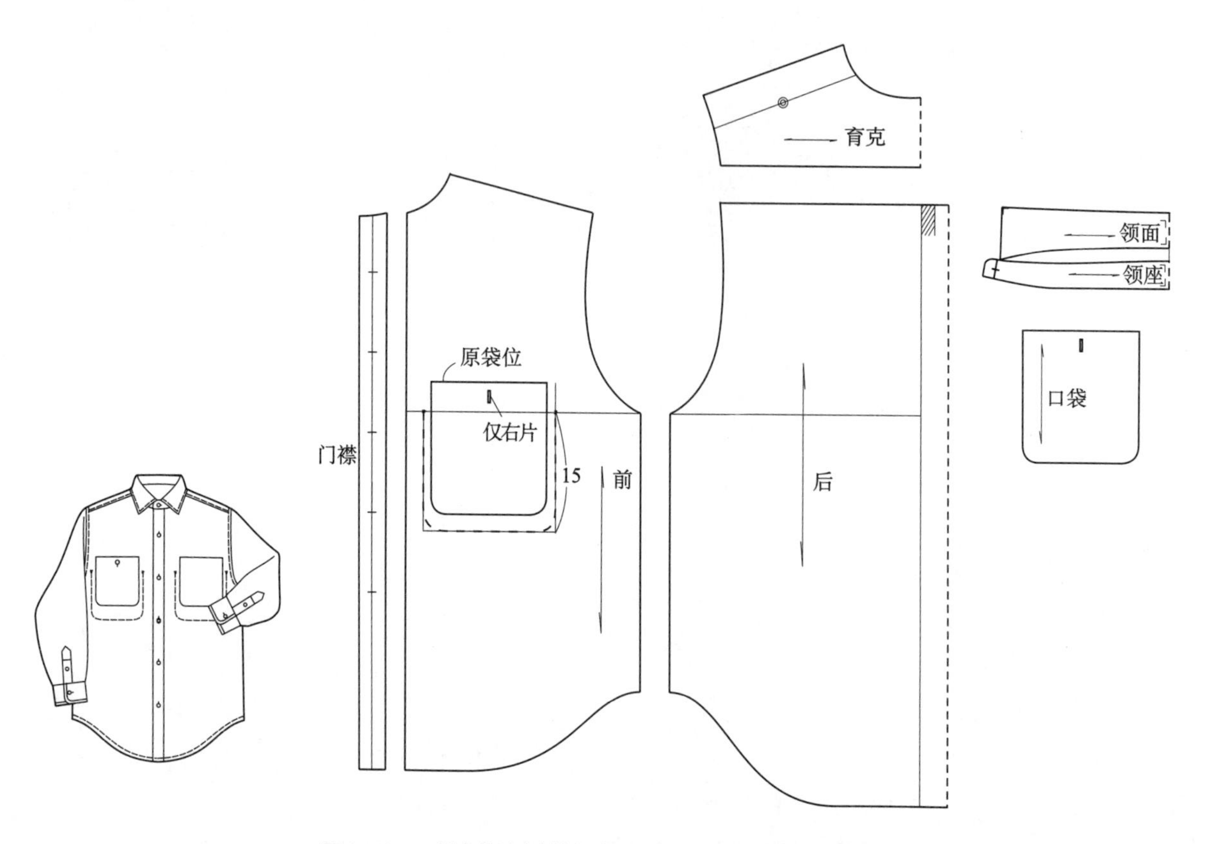


图 6-22　一板多款外穿衬衫纸样系列四（口袋内外复合结构）

# 下篇

# 男装款式和纸样系列设计训练

根据上篇对男装款式和纸样系列设计实务的系统分析，无论是什么服装类型，在款式设计上，首先要充分认识TPO知识系统的经典款式及其构成元素的内涵，运用高一级元素向低流动、同类型元素相互流动的设计原则方法。在纸样设计上，要充分利用一款多板、一板多款、多板多款的系列设计流程和方法，使款式与结构设计形成一损俱损、一荣俱荣的整体，这便是现代服装国际品牌和奢侈品设计的秘籍。据此作为下篇"男装款式和纸样系列设计训练"指导：

西装款式系列设计训练；西装纸样系列设计训练。

外套款式系列设计训练；外套纸样系列设计训练。

户外服款式系列设计训练；户外服纸样系列设计训练。

裤子款式系列设计训练；裤子纸样系列设计训练。

背心款式系列设计训练；背心纸样系列设计训练。

衬衫款式系列设计训练；衬衫纸样系列设计训练。

# 训练一　西装款式系列设计训练

## 一、西装从礼服到便服经典款式（基于 TPO 知识系统的标准款式）

## 二、Suit（西服套装）款式系列设计

本书款式系列设计方框内图表示提供纸样设计训练。西装套装必须加入裤子两件套，或加入裤子和背心三件套综合设计。

标准款式

*后中衩和侧衩为标准衩式

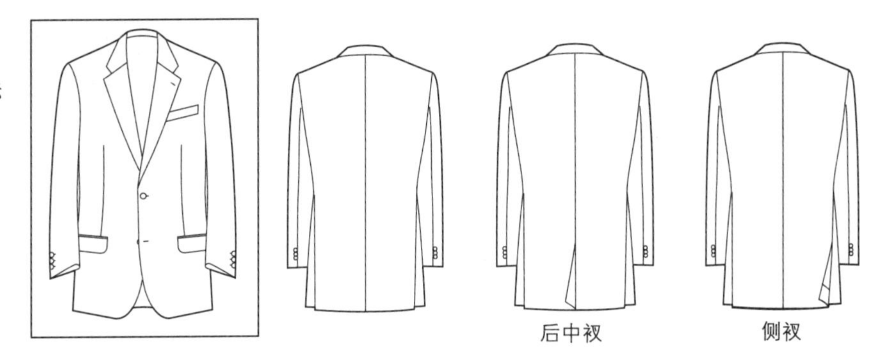

后中衩　侧衩

### 1. 领型变化系列

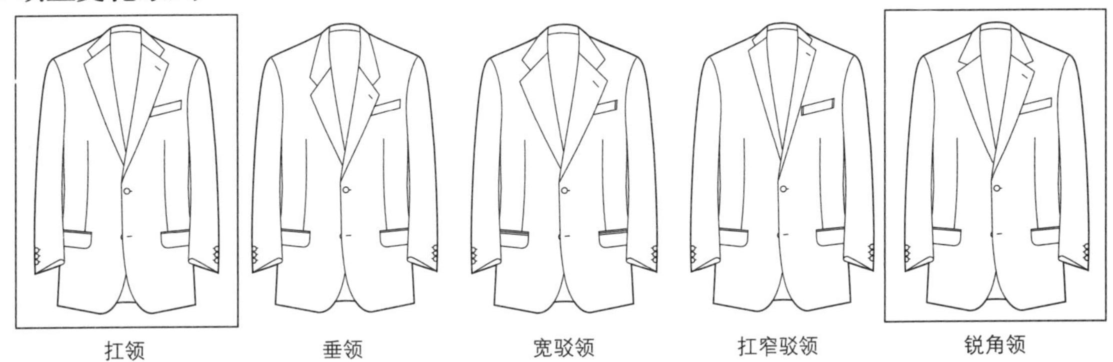

扛领　垂领　宽驳领　扛窄驳领　锐角领

### 2. 领型、门襟变化系列

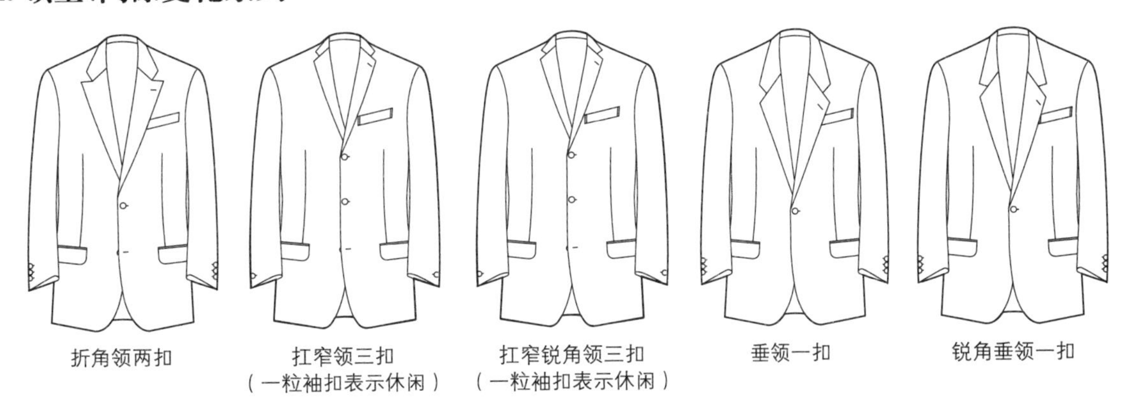

折角领两扣　扛窄领三扣（一粒袖扣表示休闲）　扛窄锐角领三扣（一粒袖扣表示休闲）　垂领一扣　锐角垂领一扣

### 3. 口袋变化系列

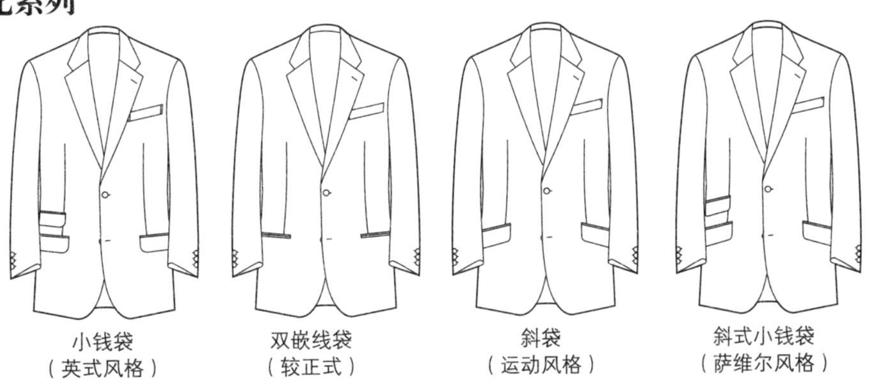

小钱袋（英式风格）　双嵌线袋（较正式）　斜袋（运动风格）　斜式小钱袋（萨维尔风格）

### 4. 口袋、领型变化系列

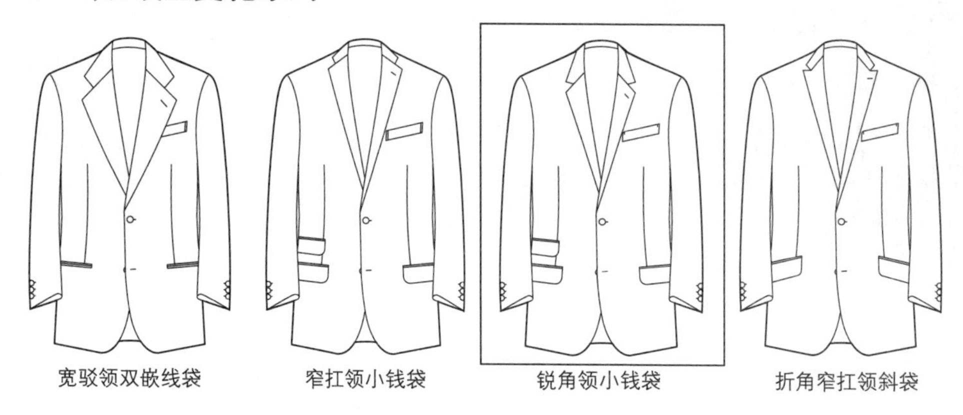


### 5. 综合元素变化系列（包括领型、门襟、口袋、袖扣等）

## 三、Blazer（运动西装）款式系列设计

标准款式　＊注意藏蓝色法兰绒面料配金属纽扣是其标志性特点

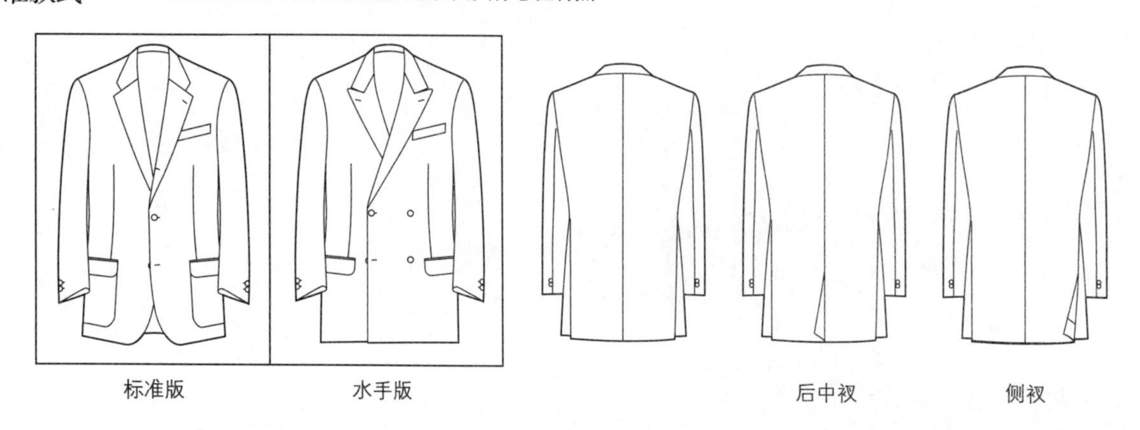

## 1. 单排扣领型变化系列

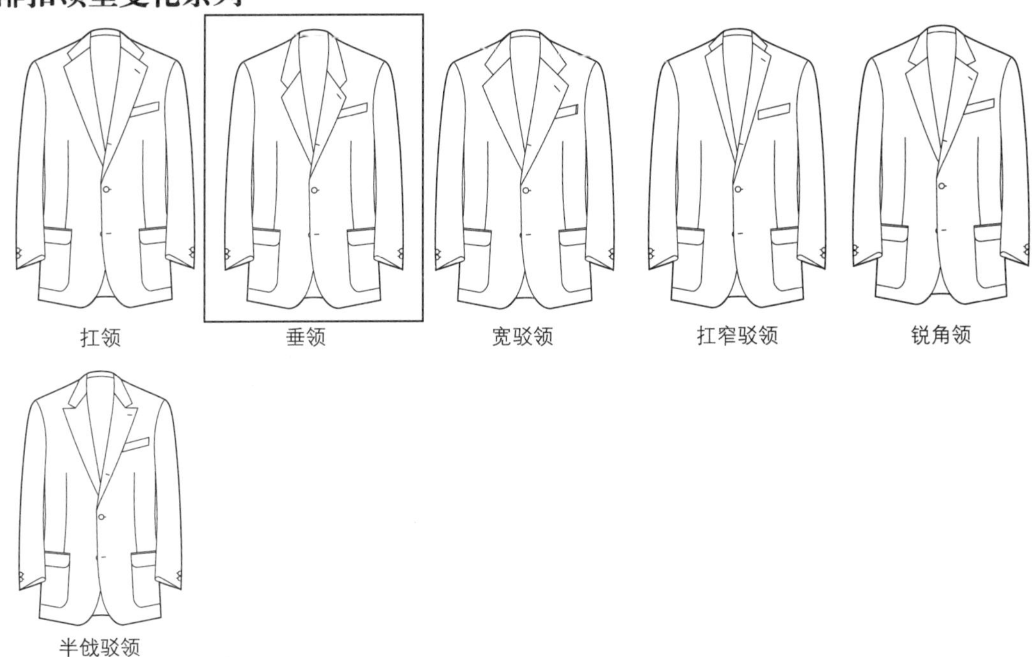


## 2. 单排扣门襟、口袋变化系列

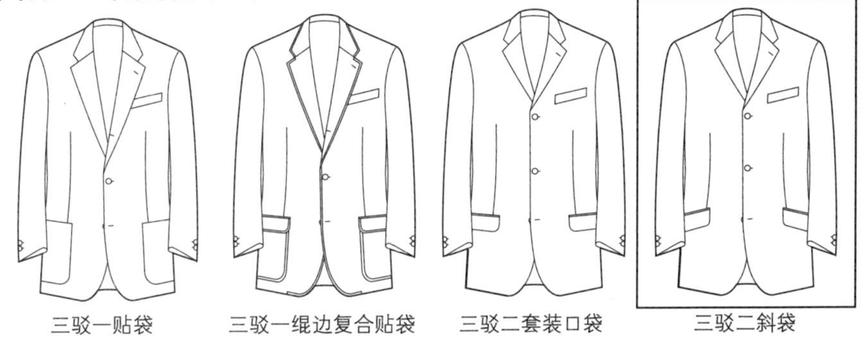


## 3. 单排扣综合元素变化系列（包括领型、口袋、绲边等）

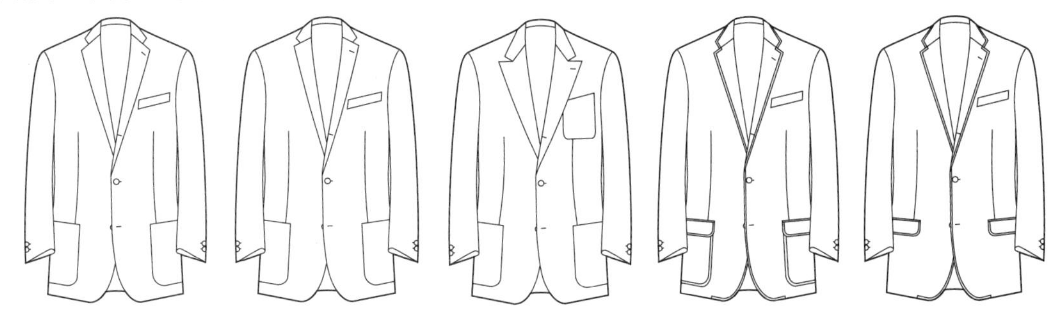

## 4. 双排扣领型变化系列（双排扣忌用平驳领元素）

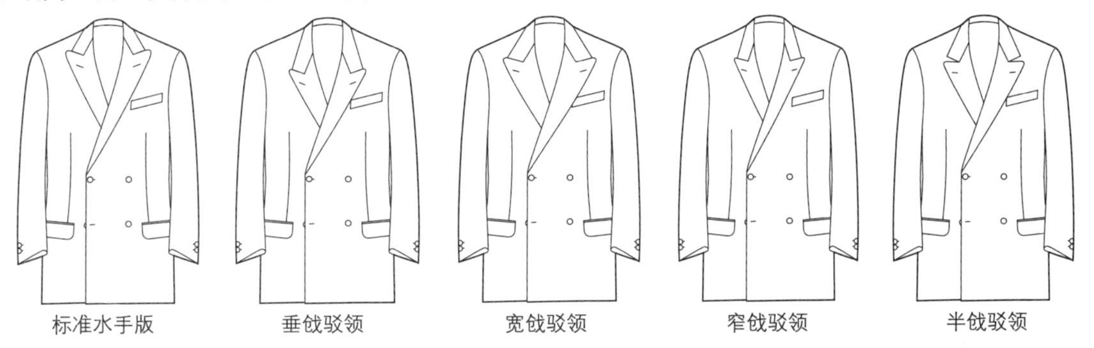

### 5. 双排扣门襟变化系列

低驳点两扣

中驳点四扣（标准）

高驳点六扣（制服款式：军服、警服等）

### 6. 双排扣综合元素变化系列（包括领型、门襟、口袋、袖扣等，口袋忌用任何贴袋元素）

## 四、Jacket（休闲西装）款式系列设计

标准款式

*是典型的单件西装，标志面料粗纺毛织物，但根据季节可自由选择

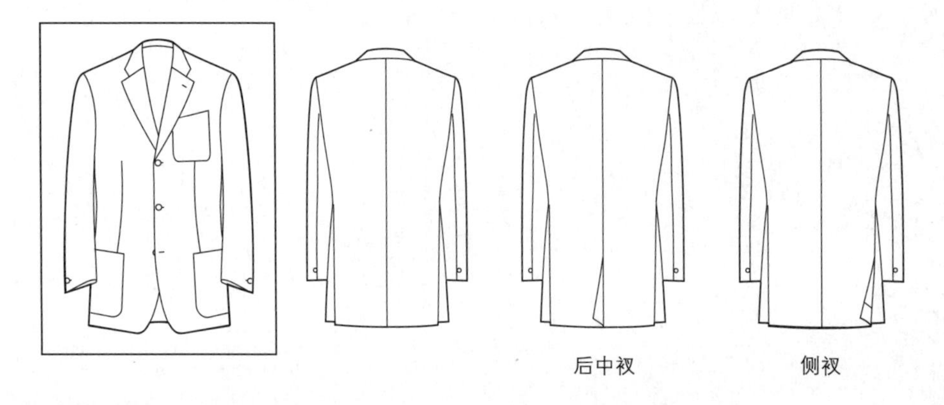

## 1. 领型变化系列

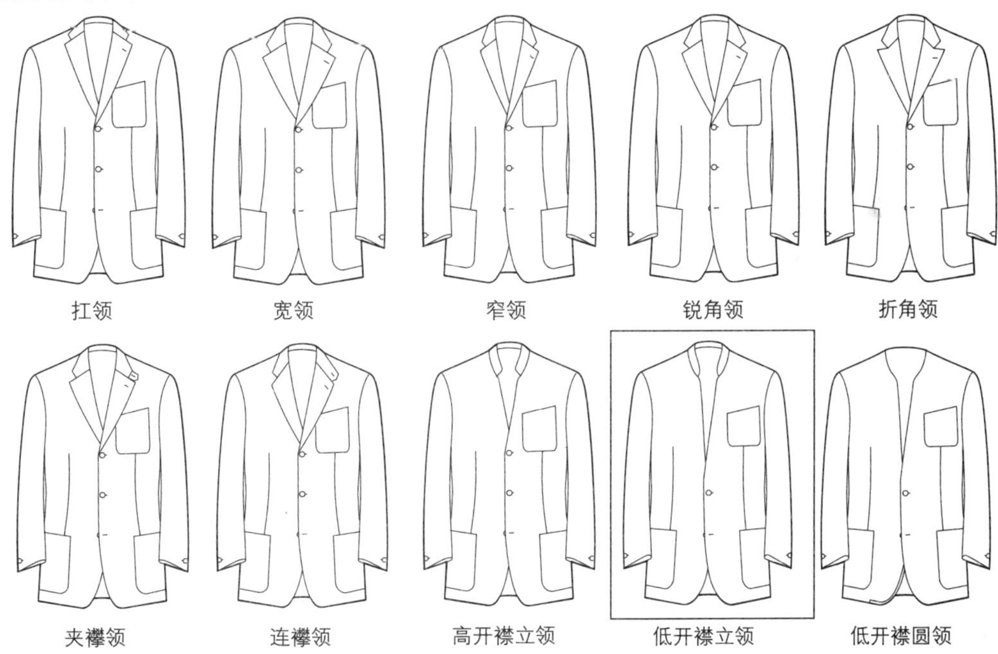

扛领　宽领　窄领　锐角领　折角领

夹襻领　连襻领　高开襟立领　低开襟立领　低开襟圆领

## 2. 门襟变化系列

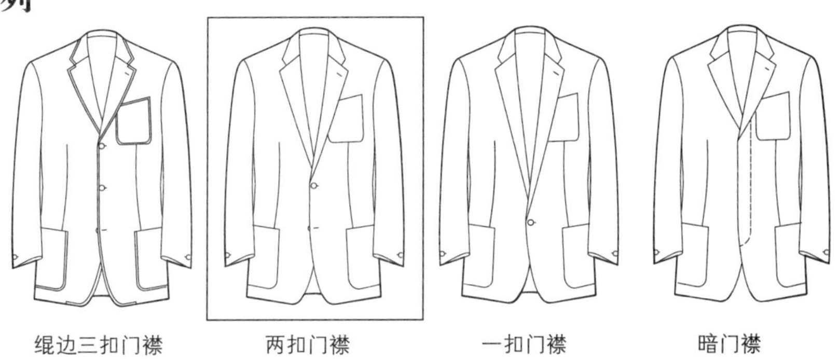

绲边三扣门襟　两扣门襟　一扣门襟　暗门襟

## 3. 口袋变化系列

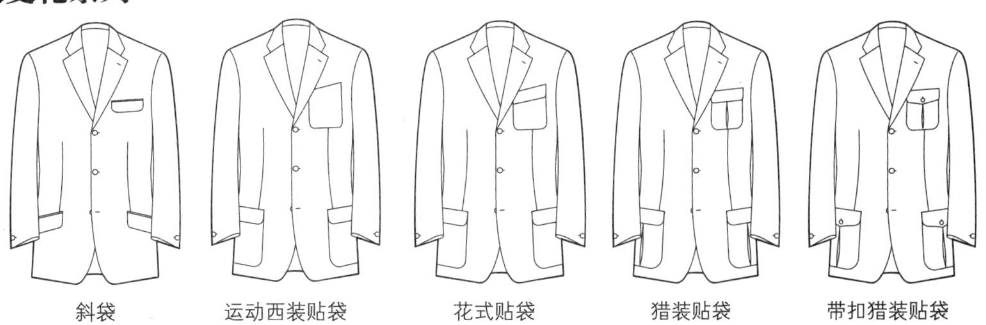

斜袋　运动西装贴袋　花式贴袋　猎装贴袋　带扣猎装贴袋

## 4. 包袖、门襟变化系列

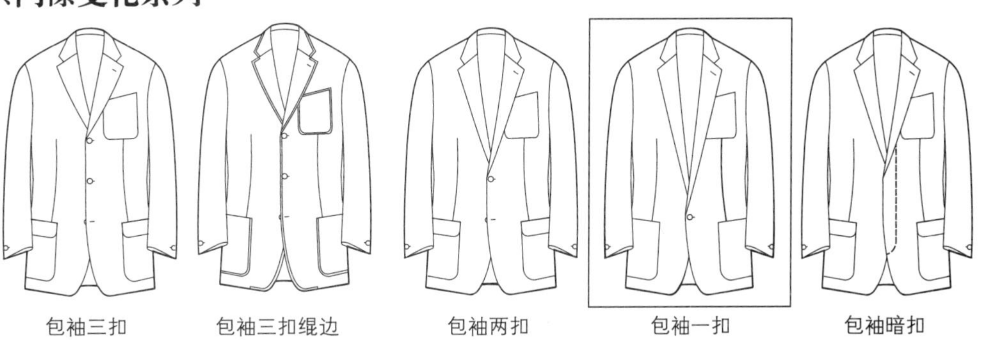

包袖三扣　包袖三扣绲边　包袖两扣　包袖一扣　包袖暗扣

### 5. 包袖、领型变化系列

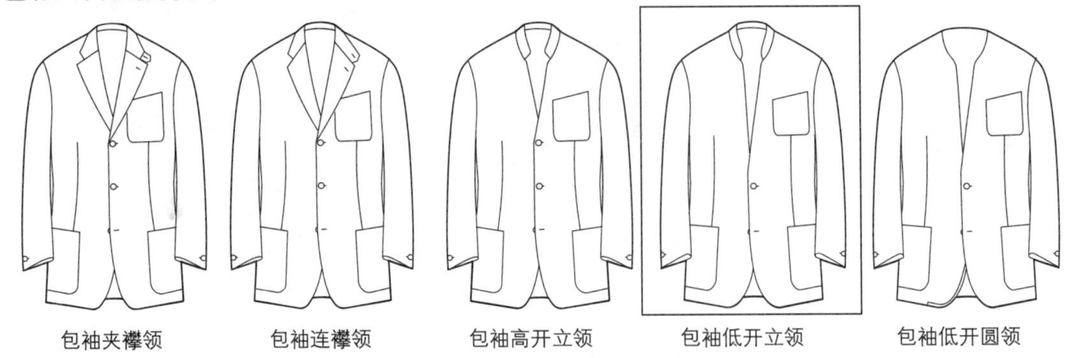

包袖夹襻领　包袖连襻领　包袖高开立领　包袖低开立领　包袖低开圆领

### 6. 综合元素变化系列（包括领型、门襟、袖、口袋、绲边等）

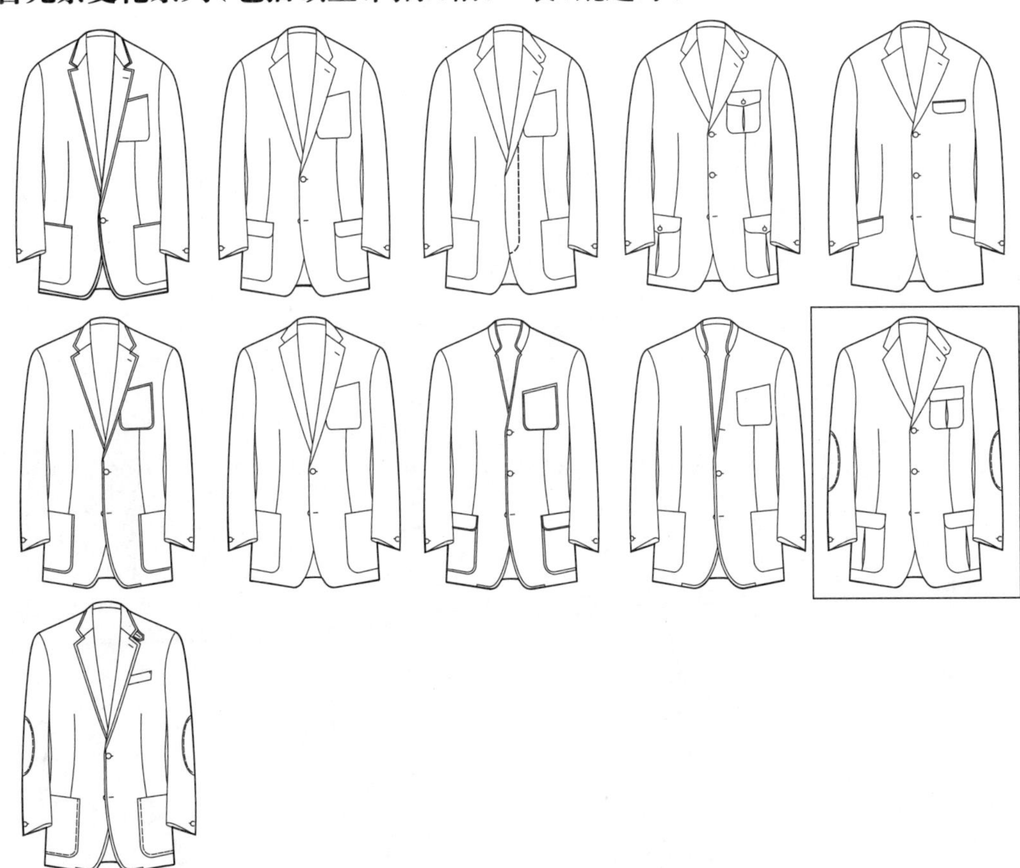

## 五、黑色套装款式系列设计

标准款式

* 必须加入西裤组合，并用精纺毛织物
* 双排扣忌搭配平驳领和任何贴袋元素

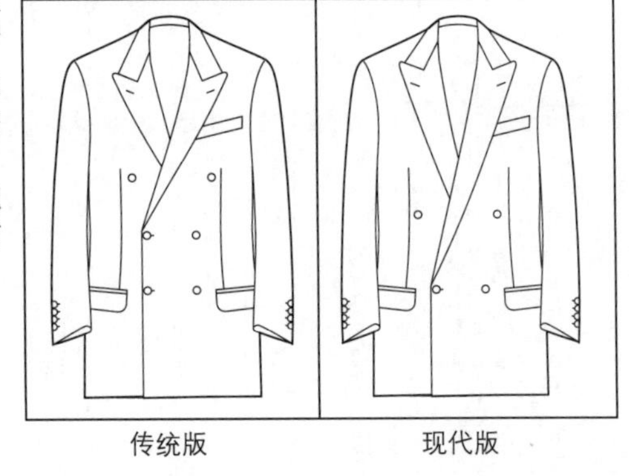

传统版　现代版

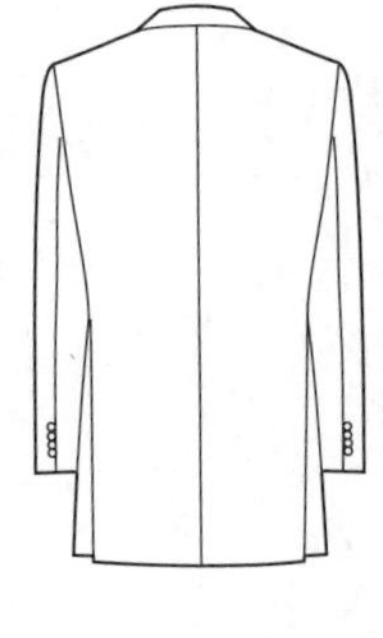

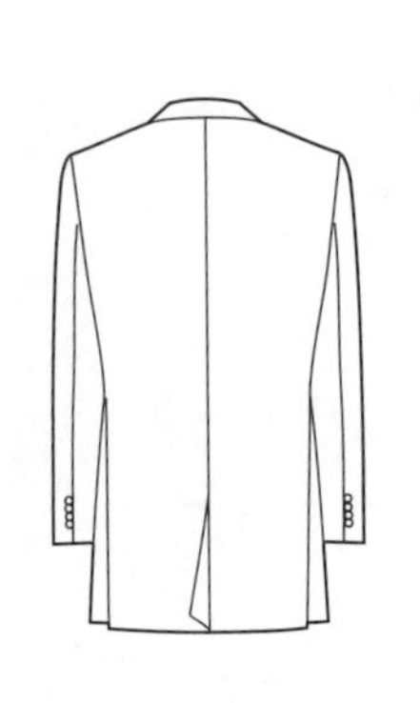

后中衩

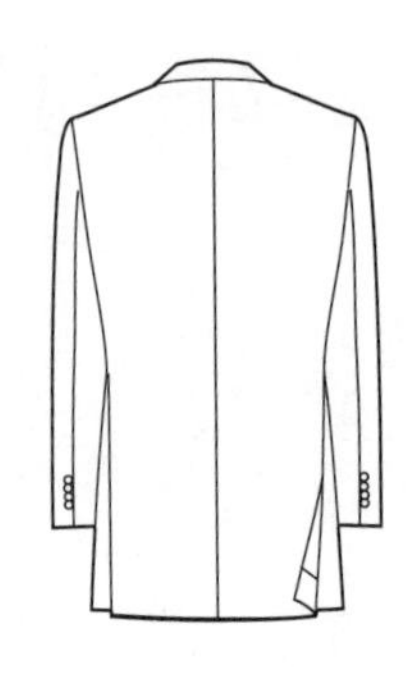

侧衩

## 1. 领型变化系列

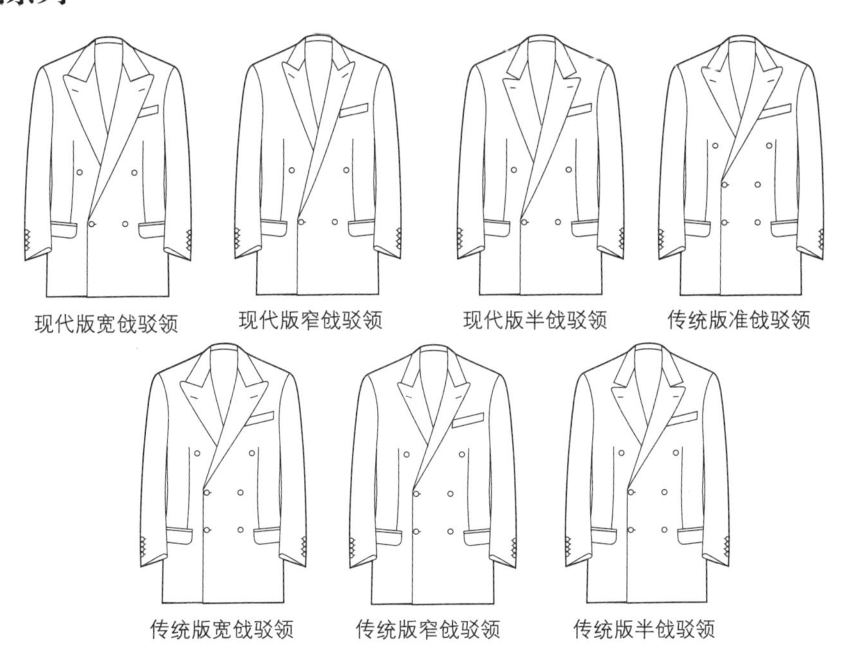


## 2. 口袋变化系列

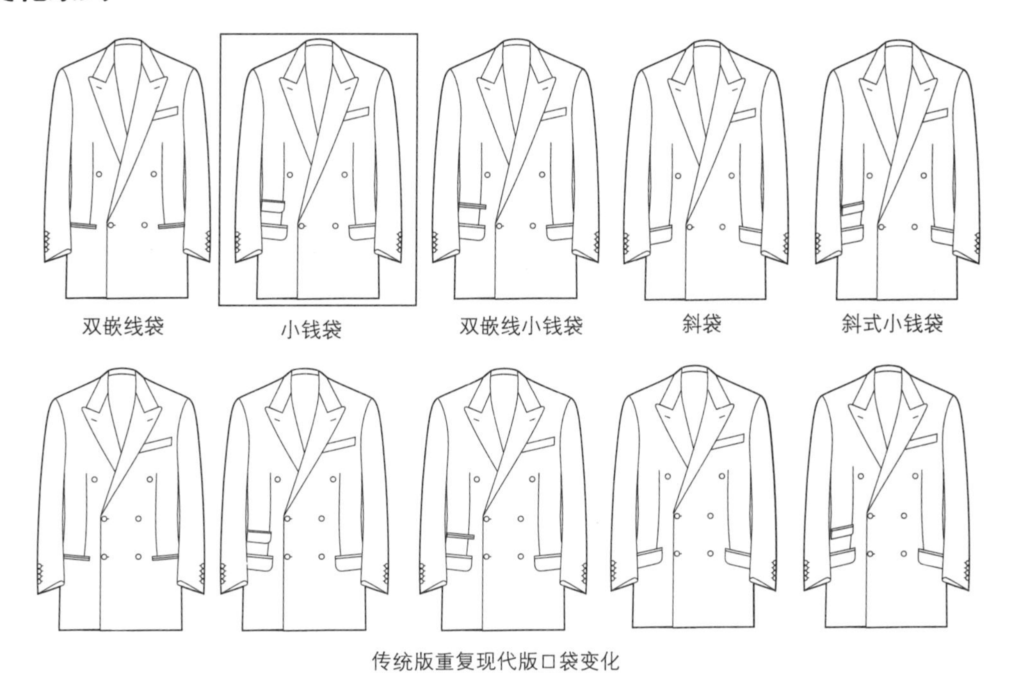


## 3. 门襟变化系列

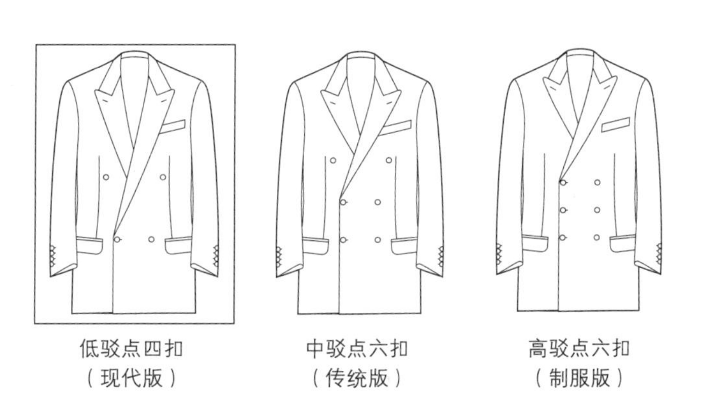

### 4. 领型、口袋变化系列

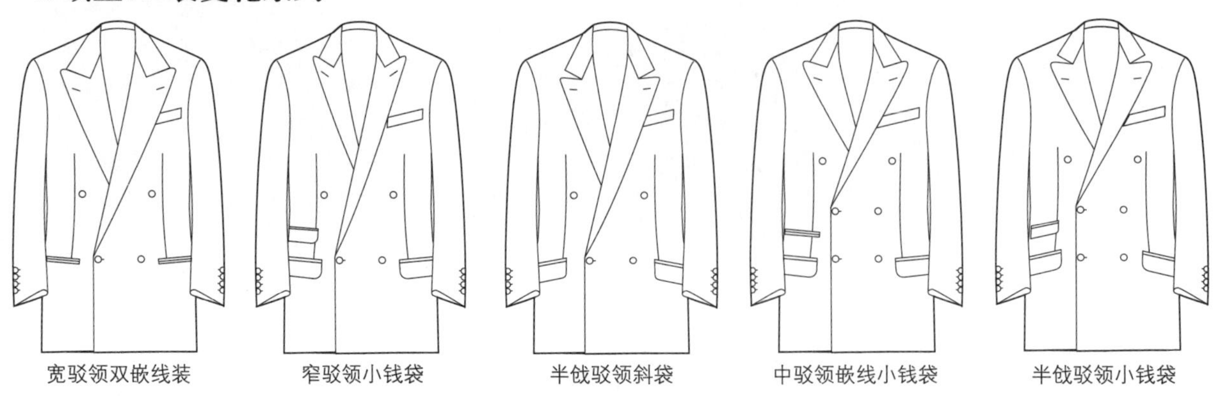

宽驳领双嵌线装　　窄驳领小钱袋　　半戗驳领斜袋　　中驳领嵌线小钱袋　　半戗驳领小钱袋

### 5. 综合元素变化系列（包括领型、门襟、口袋、袖扣等）

## 六、塔士多礼服款式系列设计

标准款式　＊必须加入单侧章礼服裤和塔士多背心或卡玛绉饰带组合

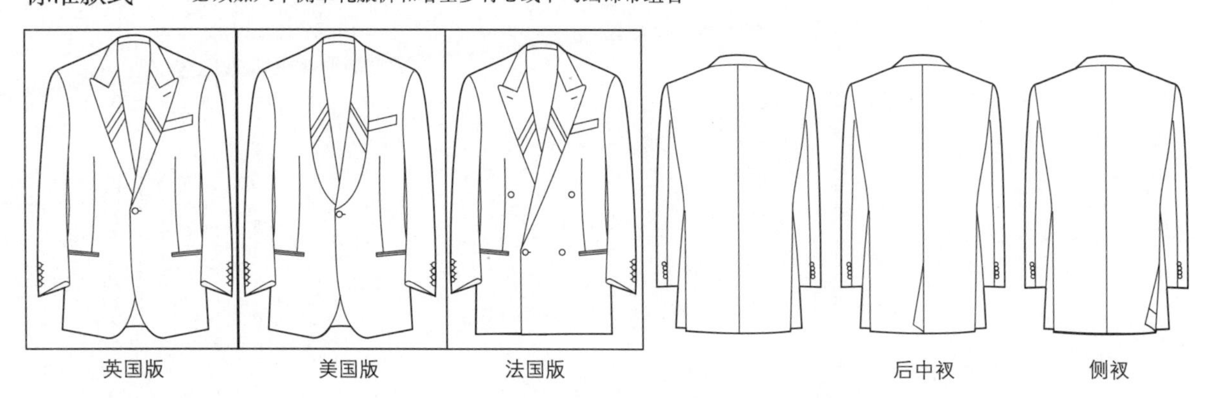

英国版　　美国版　　法国版　　后中衩　　侧衩

### 1. 单排扣领型变化系列

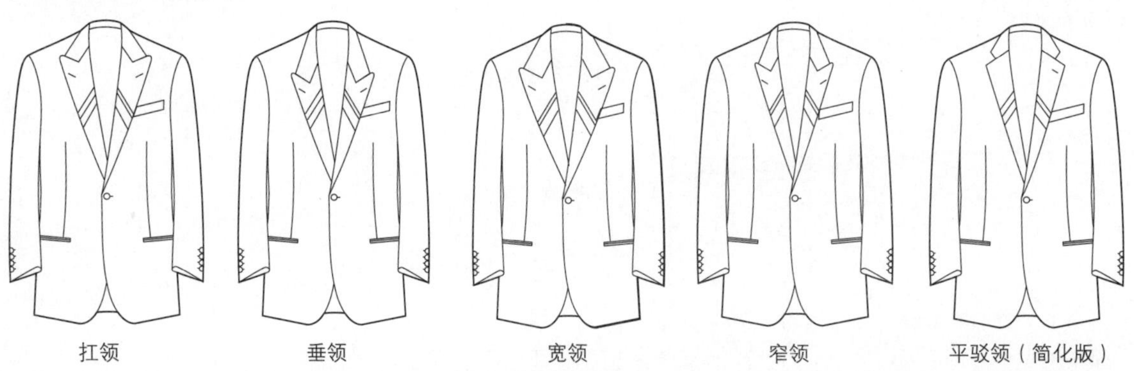

扛领　　垂领　　宽领　　窄领　　平驳领（简化版）

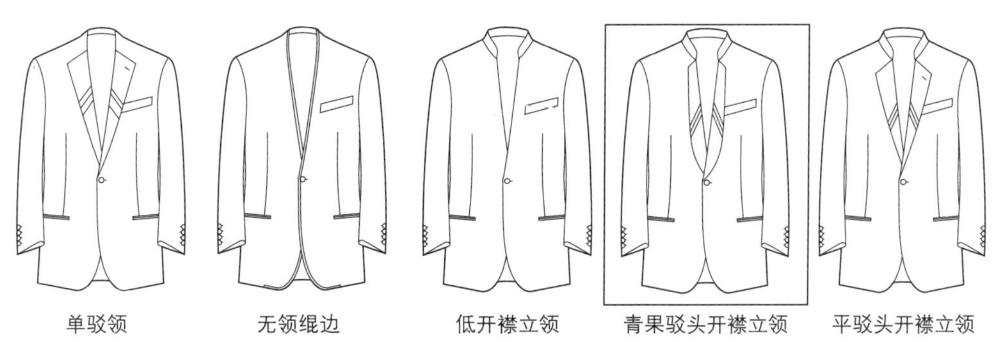

单驳领　无领绲边　低开襟立领　青果驳头开襟立领　平驳头开襟立领

**2. 双排扣领型变化系列（双排扣忌用平驳领和任何贴袋）**

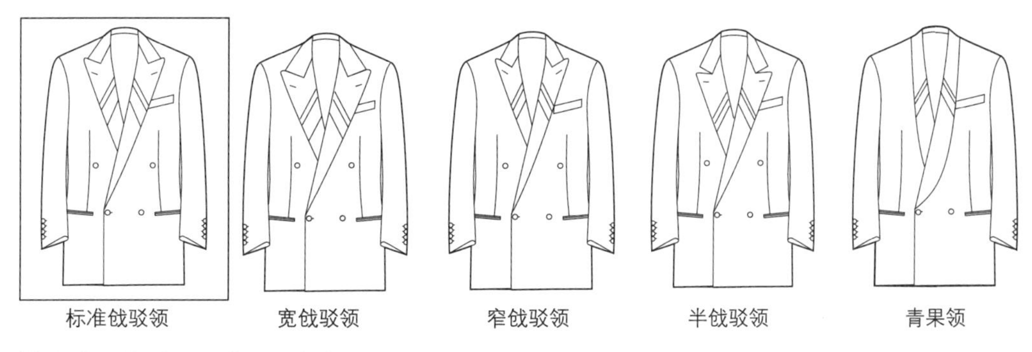

标准戗驳领　宽戗驳领　窄戗驳领　半戗驳领　青果领

**3. 双排扣门襟、领型变化系列**

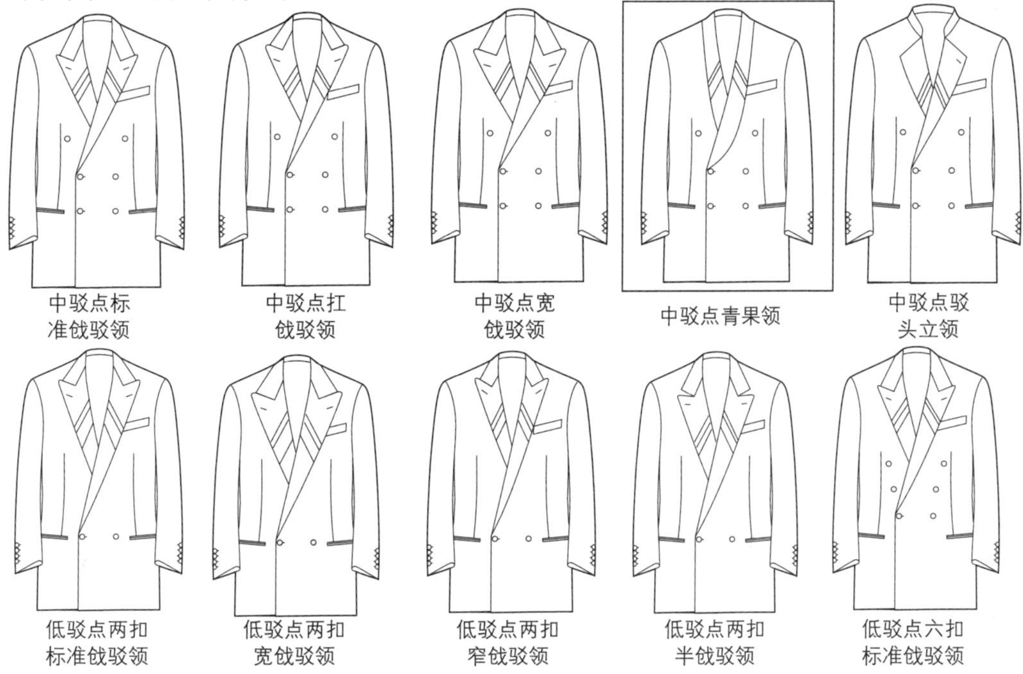

中驳点标准戗驳领　中驳点扛戗驳领　中驳点宽戗驳领　中驳点青果领　中驳点驳头立领

低驳点两扣标准戗驳领　低驳点两扣宽戗驳领　低驳点两扣窄戗驳领　低驳点两扣半戗驳领　低驳点六扣标准戗驳领

## 七、梅斯礼服款式系列设计

标准款式

*用于夏季或娱乐型晚礼服，款式变化规律与塔士多相同，也有英国版、美国版和法国版说法，并加入单侧章礼服裤和卡玛绉饰带组合

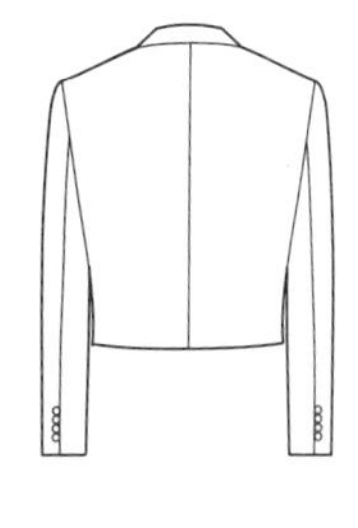

英国版

## 1. 单排扣领型变化系列

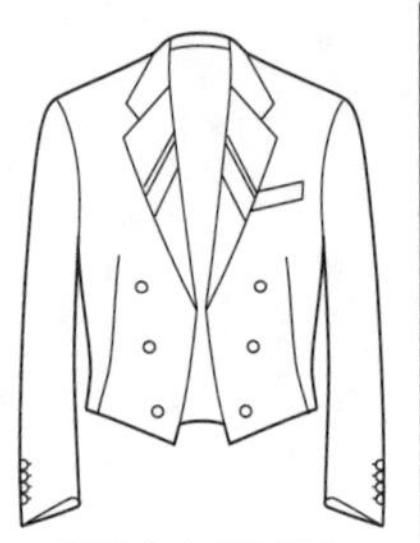

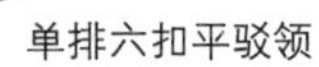

单排六扣平驳领

单排六扣青果领（美国版）

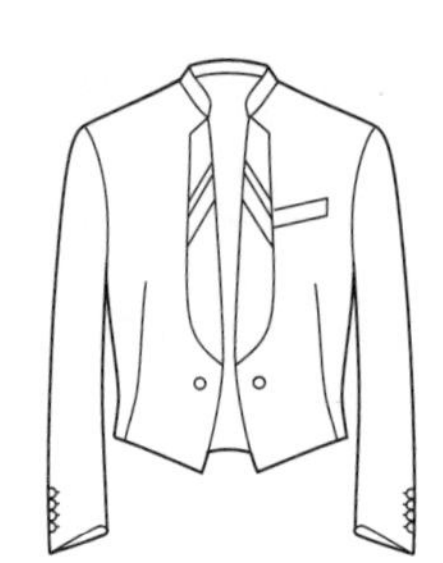

单排对扣青果驳头开襟立领

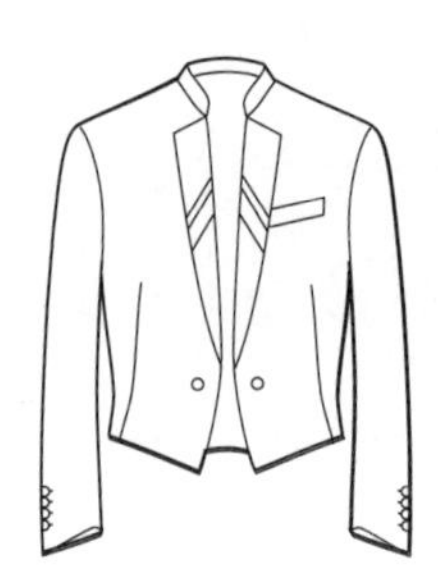

单排对扣平驳头开襟立领

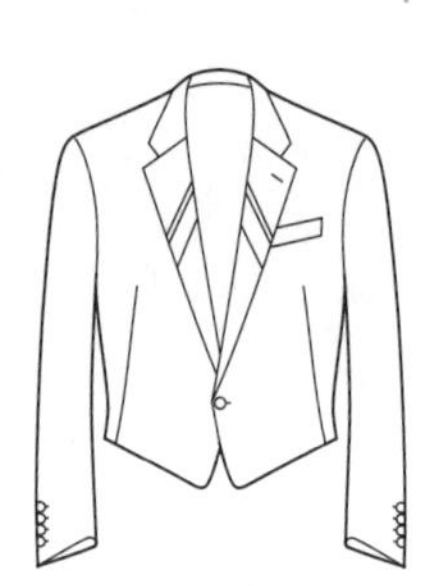

单排一扣平驳领

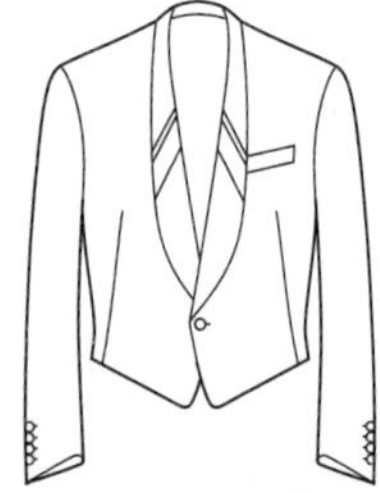

单排一扣青果领

## 2. 双排扣领型变化系列

双排四扣戗驳领（法国版）

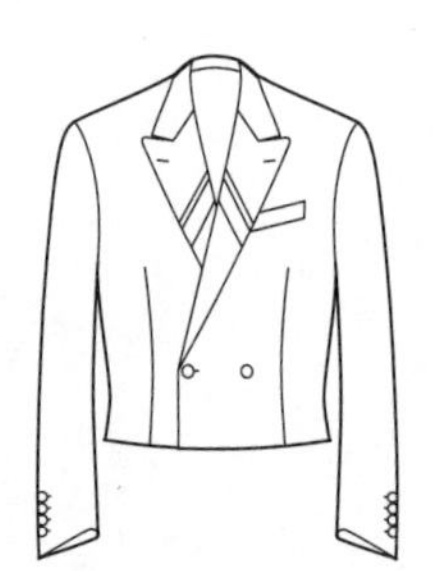

双排两扣戗驳领

双排四扣青果领

双排两扣青果领

双排两扣开襟立领

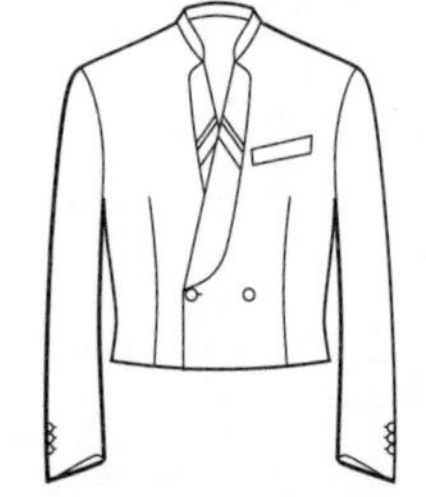

双排两扣青果驳头开襟立领

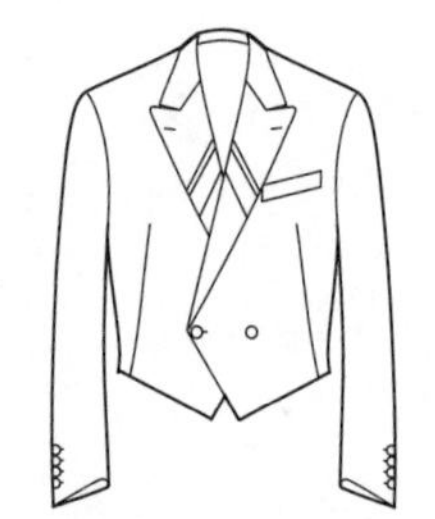

双排两扣戗驳领

双排两扣三角摆青果领

# 八、董事套装款式系列设计

### 标准款式

* 必须加入斑马条纹西裤和日间礼服背心组合，单排扣戗驳领也被视为西服装套装的英国风格

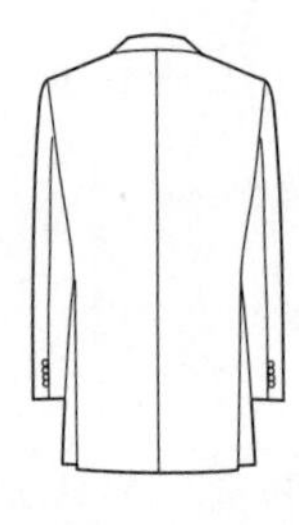

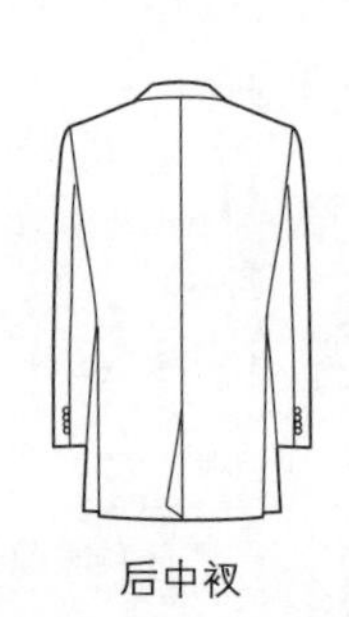

后中衩

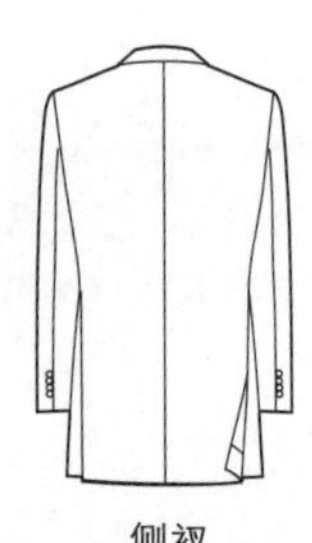

侧衩

## 1. 领型变化系列（与英国版塔士多礼服变化通用）

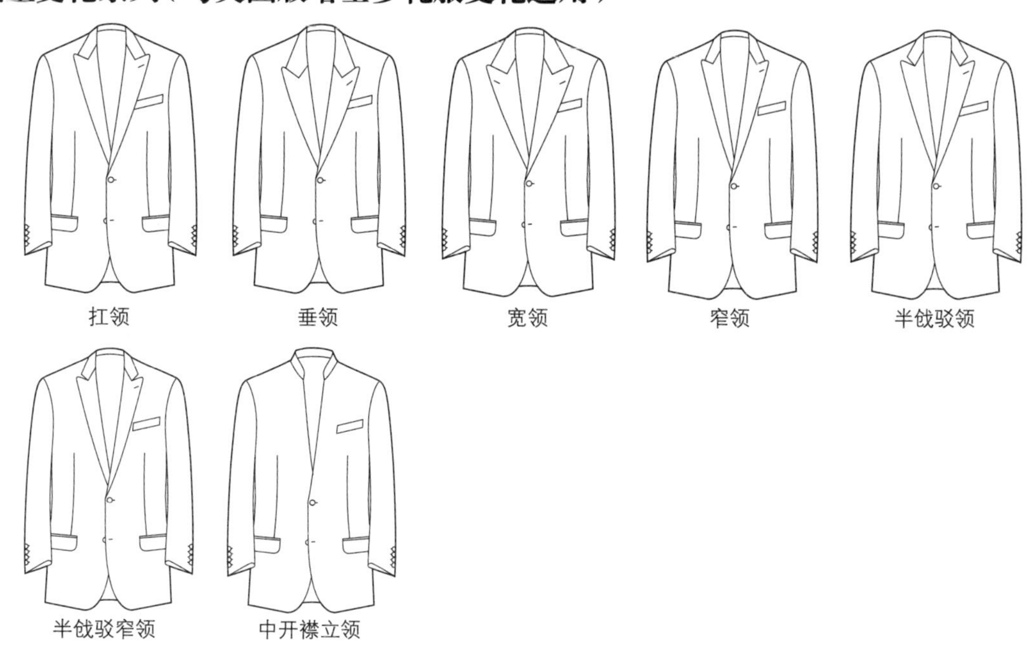


## 2. 口袋、门襟变化系列

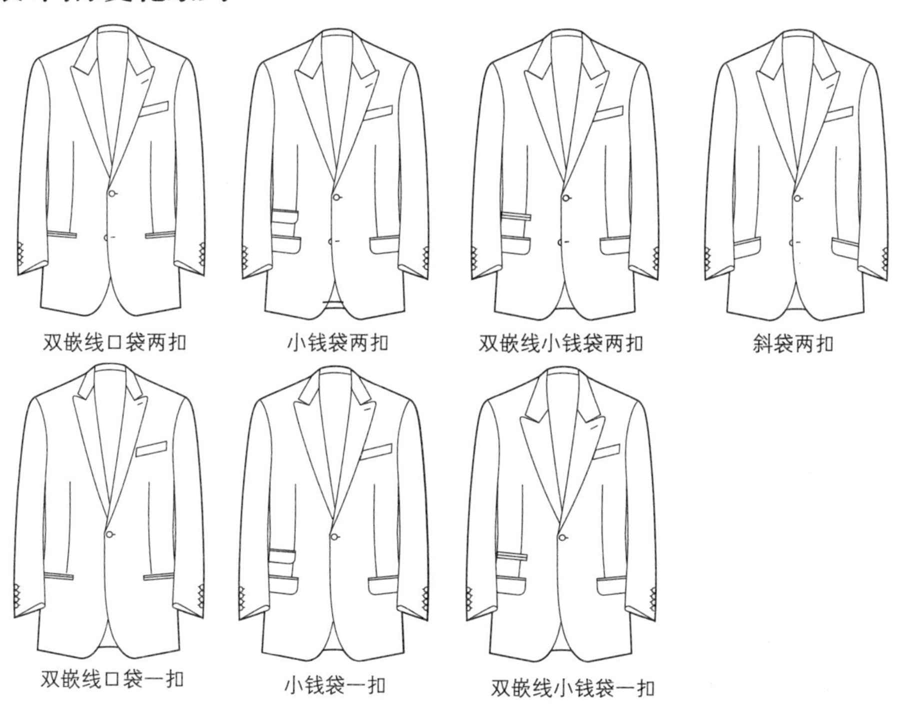


## 3. 口袋、领型变化系列

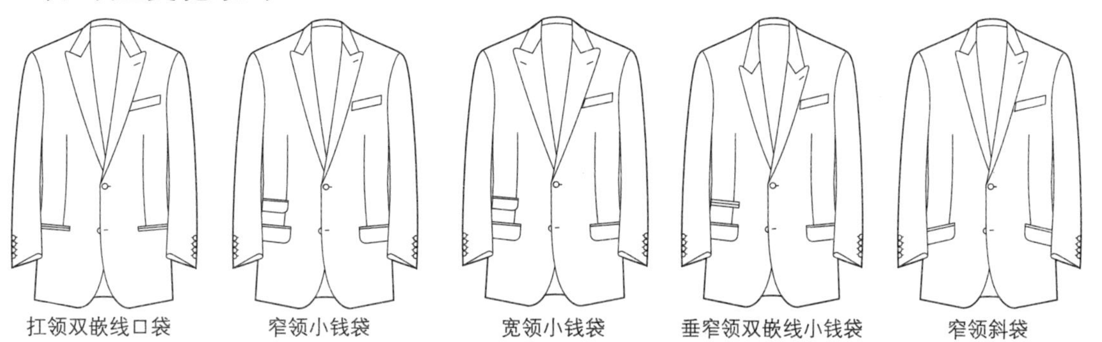

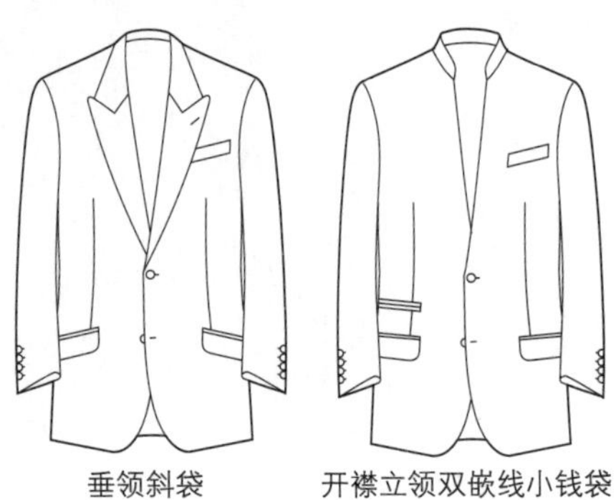

垂领斜袋　　开襟立领双嵌线小钱袋

## 九、中山装款式系列设计

标准款式

*必须加入西裤组合，标准款式可应对TPO中的第一礼服和正式礼服

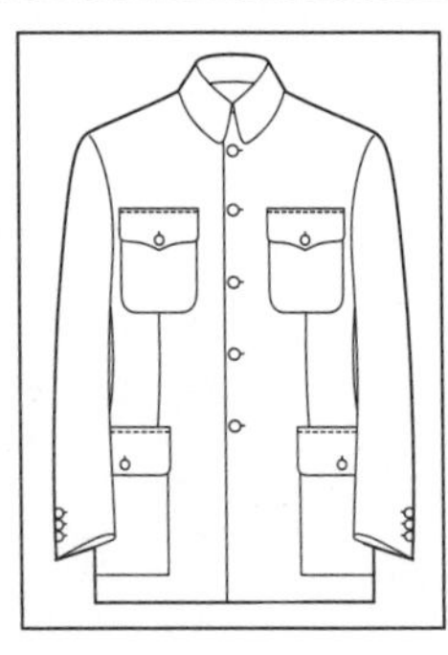

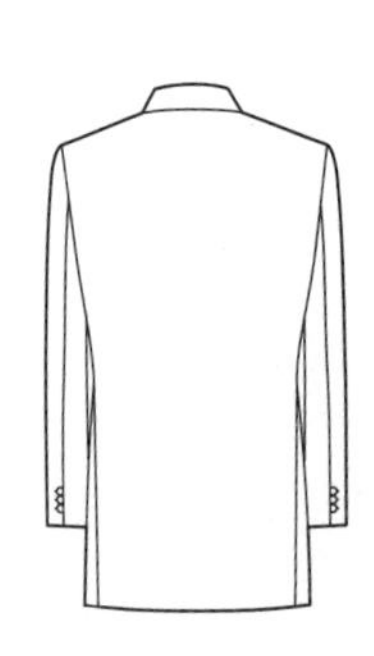

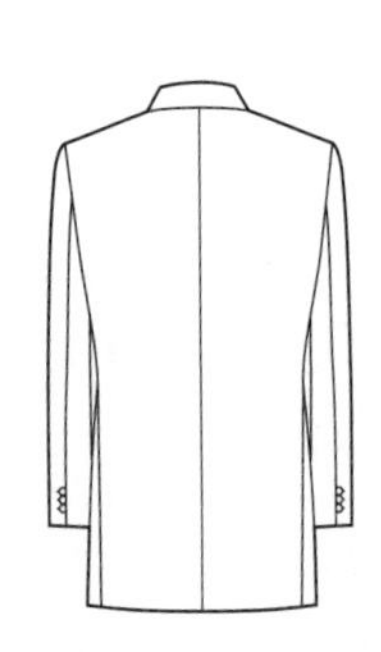

### 1. 口袋变化系列

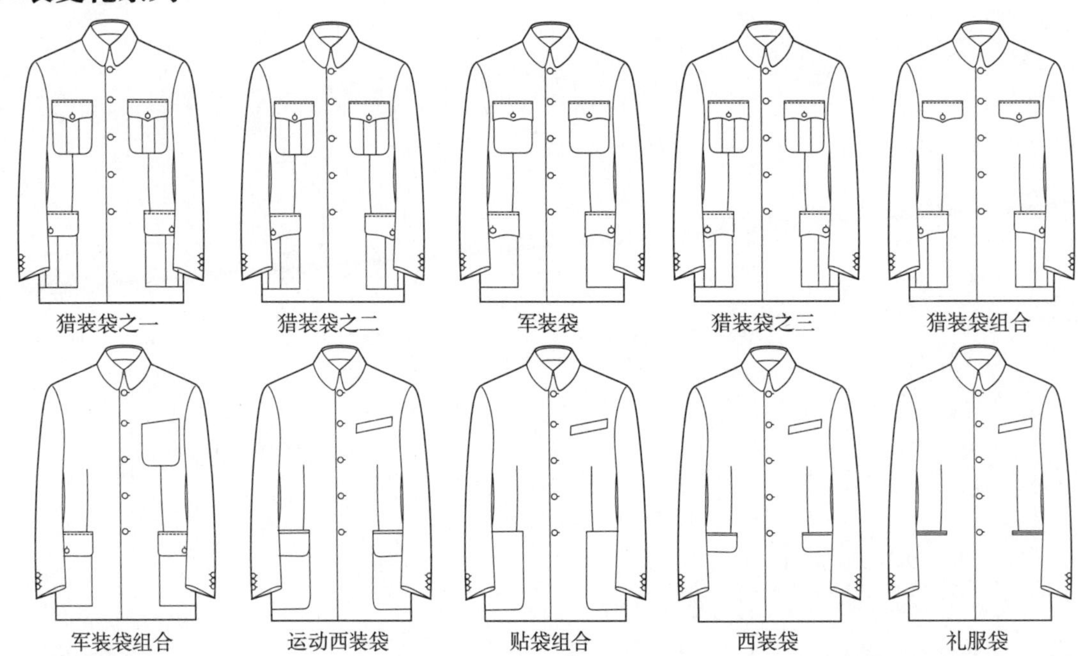

猎装袋之一　猎装袋之二　军装袋　猎装袋之三　猎装袋组合

军装袋组合　运动西装袋　贴袋组合　西装袋　礼服袋

### 2. 领型变化系列

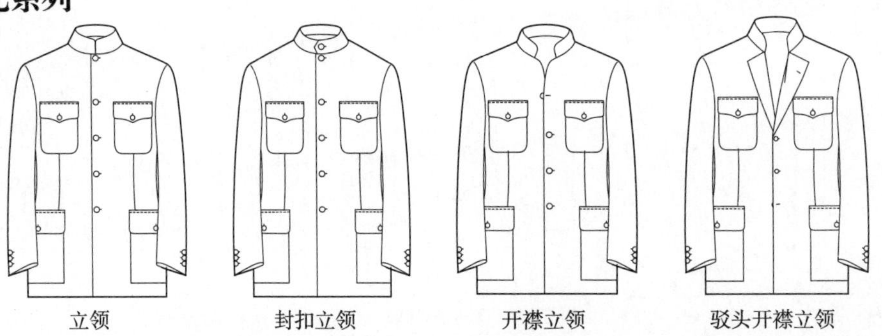

立领　封扣立领　开襟立领　驳头开襟立领

## 3. 口袋、领型变化系列

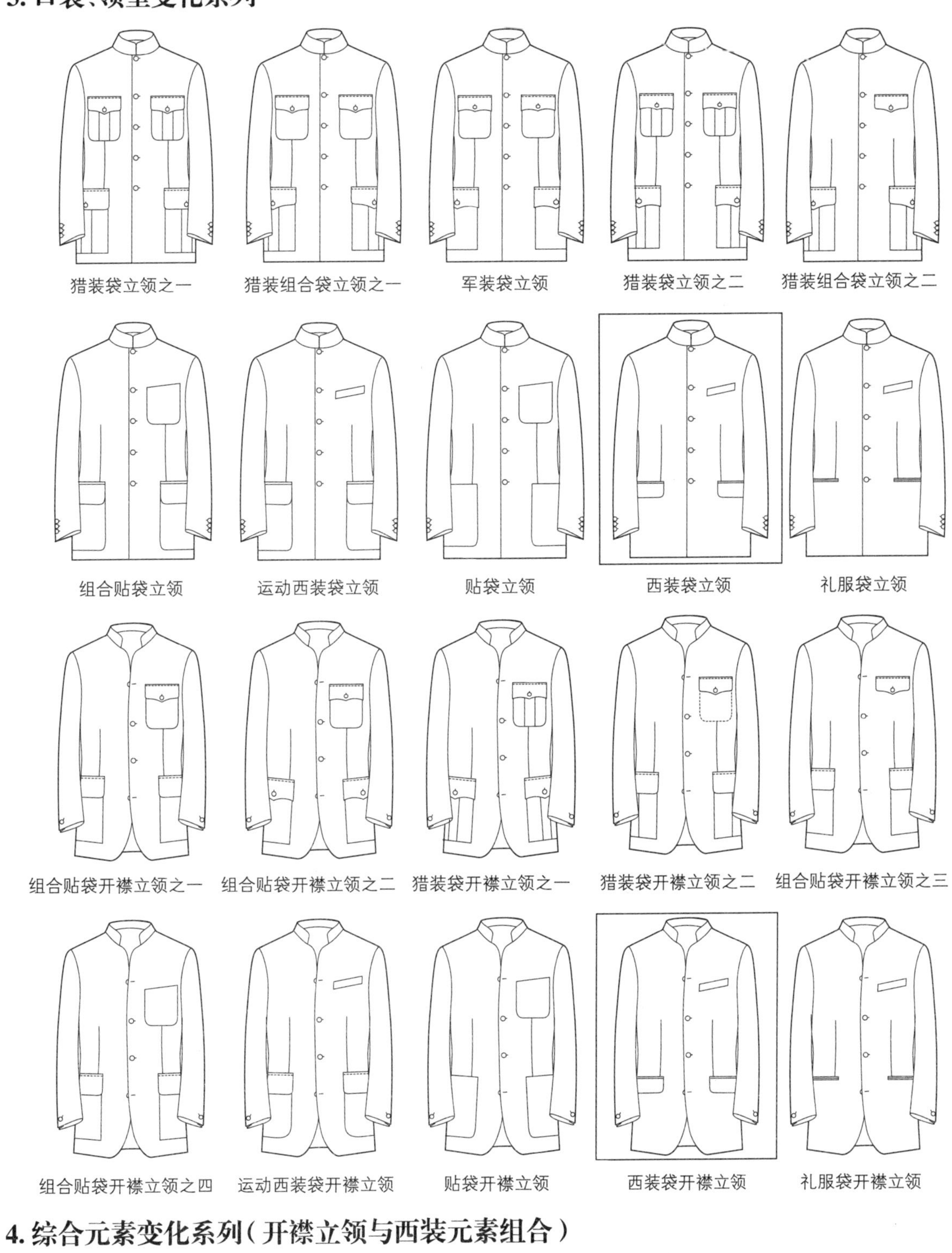


## 4. 综合元素变化系列（开襟立领与西装元素组合）

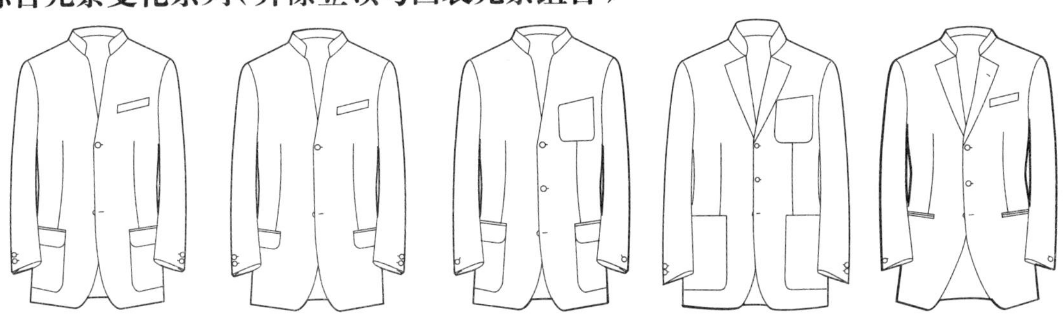

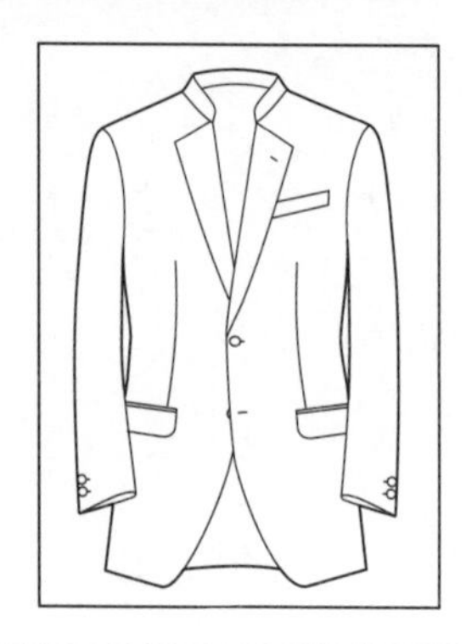

## 十、燕尾服款式系列设计

标准款式

*必须加入双侧章西裤和燕服背心组合

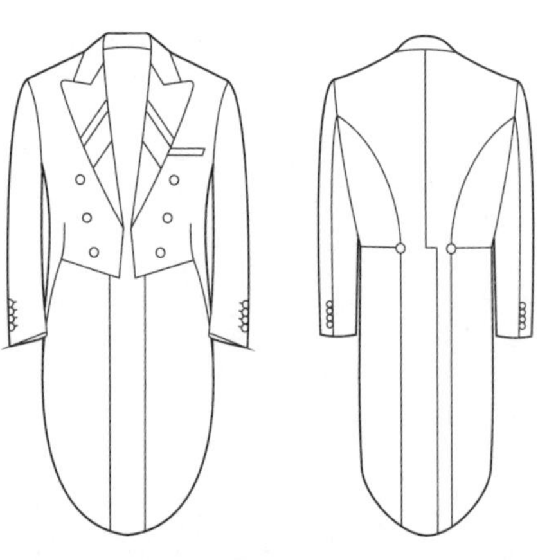

### 1. 领型、门襟变化系列

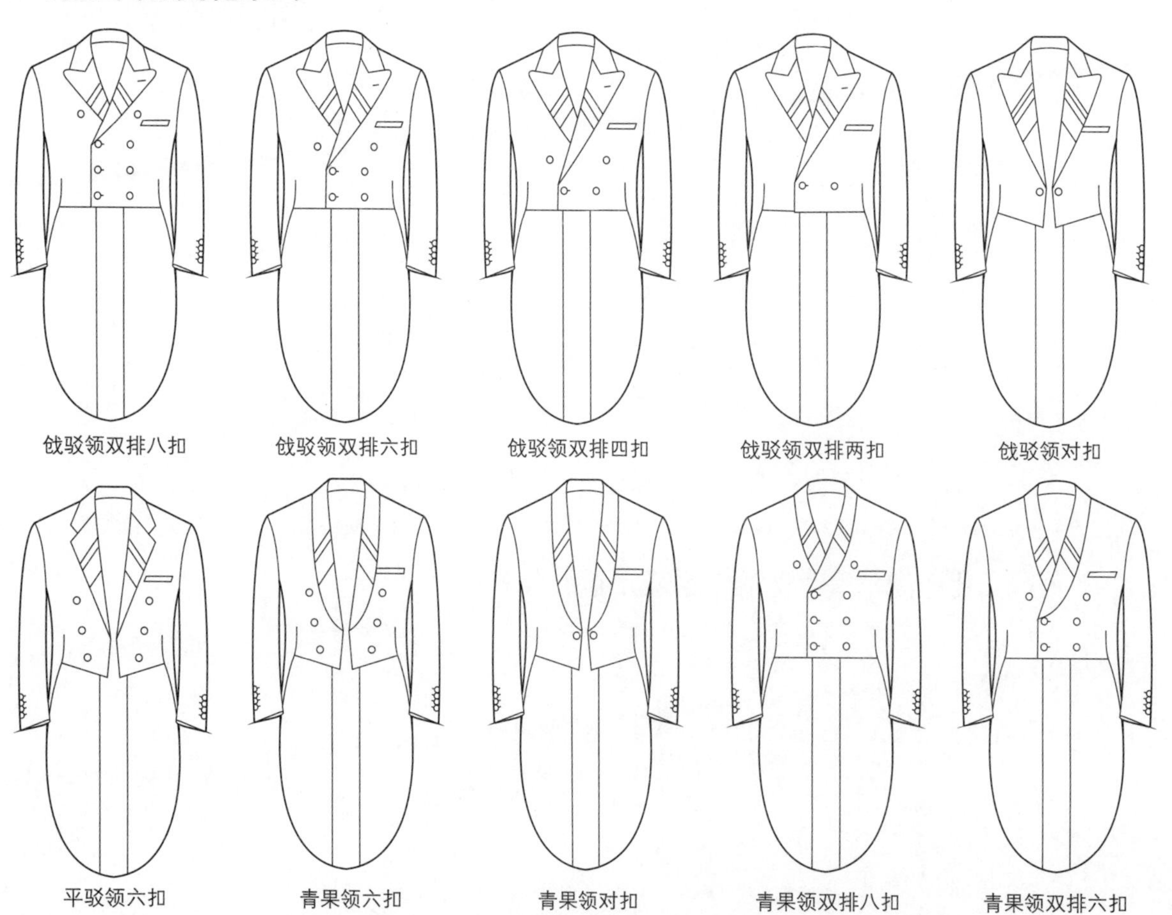

戗驳领双排八扣　戗驳领双排六扣　戗驳领双排四扣　戗驳领双排两扣　戗驳领对扣

平驳领六扣　青果领六扣　青果领对扣　青果领双排八扣　青果领双排六扣

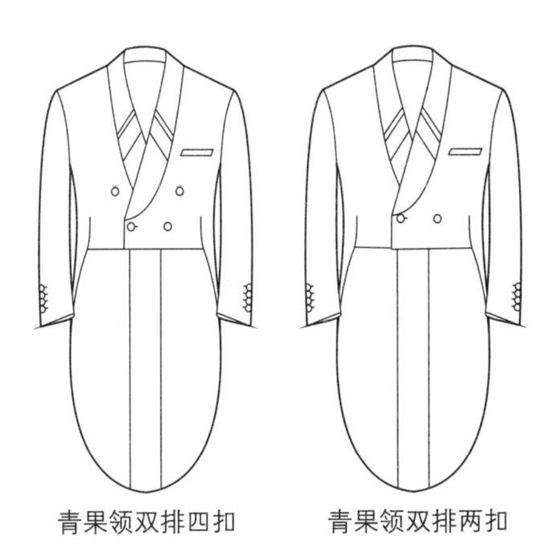

青果领双排四扣　　青果领双排两扣

**2. 短摆主题领型、门襟变化系列**

## 十一、晨礼服款式系列设计

标准款式

* 必须加入斑马条纹西裤和日间礼服背心组合

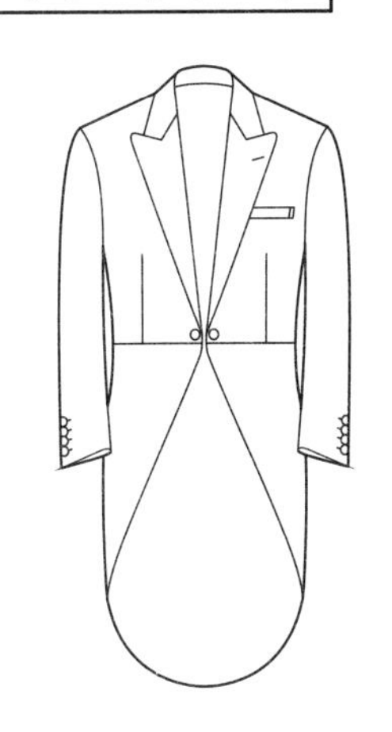

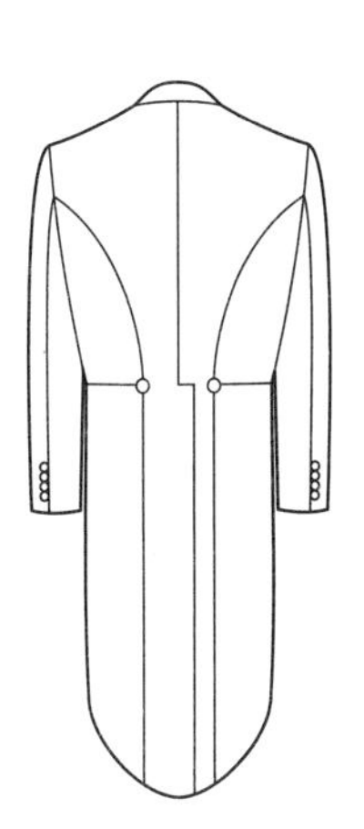

## 1. 领型变化系列

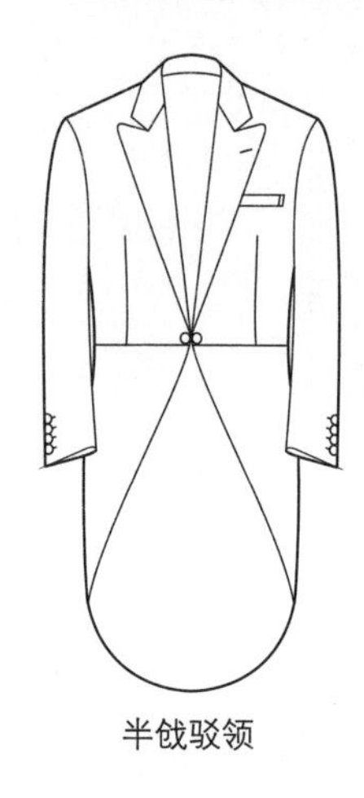

半戗驳领

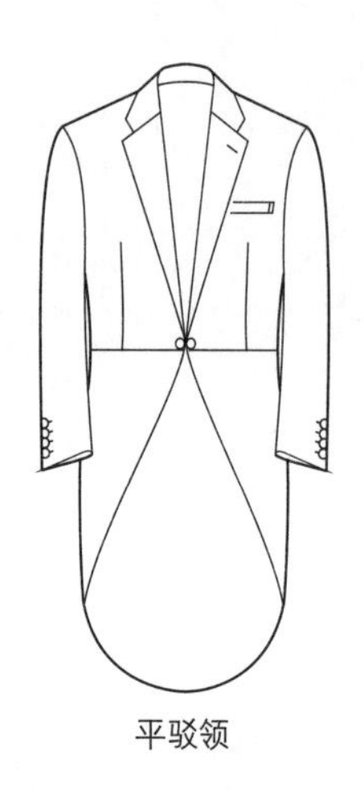

平驳领

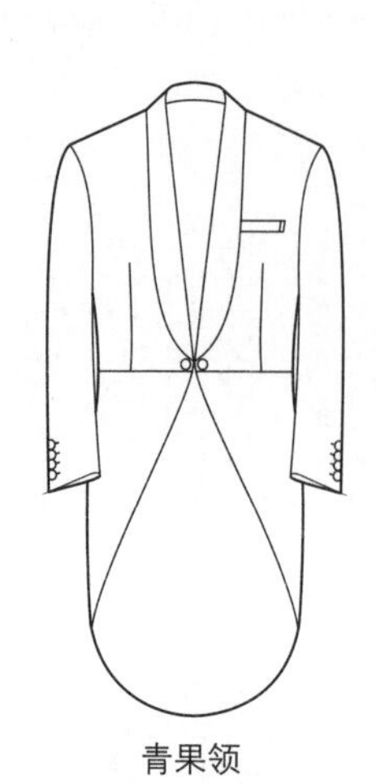

青果领

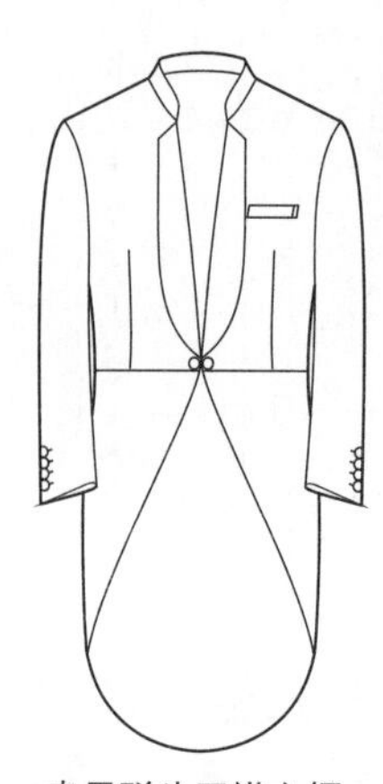

青果驳头开襟立领

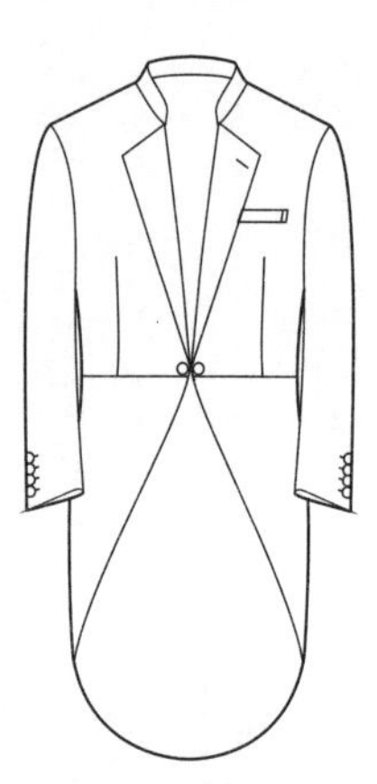

平驳头开襟立领

## 2. 短摆主题领型变化系列

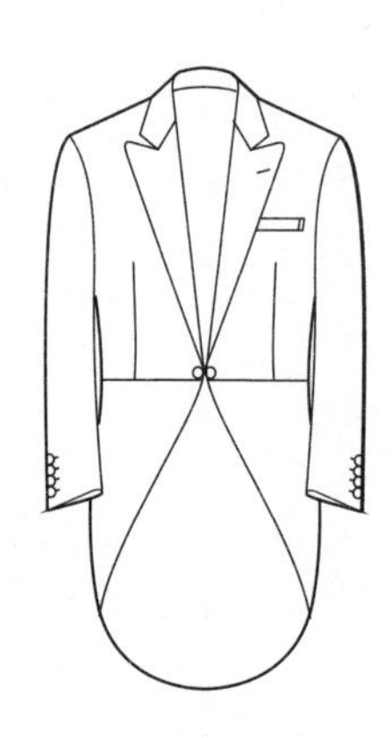

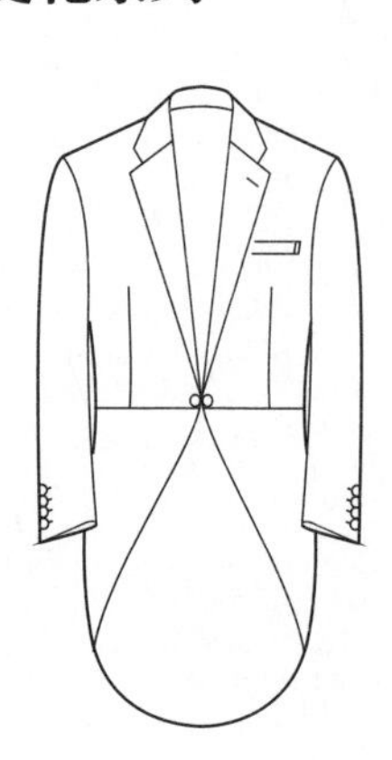

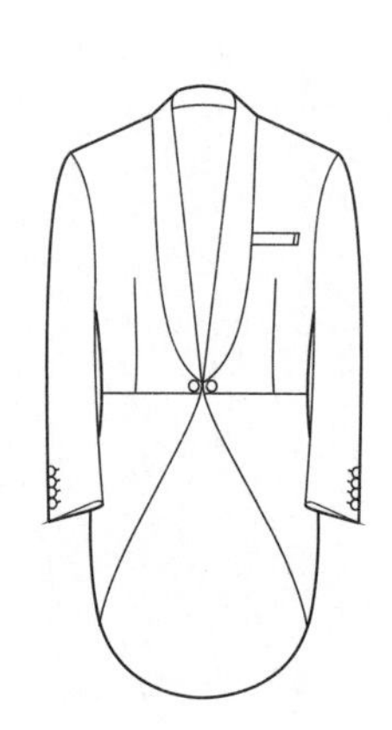

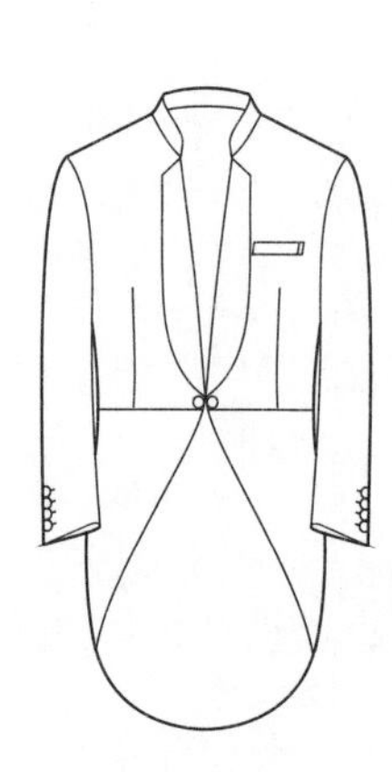

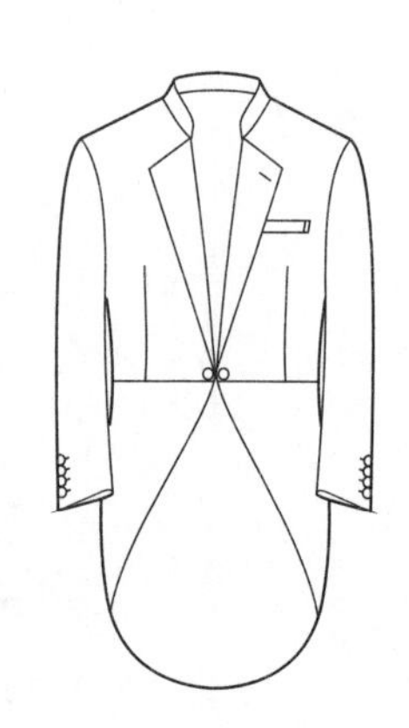

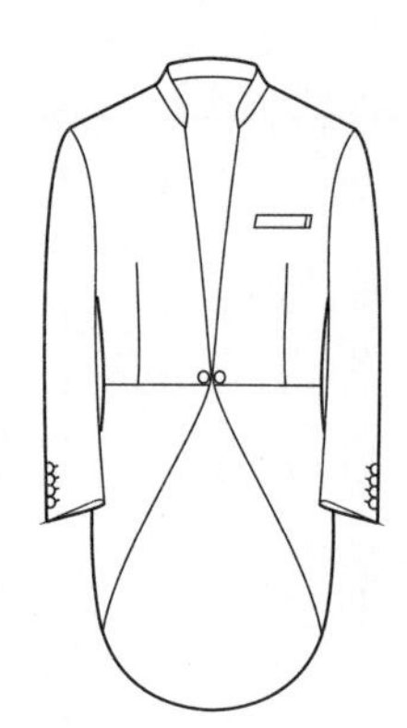

# 训练二　西装纸样系列设计训练

## 一、一款多板西装套装纸样系列设计

### 四开身西装套装纸样设计（标准版）

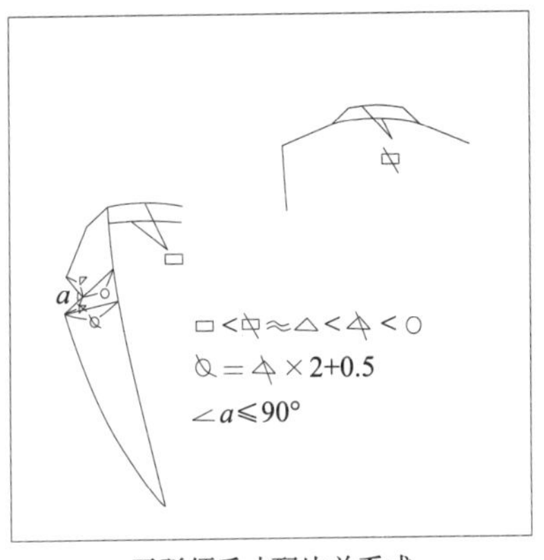


平驳领采寸配比关系式

### 四开身西装套装纸样设计（衣片部分）

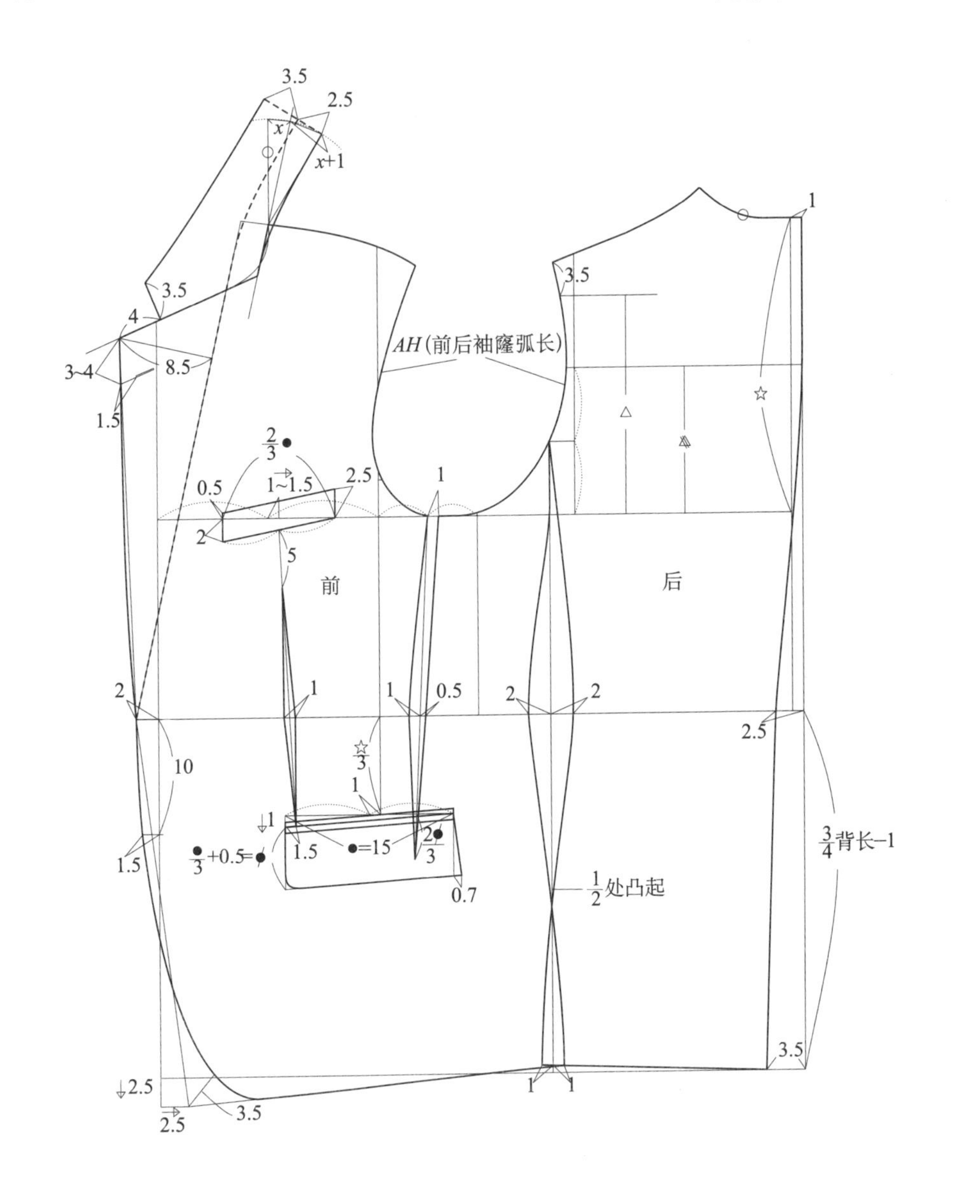

## 四开身西装套装纸样设计（袖子部分）

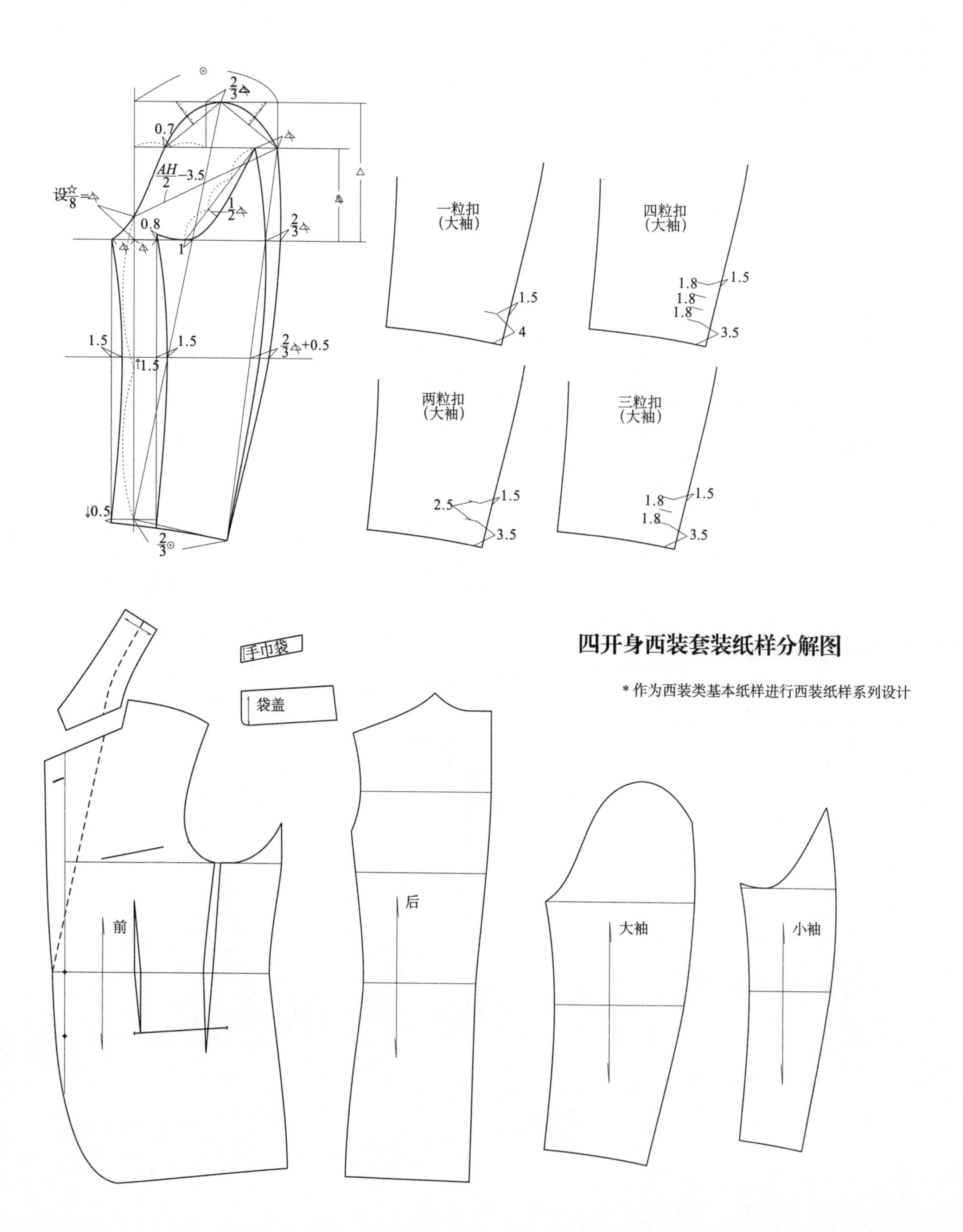


## 四开身西装套装纸样分解图

＊作为西装类基本纸样进行西装纸样系列设计

## 一款多板西装套装纸样系列设计——六开身西装套装

* 固定西装套装基本款式
* 在四开身西装套装纸样（西装类基本纸样）基础上将前侧省做断缝处理，完成六开身纸样设计
* 后身、袖子、翻领、手巾袋和袋盖纸样通用

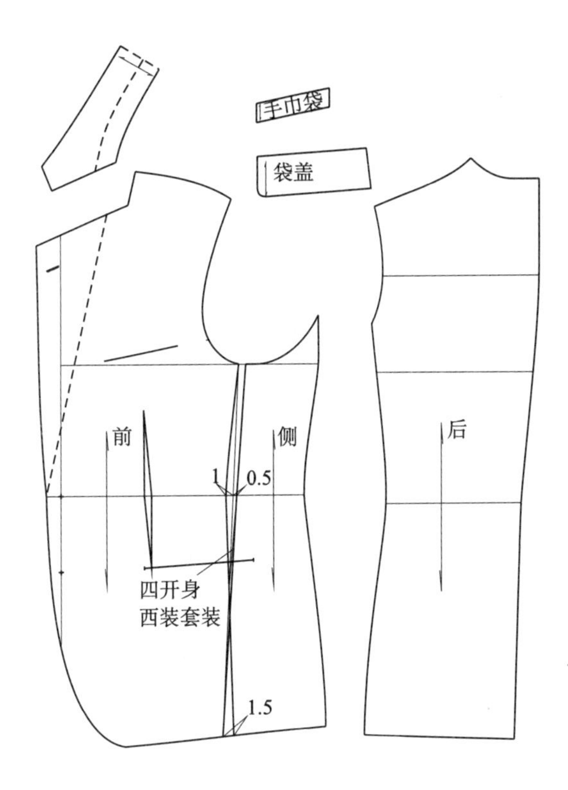


## 一款多板西装套装纸样系列设计——X 型六开身西装套装

* 在六开身西装套装纸样基础上做平衡收腰增摆处理

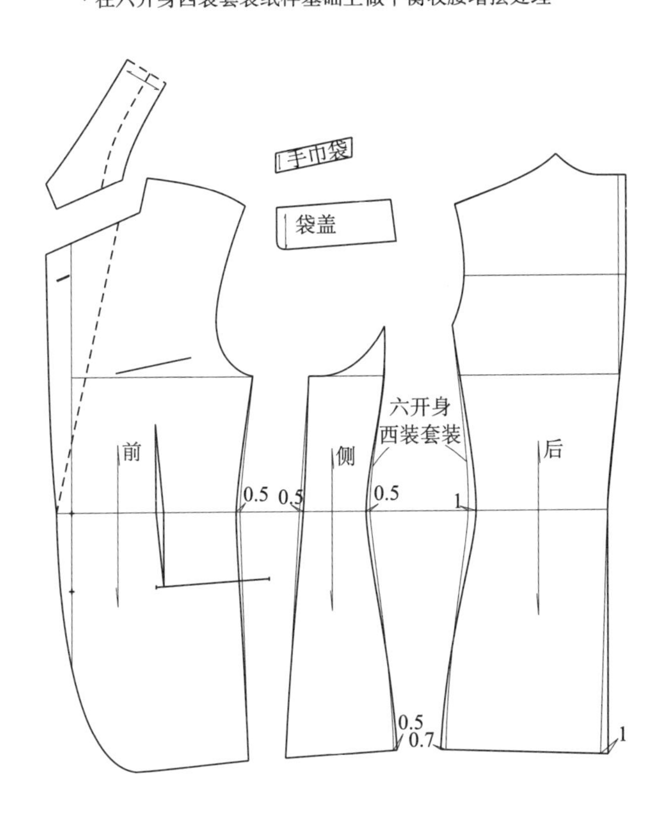

## 一款多板西装套装纸样系列设计——加省六开身西装套装

＊在六开身西装套装纸样基础上做袋省（肚省）处理

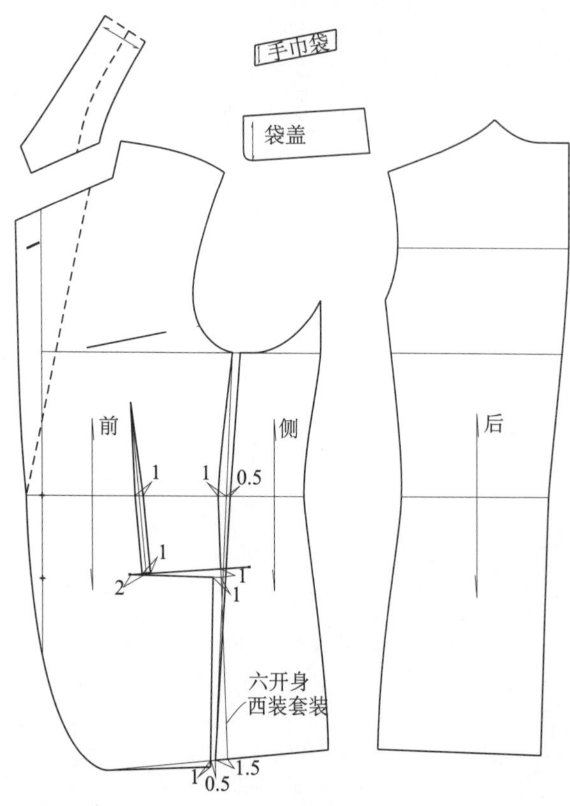


## 一款多板西装套装纸样系列设计——宽肩Y型加省六开身西装套装（袖子调整见主教材《男装纸样设计原理与应用》）

＊在加省六开身西装套装纸样基础上做平衡增肩收摆处理，其中肩增量大于侧身增量，注意肩和侧片总增量等于收摆总量

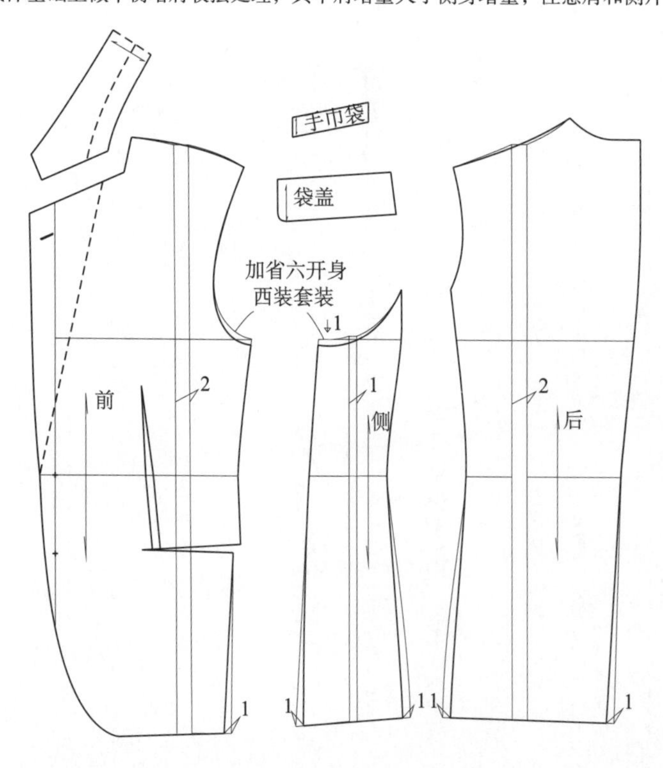

## 一款多板西装套装纸样系列设计——宽侧身Y型加省六开身西装套装（袖子调整见主教材《男装纸样设计原理与应用》）

* 在加省六开身西装套装纸样基础上做平衡增肩收摆处理，其中侧身增大量大于肩增量

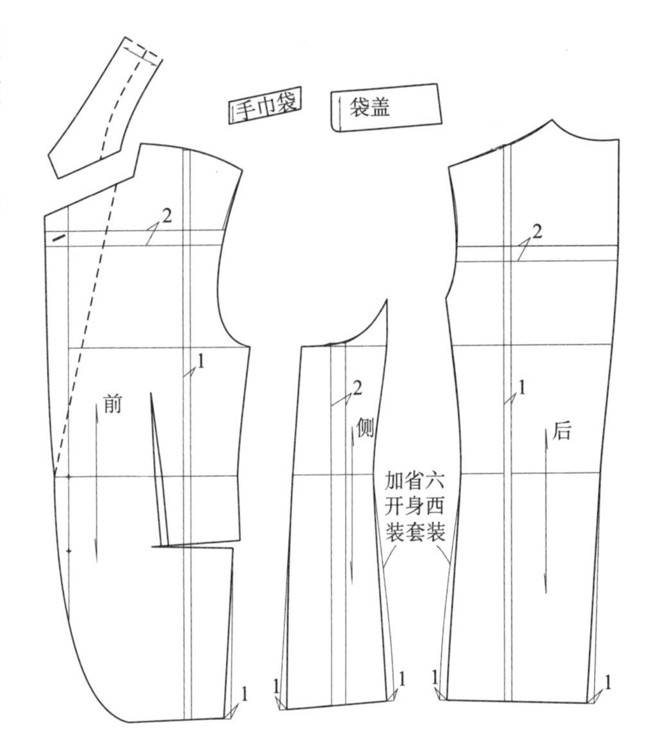


## 一款多板西装套装纸样系列设计——O版加省六开身西装套装

* 根据胸腰差量确定撇胸和弓背取值（表2-1）
* 在加省六开身西装套装纸样基础上设撇胸3cm，弓背1cm，收腰适当减少

表2-1　撇胸和弓背的取值　　单位：cm

| 胸腰差 | Y | YA | A | AB | B | BE | E |
|---|---|---|---|---|---|---|---|
| | 16 | 14 | 12 | 10 | 8 | 4 | 0 |
| 撇胸 | 1 | 1 | 1 | 1 | 1～2 | 2～3 | 3～4（上限） |
| 弓背 | 0～0.5 | | | 0.5～1 | | 1～1.5（上限） | |

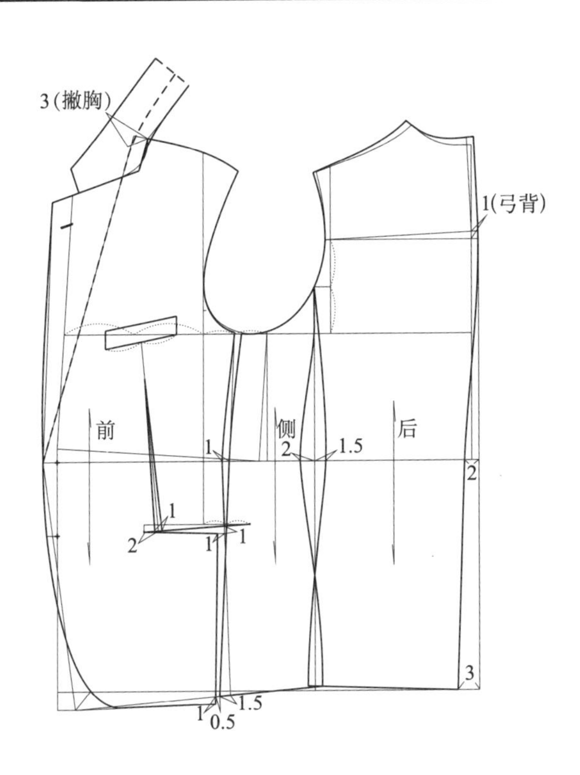

## 二、一板多款西装套装纸样系列设计

### 一板多款西装套装纸样系列设计——锐角领加省六开身西装套装

* 固定加省六开身西装套装纸样
* 将原直角领变成锐角领

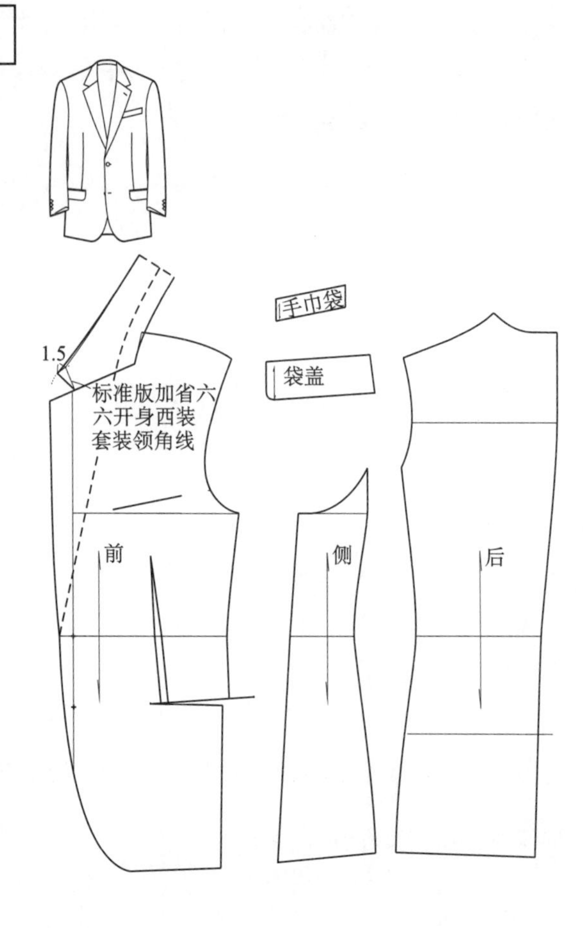


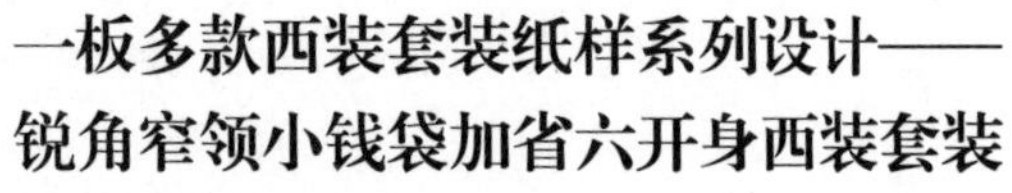

### 一板多款西装套装纸样系列设计——锐角窄领小钱袋加省六开身西装套装

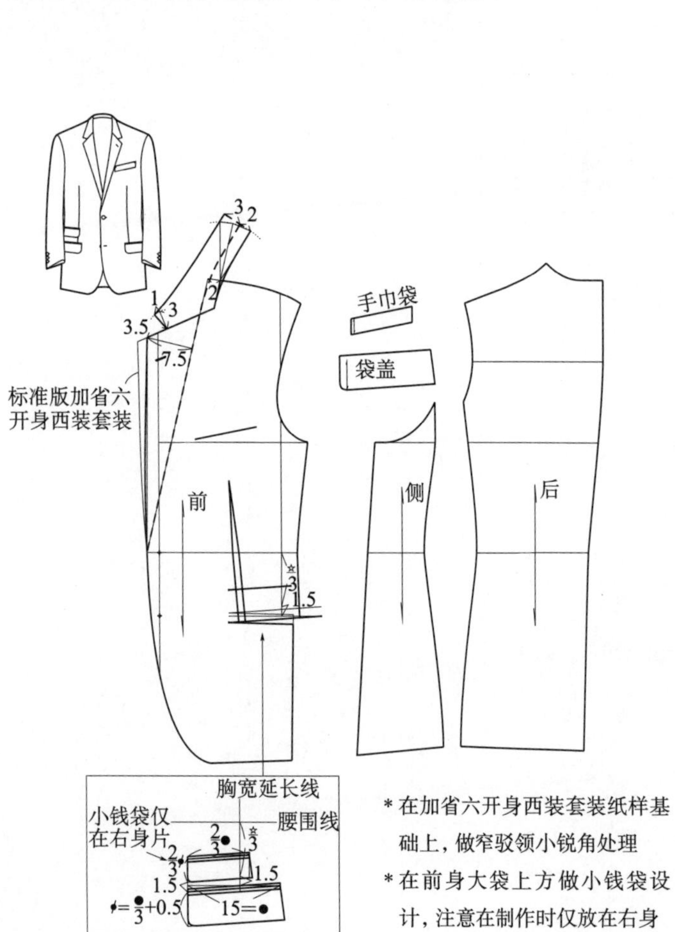


* 在加省六开身西装套装纸样基础上，做窄驳领小锐角处理
* 在前身大袋上方做小钱袋设计，注意在制作时仅放在右身

# 一板多款西装套装纸样系列设计——扛领加省六开身西装套装

* 在加省六开身西装套装纸样基础上，只将原驳领串口线上移后重新设计翻领，使其形成扛领结构
* 串口线上移量的上限不得多于领口深的一半

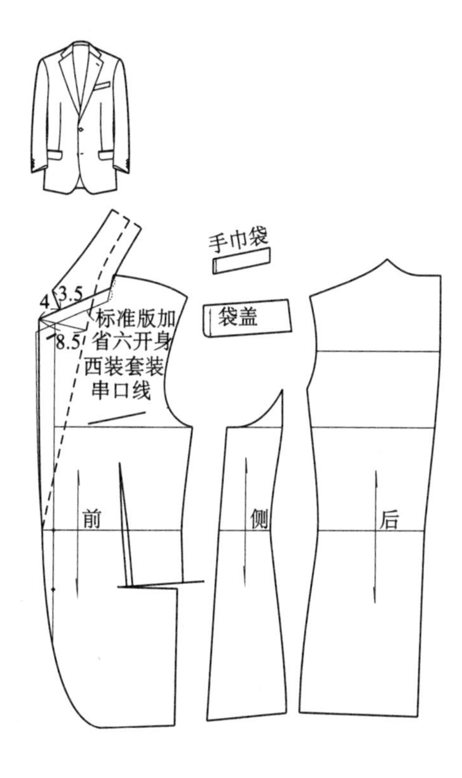


# 一板多款西装套装纸样系列设计——一粒扣折角领小钱袋加省六开身西装套装

* 在加省六开身西装套装纸样基础上，做一粒扣折角扛领处理
* 在前身大袋上方做小钱袋设计（小钱袋板型通用）

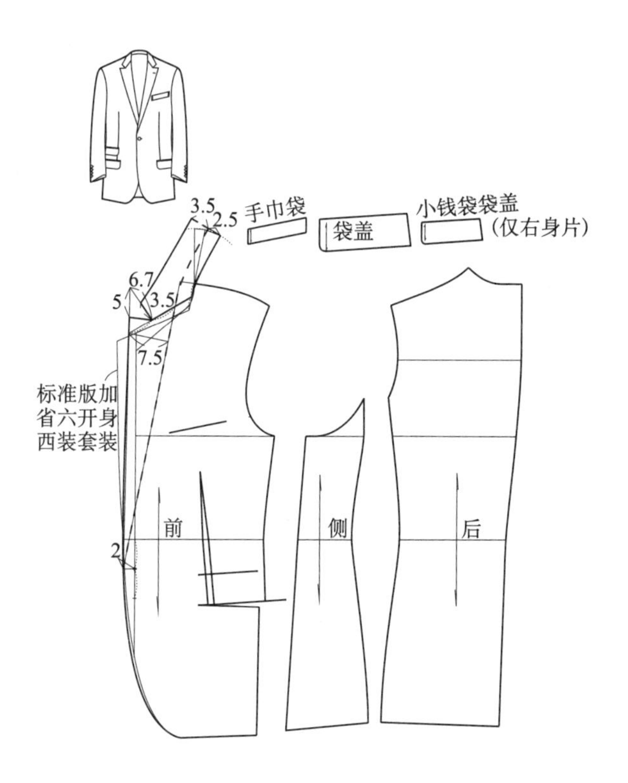

# 三、一款多板运动西装纸样系列设计

## 四开身运动西装纸样设计（标准版）

* 在四开身西装套装纸样基础上加入运动西装标志性元素复合型贴口袋，门襟三粒扣，最上一粒为虚设，属常春藤风格

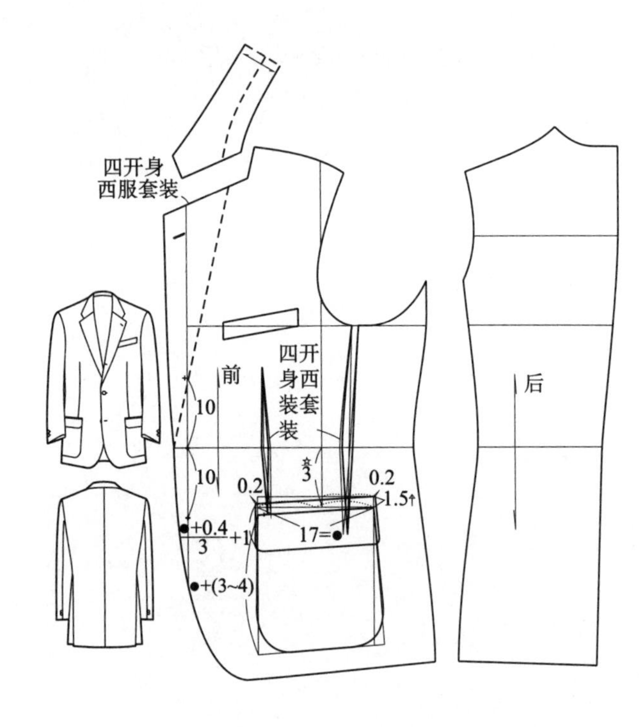


## 四开身运动西装分解图

* 以此作为运动西装类基本纸样进行系列设计

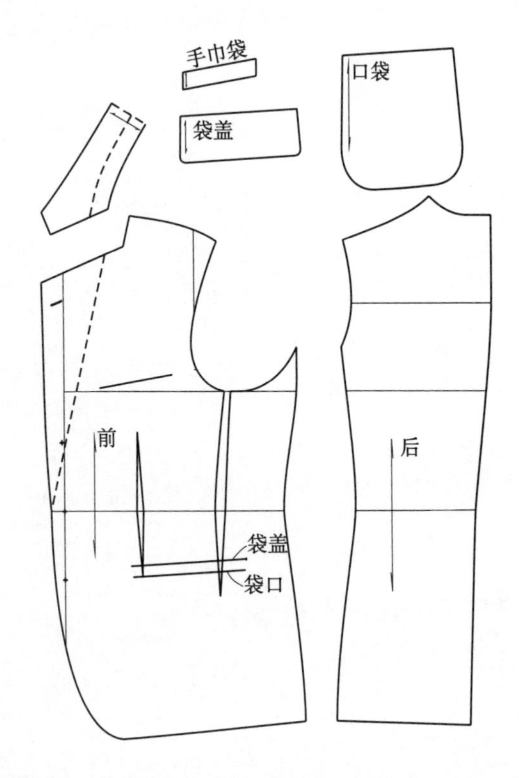

## 一款多板运动西装纸样系列设计——六开身运动西装

* 固定运动西装基本款式
* 在四开身运动西装纸样基础上完成六开身纸样设计
* 后身、袖子、翻领、手巾袋和复合贴口袋纸样通用

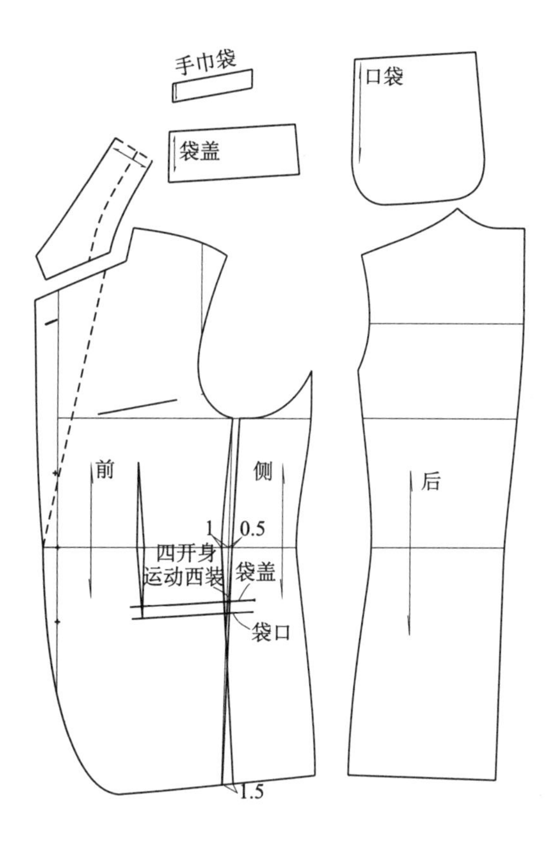


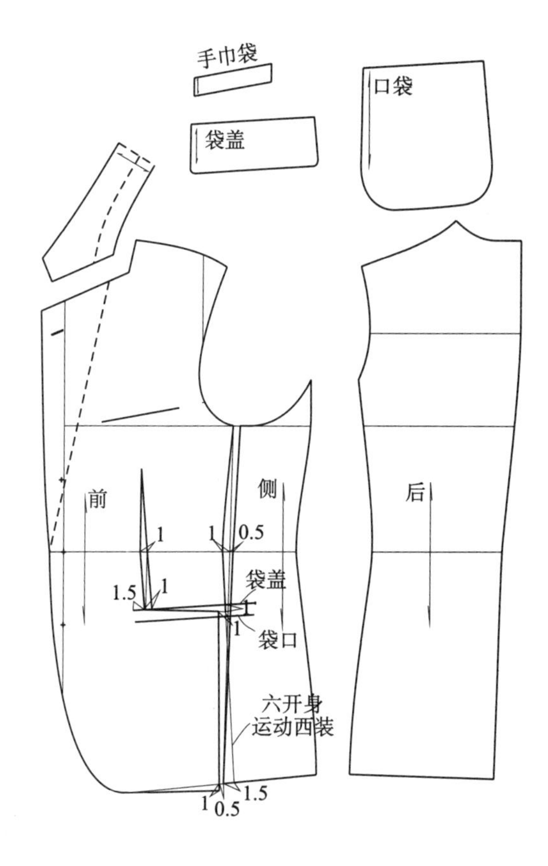


## 一款多板运动西装纸样系列设计——加省六开身运动西装

* 在六开身运动西装纸样基础上做袋省（肚省）处理，注意袋省缝位置要与袋盖位置重合，以便加工时掩盖

## 一款多板运动西装纸样系列设计——O板加省六开身运动西装

* 根据胸腰差量确定撇胸和弓背取值（参见表2-1）
* 在加省六开身运动西装纸样基础上设撇胸3cm，弓背1cm

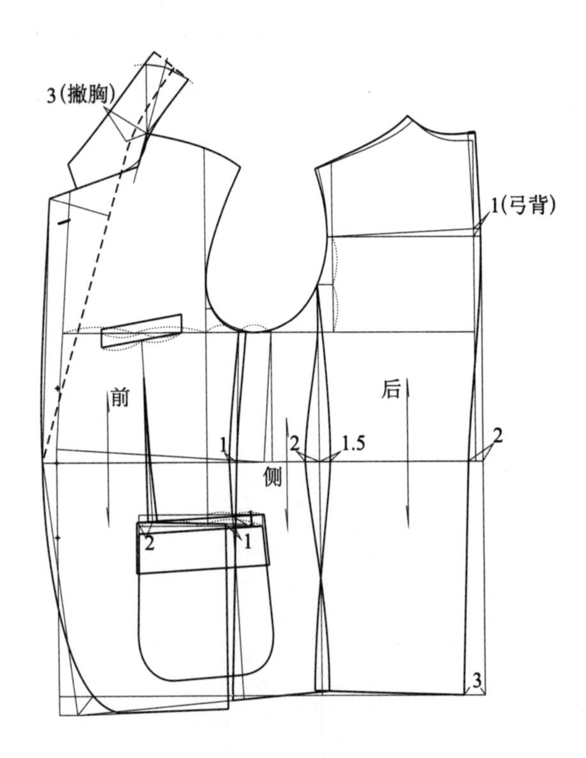


# 四、一板多款运动西装纸样系列设计

## 一板多款运动西装纸样系列设计——垂领六开身运动西装

* 固定六开身运动西装纸样
* 将原驳领串口线下移（注意下移量不宜超过领口深的一半），根据平驳领采寸配比重新设计翻领，使其形成垂领结构

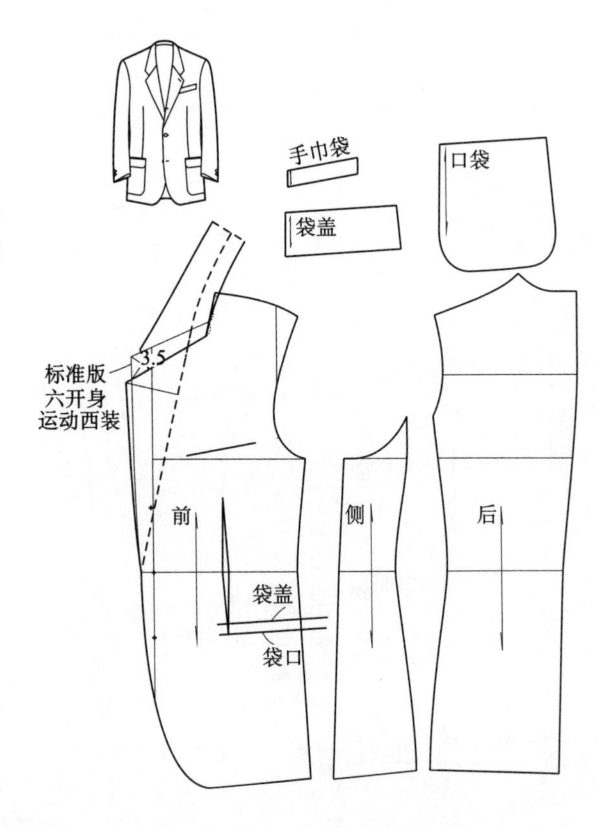

## 一板多款运动西装纸样系列设计——三粒扣打领斜口袋六开身运动西装

* 在六开身运动西装纸样基础上做三粒扣打领处理
* 以胸宽延长线与原袋口线交点为基点，做斜口袋处理（斜口袋为赛马竞技夹克元素，暗示英国风格）

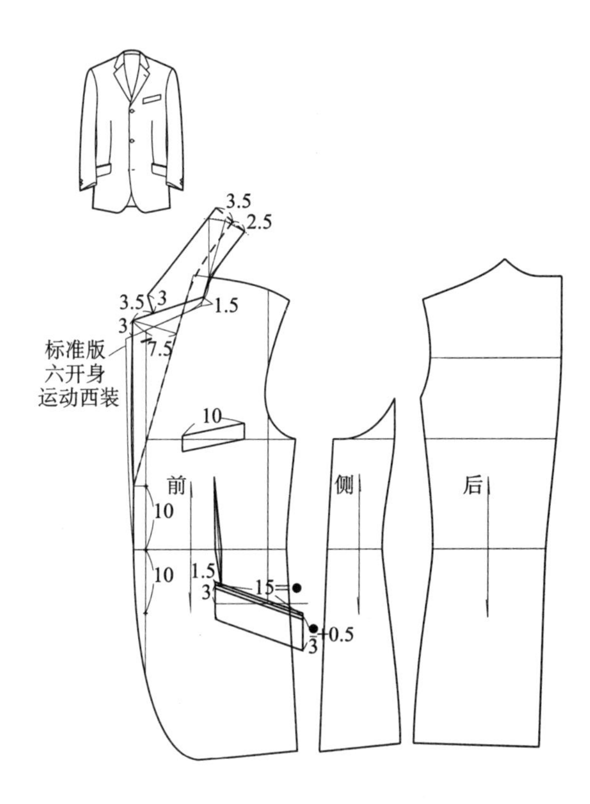


## 一板多款运动西装纸样系列设计——四粒双排扣戗驳领六开身运动西装

* 在六开身西装套装纸样基础上做四粒双排扣戗驳扛领设计
* 四粒双排功能扣设计为运动西装水手版

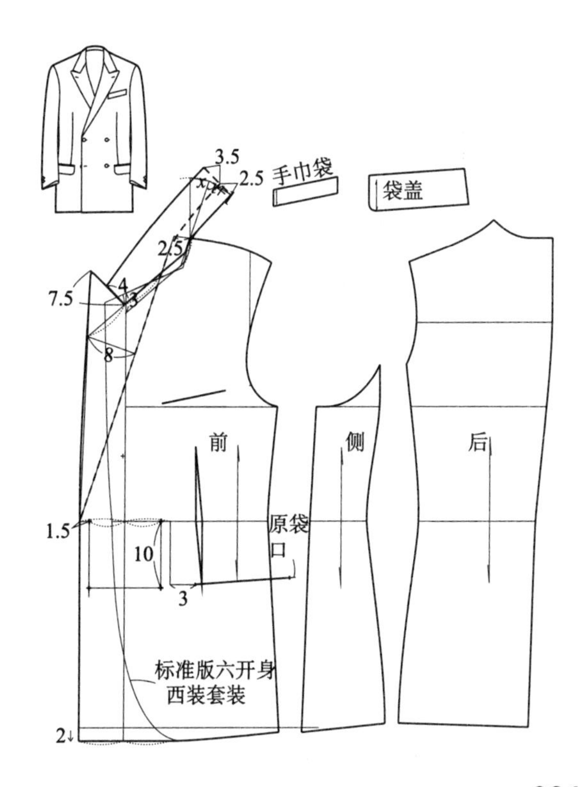

## 一板多款运动西装纸样系列设计——六粒双排扣戗驳领六开身运动西装

* 在六开身西装套装纸样基础上做六粒双排扣“扛式”戗驳领设计
* 六粒双排功能扣设计为制服款式，在职场中视为概念设计

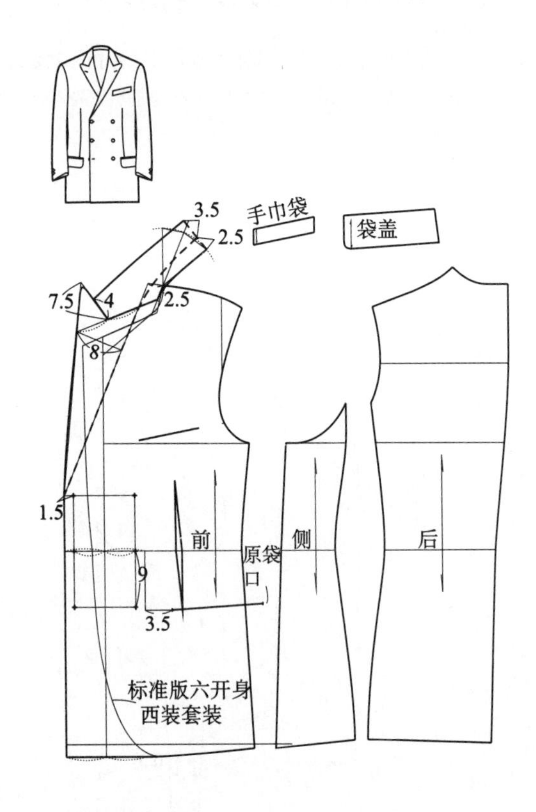


## 一板多款运动西装纸样系列设计——低驳点两粒双排扣戗驳领六开身运动西装

* 在六开身西装套装纸样基础上做两粒双排扣“垂式”戗驳领设计
* 两粒双排扣低驳点设计有礼服味道
* 为加强礼服风格口袋采用双嵌线设计

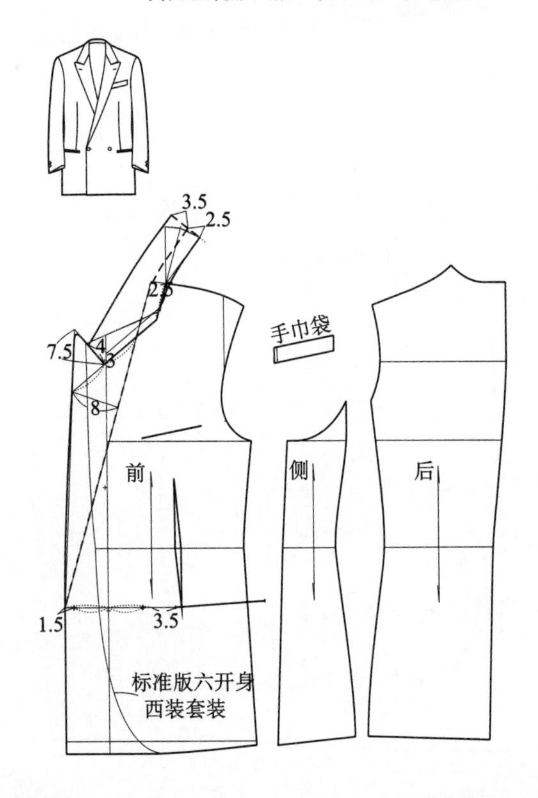

# 五、一款多板休闲西装纸样系列设计

## 四开身休闲西装纸样设计（标准版）

＊在四开身西装套装纸样基础上加入休闲西装标志性元素全贴口袋，门襟三粒扣，扛领

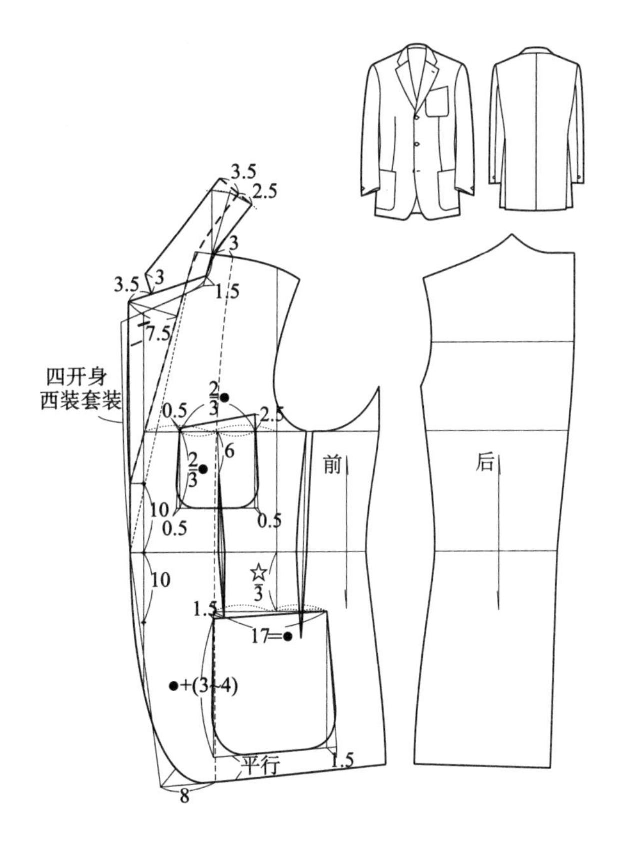


## 四开身休闲西装纸样分解图

＊用休闲西装类基本纸样，进行系列设计

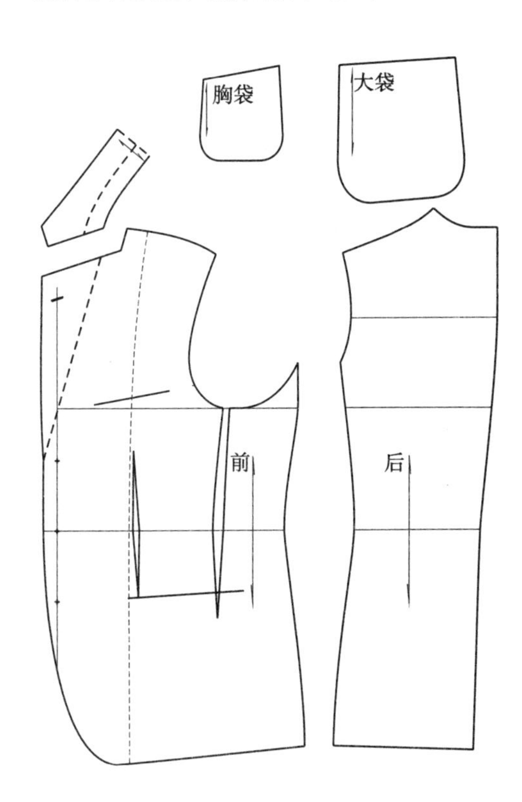

## 一款多板休闲西装纸样系列设计——六开身休闲西装

* 固定休闲西装基本款式
* 在四开身休闲西装纸样基础上完成六开身纸样设计
* 后身、袖子、翻领、贴口袋纸样通用

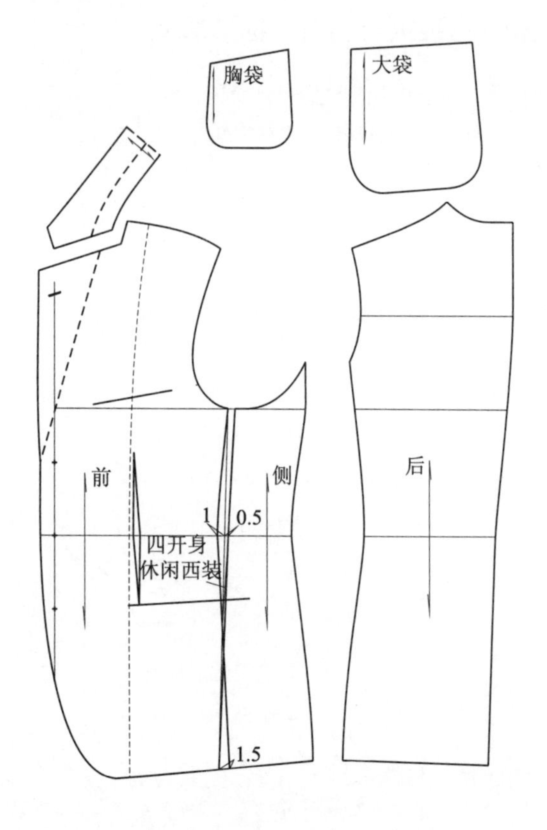


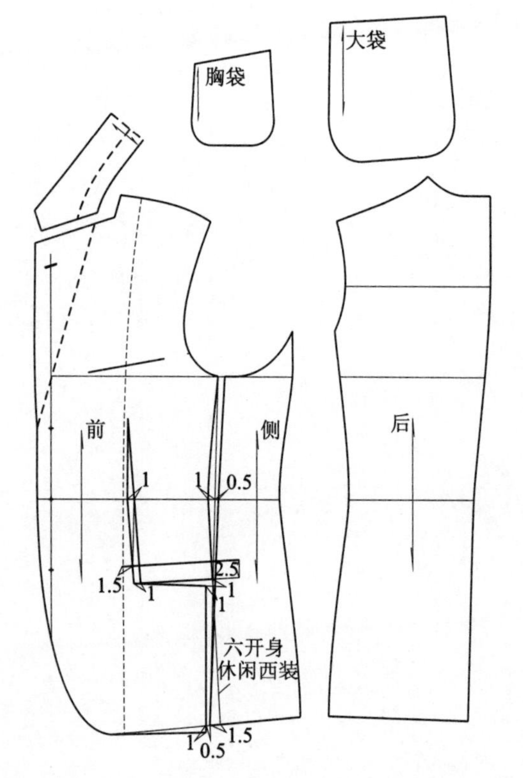


## 一款多板休闲西装纸样系列设计——加省六开身休闲西装

* 在六开身休闲西装纸样基础上做袋省（肚省）处理
* 为隐蔽袋省，省位向贴口袋线下降 2.5cm

## 一款多板休闲西装纸样系列设计——O 板加省六开身休闲西装

* 根据胸腰差量确定撇胸和弓背取值（参见表 2-1）
* 在加省六开身休闲西装纸样基础上设撇胸 3cm，弓背 1cm

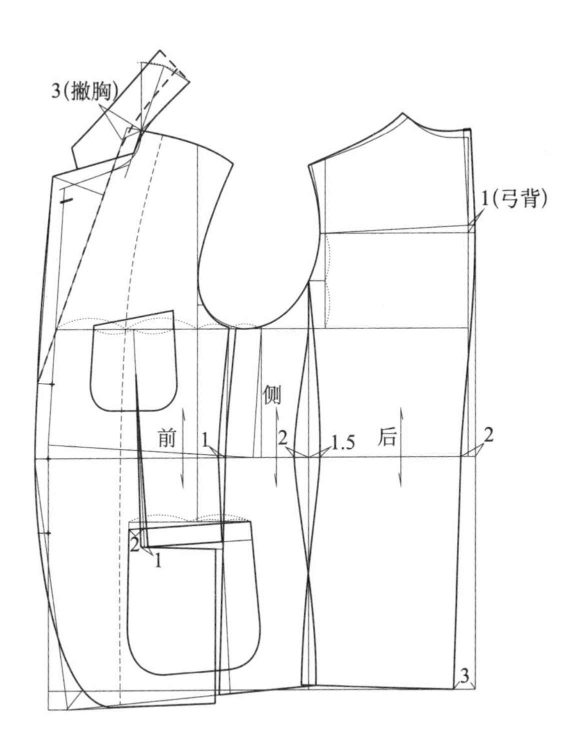


# 六、一板多款休闲西装纸样系列设计

## 一板多款休闲西装纸样系列设计——两粒扣垂领六开身休闲西装

* 固定六开身休闲西装纸样
* 做两粒扣门襟垂领处理

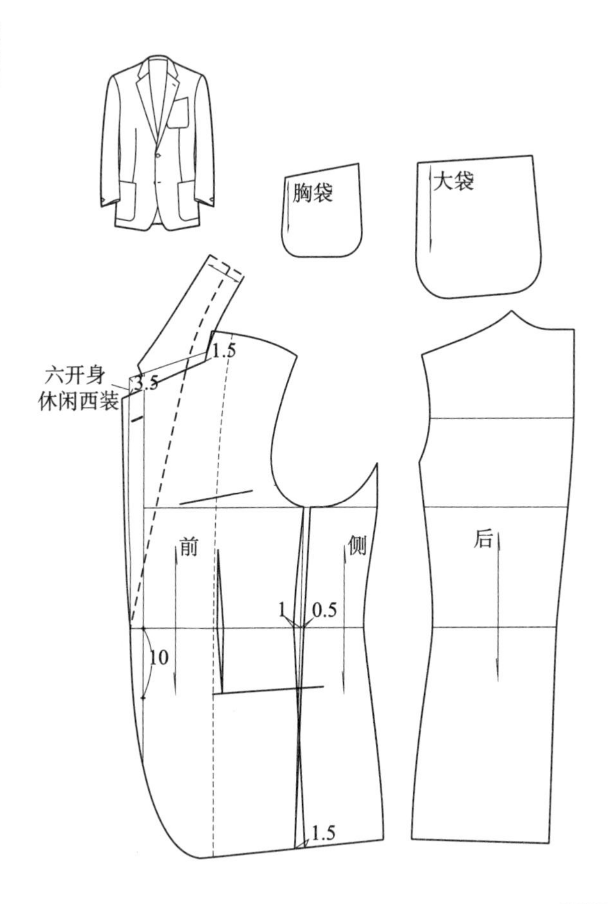

## 一板多款休闲西装纸样系列设计——猎装六开身休闲西装

* 在六开身休闲西装纸样基础上做“襻式”领设计
* 口袋采用加活褶复合贴袋设计
* 后片背两侧设活褶并用腰带固定
* 袖片肘部设鹿皮椭圆补丁

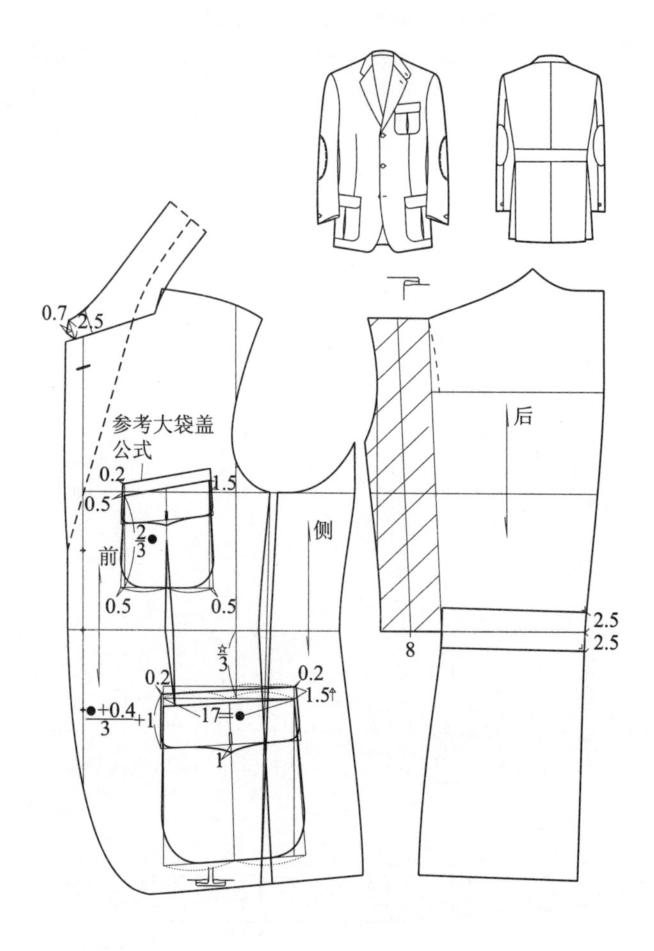


## 猎装六开身休闲西装两片袖及补丁纸样设计

* 直接在通用两片袖纸样基础上作鹿皮补丁设计

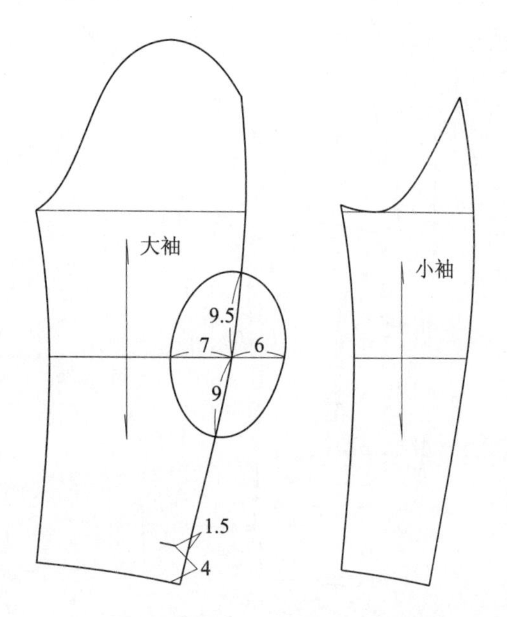

## 一板多款休闲西装纸样系列设计——无驳头开襟立领六开身休闲西装

*在六开身休闲西装纸样基础上采用半关门领口设计，并完成无驳头立领结构

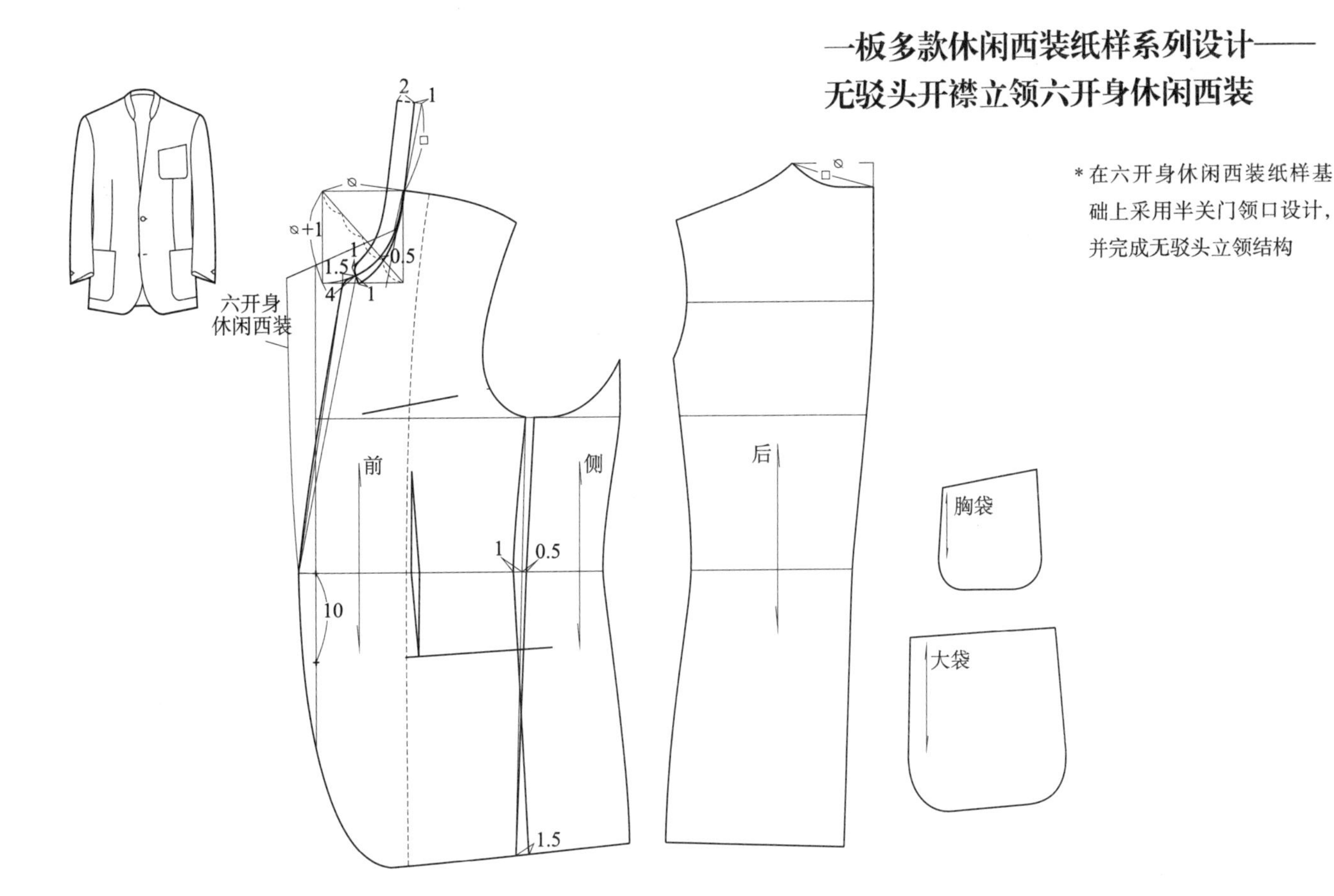


## 一板多款休闲西装纸样系列设计——无驳头开襟立领包袖六开身休闲西装

*在无驳头开襟立领休闲西装纸样基础上，运用连身袖结构原理设计三片袖结构，适用棉、麻与毛混纺织物

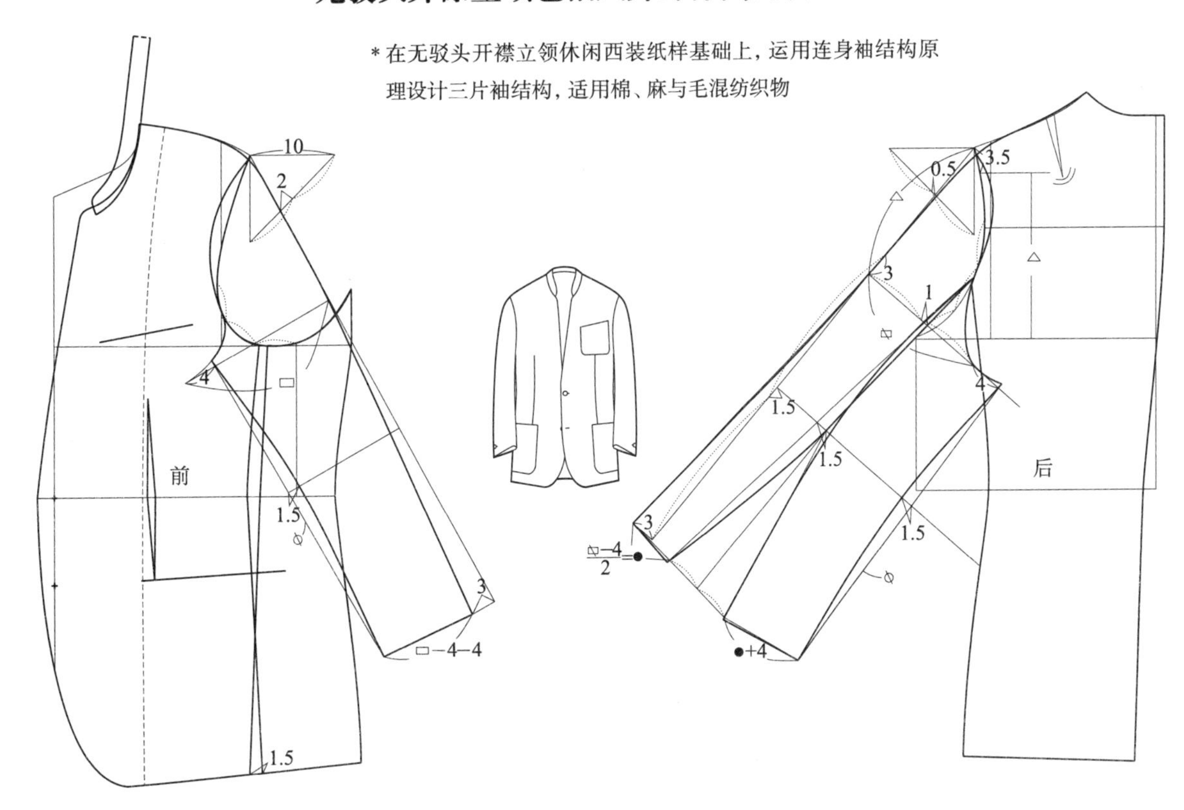

## 无驳头开襟立领包袖六开身休闲西装纸样分解图

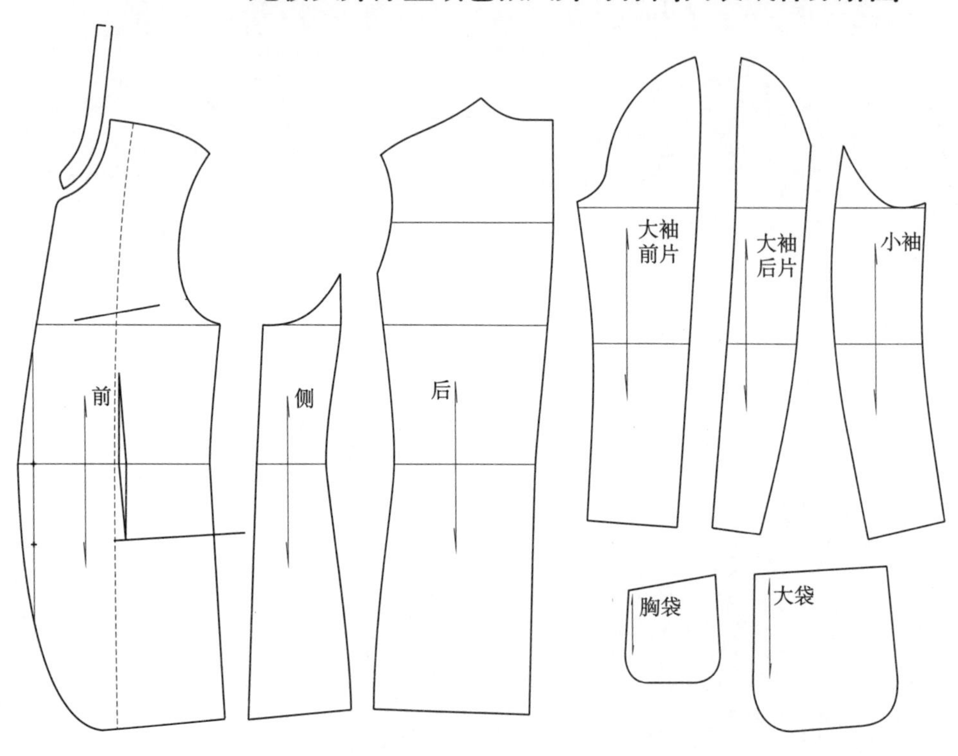

## 一板多款休闲西装纸样系列设计——一粒扣包袖六开身休闲西装

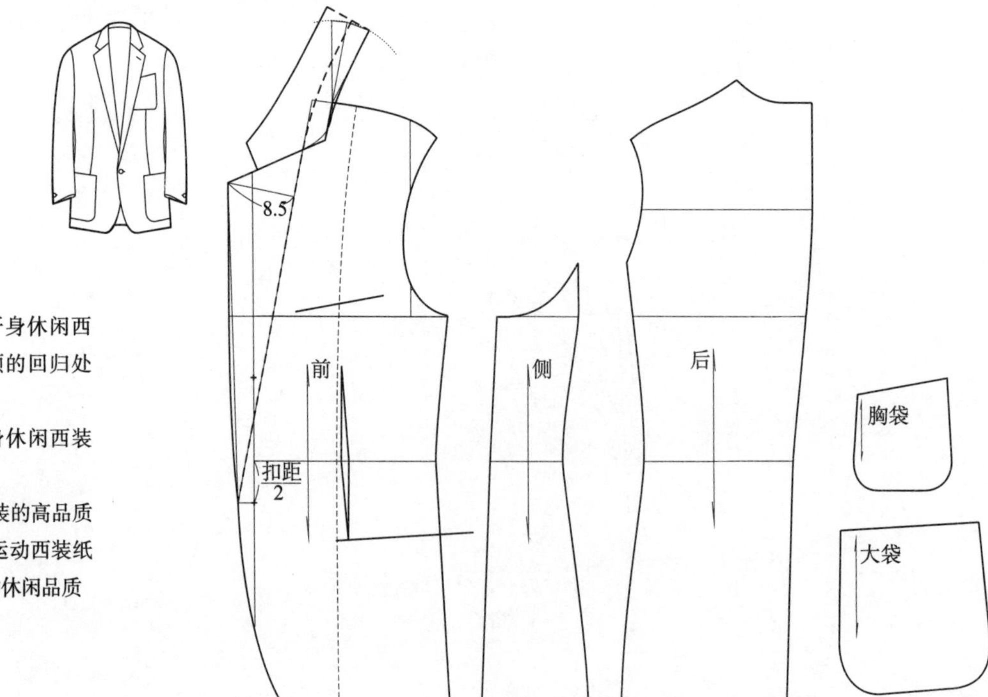


* 在无驳头开襟立领包袖六开身休闲西装纸样基础上做一粒平驳领的回归处理
* 三片包袖纸样与包袖六开身休闲西装纸样相同
* 三片包袖结构是运动风格西装的高品质表现，完全可在西服套装和运动西装纸样设计中使用，以丰富它们的休闲品质

# 七、一款多板黑色套装纸样系列设计

## 四开身黑色套装纸样设计（标准版）

* 在四开身西装套装纸样基础上做六粒双排扣戗驳领设计
* 其中，两粒装饰扣、四粒功能扣为黑色套装传统版标志

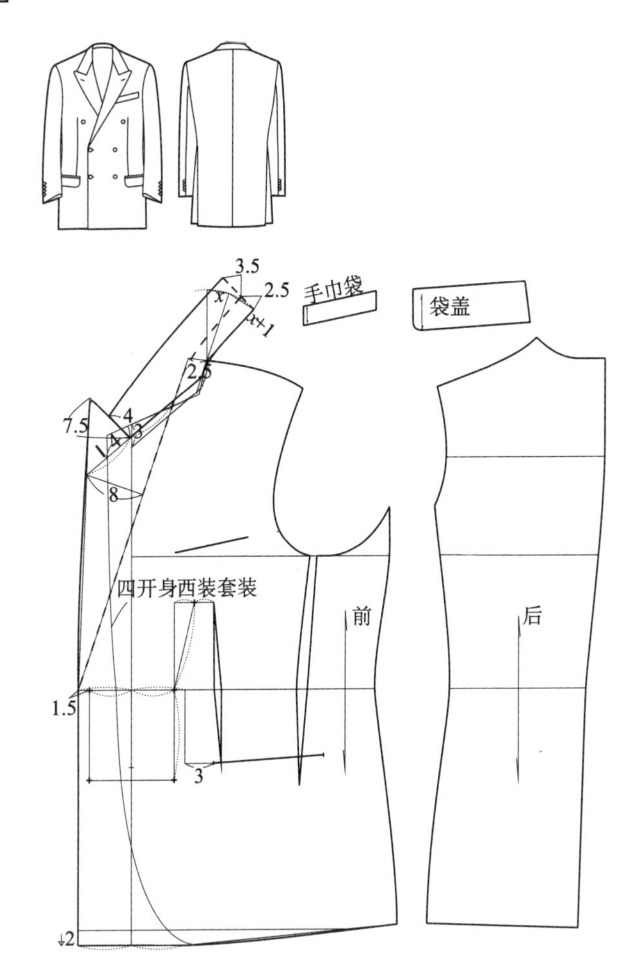


## 四开身黑色套装纸样分解图

* 以此作为黑色套装（双排扣戗驳领西装）类基本纸样进行系列设计

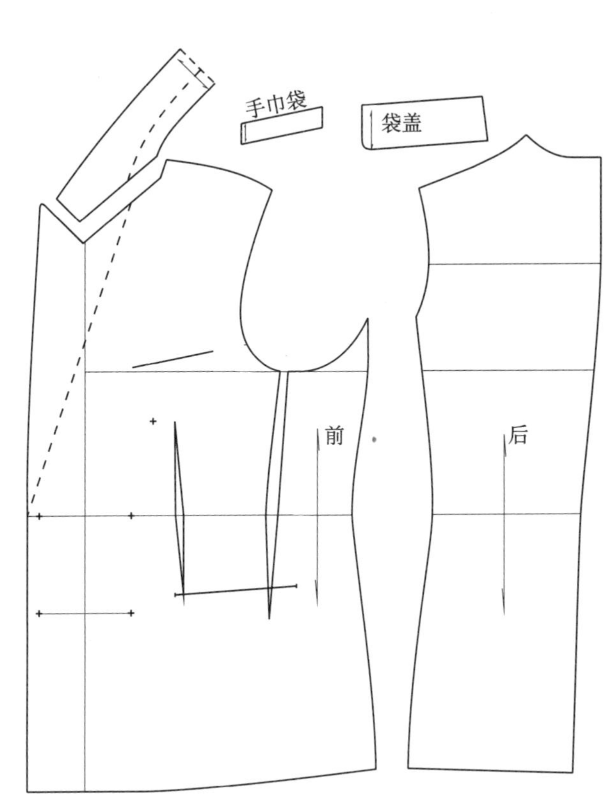

## 一款多板黑色套装纸样系列设计——六开身黑色套装

* 固定黑色套装基本款式（传统版）
* 在四开身黑色套装纸样基础上完成六开身纸样设计
* 后身、袖子、翻领、手巾袋和袋盖纸样通用

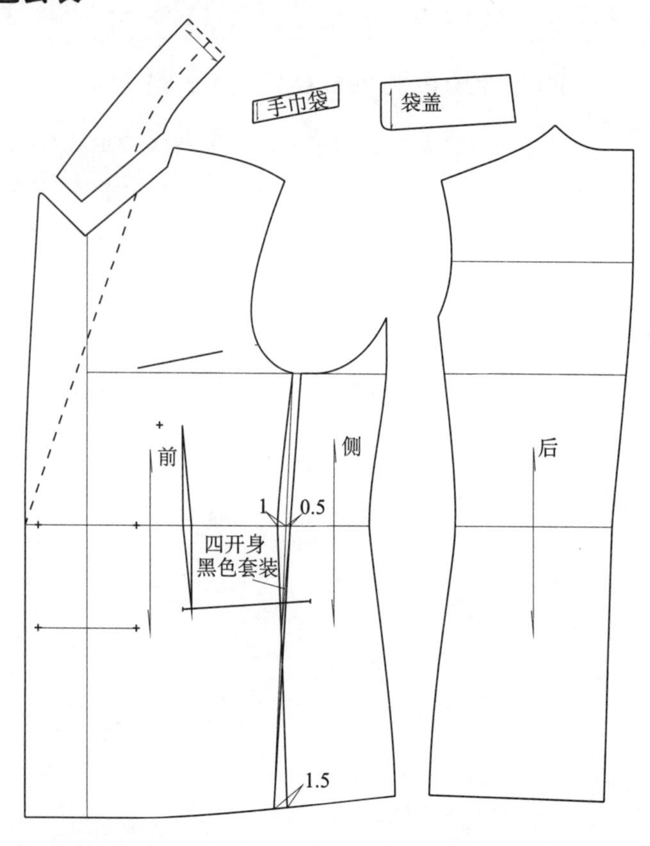


## 一款多板黑色套装纸样系列设计——加省六开身黑色套装

* 在六开身黑色套装纸样基础上做袋省（肚省）处理

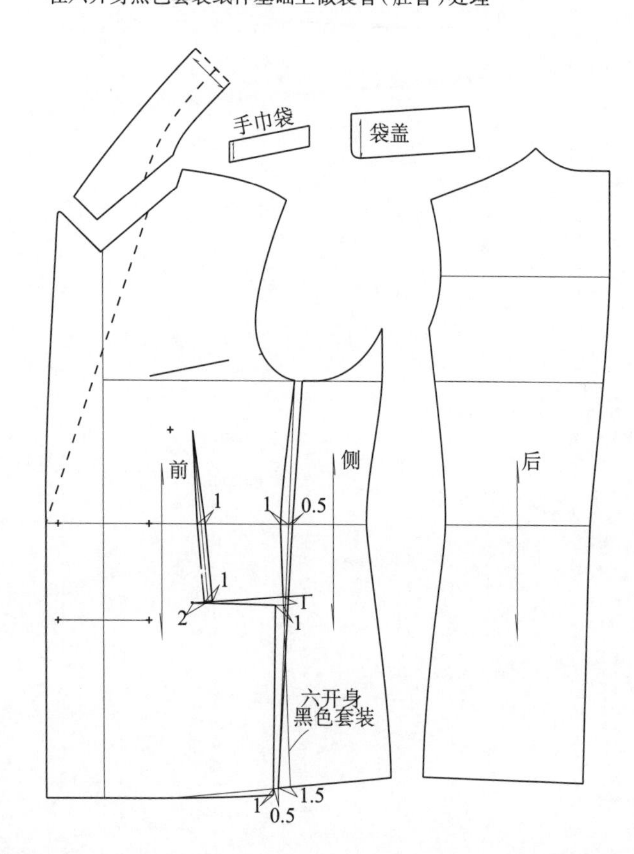

## 一款多板黑色套装纸样系列设计——O版加省六开身黑色套装

* 根据胸腰差量确定撇胸和弓背取值（参见表 2–1）
* 如果黑色套装与西服套装撇胸和弓背取值相同，可直接将 O 版加省六开身董事套装（参见 112 页）做基本纸样设计 O 版黑色套装，理论上所有类型的 O 版都可以相互借用，重要的是局部修改量越少越好

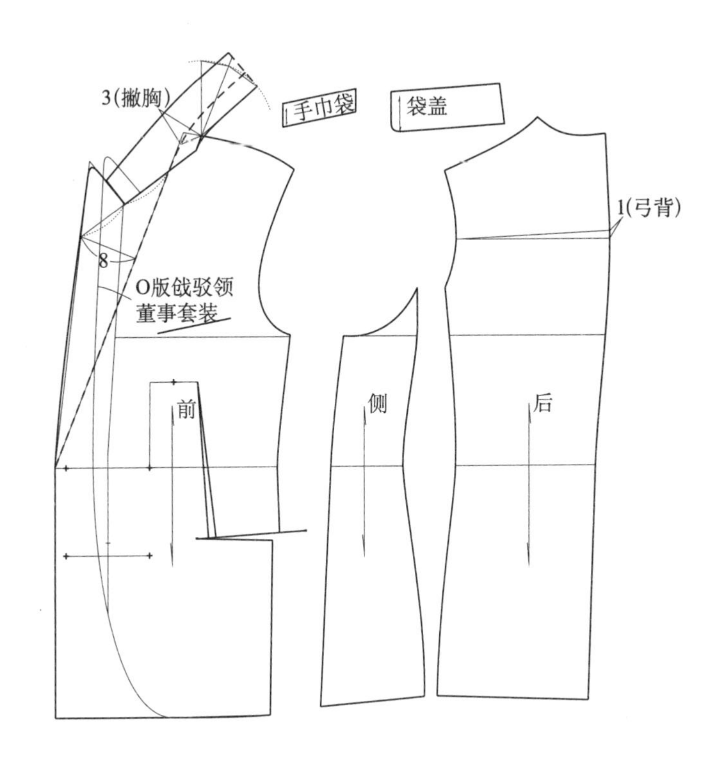


## 八、一板多款黑色套装纸样系列设计

### 半戗驳领小钱袋 O 版黑色套装

* 固定 O 版加省六开身黑色套装纸样
* 将戗驳领夹角开大，使其形成半戗驳领结构
* 在前身大袋上方做双嵌线小钱袋设计

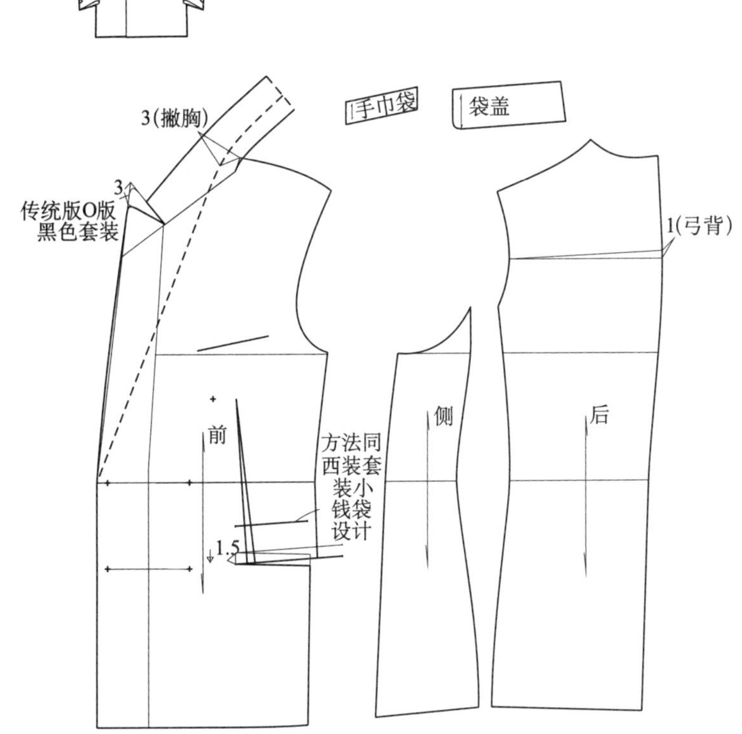

## 一板多款黑色套装纸样系列设计——现代版O版黑色套装

* 在O版西服套装纸样基础上做低驳点四粒双排扣处理
* 其中，两粒功能扣、两粒装饰扣是现代版黑色套装的标志性元素

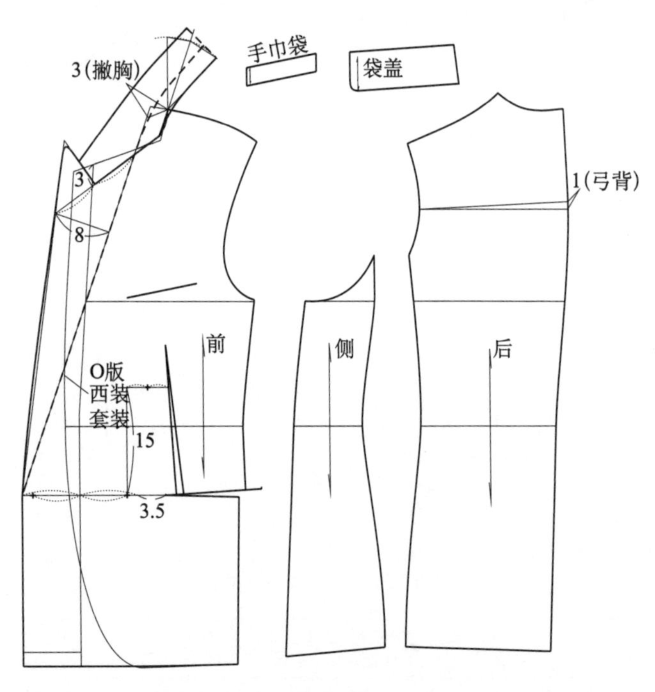


## 一板多款黑色套装纸样系列设计——现代版窄驳领小钱袋O版黑色套装

* 在现代版O版黑色套装纸样基础上做扛式窄驳领处理，强化细长戗驳领设计
* 做传统小钱袋设计（通用）

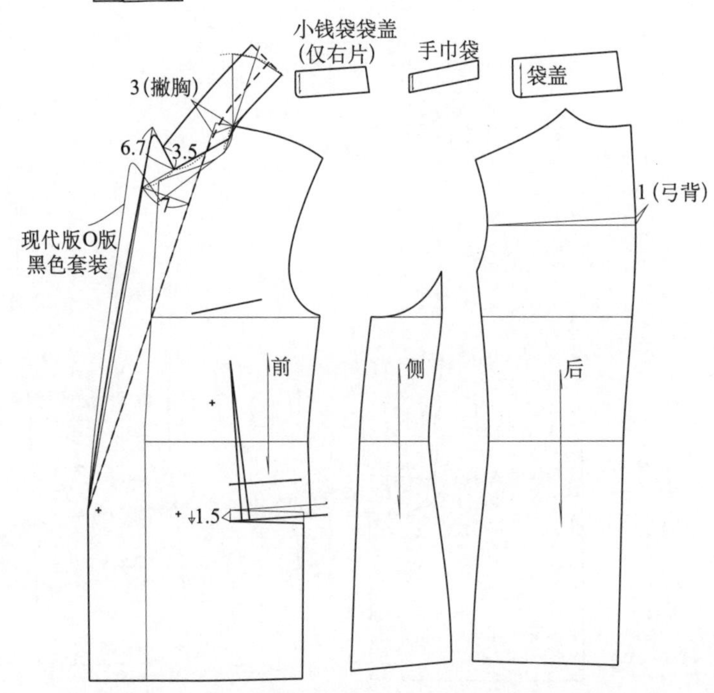

# 九、一款多板塔士多礼服纸样系列设计

## 四开身（英国版）塔士多礼服纸样设计（标准版）

* 在四开身西装套装纸样基础上做一粒扣戗驳领设计
* 一粒扣戗驳领双嵌线口袋是（英国版）塔士多礼服典型特征

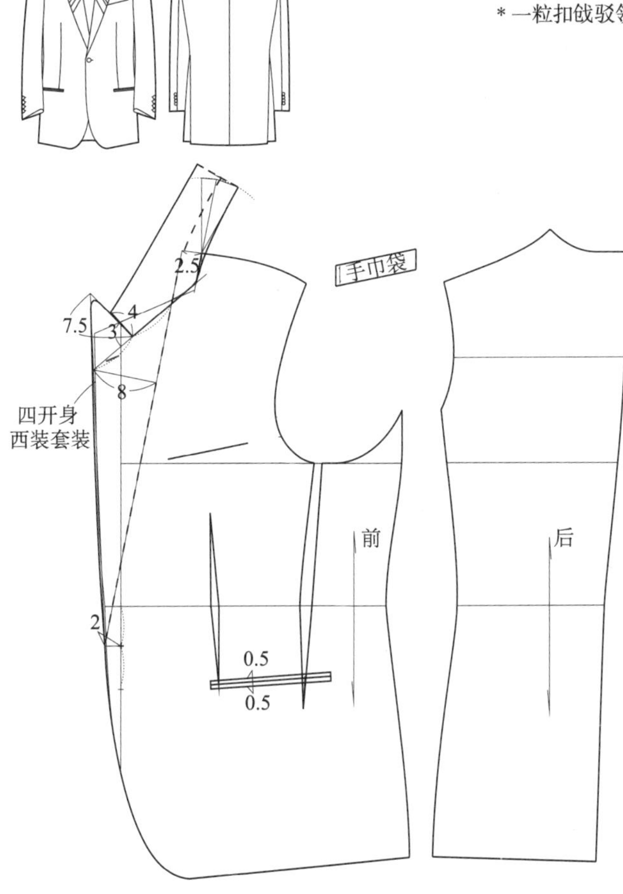


## 四开身塔士多礼服分解图

* 以此作为塔士多礼服（单排扣戗驳领西装）类基本纸样进行系列设计

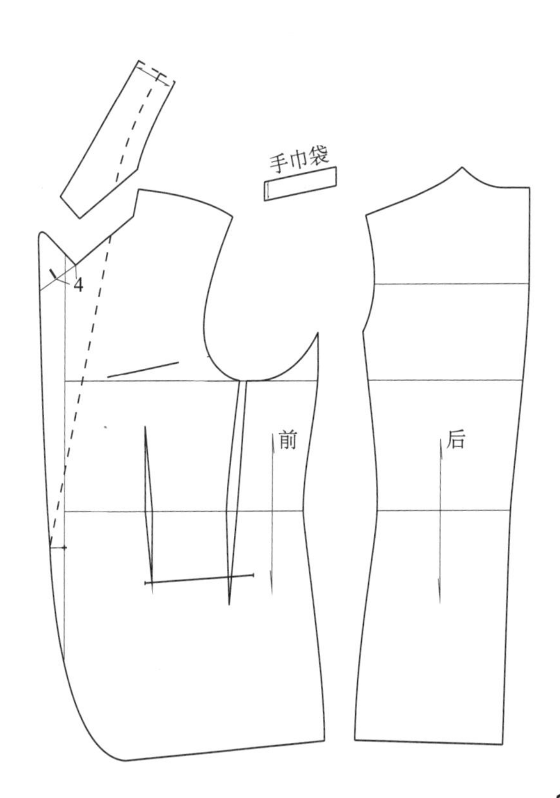

## 一款多板塔士多礼服纸样系列设计——六开身塔士多礼服

* 固定塔士多礼服基本款式（英国版）
* 在四开身塔士多礼服纸样基础上完成六开身纸样设计
* 后身、袖子、翻领、手巾袋纸样通用

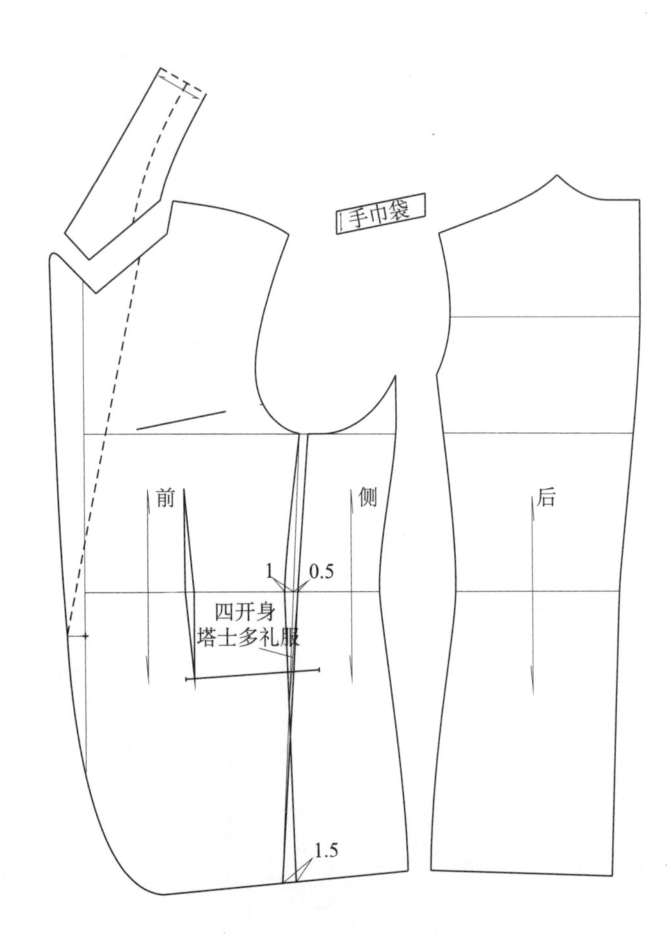


## 一款多板塔士多礼服纸样系列设计——加省六开身塔士多礼服

* 在六开身塔士多礼服纸样基础上做袋省（肚省）处理

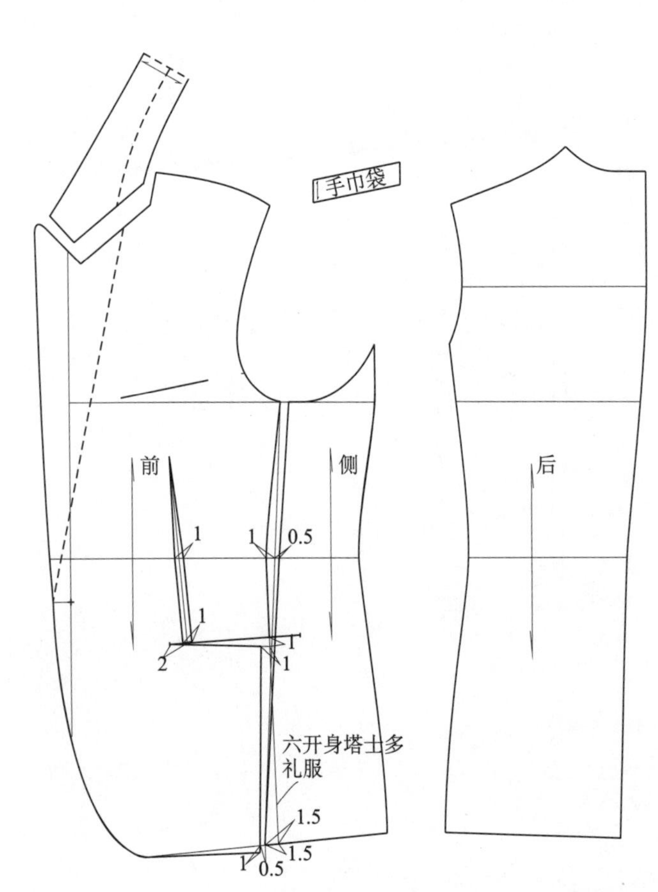

### 一款多板塔士多礼服纸样系列设计——O 版加省六开身塔士多礼服

* 若撇胸和弓背取值相同，可直接将 O 版加省六开身西服套装做基本纸样设计 O 版塔士多礼服（参见表 2-1）

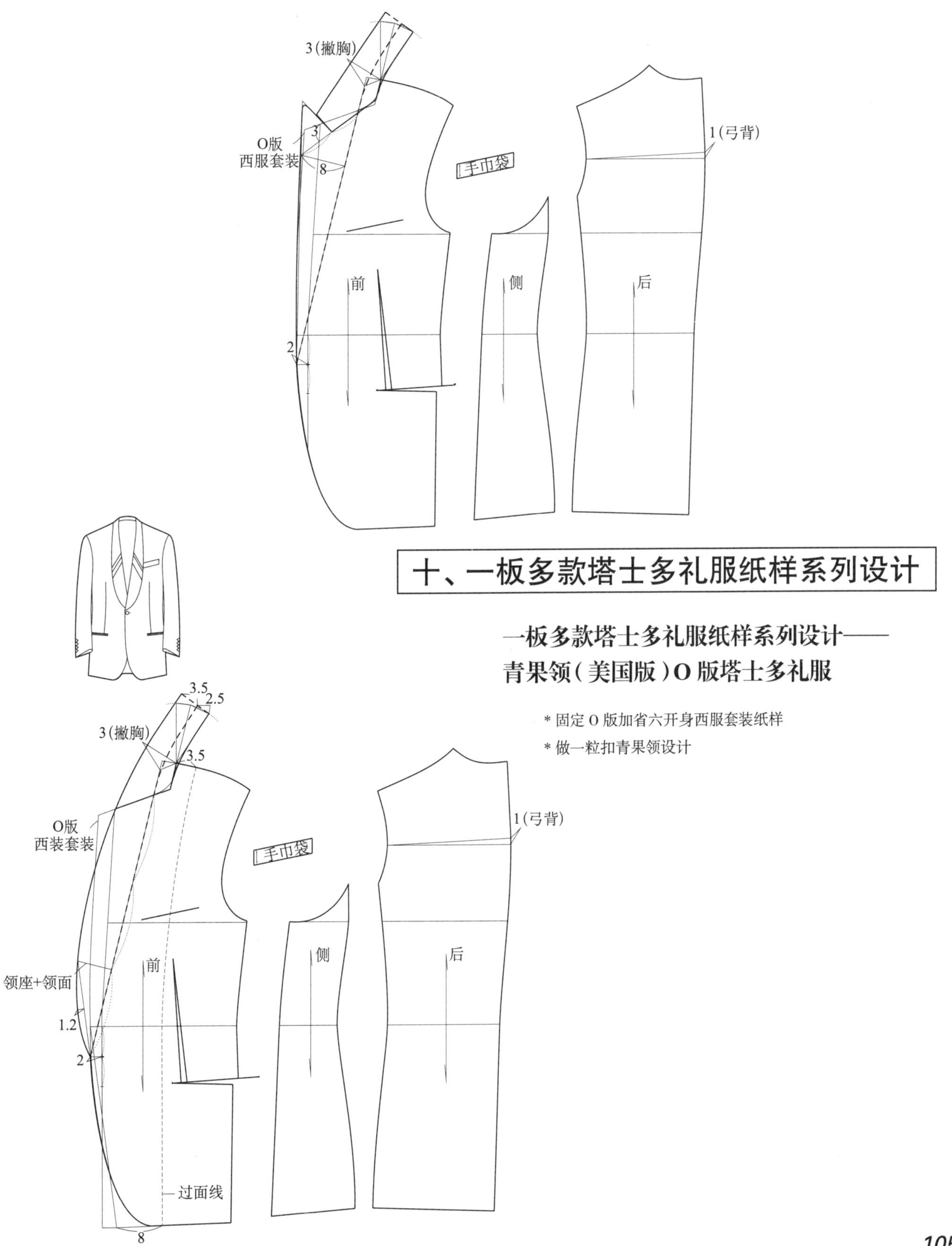


## 十、一板多款塔士多礼服纸样系列设计

### 一板多款塔士多礼服纸样系列设计——青果领（美国版）O 版塔士多礼服

* 固定 O 版加省六开身西服套装纸样
* 做一粒扣青果领设计

## 青果领塔士多礼服过面处理

* 前身分离领底和大身纸样（左图）
* 将过面的重叠部分分离出来，同时将过面摆部断开，有利于优化面料纱向（右图）

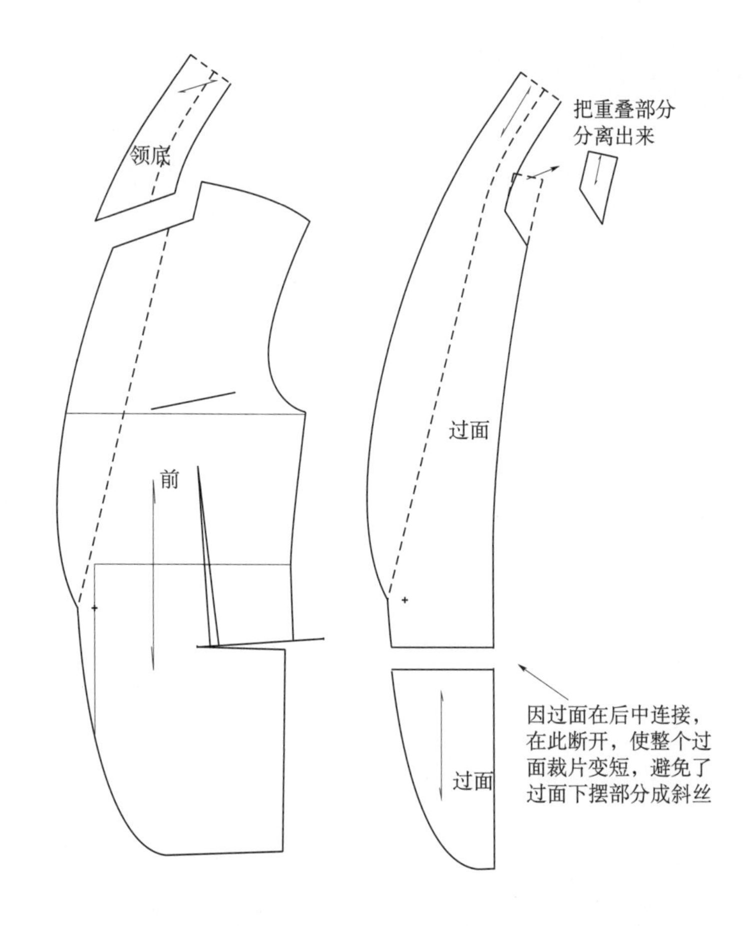


## 一板多款塔士多礼服纸样系列设计——窄驳头开襟立领O版塔士多礼服

* 在青果领O版塔士多礼服纸样基础上采用半关门领口设计窄驳头开襟立领结构

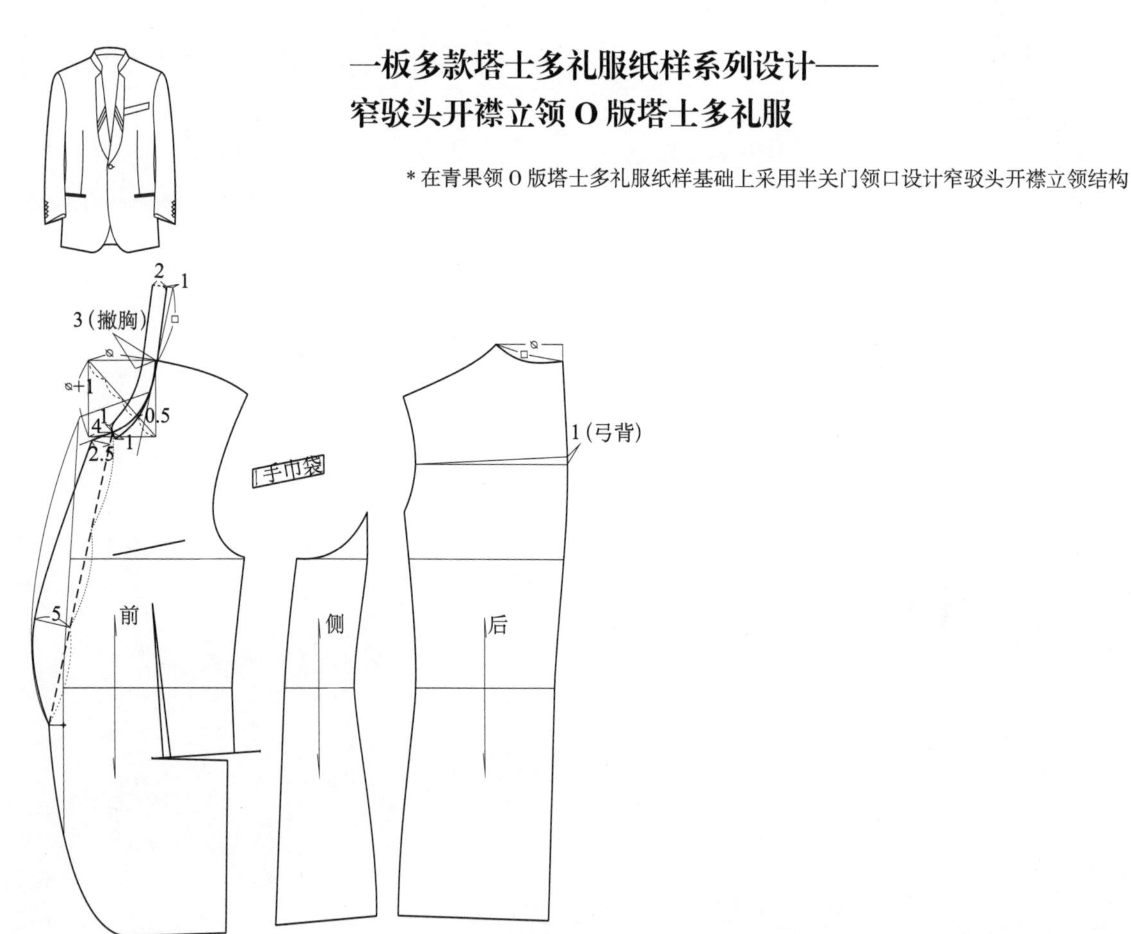

## 一板多款塔士多礼服纸样系列设计——双排四粒扣O版塔士多礼服

* 在O版加省六开身西装套装纸样基础上进行双排四粒扣戗驳领设计，去掉口袋盖。此为法国版塔士多礼服风格

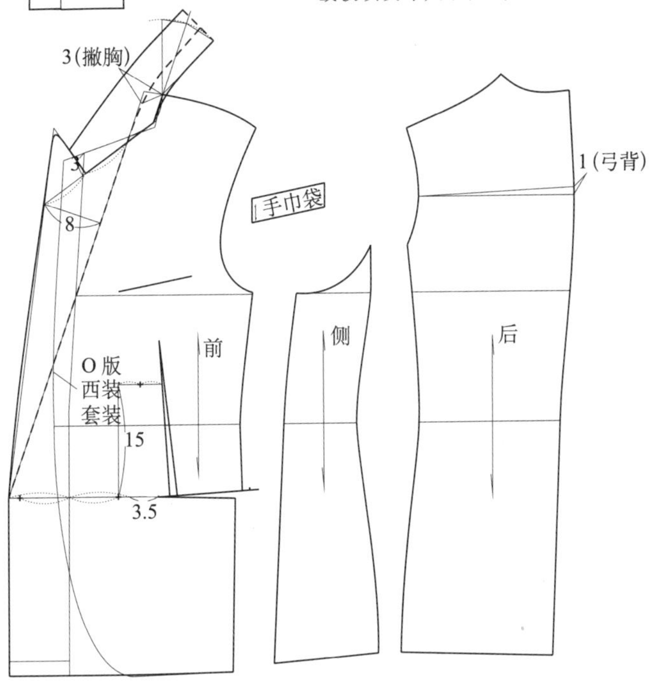

## 一板多款塔士多礼服纸样系列设计——双排六粒扣青果领O版塔士多礼服

* 在O版加省六开身西装套装纸样基础上进行双排六粒扣青果领设计。此为"杂糅"风格的塔士多礼服

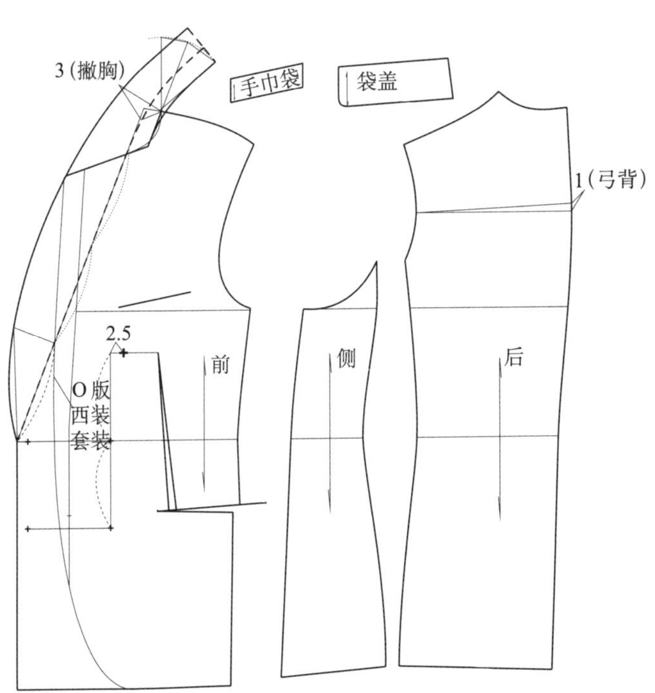

# 十一、一板多款梅斯礼服纸样系列设计

## 六开身梅斯礼服纸样设计（标准版）

*在六开身塔士多礼服纸样基础上进行短款设计

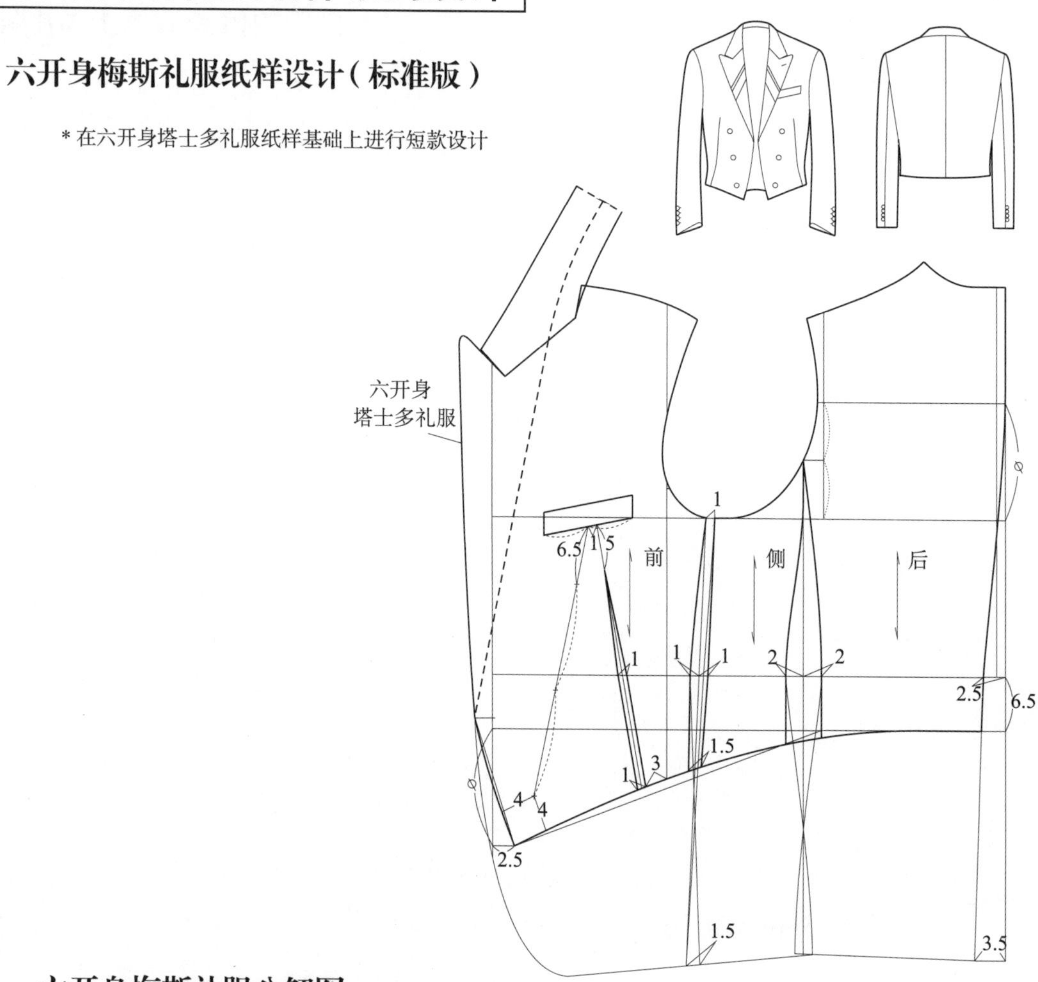


## 六开身梅斯礼服分解图

*以此作为梅斯礼服类基本纸样进行系列设计

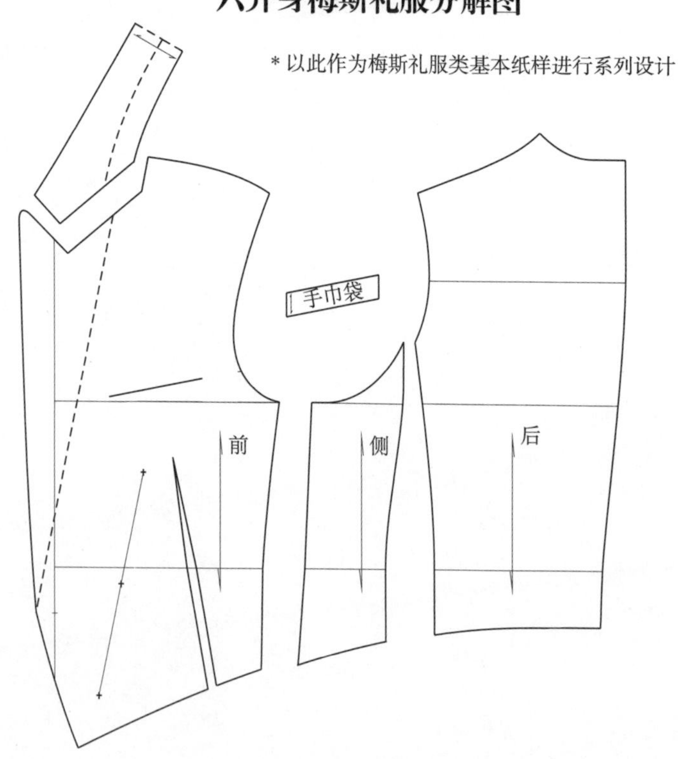

## 一板多款梅斯礼服纸样系列设计——单排扣青果领（美国版）梅斯礼服

* 固定六开身梅斯礼服纸样
* 进行单排扣青果领设计

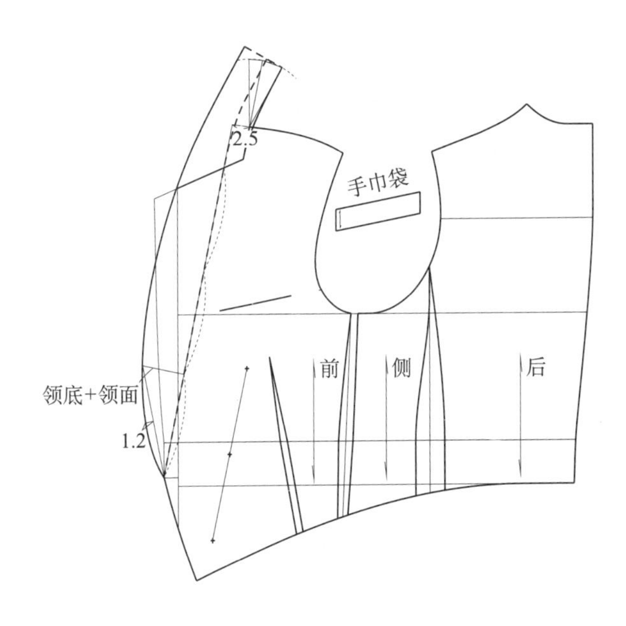

## 一板多款梅斯礼服纸样系列设计——双排扣戗驳领梅斯礼服

* 利用梅斯基本纸样进行双排扣戗驳领设计

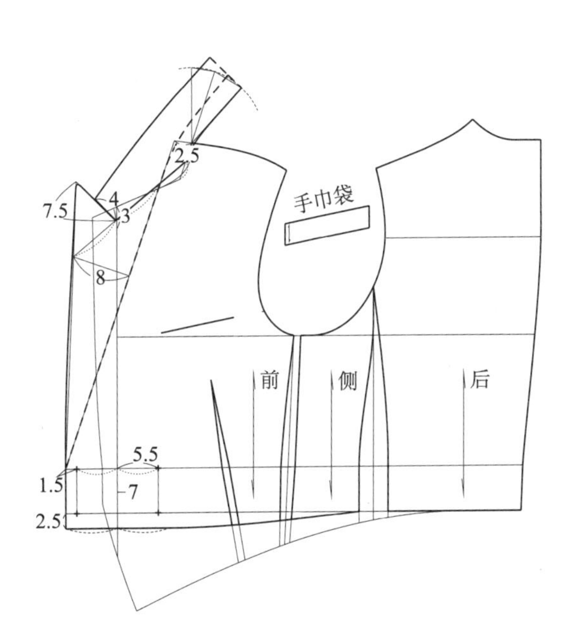

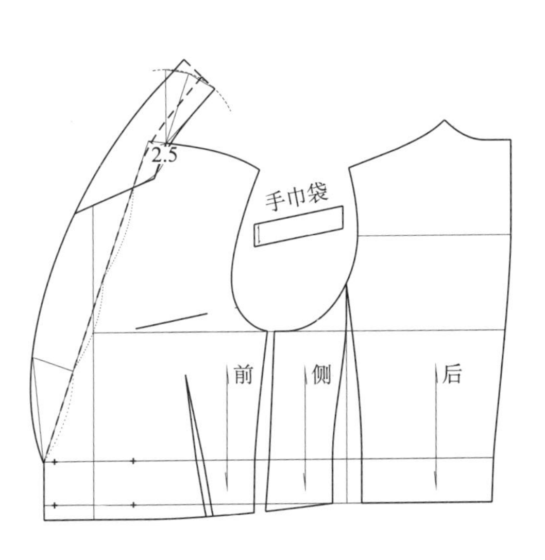


## 一板多款梅斯礼服纸样系列设计——双排扣青果领梅斯礼服

* 利用梅斯基本纸样进行双排扣青果领设计

# 十二、一款多板董事套装纸样系列设计

## 四开身董事套装纸样设计（标准版）

* 在四开身西服套装纸样基础上只进行戗驳领设计

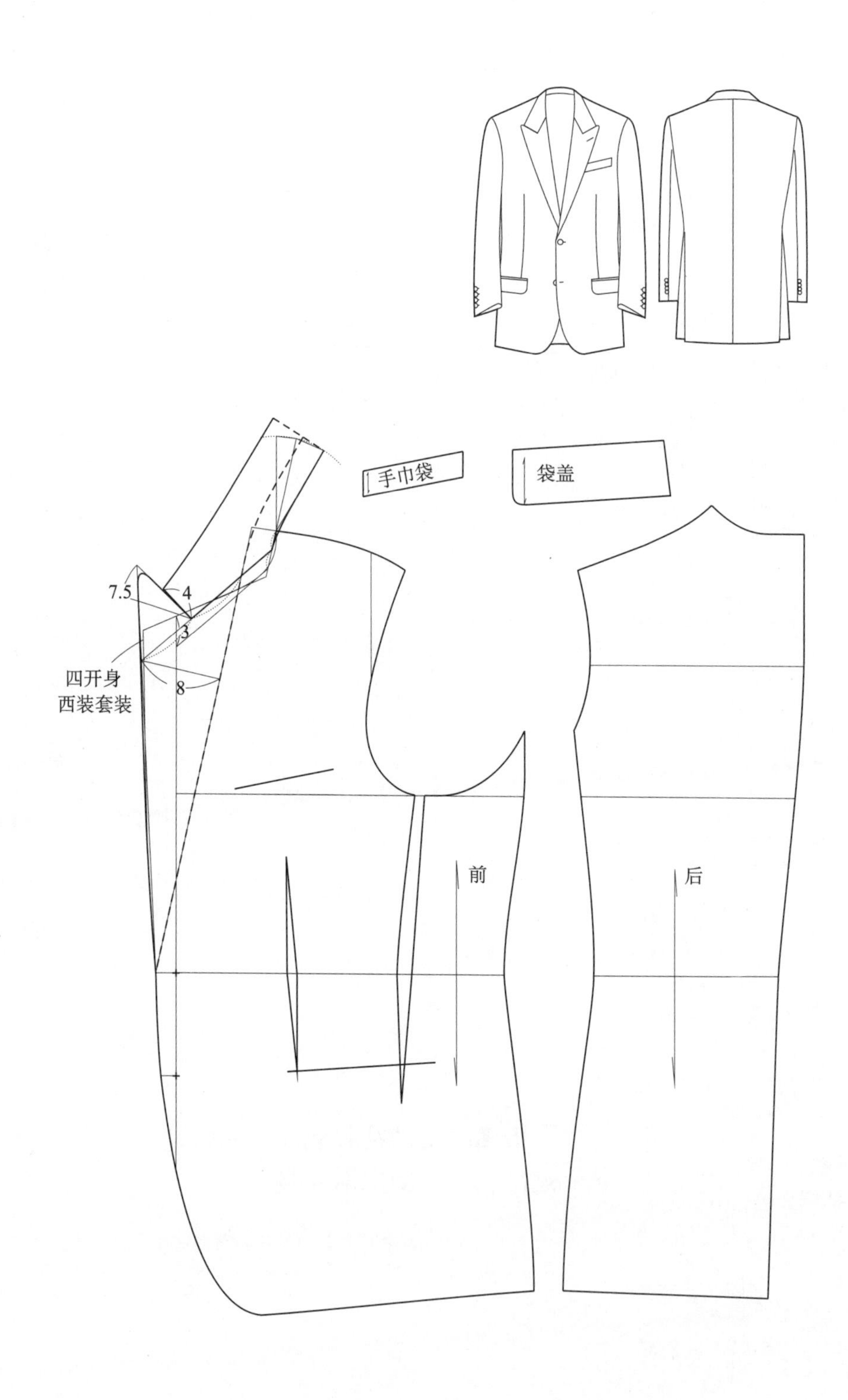

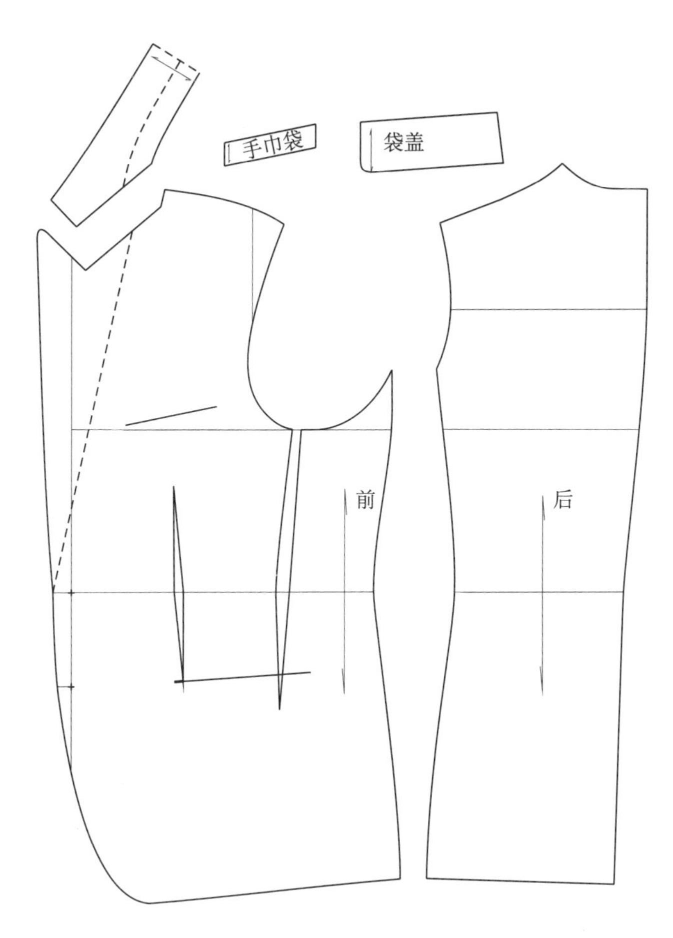


## 四开身董事套装纸样分解图

＊以此作为董事套装类基本纸样进行系列设计

## 一款多板董事套装纸样系列设计——六开身董事套装

＊固定董事套装基本款式

＊在四开身董事套装纸样基础上完成六开身纸样设计

＊后身、袖子、翻领、手巾袋和袋盖纸样通用

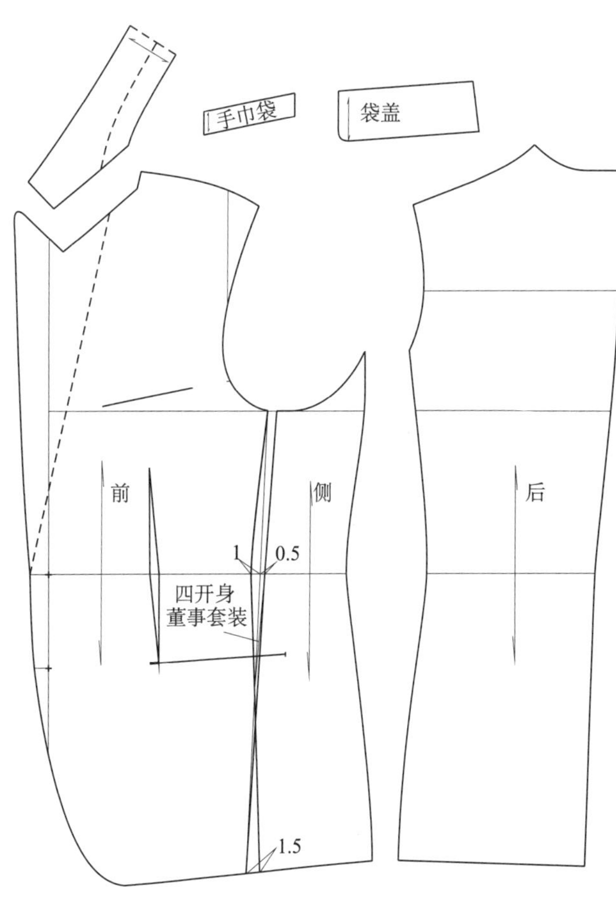

## 一款多板董事套装纸样系列设计——加省六开身董事套装

* 在六开身董事套装纸样基础上进行袋省（肚省）处理

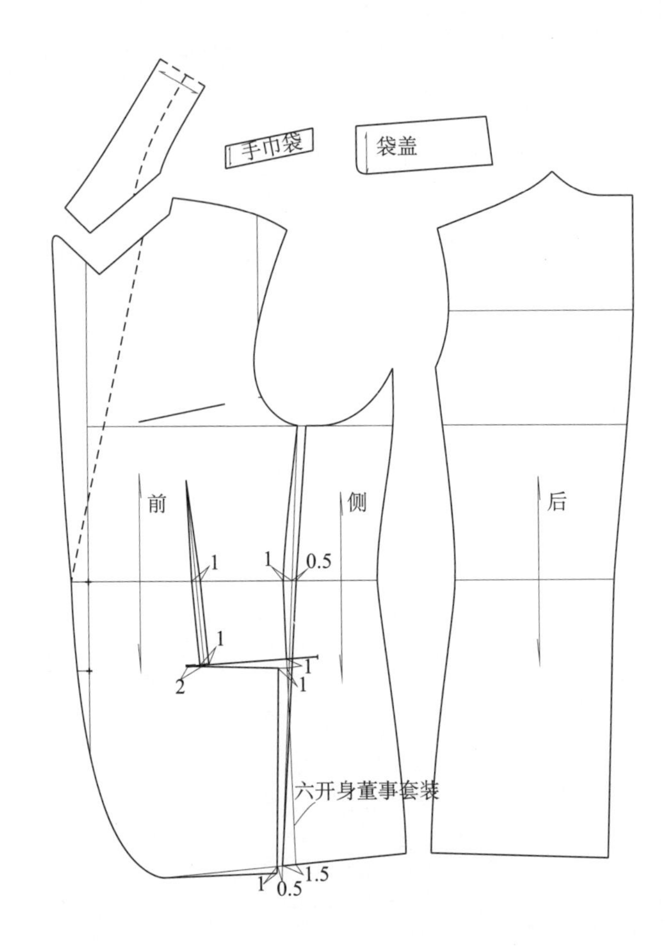


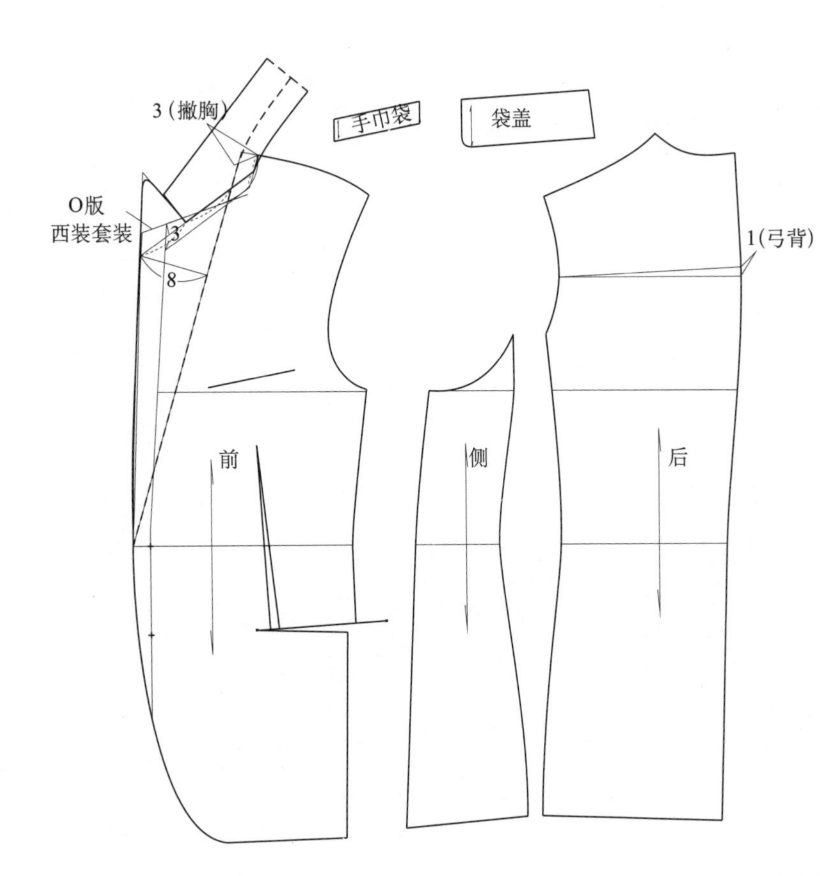


## 一款多板董事套装纸样系列设计——O 版加省六开身董事套装

* 若撇胸和弓背取值相同，可直接将 O 版加省六开身西装套装作为基本纸样设计 O 版董事套装
* 一板多款董事套装系列设计，可以导入塔士多礼服和黑色套装一板多款的所有元素和方法

# 十三、一款多板中山装纸样系列设计

## 三开身中山装纸样设计（标准版）

* 以此作为四开身西装套装纸样基础上进行三开身中山装纸样设计，亦称毛氏结构，两片袖纸样与西装套装通用

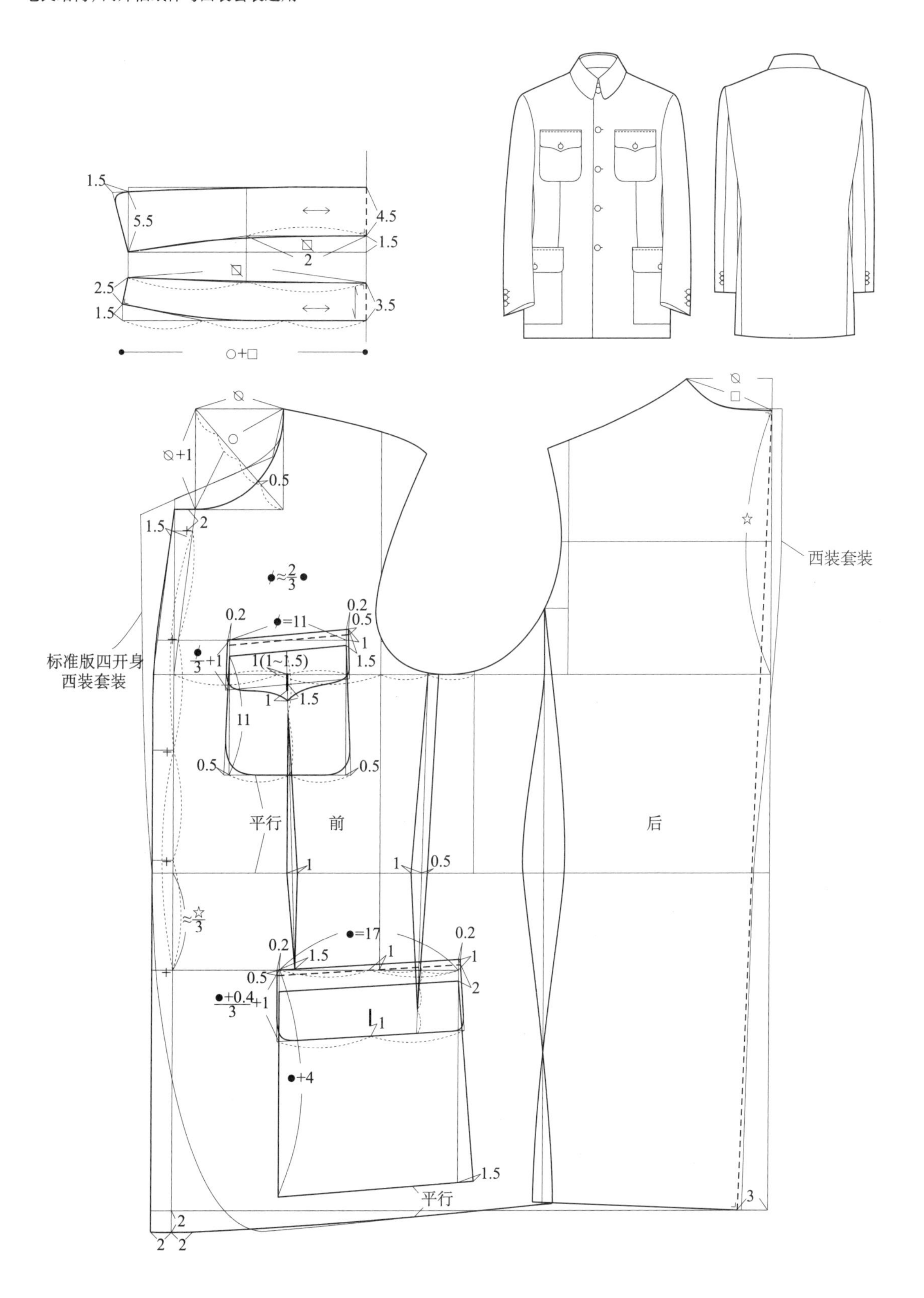

## 三开身中山装纸样分解图（标准版）

＊以此作为中山装类基本纸样进行系列设计

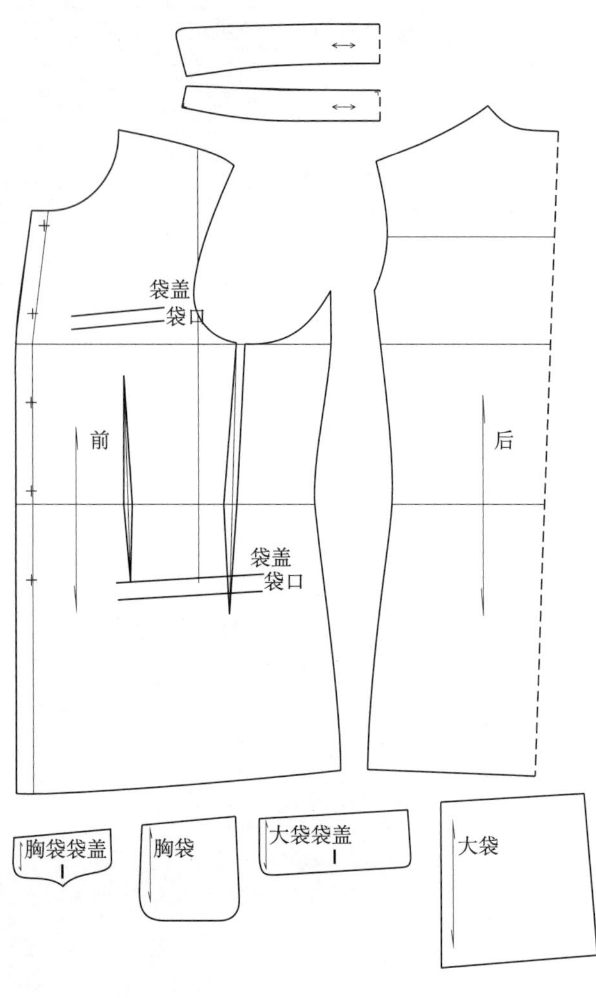


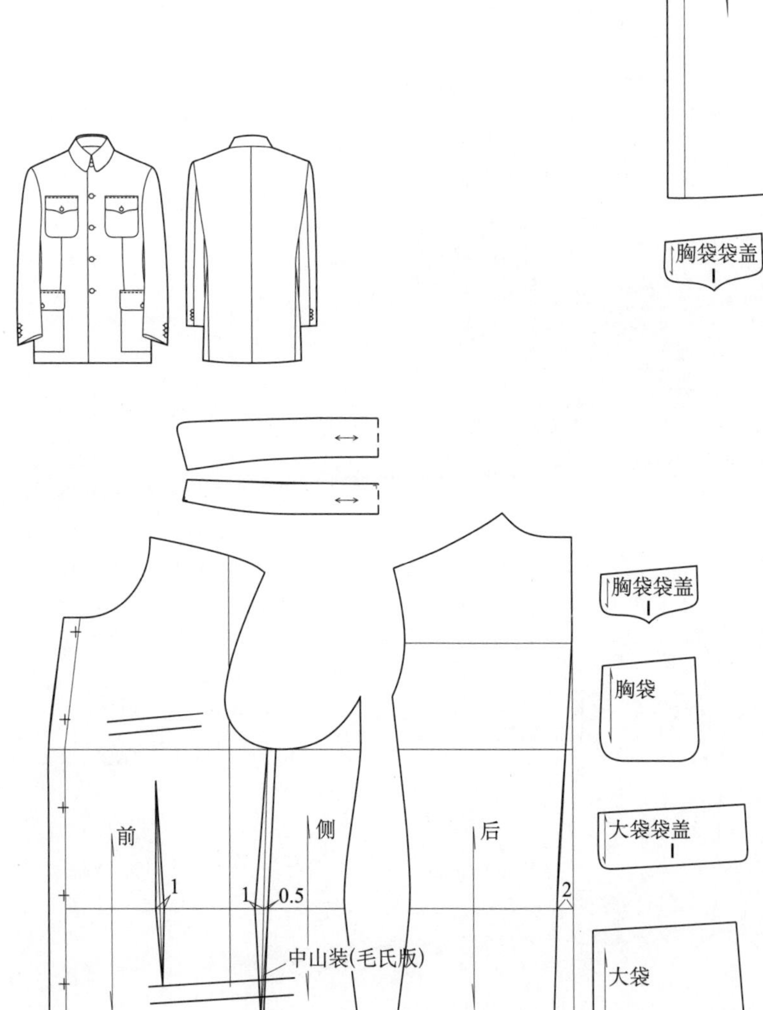


## 一款多板中山装纸样系列设计——六开身中山装

＊固定中山装基本款式

＊在三开身中山装纸样基础上完成六开身纸样设计

＊袖子、领子、口袋纸样通用

## 一款多板中山装纸样系列设计——加省六开身中山装

* 在六开身中山装纸样基础上进行袋省（肚省）处理（与运动西装标准版复合式贴袋处理方法相似）

胸袋袋盖
胸袋
前
侧
后
大袋袋盖
大袋
1
0.5
1.5
中山装
（六开身）
1.5
1 0.5

## 一款多板中山装纸样系列设计——O 版加省六开身中山装

* 根据胸腰差量确定撇胸和弓背取值（参见表 2-1）

* 在加省六开身中山装纸样基础上设撇胸 3cm，弓背 1cm

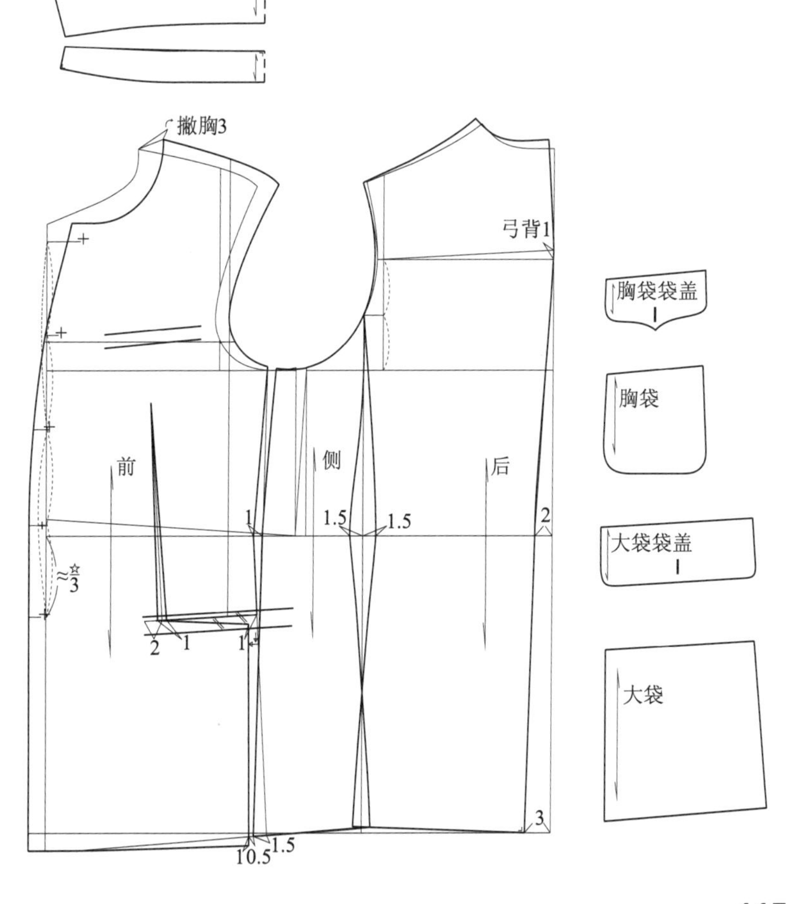

# 十四、多板多款中山装纸样系列设计

## 多板多款中山装纸样系列设计——标准学生制服

* 固定六开身中山装纸样
* 领型采用立领结构设计
* 手巾袋、袋盖嵌线口袋还原西服套装纸样
* 学生制服和中山装纸样设计手段可以自由组合实现概念纸样设计

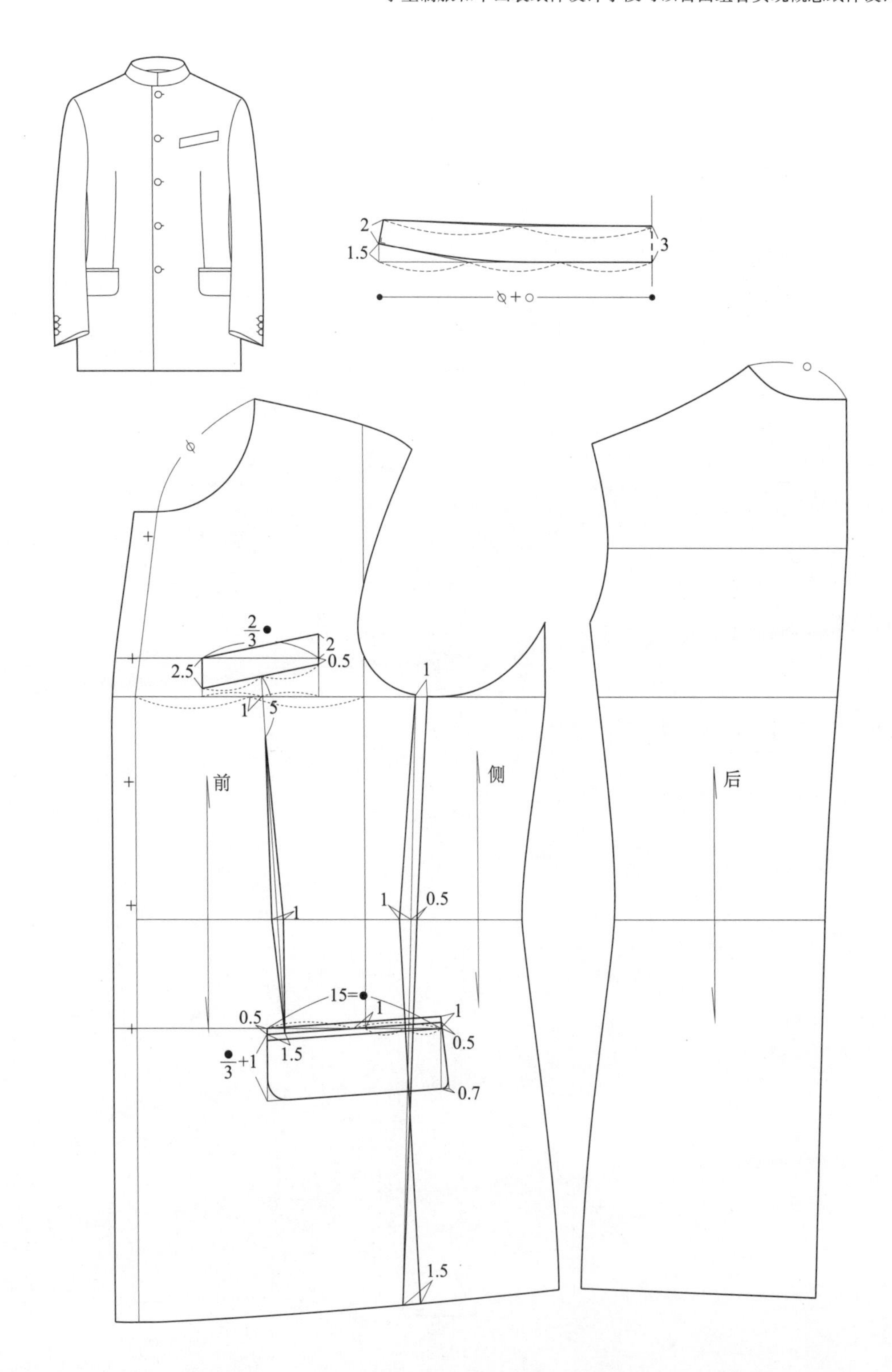

## 多板多款中山装纸样系列设计——半关领制服

* 固定加省六开身标准版学生制服纸样
* 领口为半关门领处理，进行小立领设计

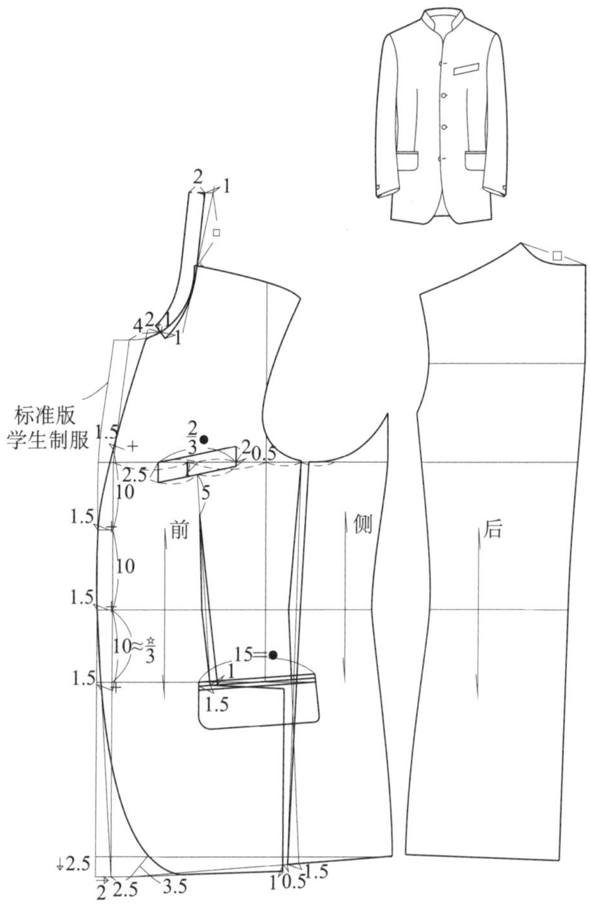


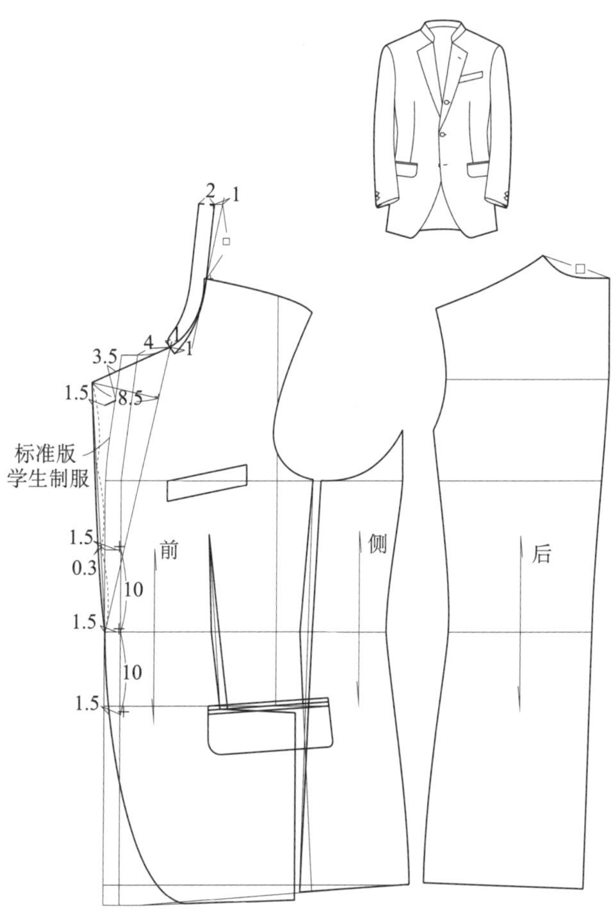


## 多板多款中山装纸样系列设计——平驳头开襟立领制服

* 固定加省六开身标准版学生制服纸样
* 前门襟为平驳领处理，进行小立领设计

# 训练三　外套款式系列设计训练

## 一、外套经典款式（基于 TPO 知识系统的标准款式）

＊外套经典款式构成了外套设计的基本语言元素，甚至可以辐射到户外服的设计。重要的是要善于运用TPO知识系统的高一级元素向低流动、同类型元素相互流动的设计原则和一款多板、一板多款、多板多款的纸样系列设计方法

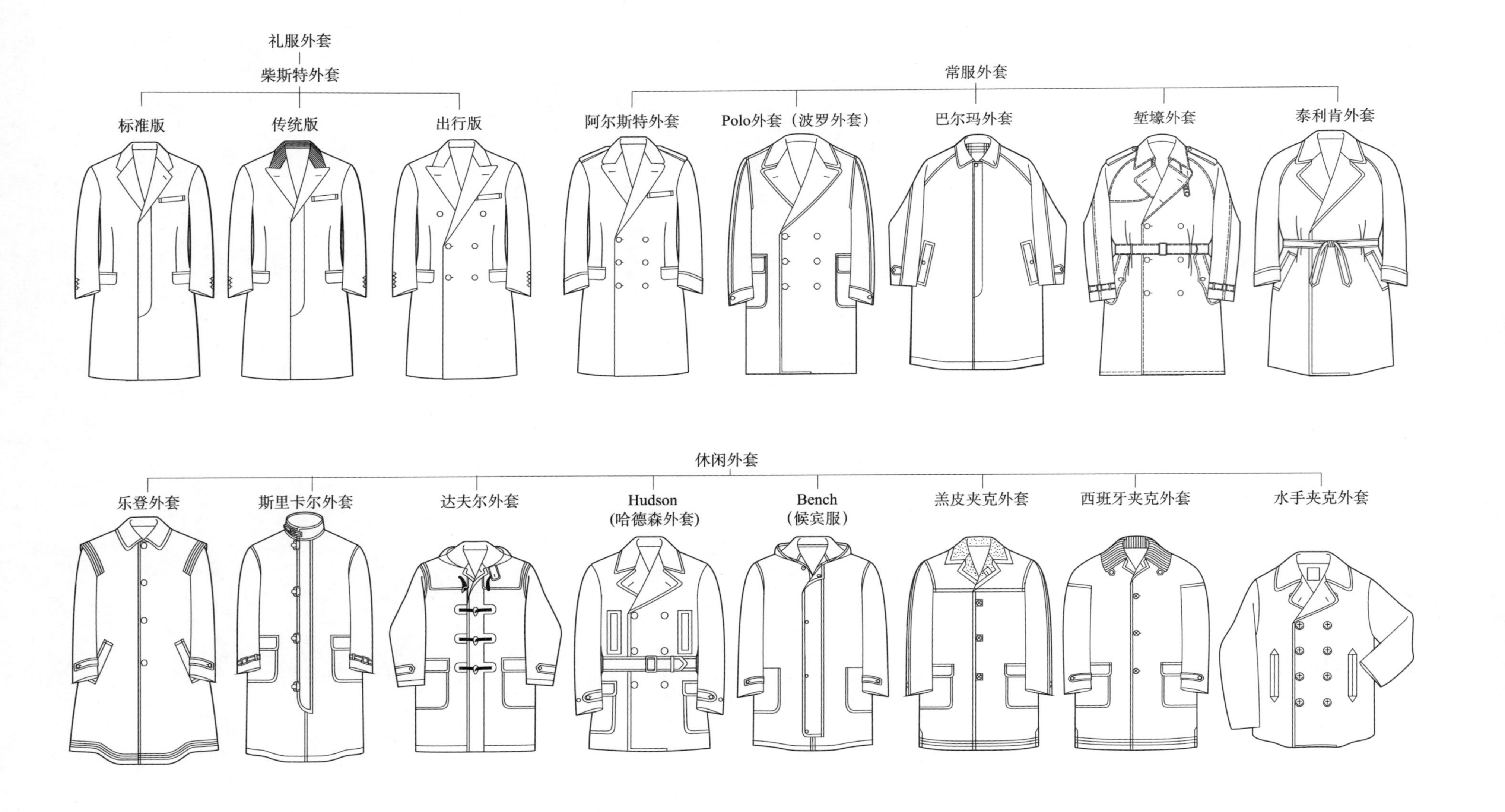

## 二、柴斯特外套款式系列设计

标准款式

*黑色配领可在三个版式中通用

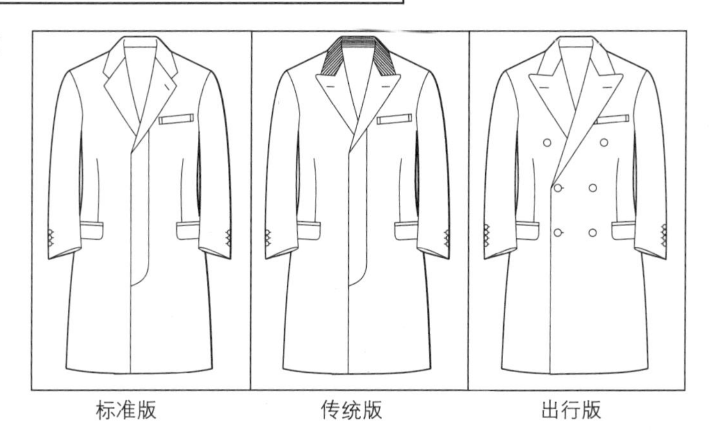

标准版　　传统版　　出行版

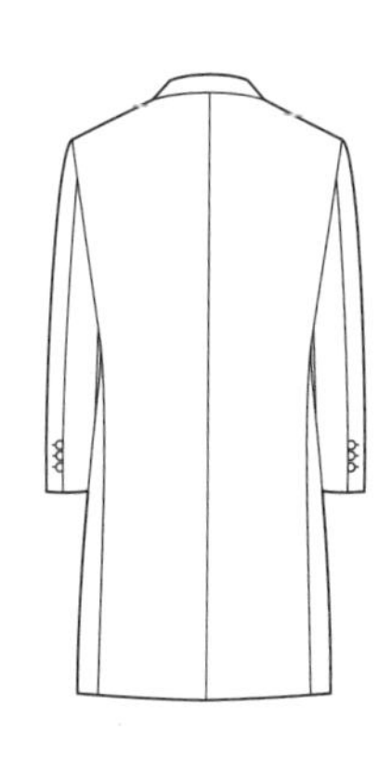

### 1. 口袋变化系列

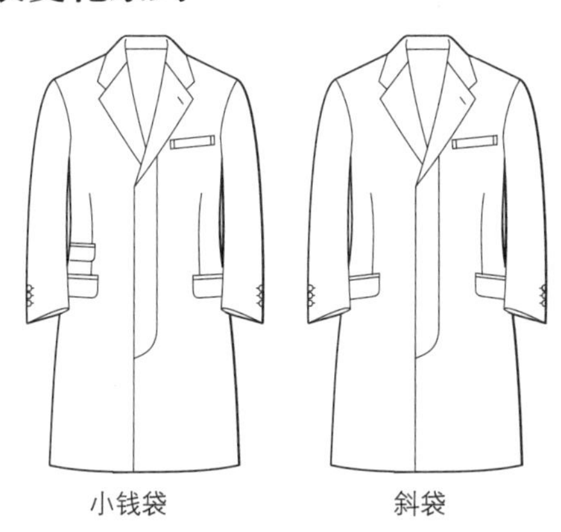

小钱袋　　斜袋

### 2. 领型变化系列

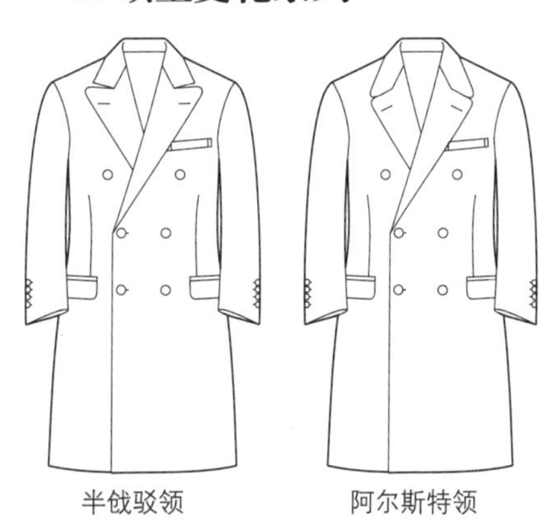

半戗驳领　　阿尔斯特领

### 3. 加入阿尔斯特外套元素的变化系列（阿尔斯特领和翻袖头）

### 4. 加入 Polo 外套元素的变化系列（袖中缝包袖）

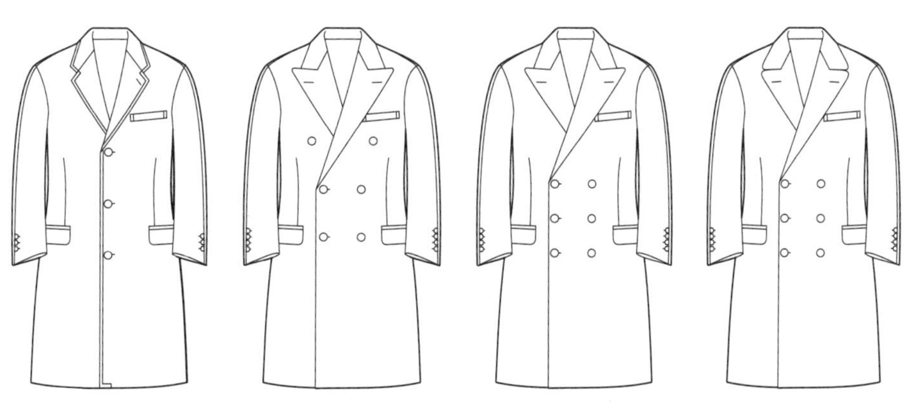

## 三、Polo 外套款式系列设计

标准款式

*保持着最丰富、最纯粹的20世纪初绅士服定型元素外套

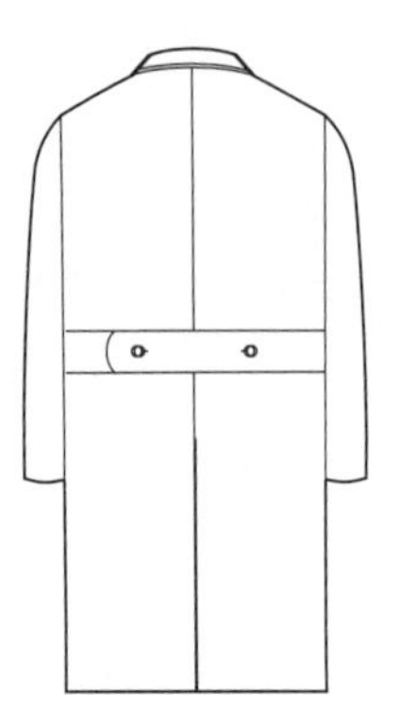

**1. 袖头变化系列**

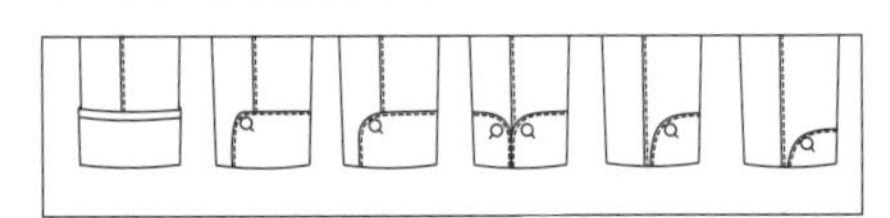

**2. 加入柴斯特外套元素的变化系列**

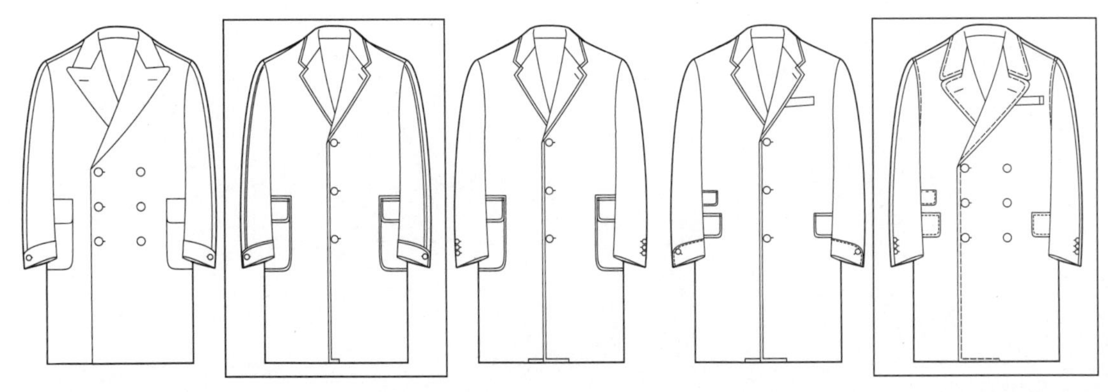

**3. 加入巴尔玛外套元素的变化系列**

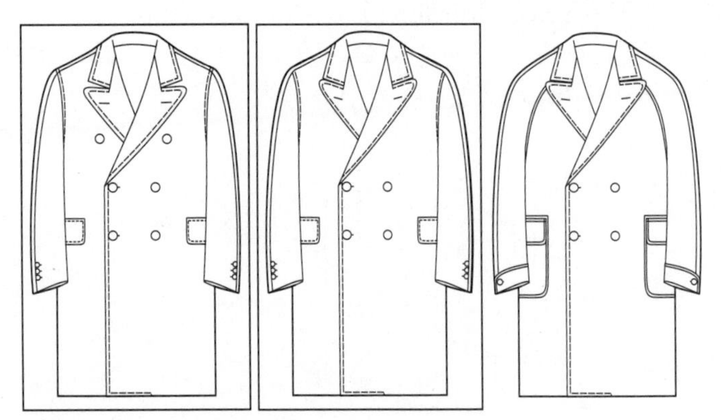

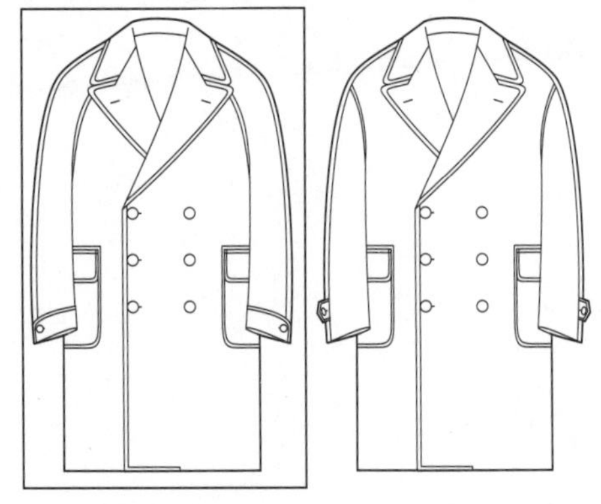

**4. 加入泰利肯外套元素的变化系列**

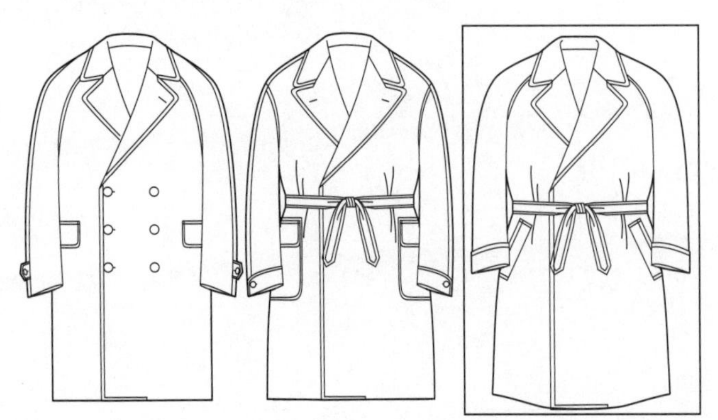

**5. 加入堑壕外套元素的变化系列**

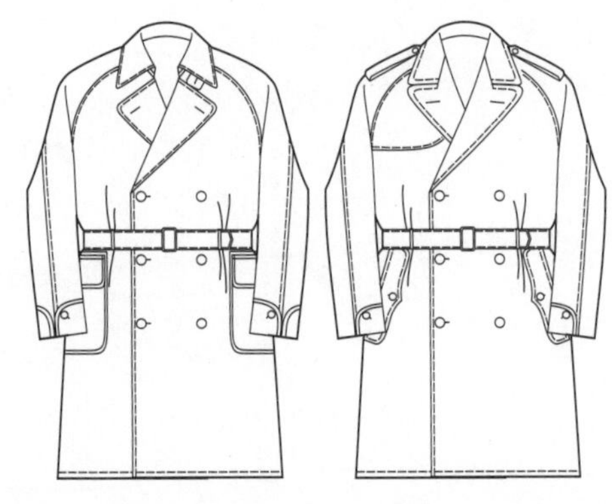

## 四、巴尔玛外套款式系列设计

标准款式

* 唯一不拒绝使用任何面料的外套

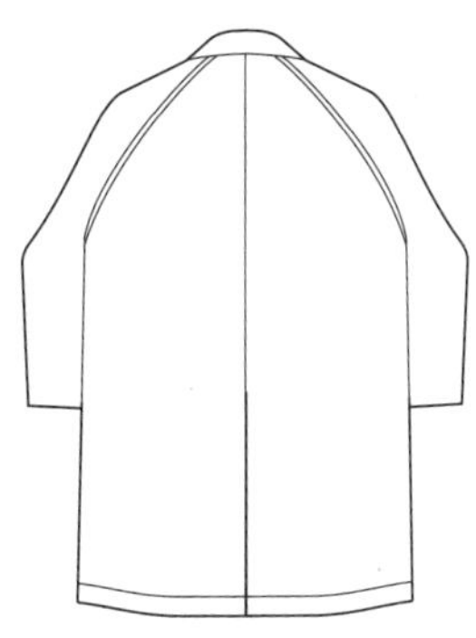

### 1. 袖型变化系列

### 2. 加入 Polo 外套元素的变化系列

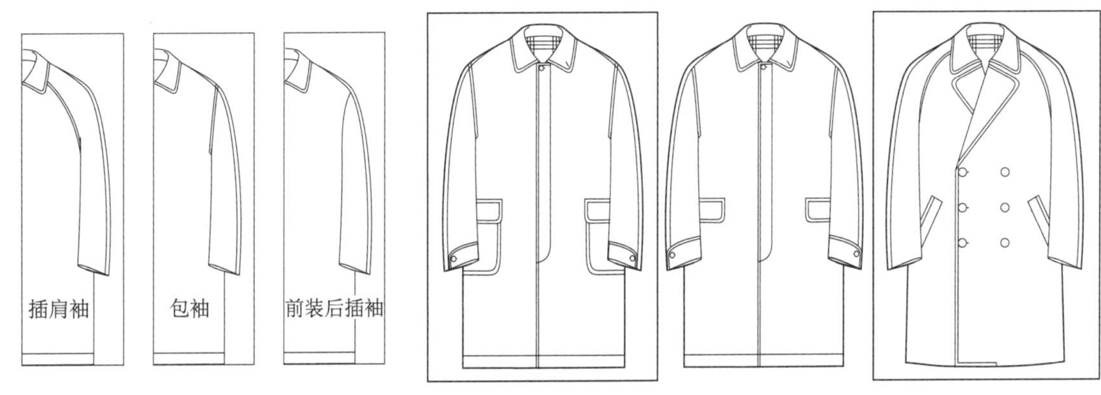


### 3. 加入泰利肯外套元素的变化系列

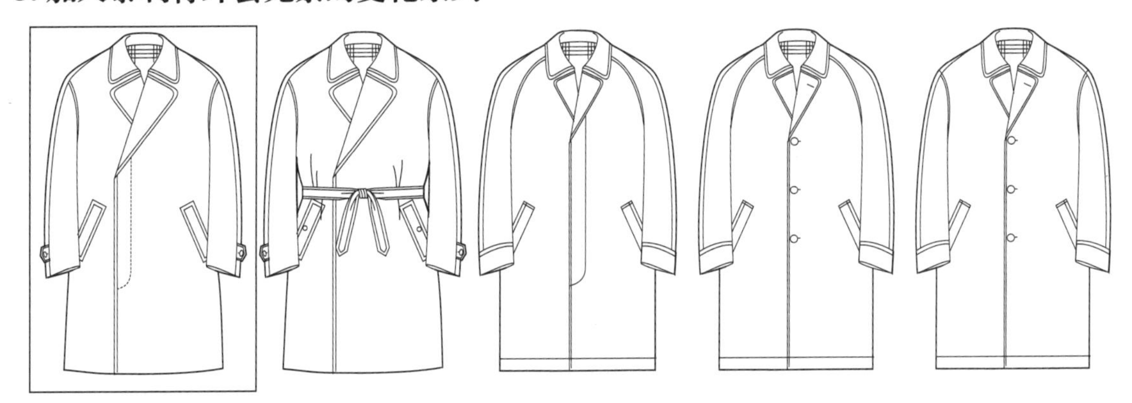

### 4. 加入乐登外套元素的变化系列

### 5. 加入斯里卡尔外套元素的变化系列

### 6. 加入堑壕外套元素的变化系列

## 五、堑壕外套款式系列设计

标准款式

* 它的元素是被休闲服装品牌复制最多的

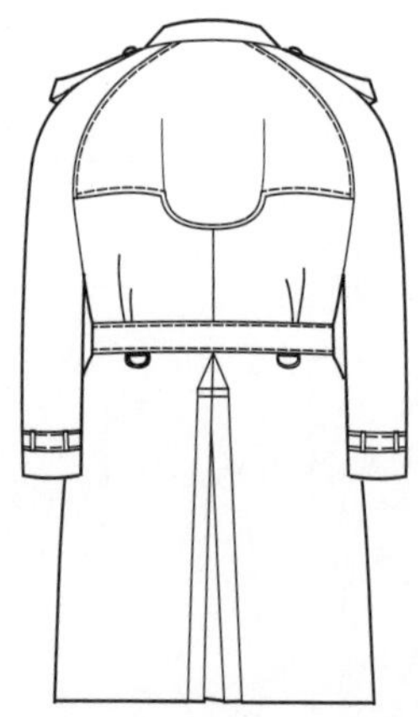

## 1. 加入巴尔玛外套的变化系列

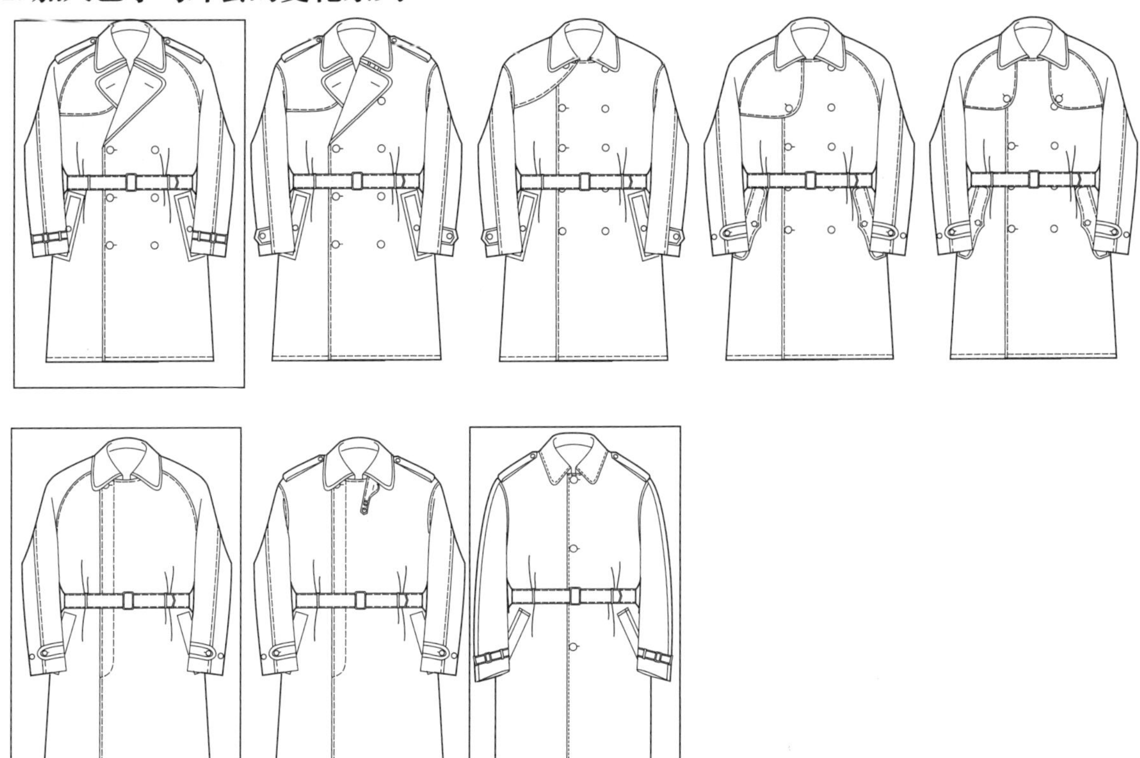

## 2. 加入泰利肯外套元素的变化系列

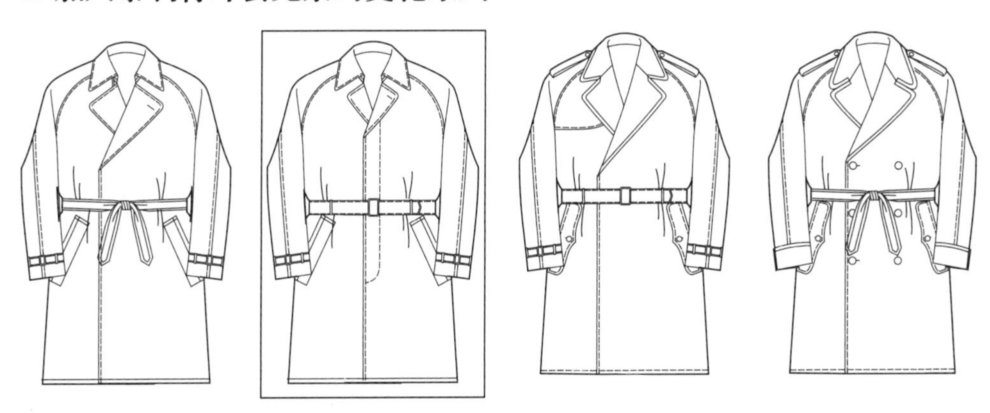

## 3. 加入 Polo 外套元素的变化系列

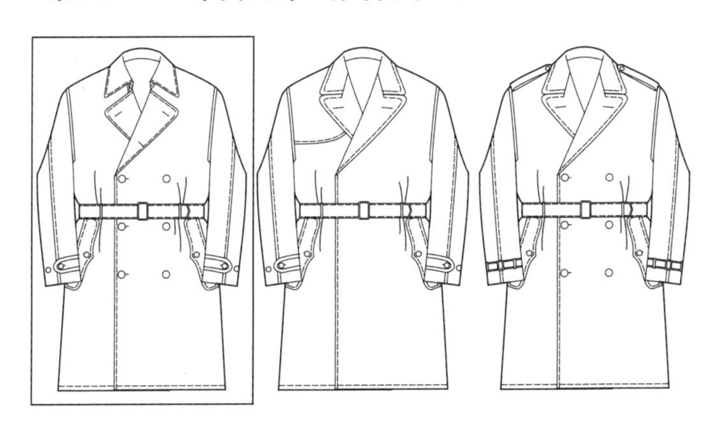

# 六、达夫尔外套款式系列设计

标准款式

* 唯一使用双面呢和带风帽的休闲外套

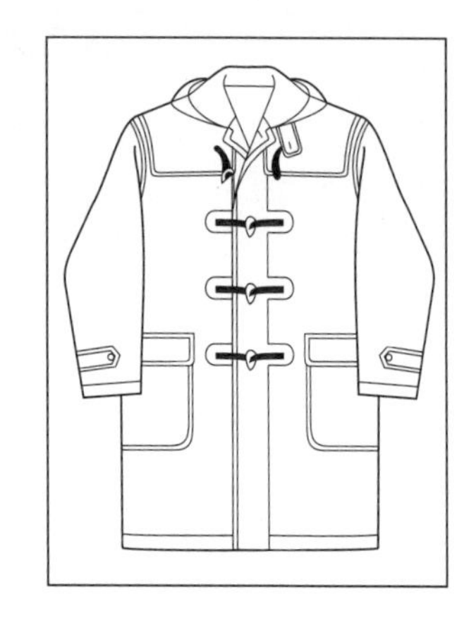

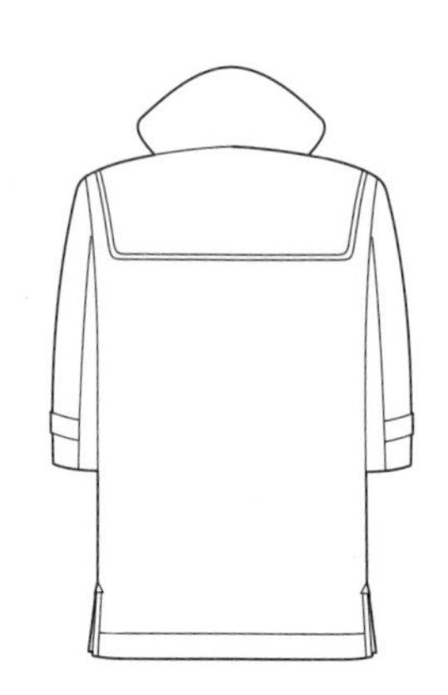

## 1. 门襟、过肩变化系列

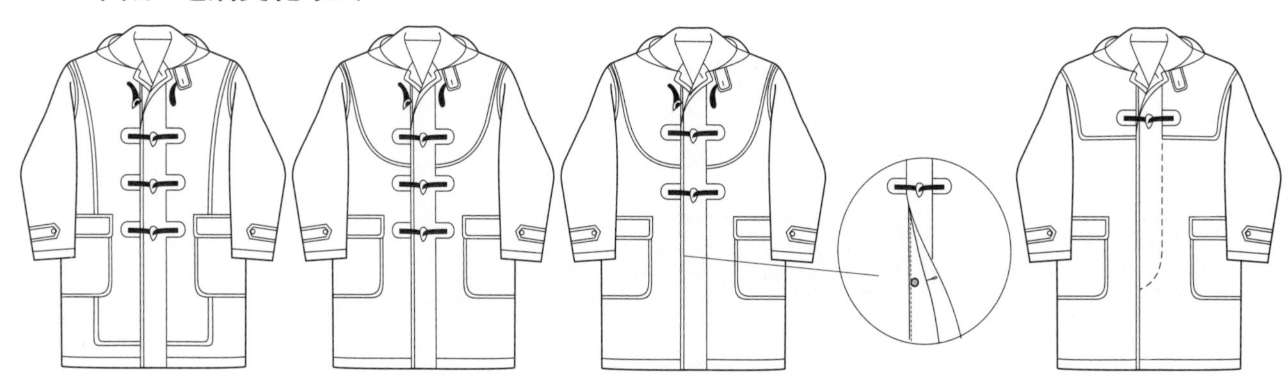

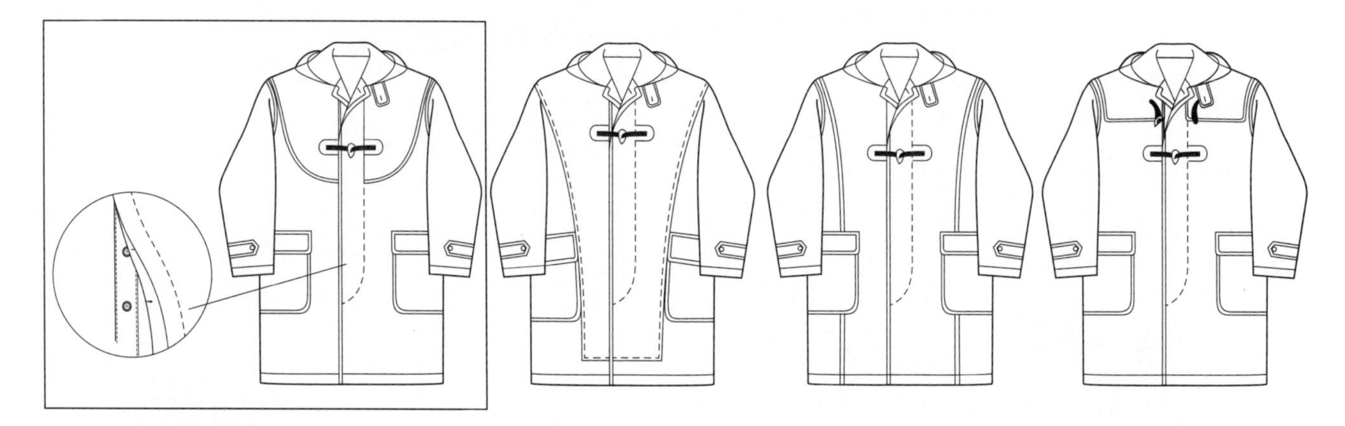

## 2. 短款变化系列

# 训练四　外套纸样系列设计训练

## 一、一款多板柴斯特外套纸样系列设计

### 四开身柴斯特外套纸样设计（标准版）

* 运用基本纸样进行 14cm 追加量（胸围）的相似形放量设计，完成外套亚基本纸样
* 在外套亚基本纸样基础上完成四开身柴斯特外套

前

后

AH

股上长−5

1.5背长−10

* 运用柴斯特外套袖窿的基本参数完成两片袖设计

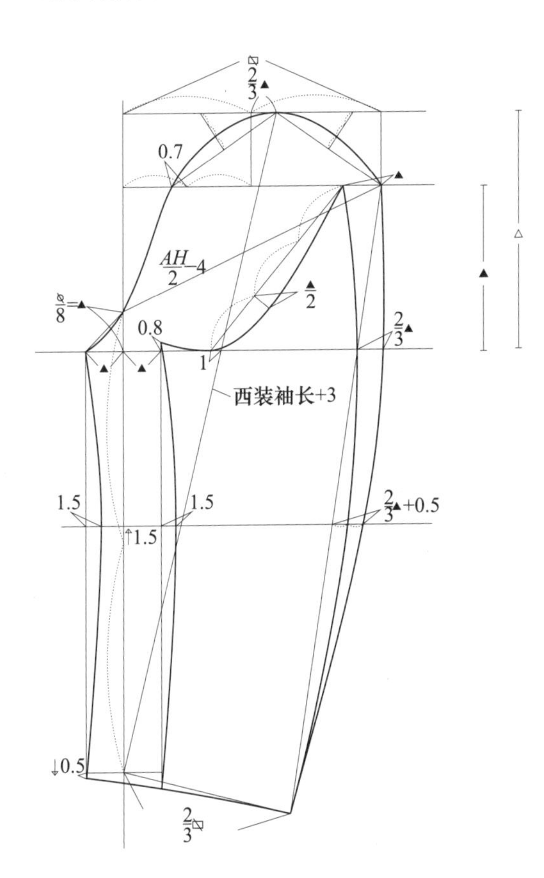

## 四开身柴斯特外套分解图

* 以此作为柴斯特外套类基本纸样进行系列设计

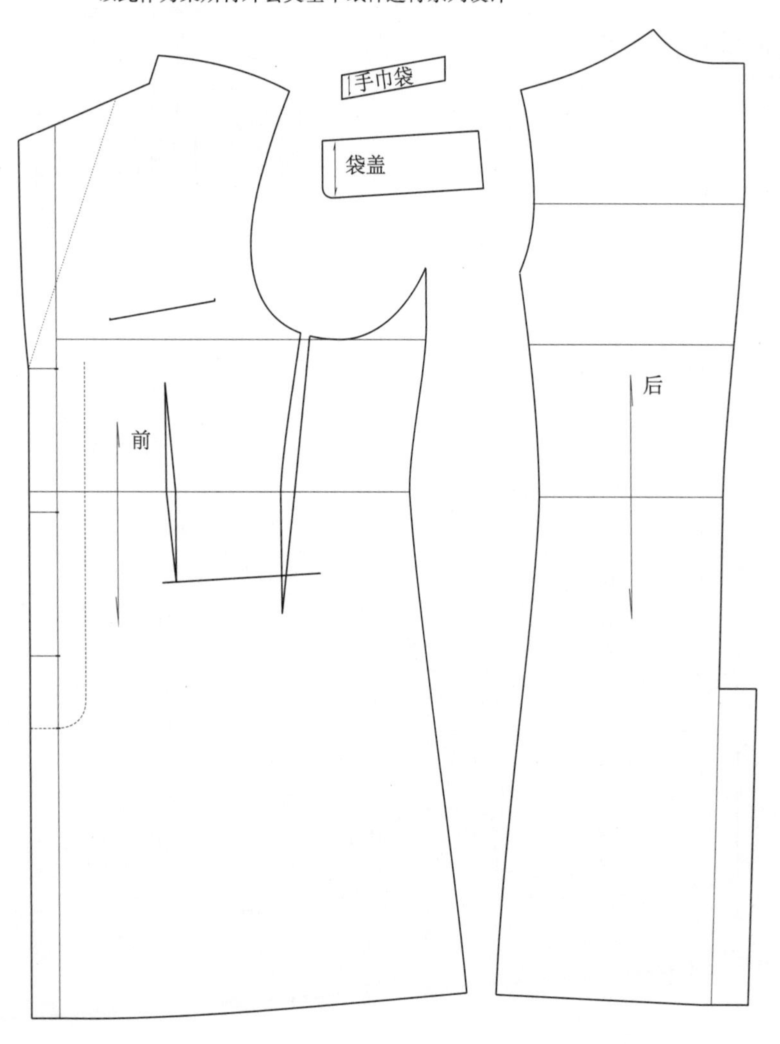


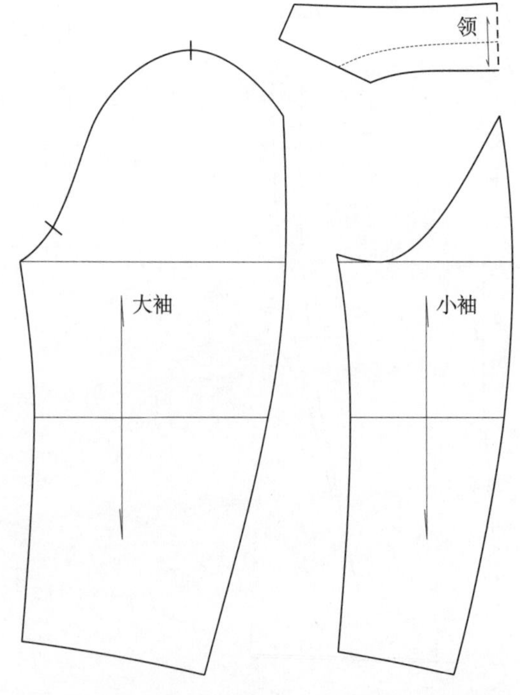

## 一款多板柴斯特外套纸样系列设计——六开身柴斯特外套

* 固定柴斯特外套基本款式
* 在四开身柴斯特外套纸样的基础上完成六开身纸样设计
* 其他纸样通用

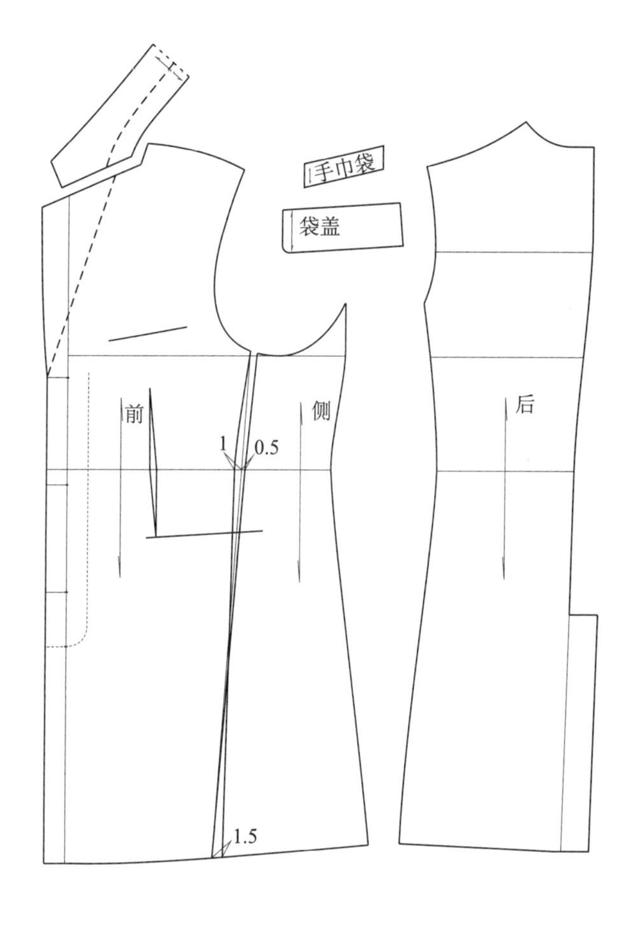


## 一款多板柴斯特外套纸样系列设计——加省六开身柴斯特外套

* 在六开身柴斯特外套纸样的基础上进行袋省（肚省）处理

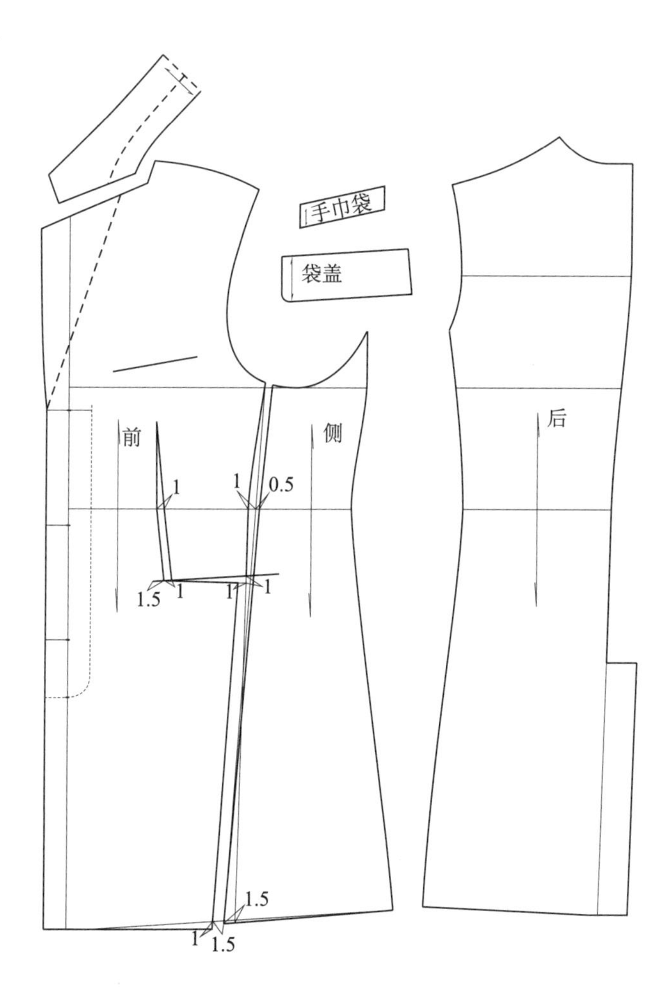

## 一款多板柴斯特外套纸样系列设计——O 版加省六开身柴斯特外套

*第一步运用基本纸样做撇胸弓背处理(撇胸弓背参数参见西装 O 版)
第二步进行相似形放量的亚基本纸样设计
第三步进行加省六开身纸样设计(尺寸设计与标准版相同)

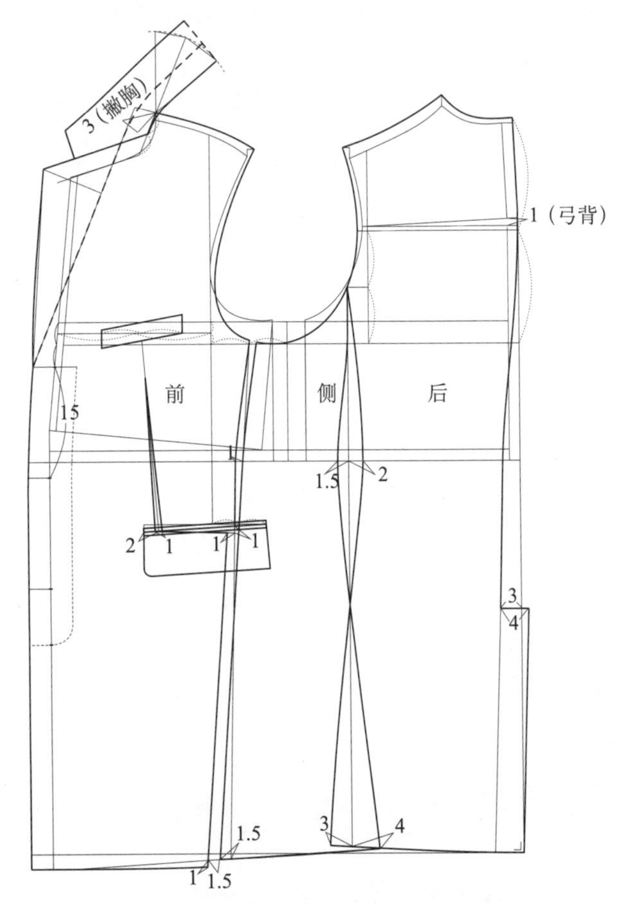


*O 版加省六开身柴斯特外套分解图,可视为 O 版外套基本纸样展开系列设计

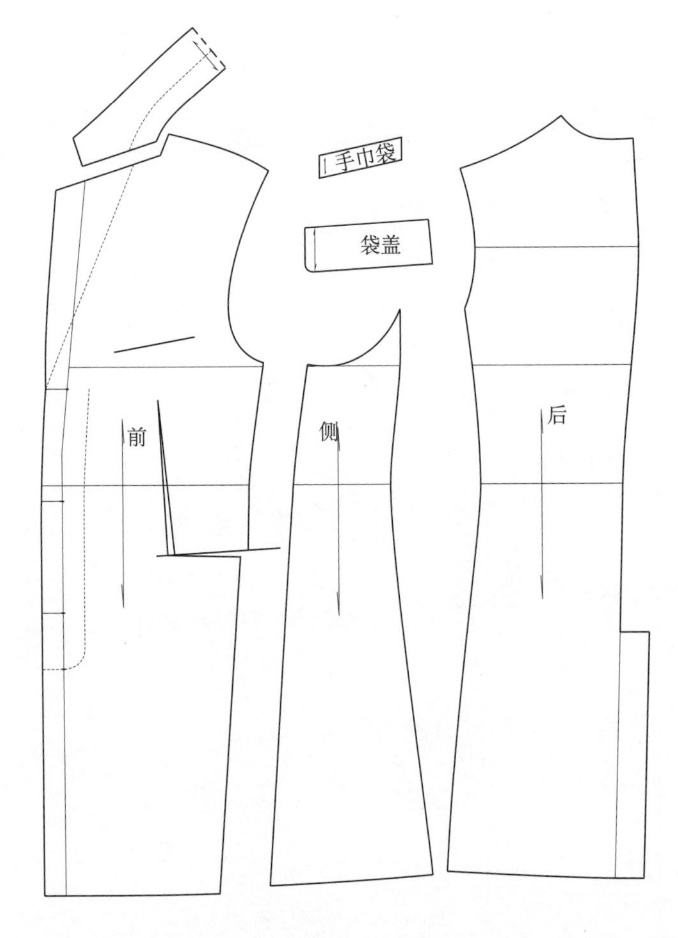

# 二、一款多板出行版柴斯特外套纸样系列设计

## 四开身出行版柴斯特外套纸样设计（标准版）

* 在标准版柴斯特外套纸样的基础上，进行双排六粒扣戗驳领设计

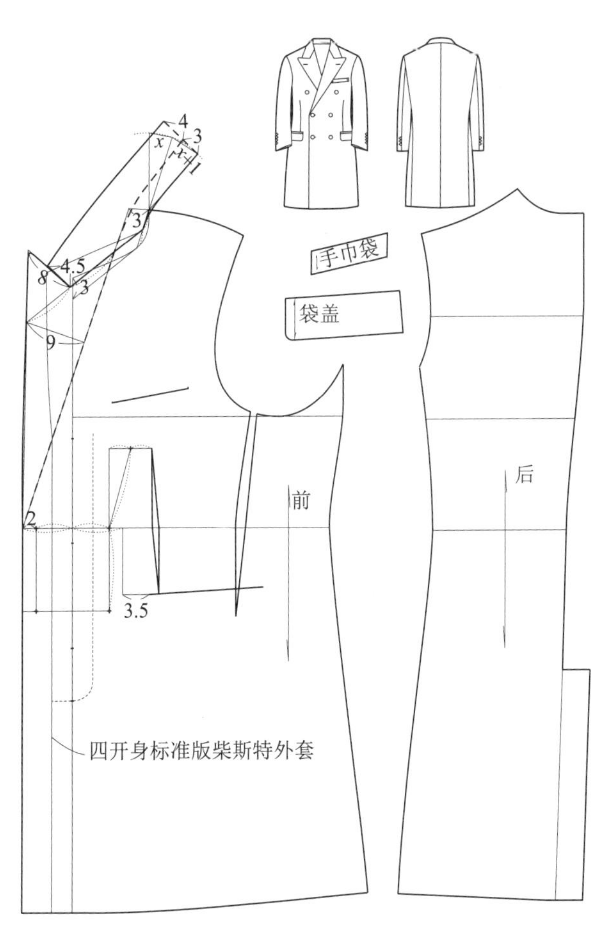


## 一款多板出行版柴斯特外套纸样系列设计——六开身出行版柴斯特外套

* 固定出行版柴斯特外套基本款式
* 在四开身出行版柴斯特外套基础上，完成六开身纸样设计
* 其他纸样通用

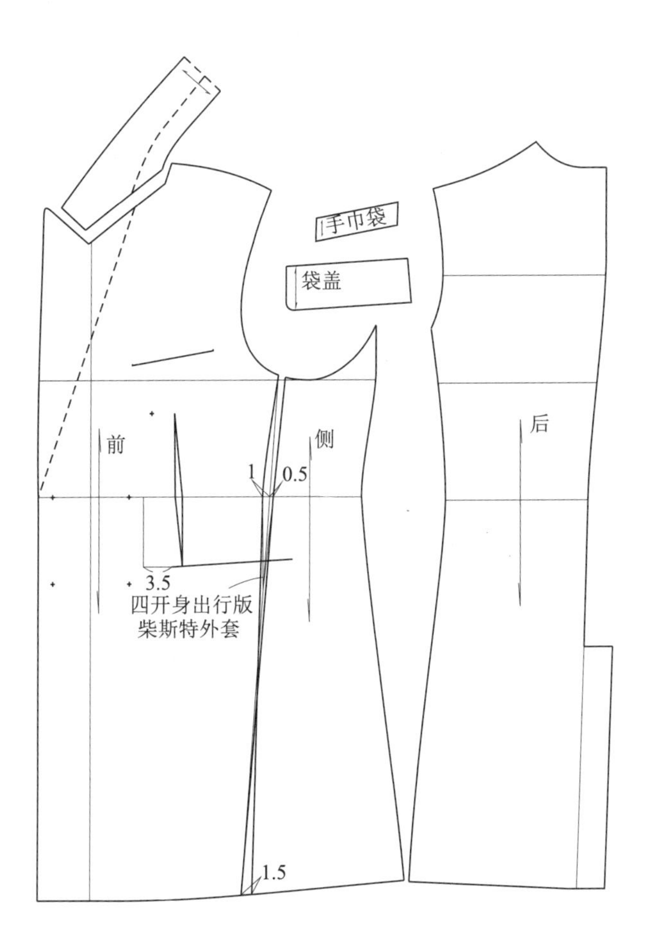

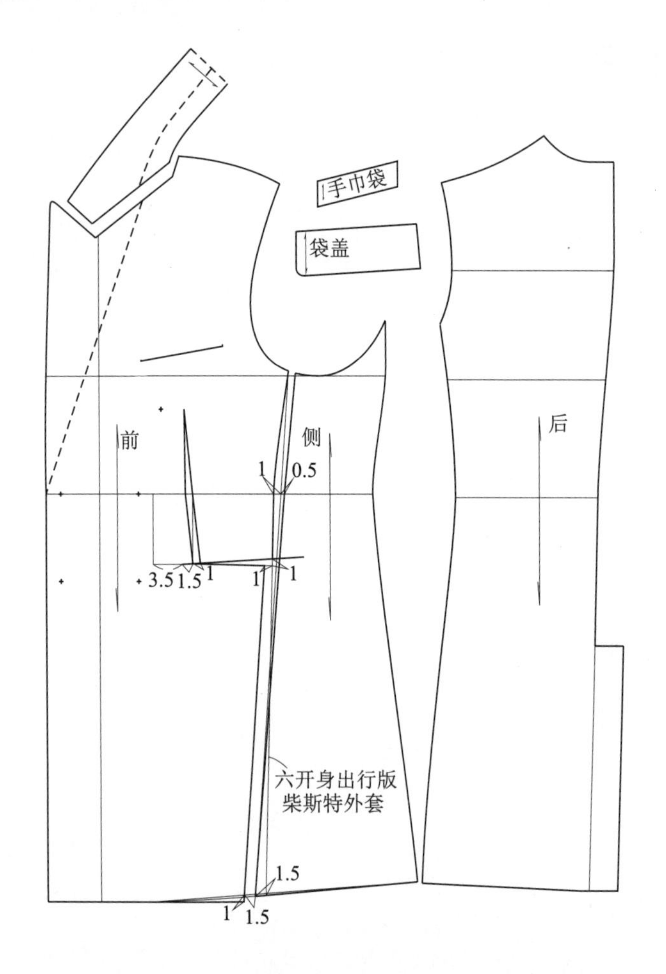


## 一款多板出行版柴斯特外套纸样系列设计——加省六开身出行版柴斯特外套

* 在六开身出行版柴斯特外套纸样的基础上进行袋省（肚省）处理

## 一款多板出行版柴斯特外套纸样系列设计——O 版加省六开身出行版柴斯特外套

* 在 O 版标准版柴斯特外套纸样的基础上进行双排六粒扣戗驳领设计

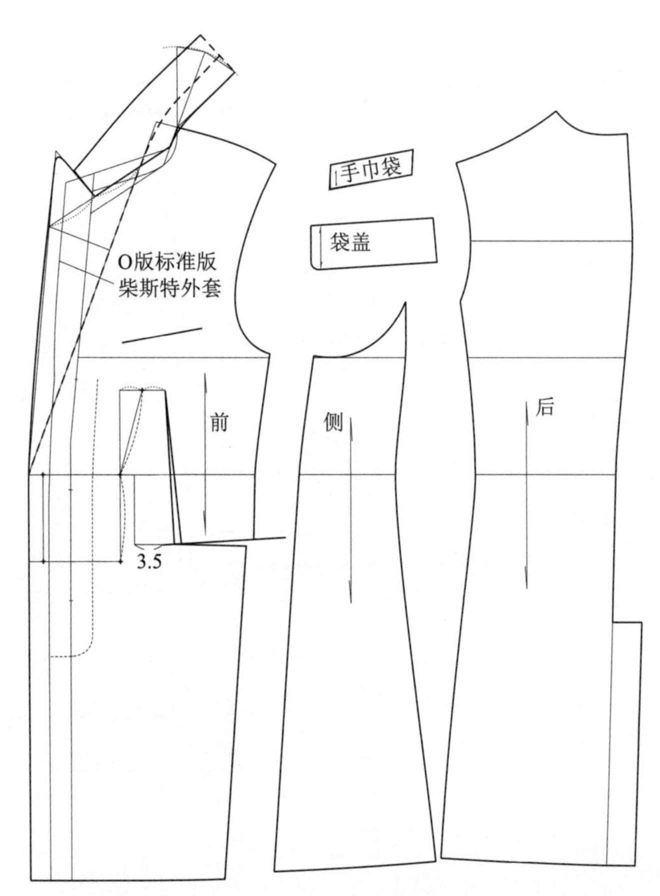

# 三、一款多板传统版柴斯特外套纸样系列设计

## 四开身传统版柴斯特纸样设计（标准版）

* 在标准版柴斯特外套纸样的基础上进行单排三粒扣暗门襟戗驳领设计

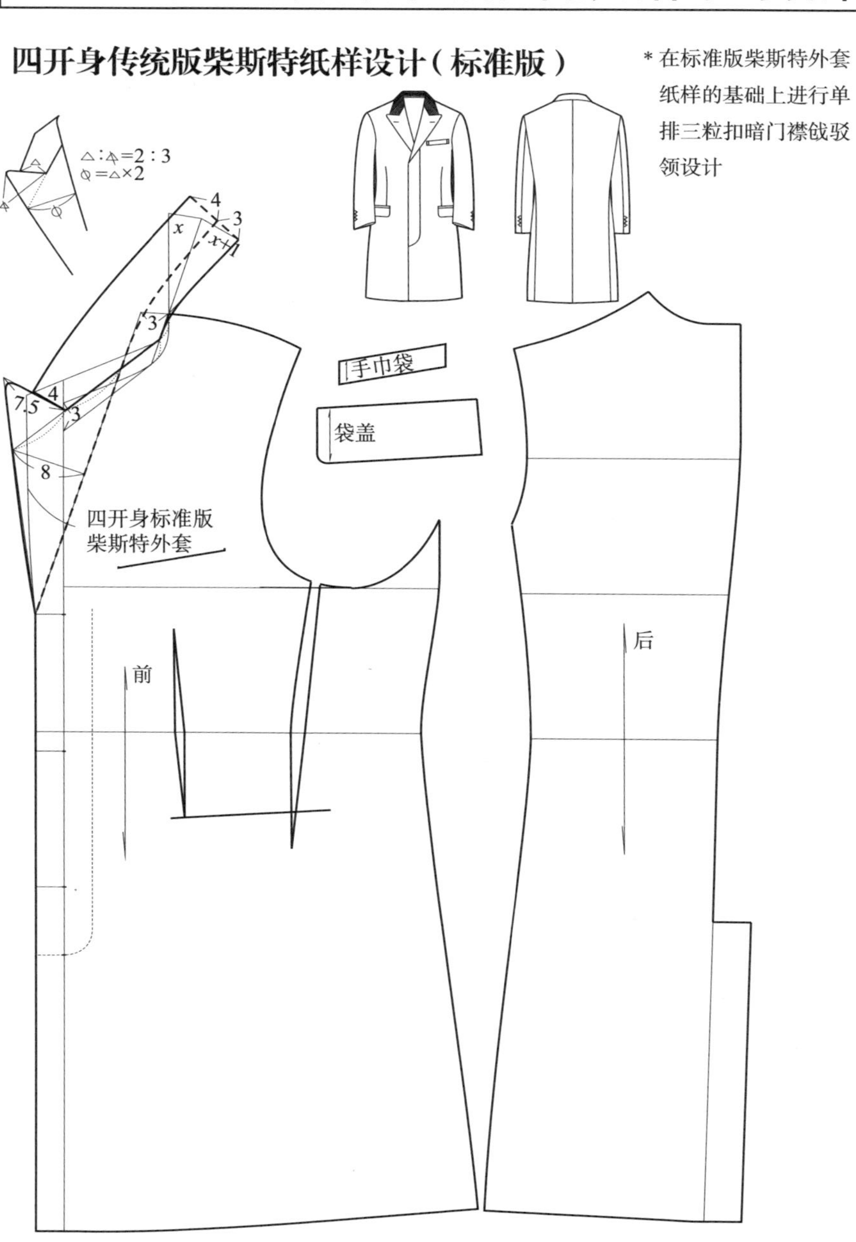


## 一款多板传统版柴斯特外套纸样系列设计——六开身传统版柴斯特外套

* 固定传统版柴斯特外套基本款式
* 在四开身传统版柴斯特外套基础上完成六开身纸样设计
* 其他纸样通用

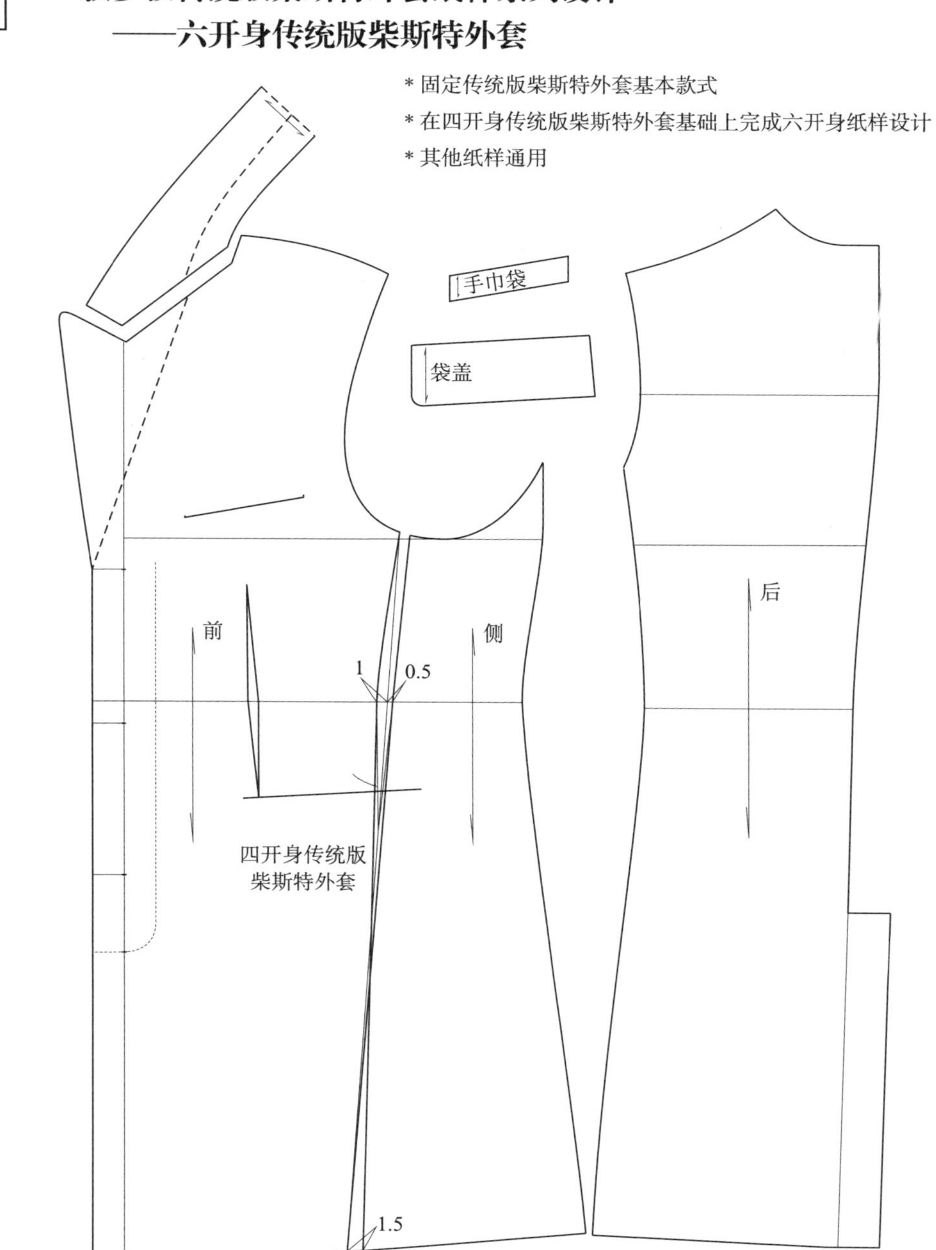

## 一款多板传统版柴斯特外套纸样系列设计——加省六开身传统版柴斯特外套

＊在六开身传统版柴斯特外套纸样的基础上进行袋省（肚省）处理

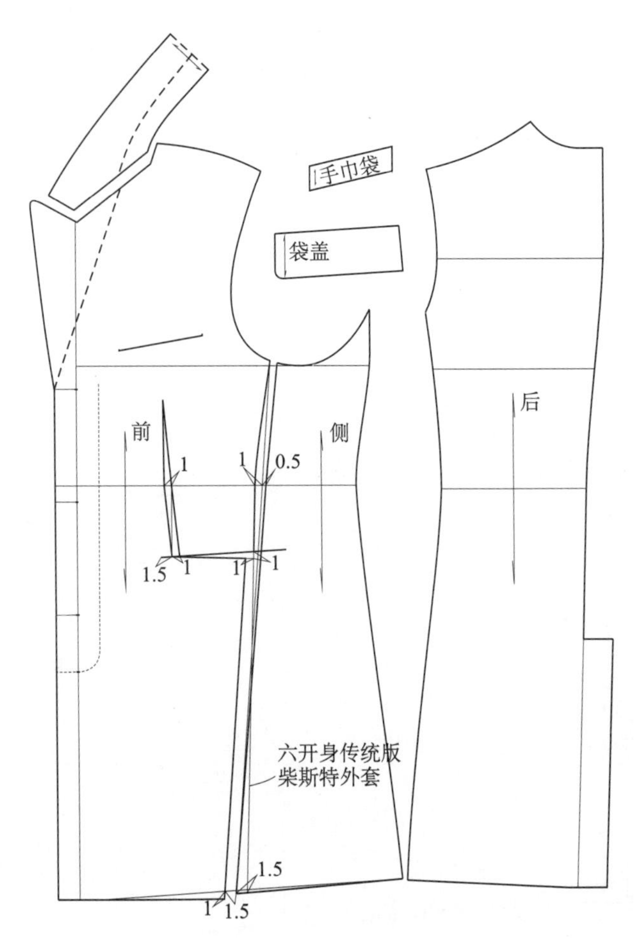


## 一款多板传统版柴斯特外套纸样系列设计——O版加省六开身传统版柴斯特外套

＊在O版标准版柴斯特外套纸样的基础上进行单排三粒扣暗门襟戗驳领设计

＊一板多款柴斯特外套纸样系列设计可通过本系列的重新排列组合完成，如固定六开身板型进行标准版、出行版、传统版款式设计，甚至可以进入其他类型外套的设计，如Polo外套、巴尔玛外套等

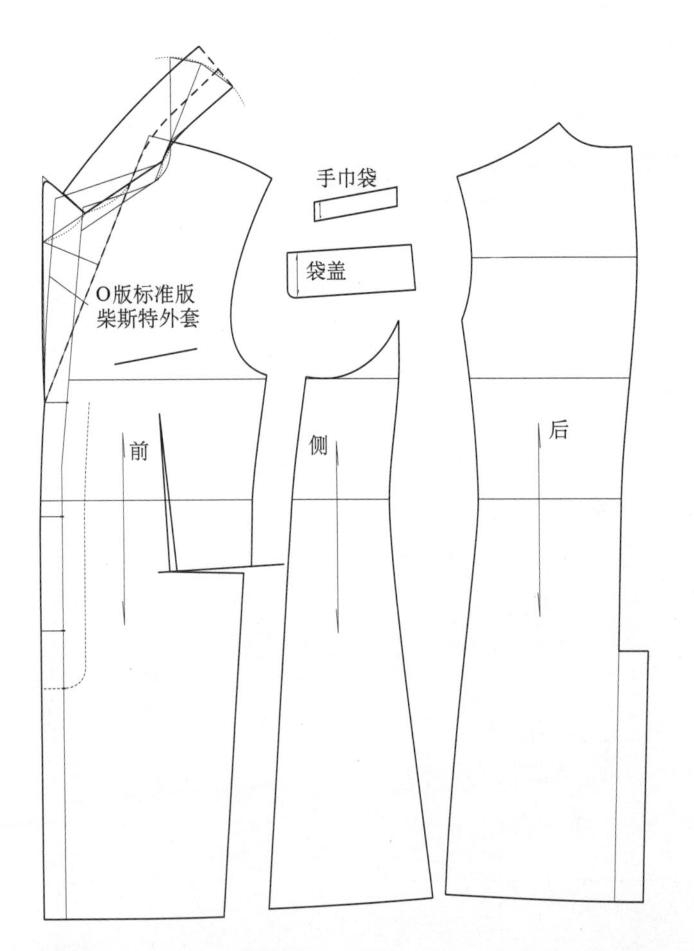

# 四、一板多款巴尔玛外套纸样系列设计

## 直线四开身巴尔玛外套纸样设计（标准版）

* 运用基本纸样做 14cm 追加量（胸围）的相似形放量设计，完成外套亚基本纸样
* 在亚基本纸样基础上完成直线四开身巴尔玛外套设计

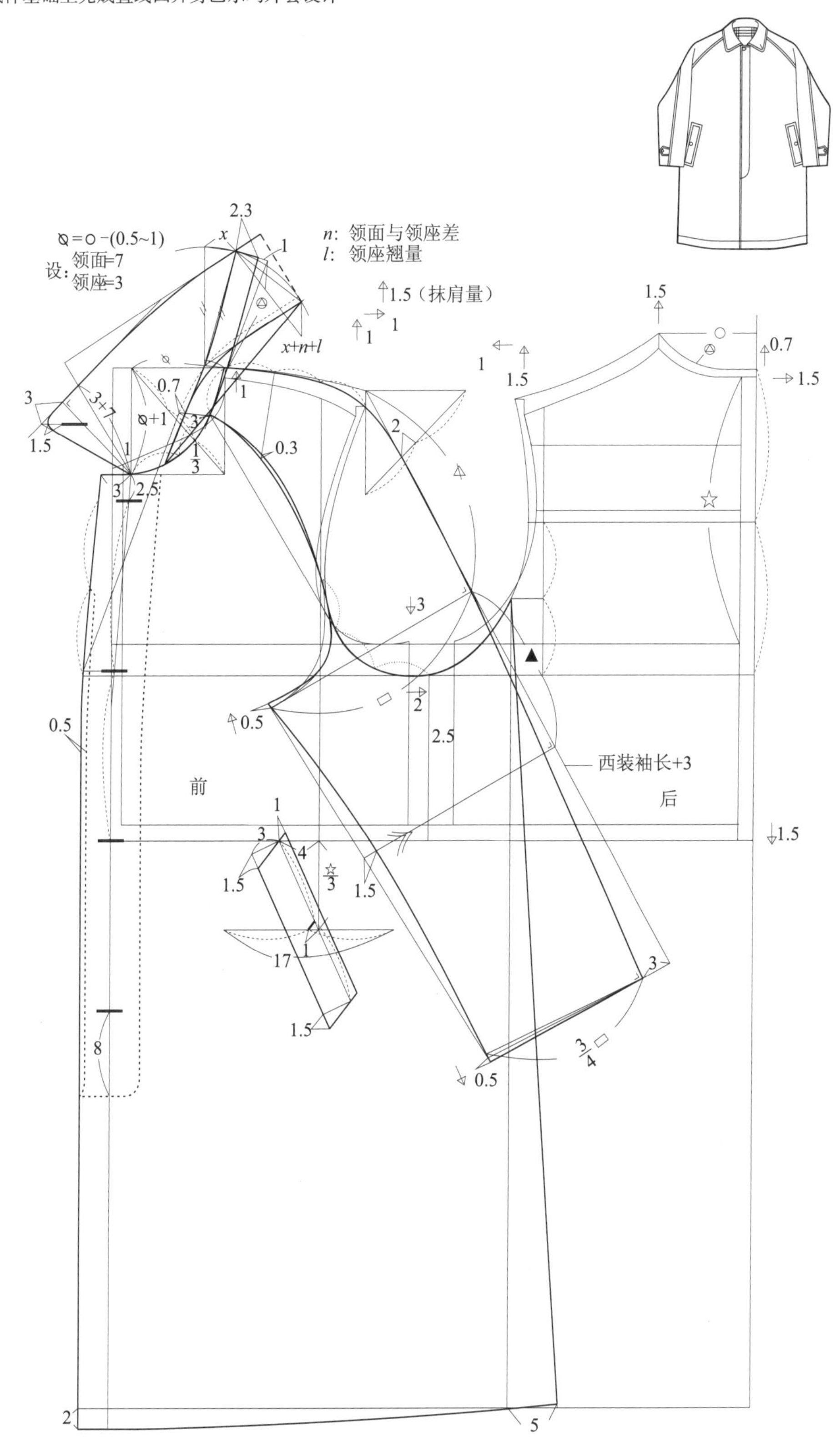

* 注意，巴尔玛外套纸样设计参数很多与四开身柴斯特外套通用，如衣长、开衩等

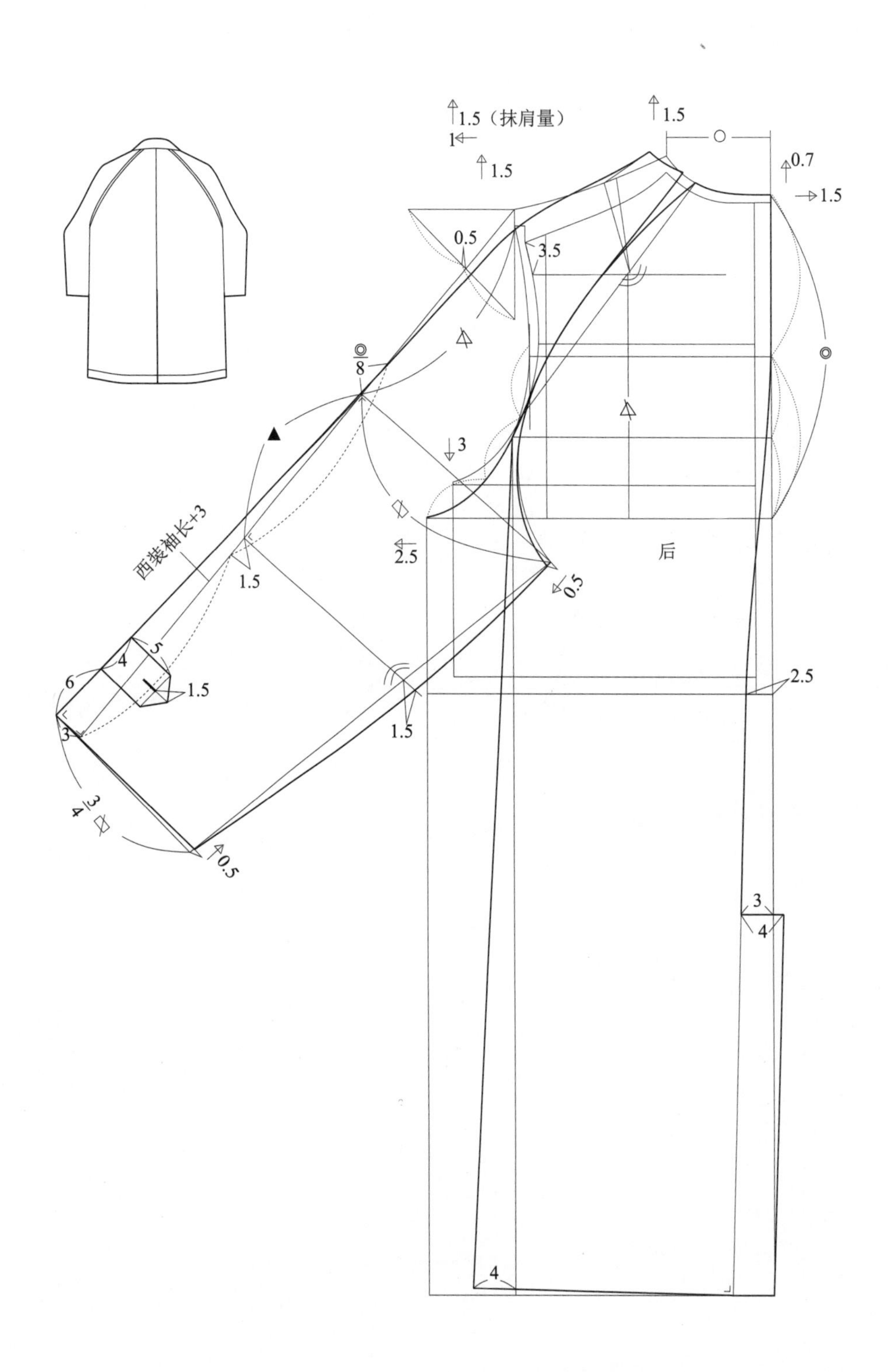

## 直线四开身巴尔玛外套分解图

* 作为巴尔玛外套类基本纸样进行系列设计
* 直线四开身是巴尔玛外套的典型板型，亦是整个外套的通用板型，通常以此作为外套基本纸样进行一板多款设计

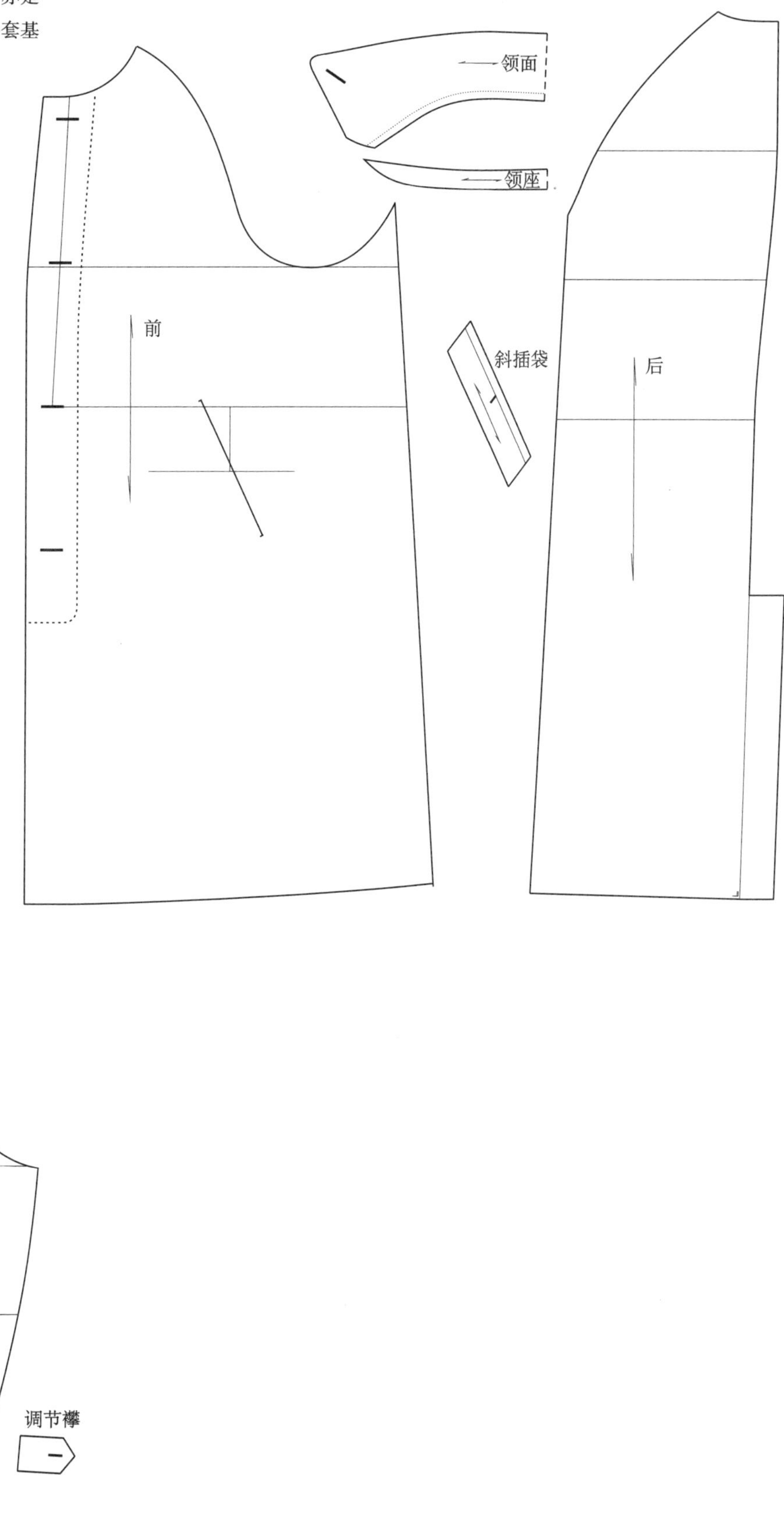

# 一板多款巴尔玛外套纸样系列设计——加入 Polo 外套元素的巴尔玛外套

* 在直线四开身巴尔玛外套纸样的基础上进行包袖、袖口明袖头和复合贴口袋设计

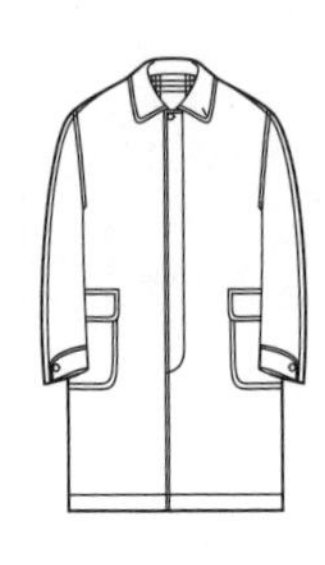

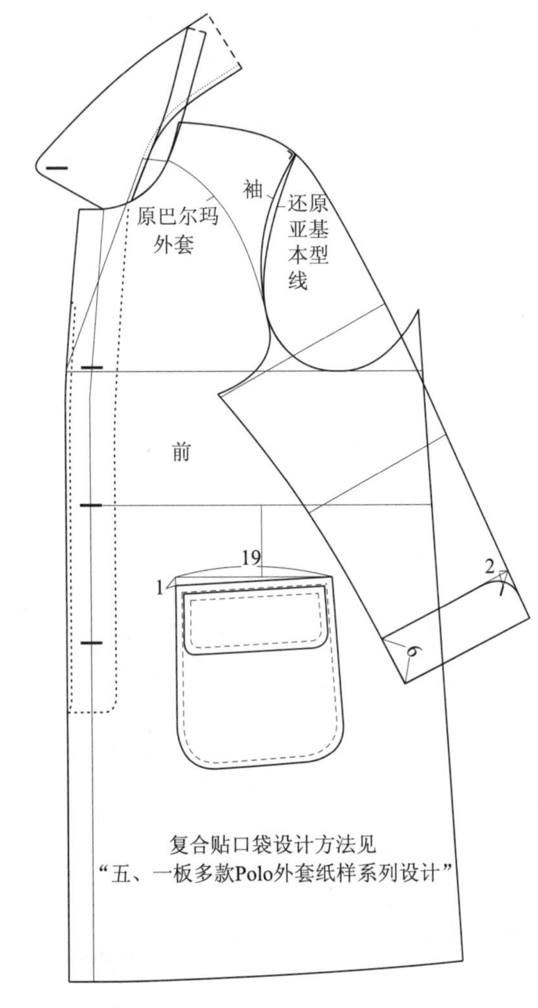


* 后身同样进行包袖处理

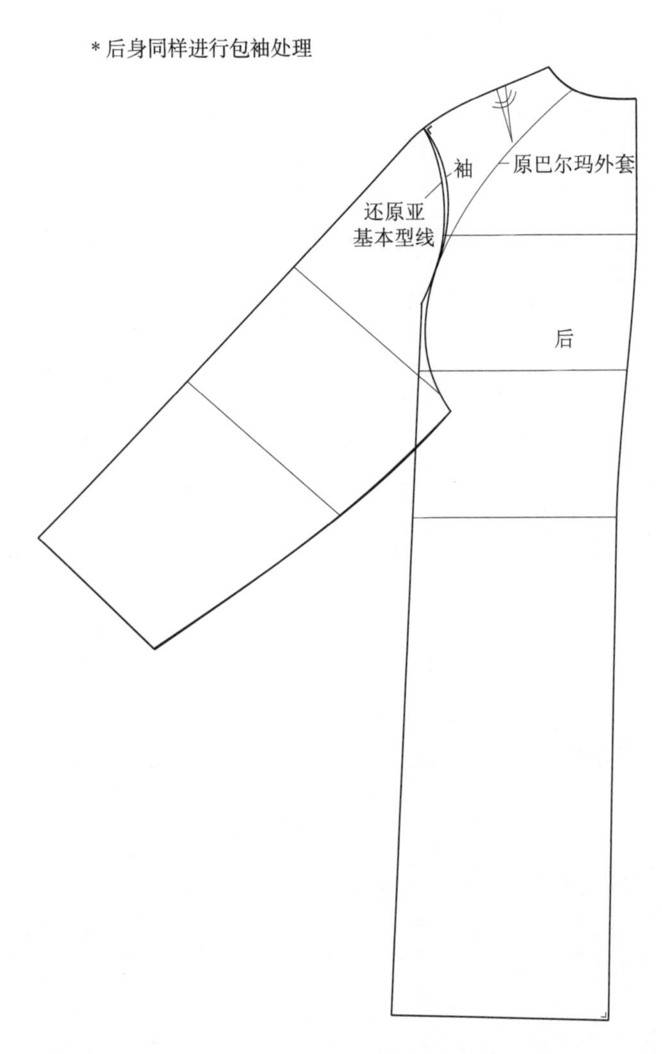

## 一板多款巴尔玛外套纸样系列设计——前包袖后插肩袖偏襟巴尔玛外套

* 前身在直线四开身巴尔玛外套纸样的基础上进行包袖和偏襟驳领设计
* 后身与直线四开身巴尔玛外套纸样相同

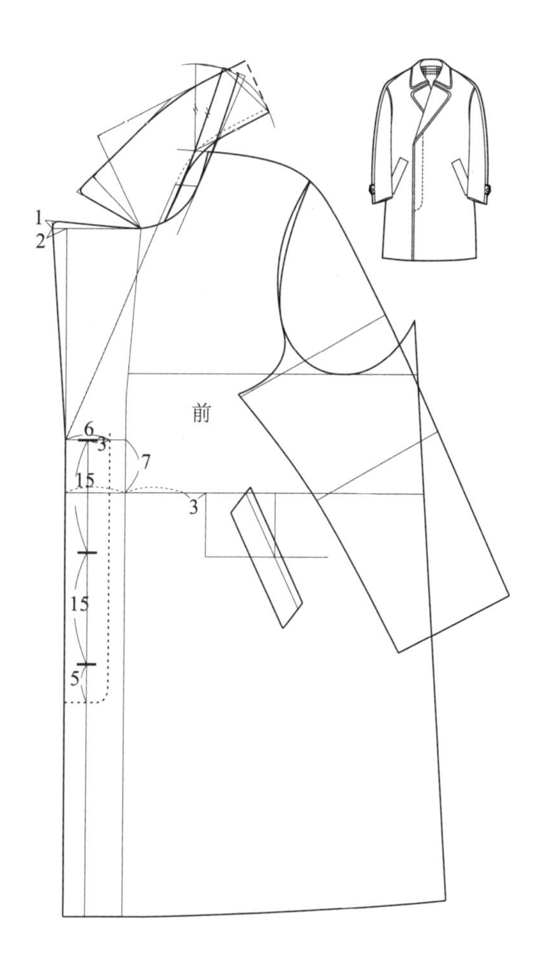


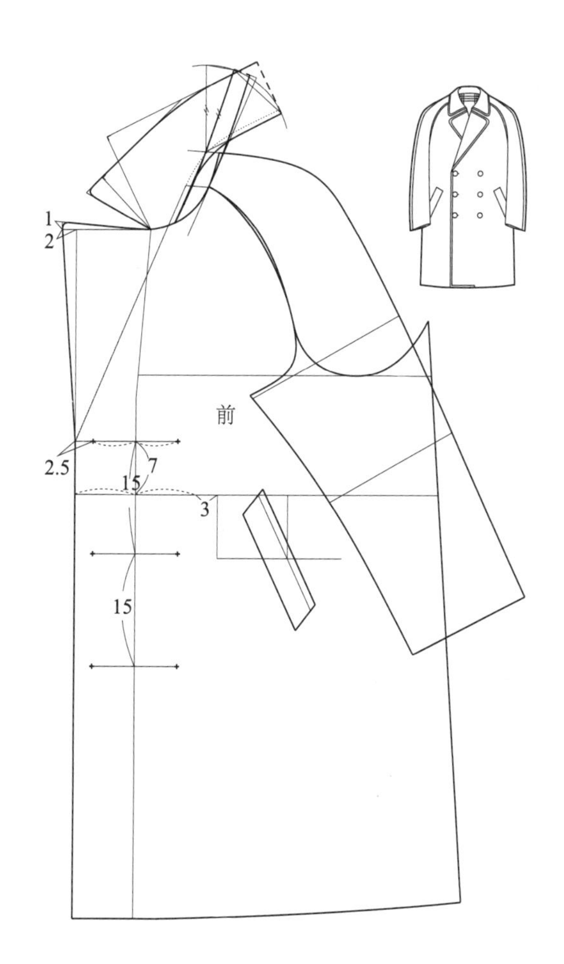


## 一板多款巴尔玛外套纸样系列设计——双排六粒扣巴尔玛外套

* 在直线四开身巴尔玛外套纸样的基础上进行双排六粒扣驳领设计
* 后身纸样通用

## 一板多款巴尔玛外套纸样系列设计——加入堑壕外套元素的巴尔玛外套

* 在直线四开身巴尔玛外套纸样的基础上进行拿破仑领、有袋盖斜插袋和袖串带设计，口袋下移从堑壕外套配合腰带设计而来
* 后身纸样通用

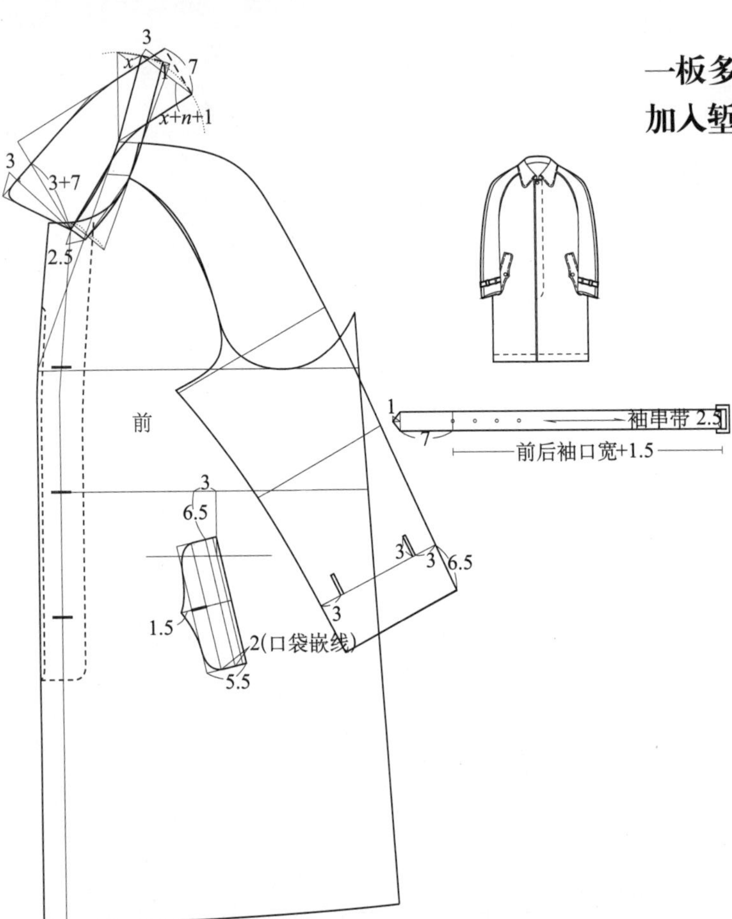


## 一板多款巴尔玛外套纸样系列设计——明门扣加大袖襻巴尔玛外套

* 在直线四开身巴尔玛外套纸样的基础上进行四粒明门扣和加大袖襻设计，下摆加双明线，说明加入了乐登外套的元素，多用呢料
* 后身纸样通用

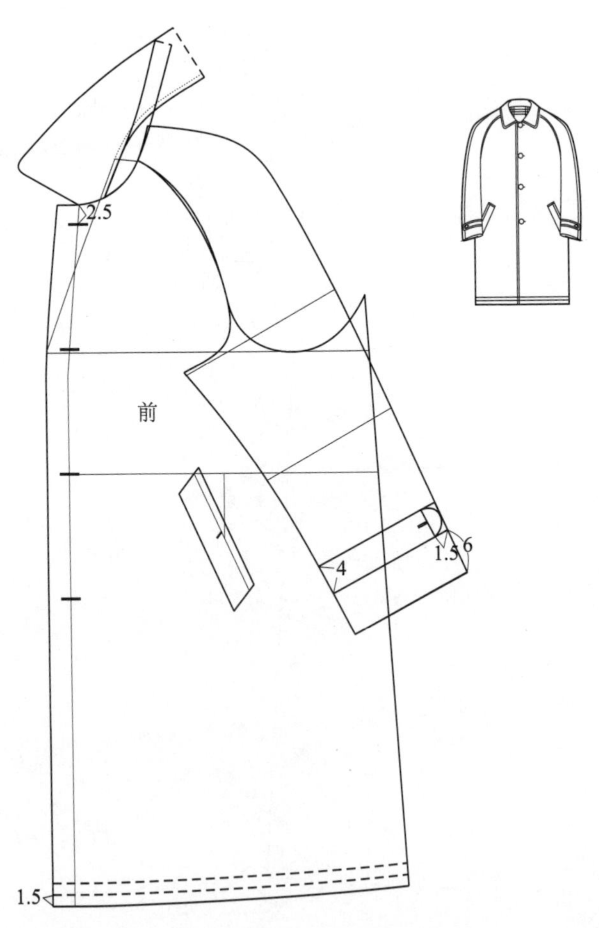

# 五、一板多款 Polo 外套纸样系列设计

## 一板多款 Polo 外套纸样系列设计——标准版 Polo 外套

＊在直线四开身巴尔玛外套纸样的基础上，进行包袖、双排六粒扣、阿尔斯特翻领、复合贴口袋和明袖头设计，这些是 Polo 外套的典型元素

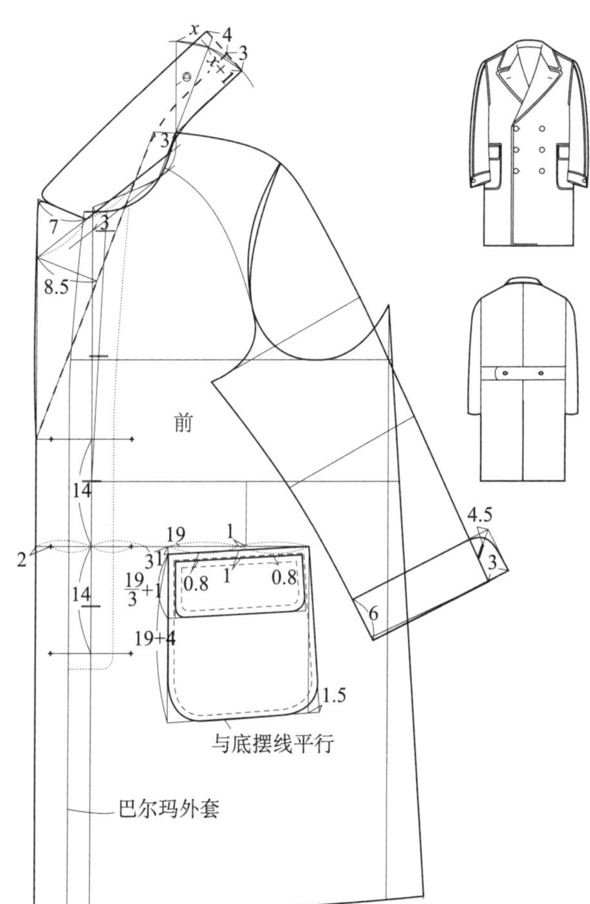


＊Polo 外套后身进行包袖、增加腰带和高开衩设计

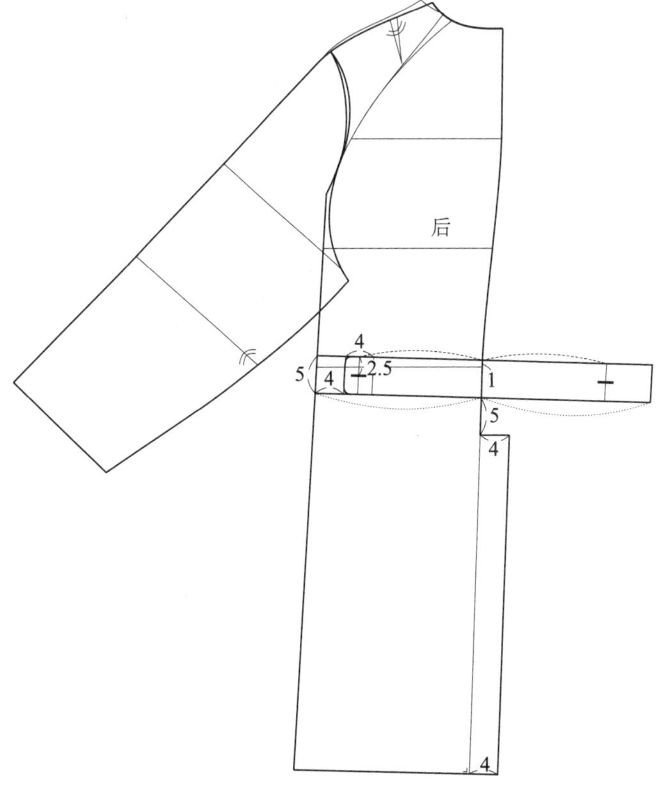

## 标准版 Polo 外套分解图

＊可以作为 Polo 外套类基本纸样进行系列设计

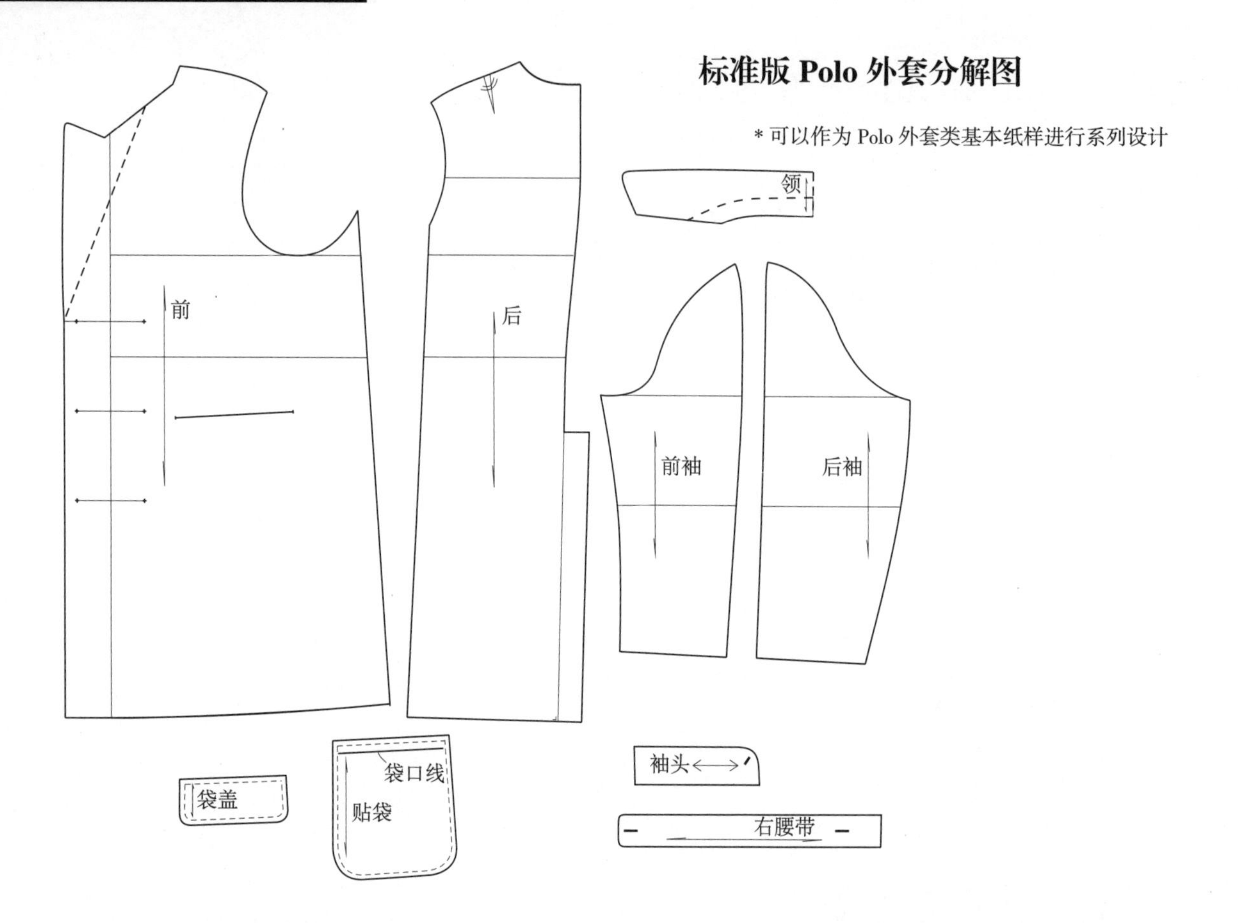


## 一板多款 Polo 外套纸样系列设计——单排扣平驳领 Polo 外套

＊在标准版 Polo 外套纸样的基础上进行单排扣平驳领设计

＊后身纸样通用

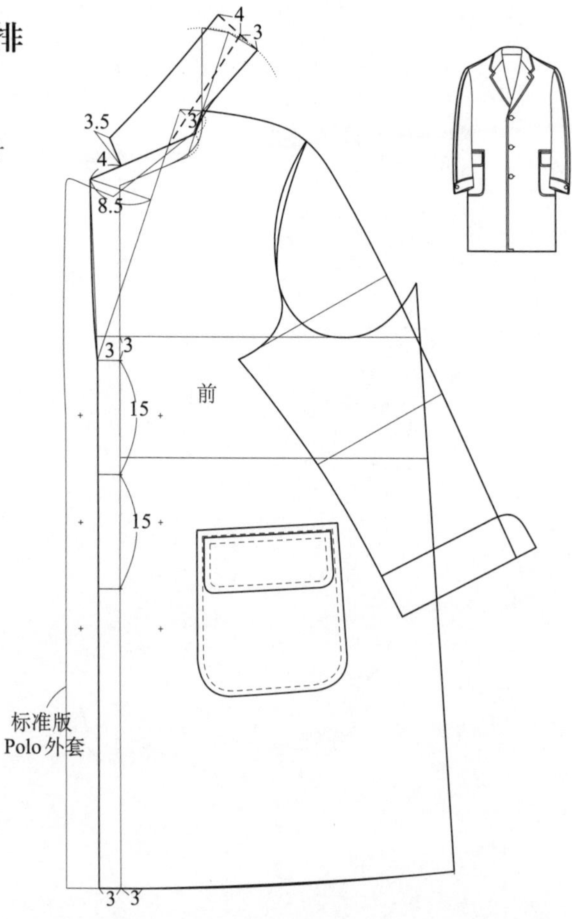

## 一板多款 Polo 外套纸样系列设计——倒贯领出行版 Polo 外套

* 在标准版 Polo 外套纸样的基础上进行倒贯领，挖袋加小钱袋设计
* 后身纸样通用

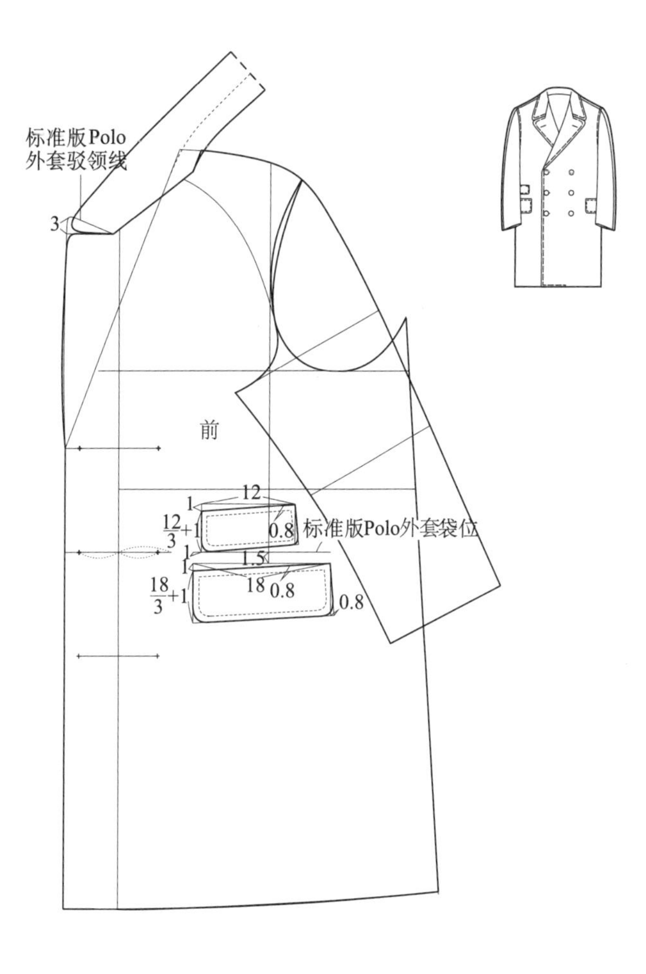


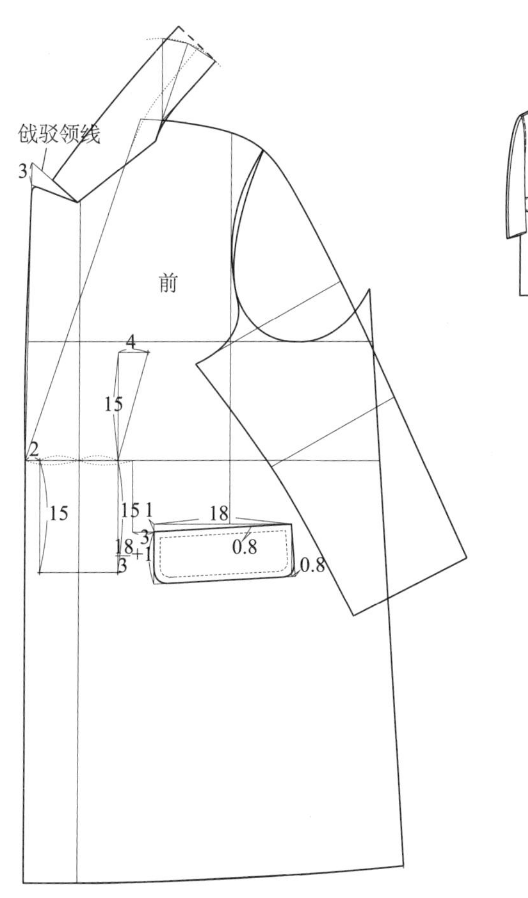

## 一板多款 Polo 外套纸样系列设计——半戗驳领出行版 Polo 外套

* 在标准版 Polo 外套纸样的基础上先进行六粒扣戗驳领设计，再进行半戗驳领处理
* 后身纸样通用

## 一板多款 Polo 外套纸样系列设计——前包后插肩袖出行版 Polo 外套

* 在戗驳领出行版 Polo 外套纸样的基础上进行前包后插肩袖处理
* 同时保持双排扣戗驳领状态，只去掉两个装饰扣以强调简约风格

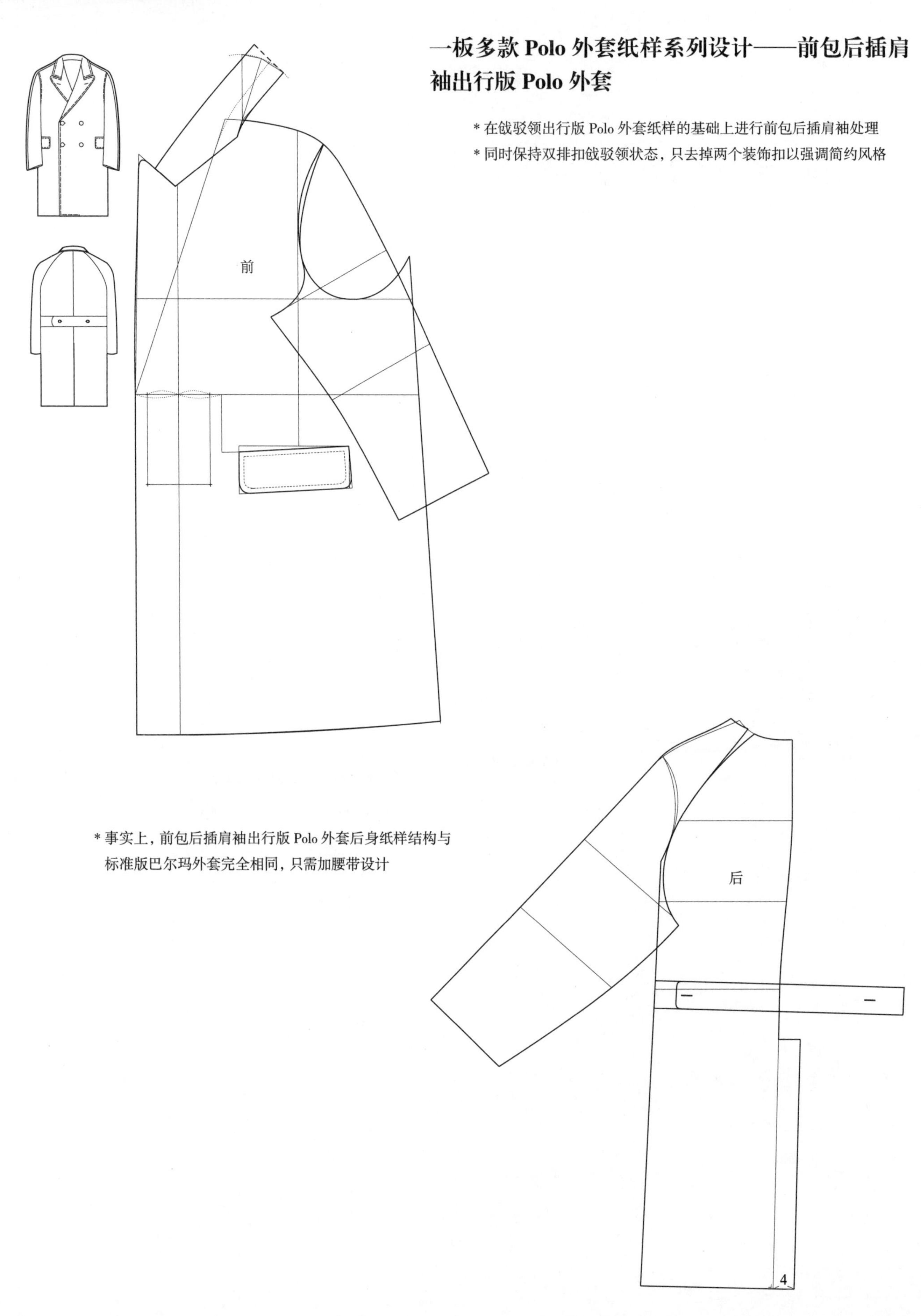


* 事实上，前包后插肩袖出行版 Polo 外套后身纸样结构与标准版巴尔玛外套完全相同，只需加腰带设计

## 一板多款 Polo 外套纸样系列设计——插肩袖 Polo 外套

* 在标准版 Polo 外套纸样的基础上进行插肩袖的回归处理或在标准版巴尔玛外套纸样基础上，进行双排扣阿尔斯特领处理
* 后身与标准版巴尔玛外套纸样完全相同

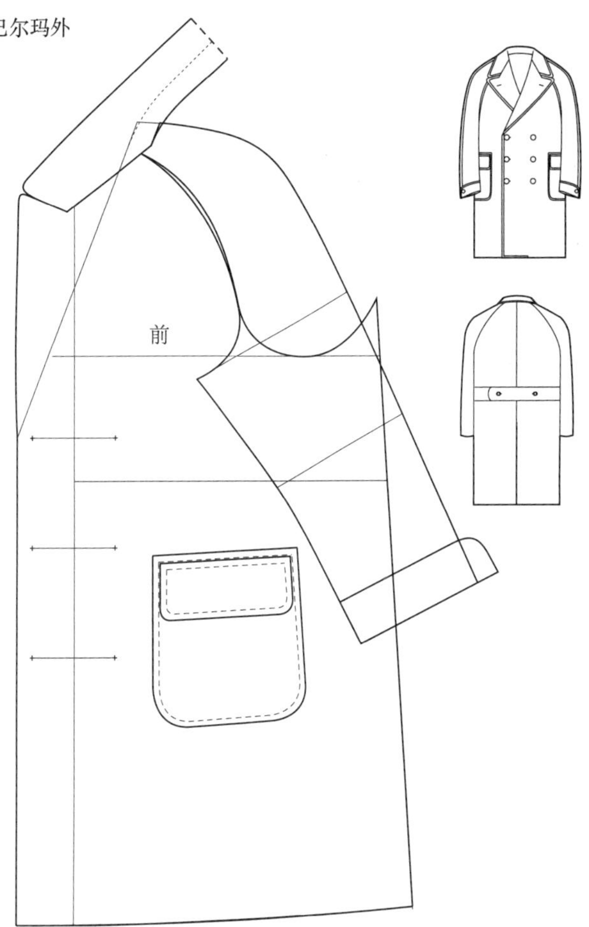


## 一板多款 Polo 外套纸样系列设计——加入泰利肯外套元素的 Polo 外套

* 在标准版 Polo 外套纸样的基础上进行插肩袖、无扣大翻领、斜插袋、通袖头和可拆装腰带设计

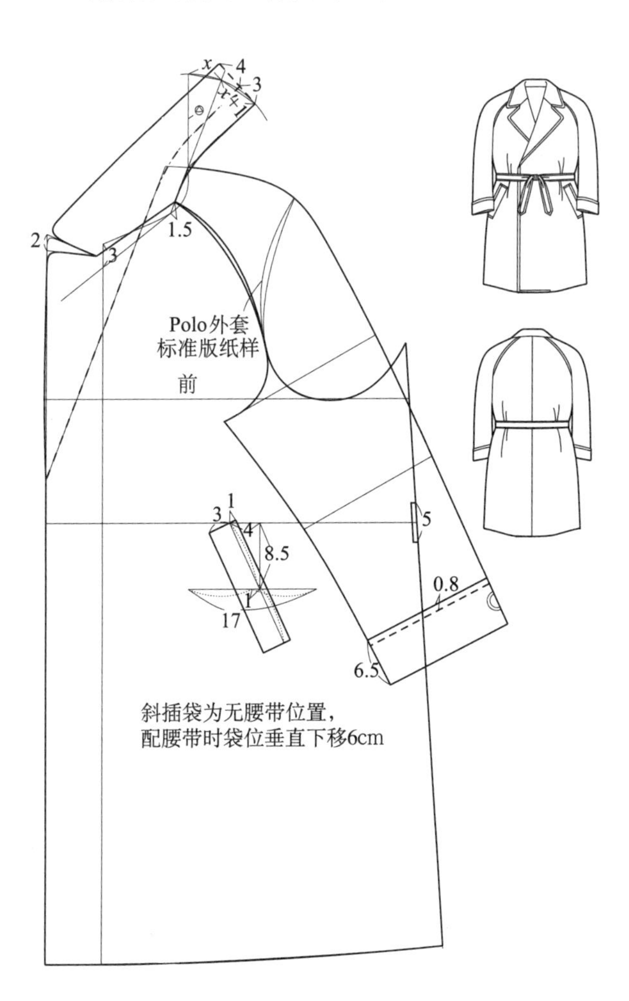

* 后身与插肩袖（可以直接使用巴尔玛外套标准纸样）袖头与前袖头拼接

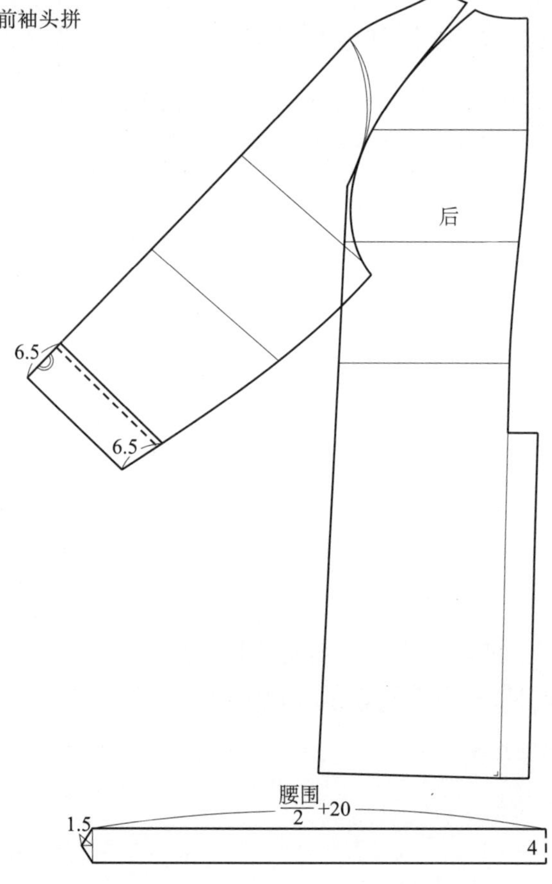


## 加入泰利肯元素的 Polo 外套分解图

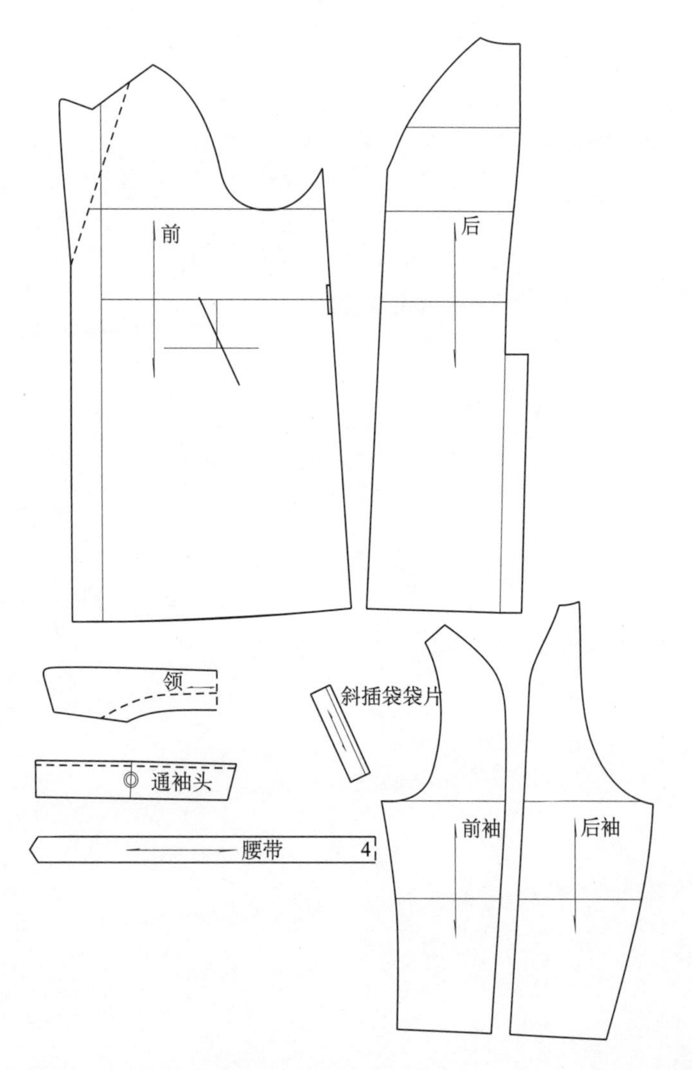

# 六、一板多款堑壕外套纸样系列设计

## 一板多款堑壕外套纸样系列设计——标准版堑壕外套

* 在直线四开身巴尔玛外套纸样的基础上进行双排十粒扣、戗驳头加领襻的拿破仑翻领（参考巴尔玛领结构）、右前披胸、加袋盖斜插袋和可拆装式肩襻、腰带、袖串带设计

设：领座后宽3cm
领座前宽2.5cm
后领面宽7cm

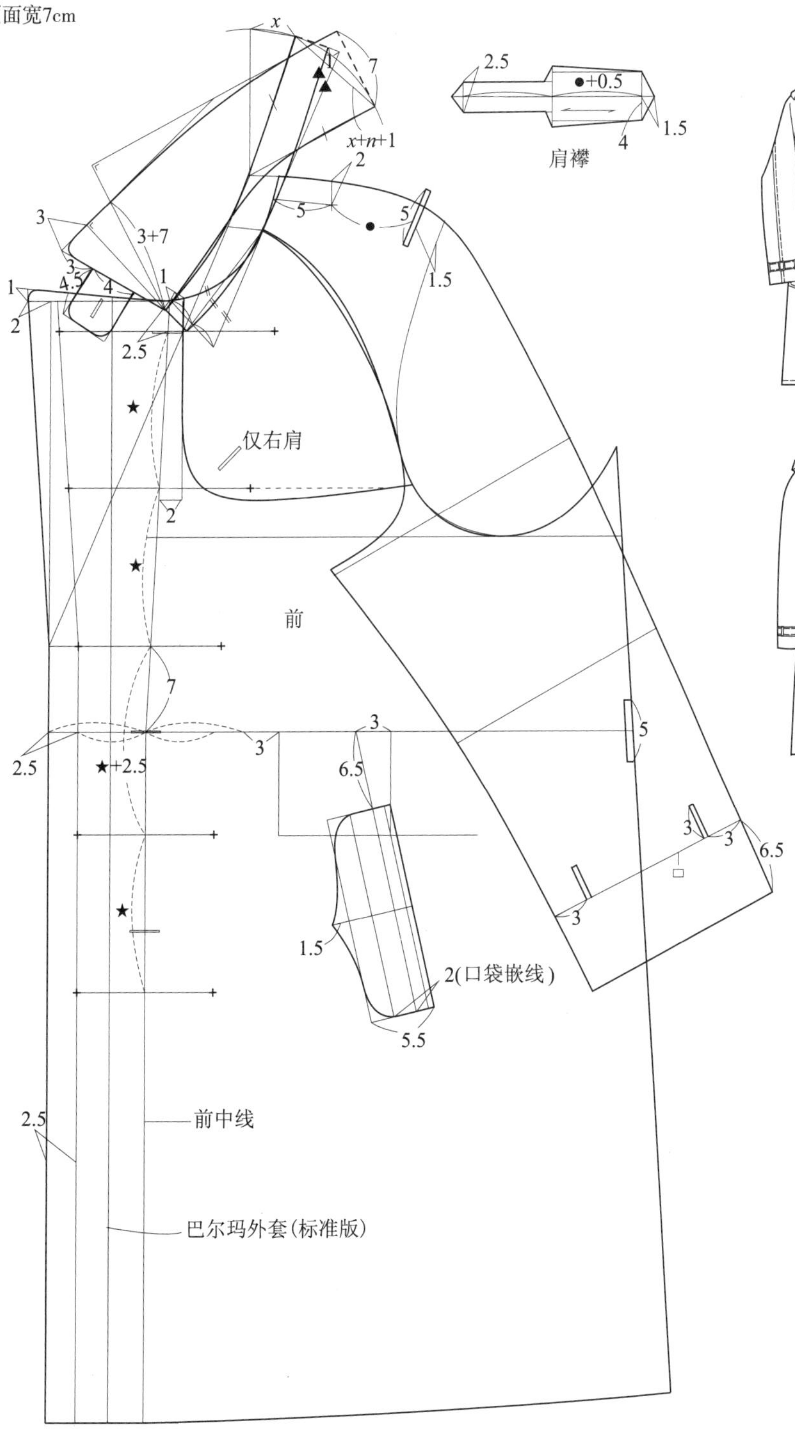

肩襻

仅右肩

前

2(口袋嵌线)

前中线

巴尔玛外套(标准版)

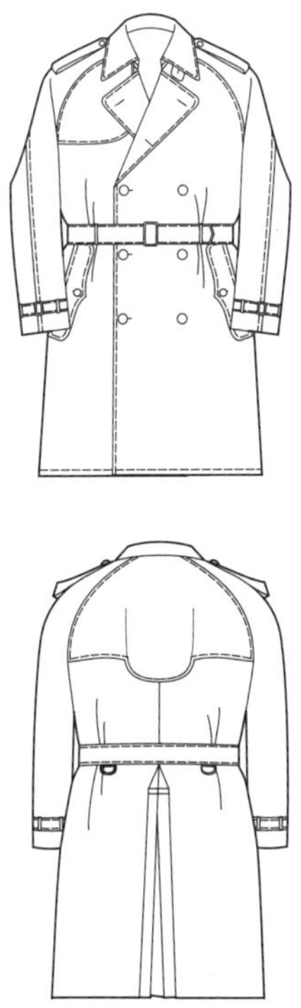

＊后身利用巴尔玛标准纸样进行披肩和箱式开衩设计，这些是堑壕外套的典型元素

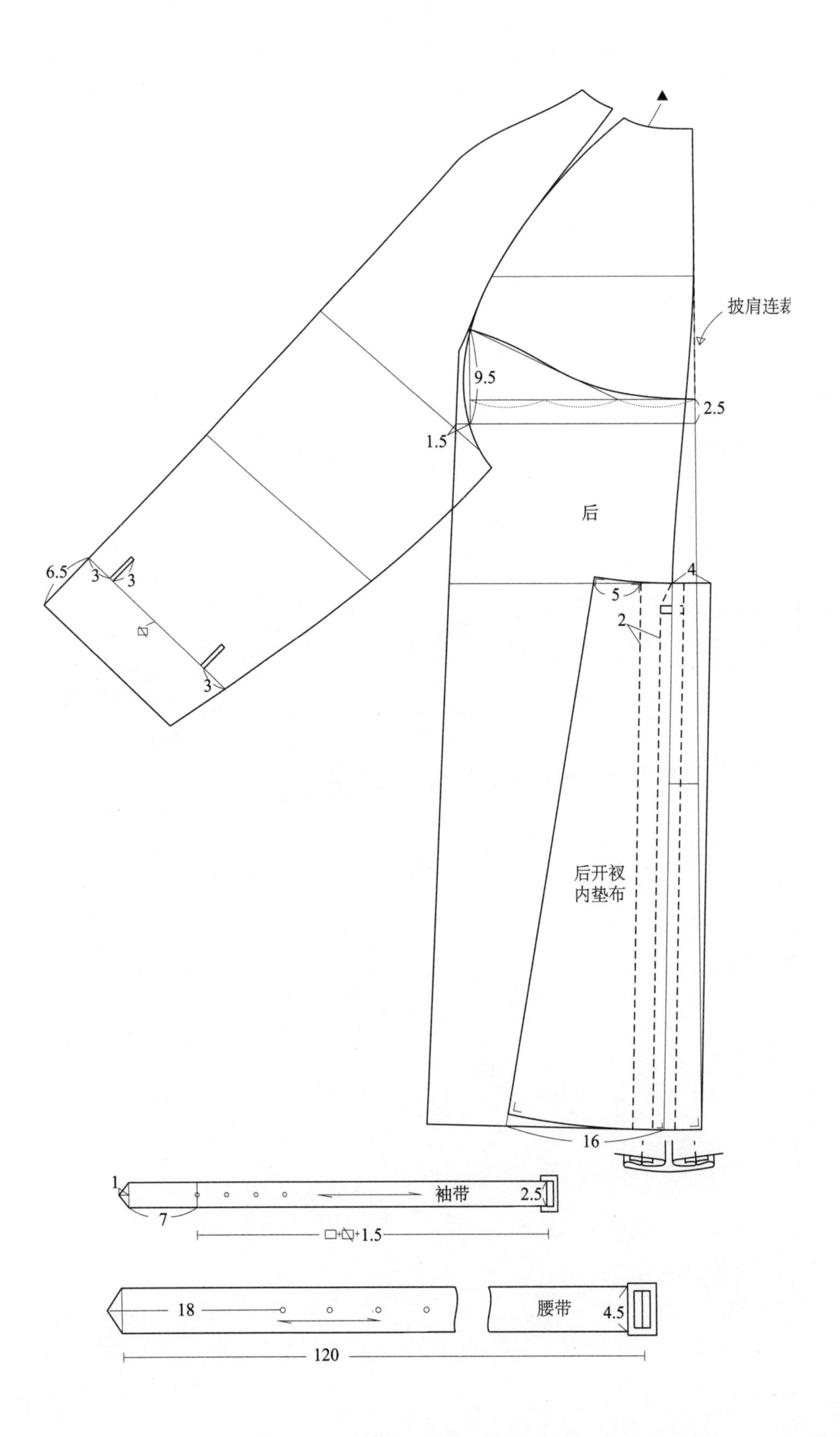

## 标准版堑壕外套分解图

* 以此作为堑壕外套类基本纸样进行系列设计

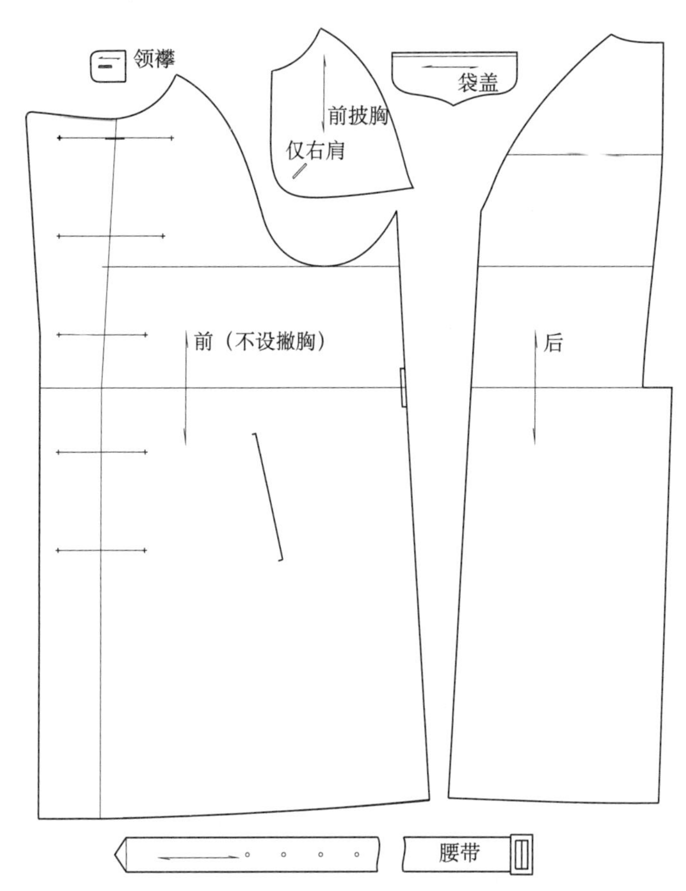


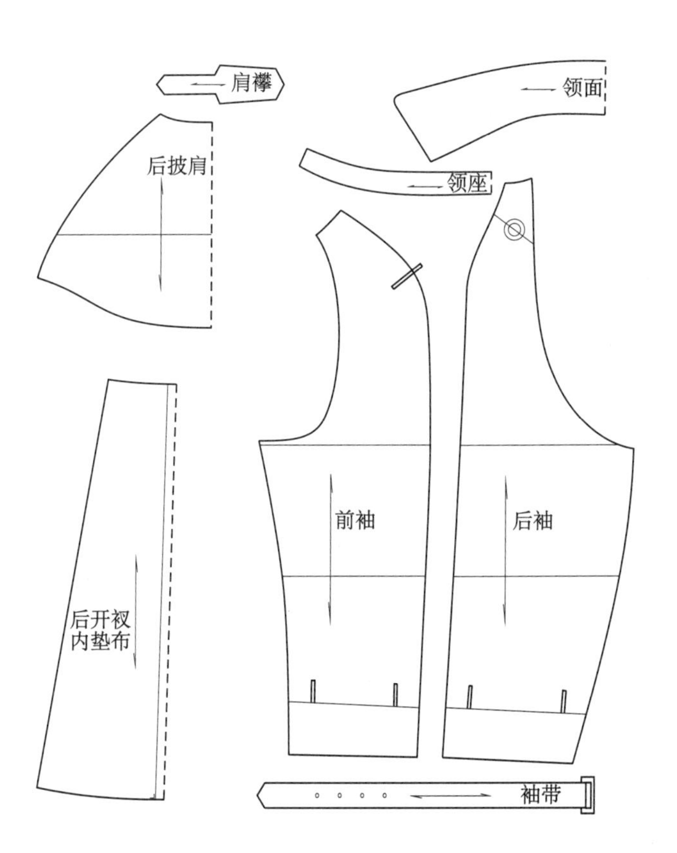


* 标准版堑壕外套分解图，前身保留撇胸方法是将原撇胸量事实松量变成省量的形式实现的（见下图）

* 不足：前胸有省缝显露，故前身有或无撇胸两种板型，可视情况选择

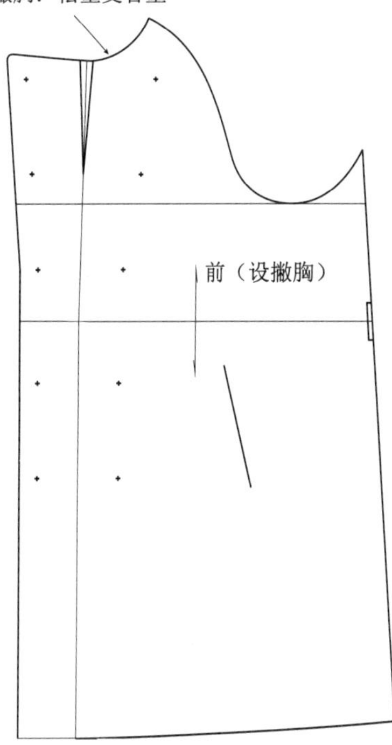

## 一板多款堑壕外套纸样系列设计——巴尔玛领堑壕外套

* 在标准版堑壕外套纸样的基础上进行巴尔玛领设计（尺寸设计方法相同）
* 其他保持不变

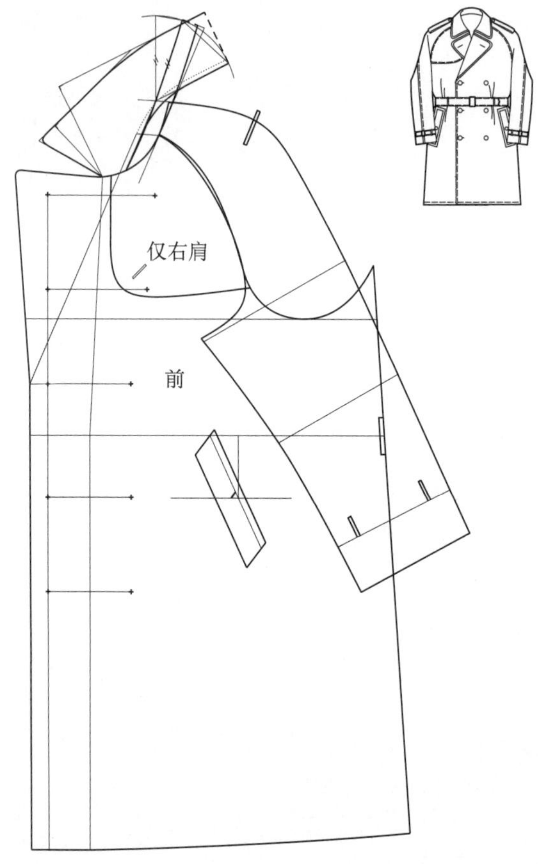


## 一板多款堑壕外套纸样系列设计——偏襟明袖襻堑壕外套

* 在标准版堑壕外套纸样的基础上进行偏襟暗扣（拿破仑领结构不变）和明袖襻设计
* 后身纸样直接使用标准版巴尔玛外套纸样

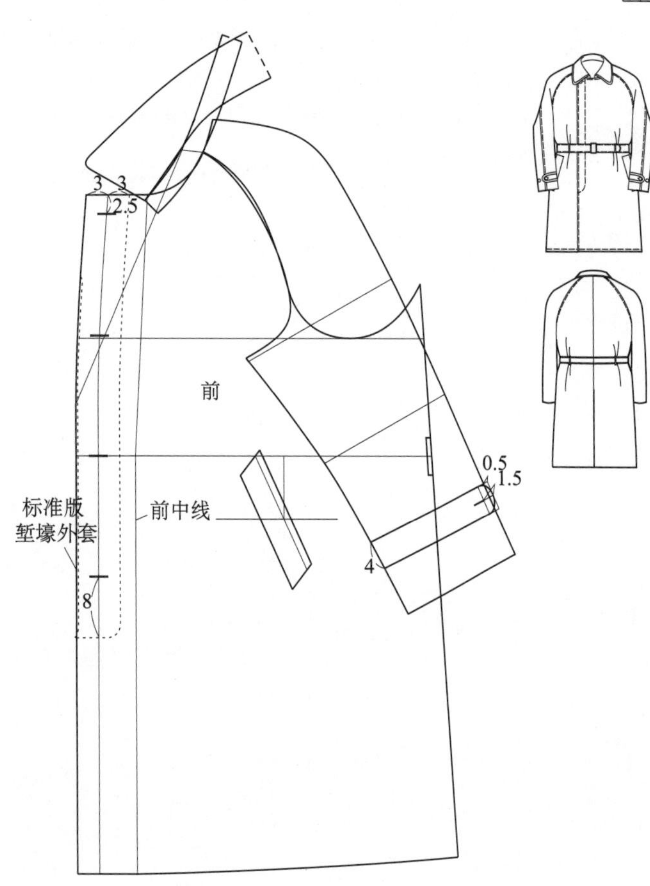

## 一板多款堑壕外套纸样系列设计——前包后插肩袖单排四粒扣堑壕外套

* 主板运用标准版巴尔玛外套纸样进行前包袖、单排四粒明扣和拿破仑领设计
* 后身直接使用标准版巴尔玛外套纸样

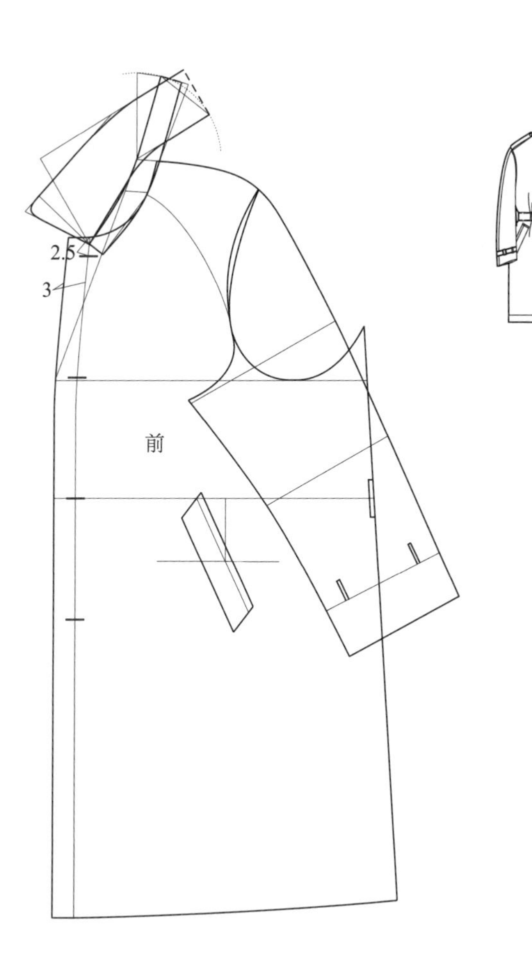


## 一板多款堑壕外套纸样系列设计——回归巴尔玛风格的堑壕外套

* 主板运用标准版巴尔玛外套纸样，保留堑壕外套拿破仑领和可拆装的腰带、袖串带设计
* 后身直接使用标准版巴尔玛外套纸样

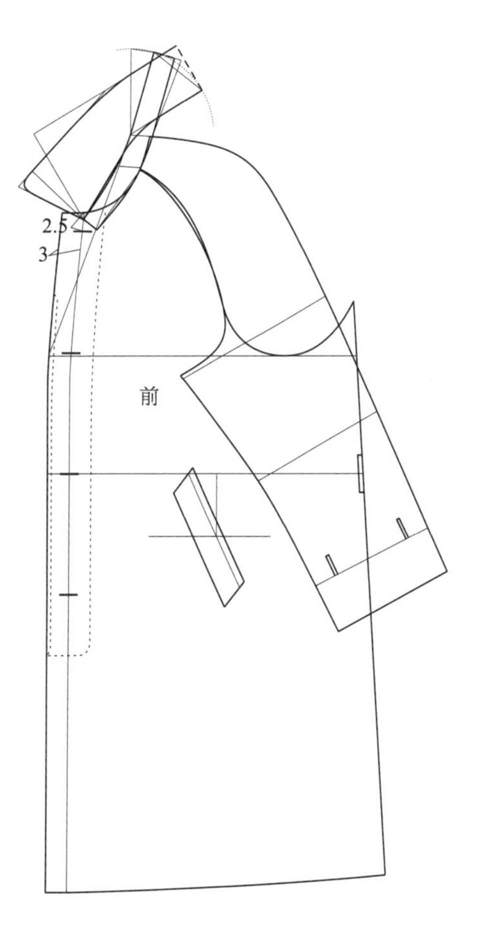


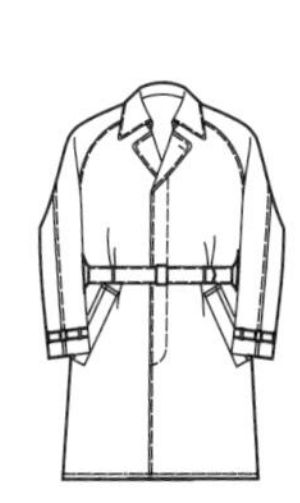

## 一板多款堑壕外套纸样系列设计——包袖明袖襻堑壕外套

* 在标准版堑壕外套纸样的基础上进行包袖和明袖襻设计

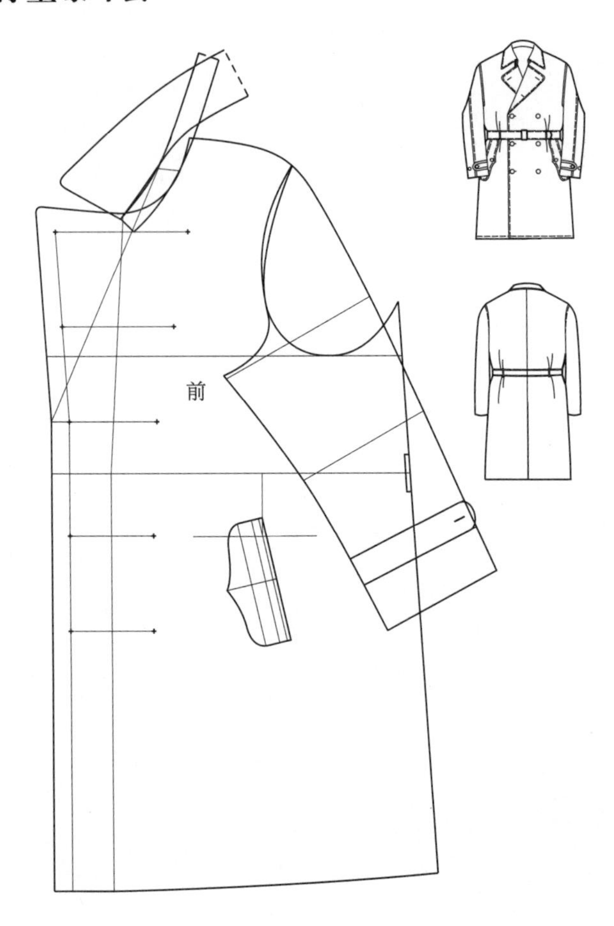


* 后身纸样只进行包袖结构处理

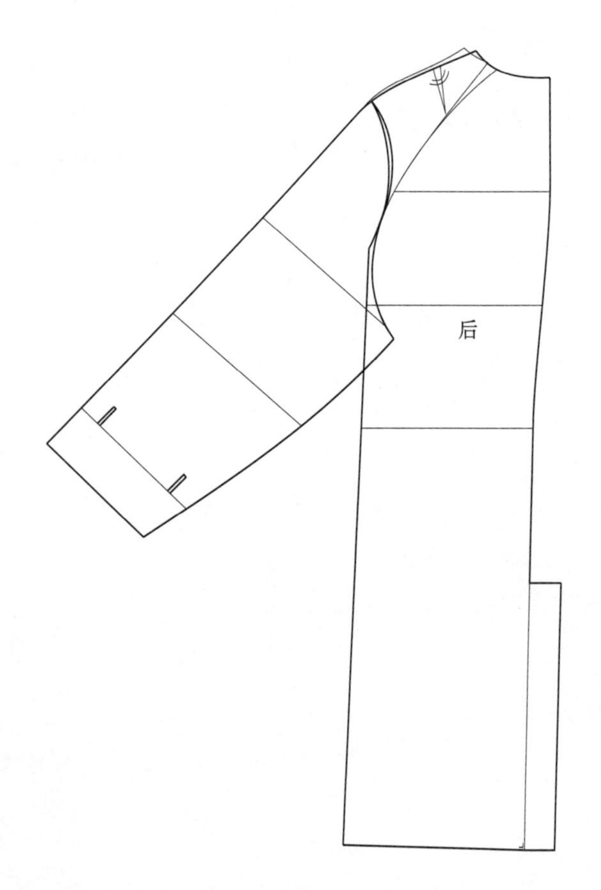

# 七、一板多款达夫尔外套纸样系列设计

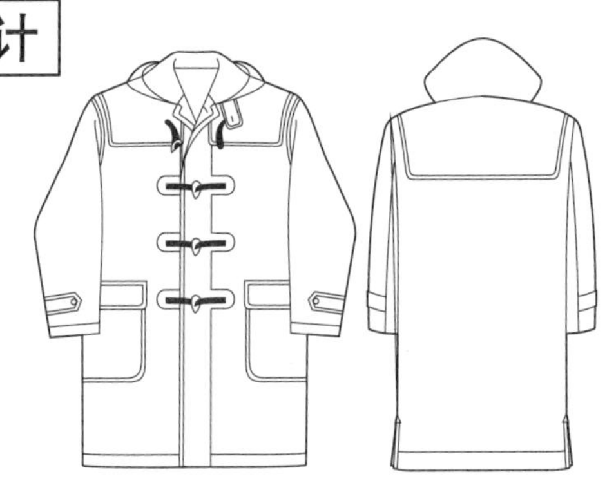

## 一板多款达夫尔外套纸样系列设计——标准版达夫尔外套

* 在外套亚基本纸样基础上进行直线四开身、无撇胸关门领口设计
* 大育克（过肩）、绳结扣、复合贴口袋为衣身主要元素

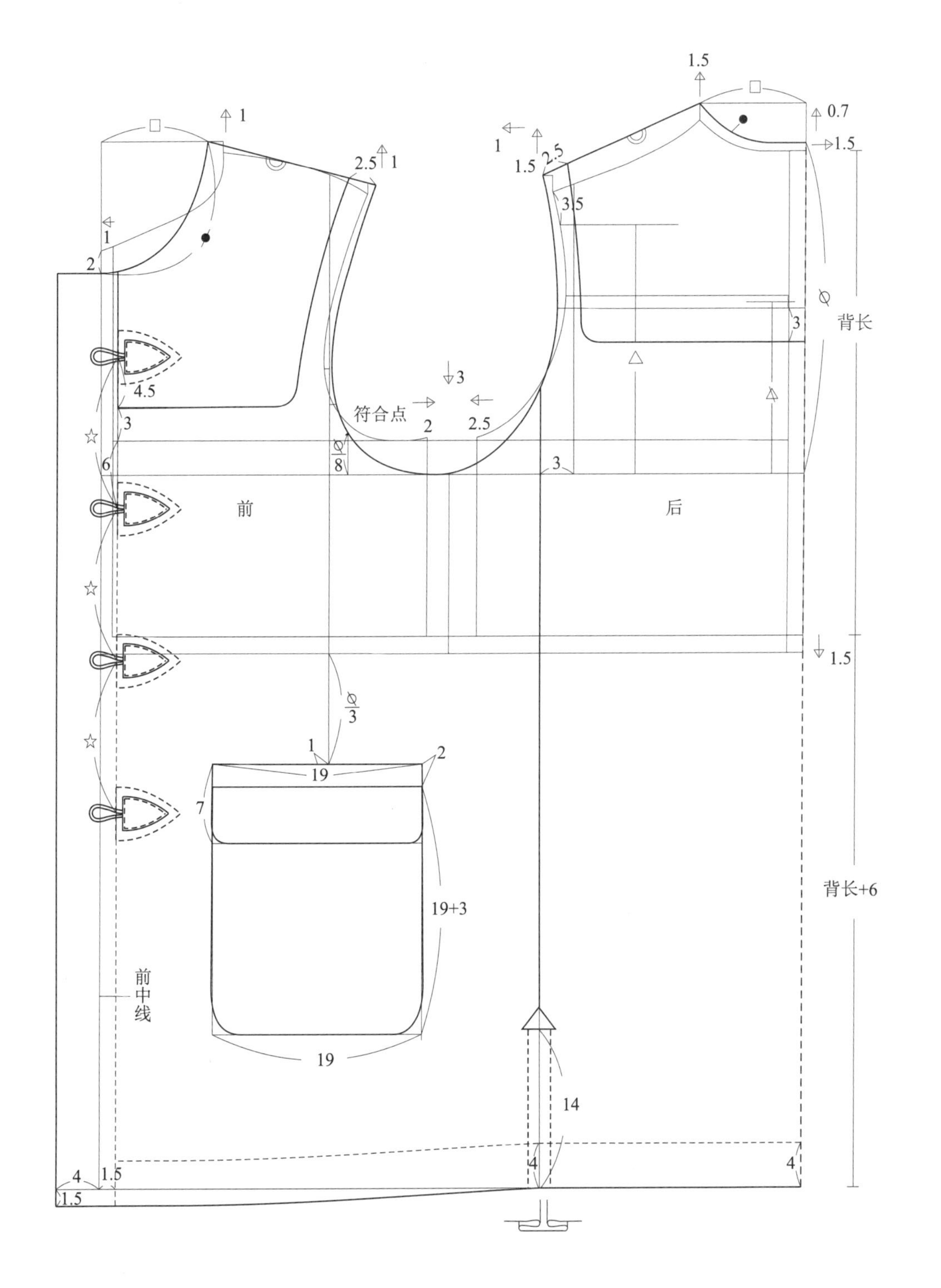

* 平顶式风帽、风挡、调节襻与前身的功能件构成达夫尔独一无二的原生态设计
* 马鞍袖是为提升宽松度，在柴斯特外套两片袖设计方法基础上，将大小袖在内缝线拼接形成

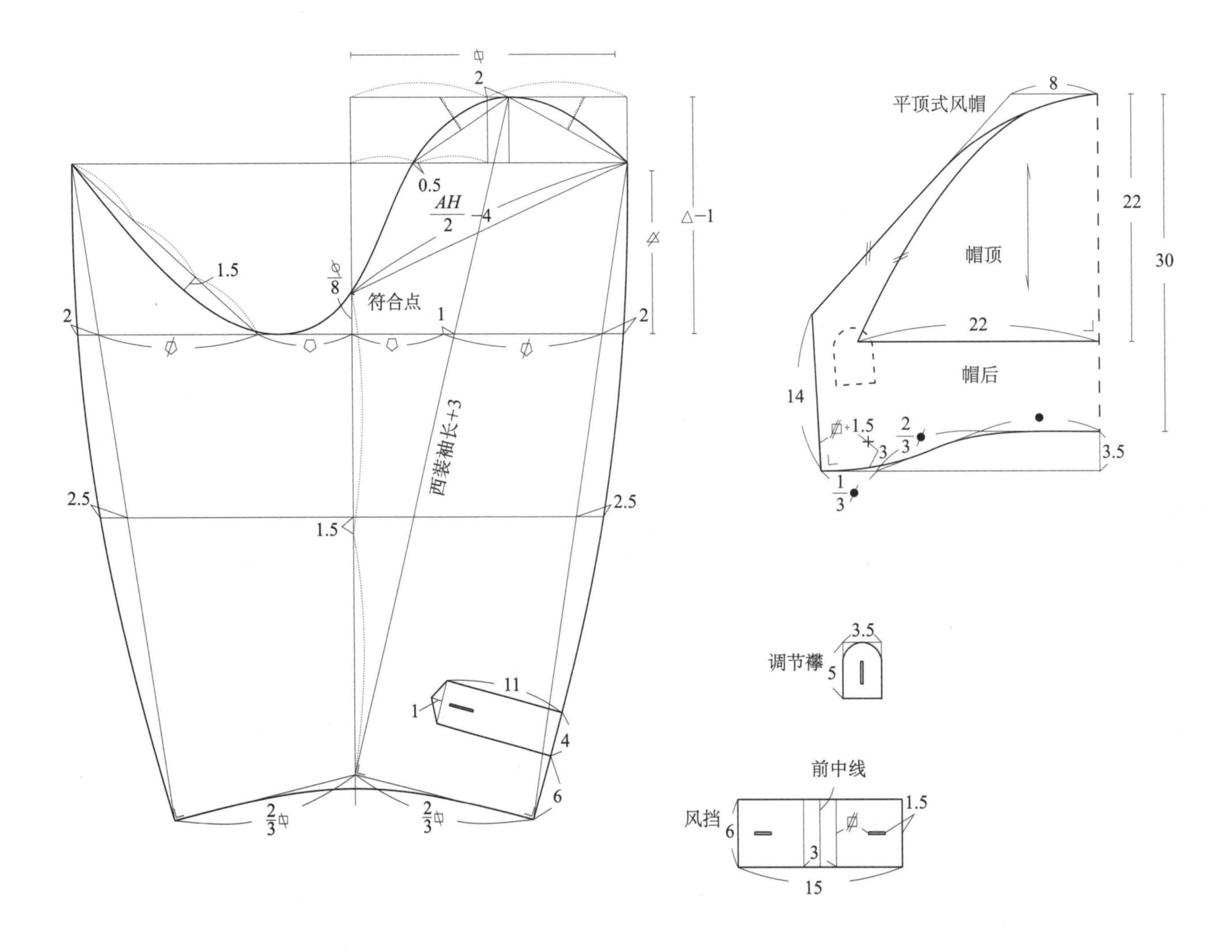

## 标准版达夫尔外套分解图

* 以此作为达夫尔外套类基本纸样进行系列设计
* 达夫尔外套采用外层麦尔登呢、内层苏格兰格呢复合而成的粗呢面料，所以不挂里，前门襟、袖口、帽口施用明线就是这种面料所特有的工艺外化风格

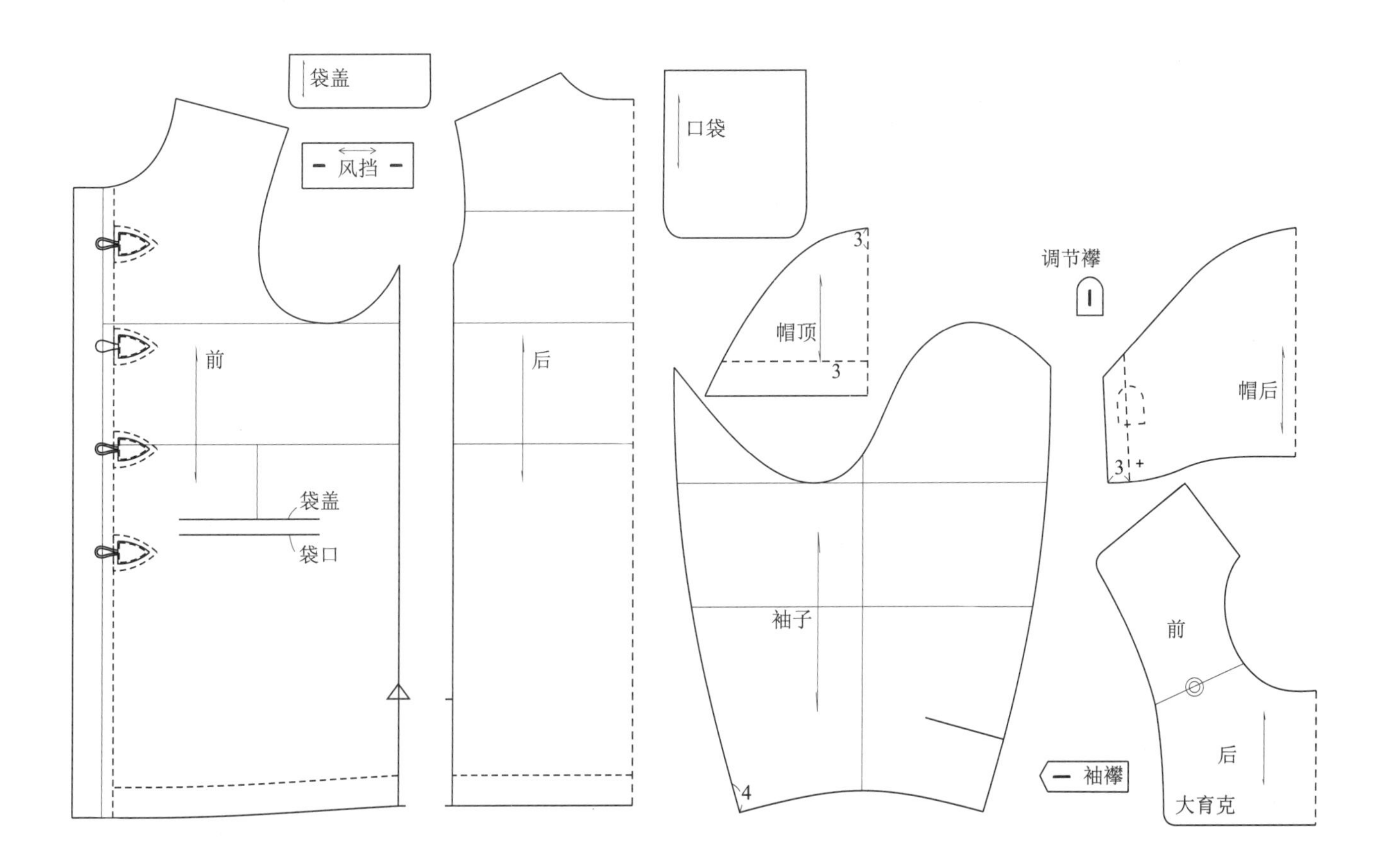

## 一板多款达夫尔外套纸样系列设计——改变大育克和门襟的达夫尔外套

* 在标准版达夫尔外套纸样的基础上改变大育克形状并作暗门襟设计，保留一组绳结扣，强化简约风格

* 其他元素保持不变（纸样通用）

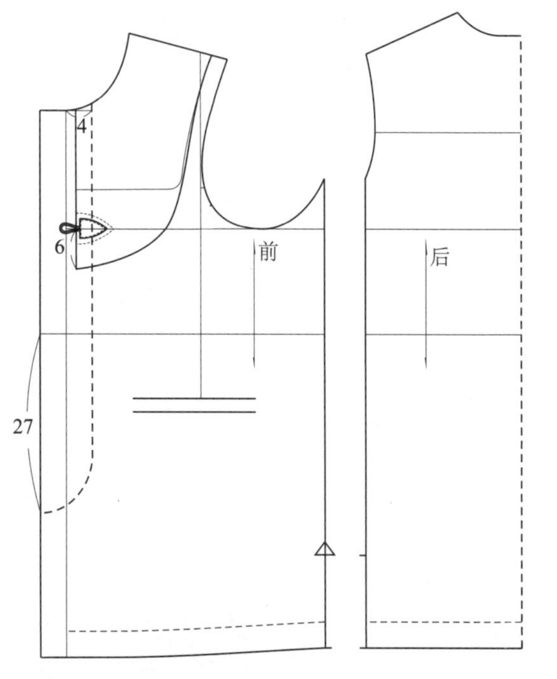

## 一板多款达夫尔外套纸样系列设计——短款达夫尔外套

* 在标准版达夫尔外套纸样的基础上完成缩短下摆、暗门襟、大育克等设计

* 其他元素保持不变（纸样通用）

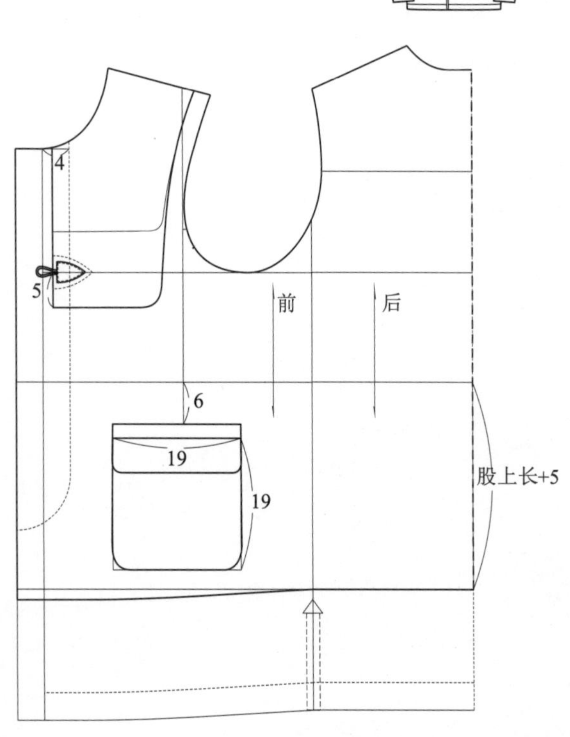

# 训练五　户外服款式系列设计训练

## 一、户外服（外衣类）经典款式（基于 TPO 知识系统的典型款式）

巴布尔夹克（狩猎夹克）　白兰度夹克（摩托夹克）　斯特嘉母夹克（棒球夹克）

高尔夫夹克　牛仔夹克

## 二、巴布尔夹克款式系列设计

标准款式

*埃及棉侵蜡是它的独特工艺，领面配灯芯绒是它的标志性元素

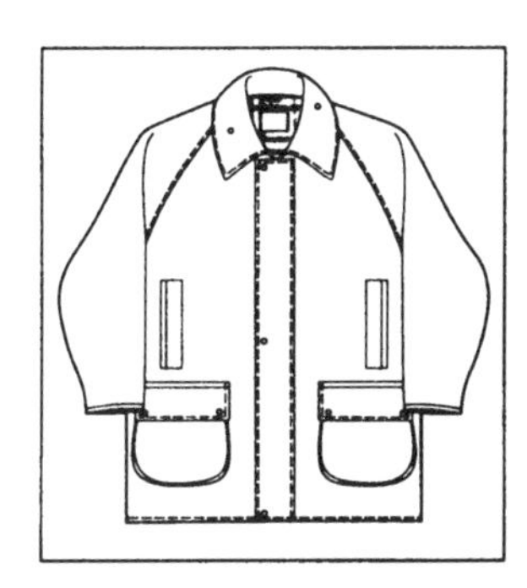

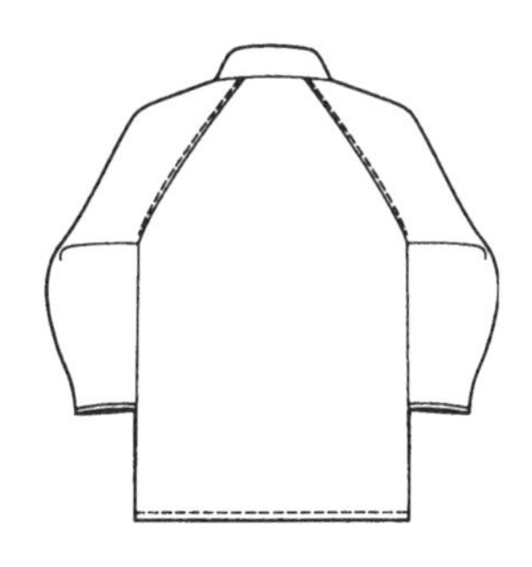

### 1. 领襻变化系列（单独和组合领襻）

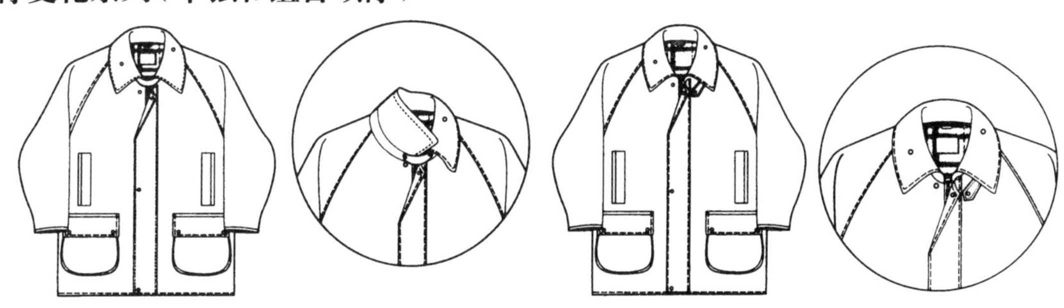

**2. 口袋变化系列（保持装袖，综合胸袋、暖手袋和大袋进行复合型设计）**

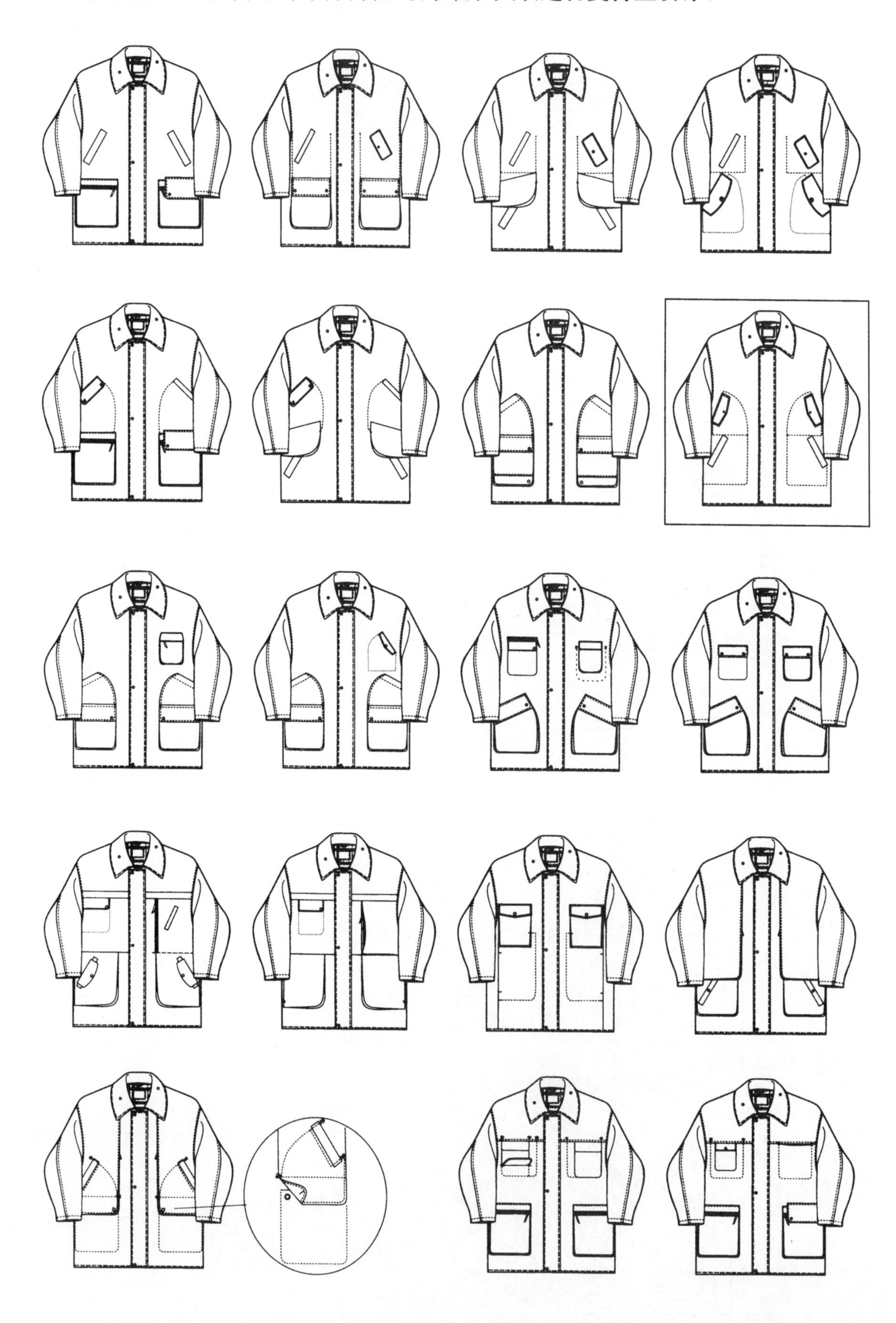

3. 连身袖与口袋变化系列（连身袖结构线结合口袋复合型设计）

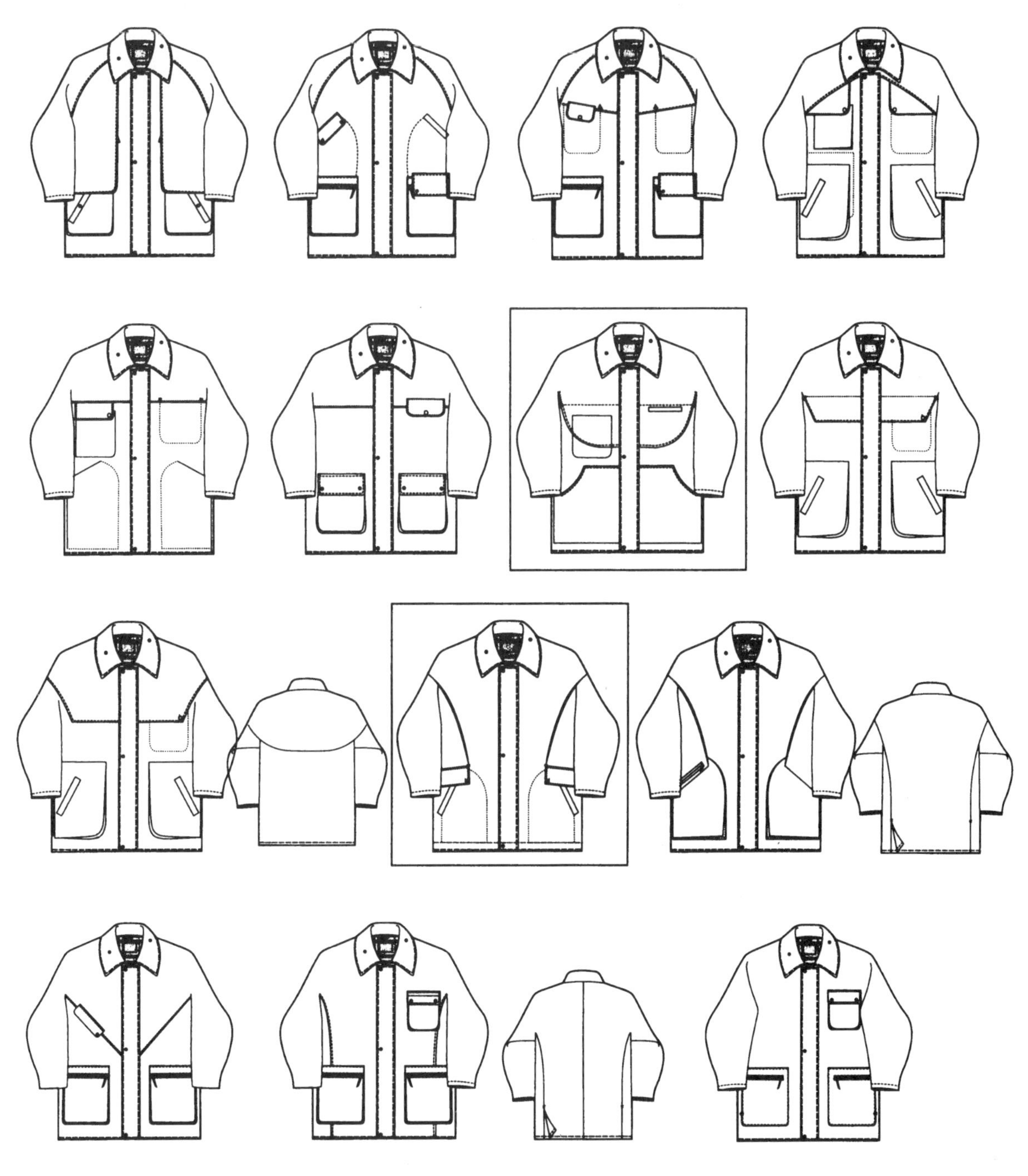

4. 分割线与口袋变化系列（分割结构线结合口袋复合型设计）

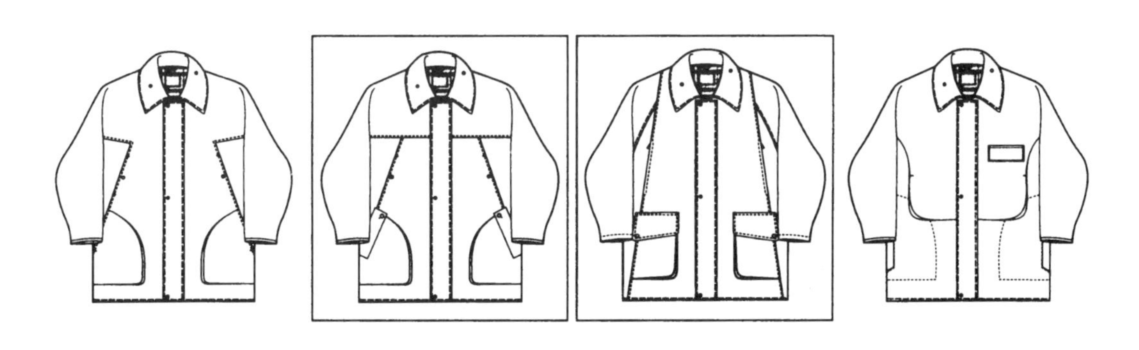

5. 综合元素变化系列（综合领型、连身袖、口袋、分割线、门襟的复合设计）

6. 背面变化系列（选择与前身功能、款式风格协调的背面设计）

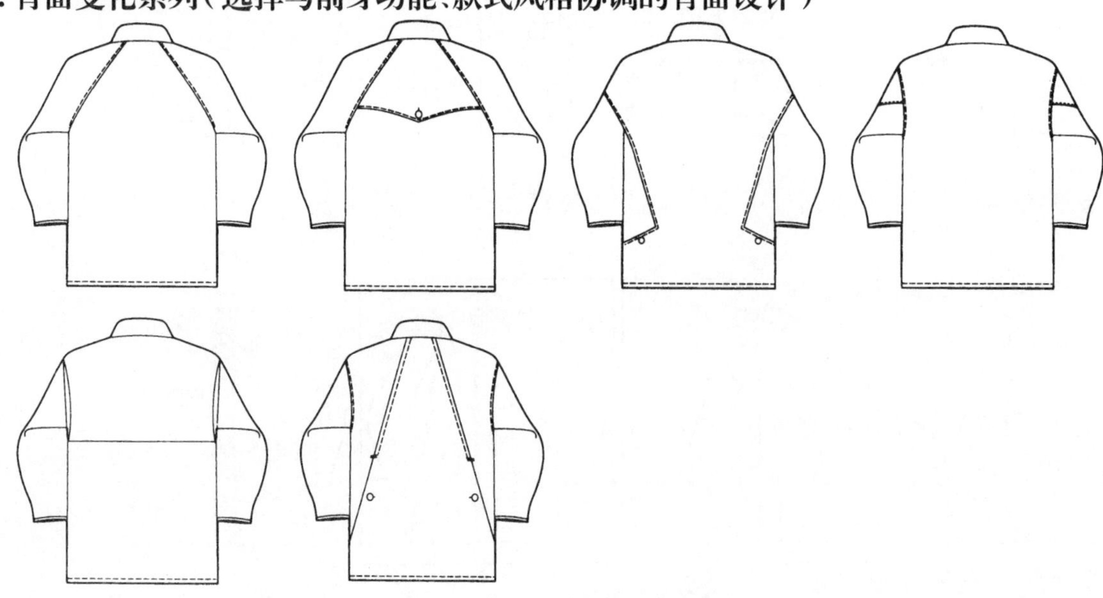

## 三、自兰度夹克款式系列设计

标准款式

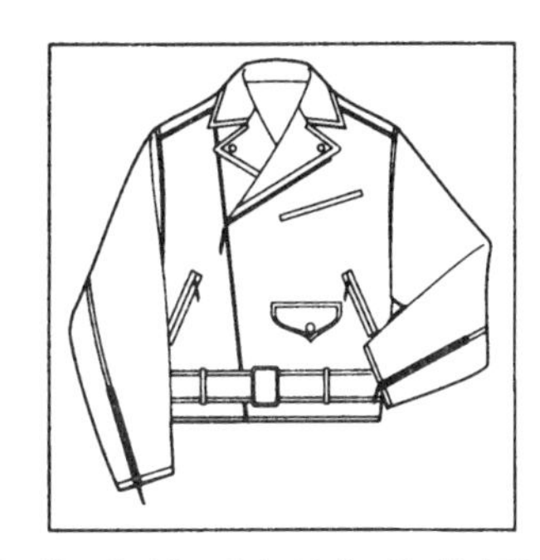

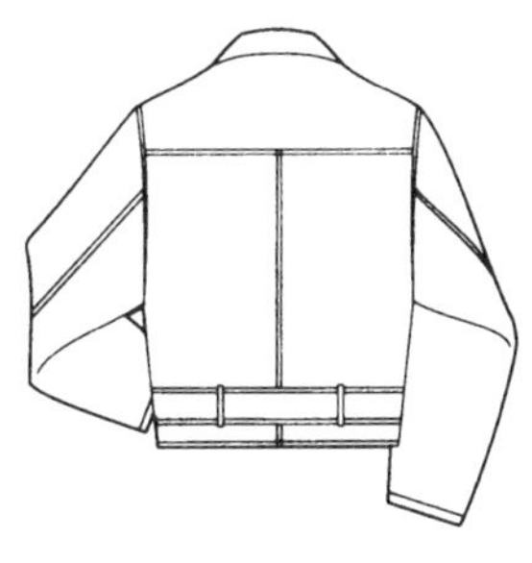

*黑色水牛皮和铝质拉链和金属件是它的经典材质

### 1. 领型变化系列（领型变化范围在大翻领、巴尔玛领、拿破仑领到立领之间）

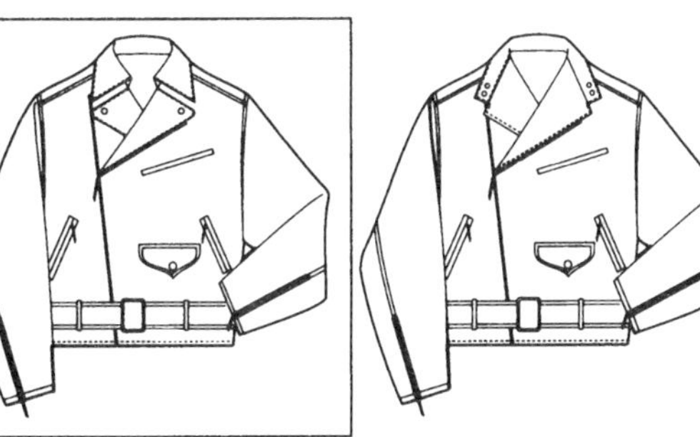

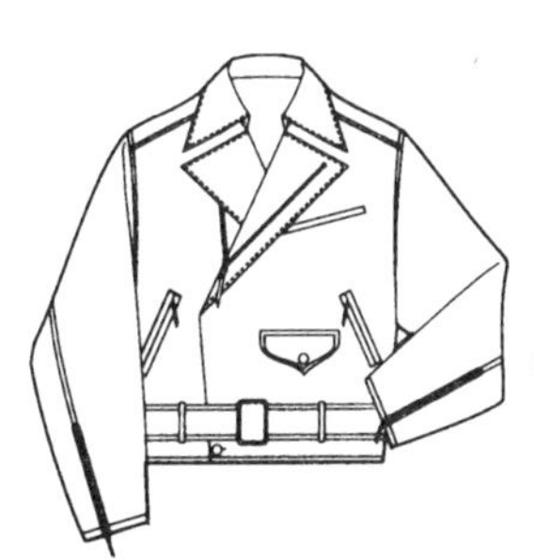

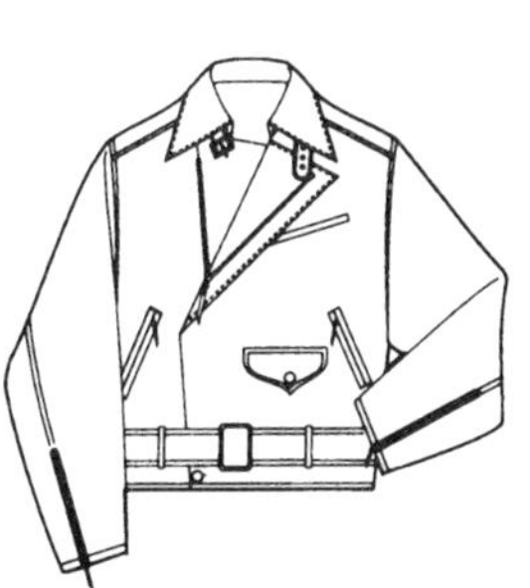

### 2. 综合元素变化系列（唯一不变的是斜襟不对称门襟和短摆）

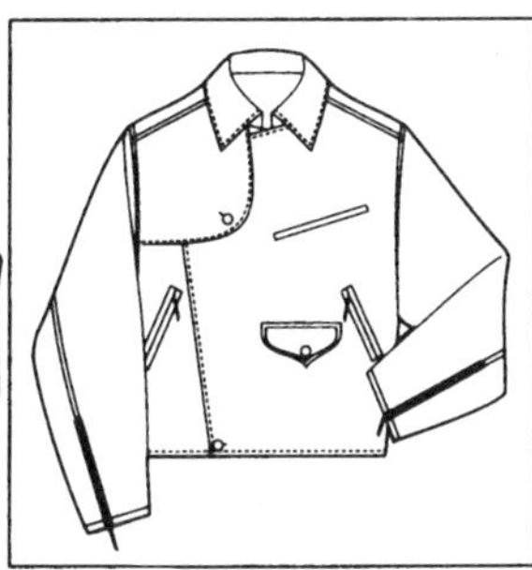

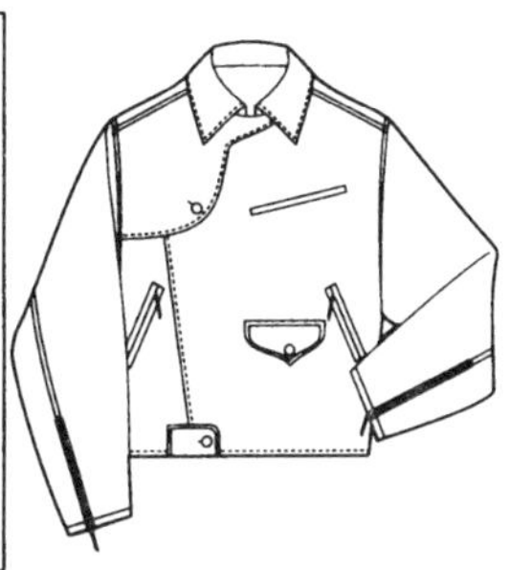

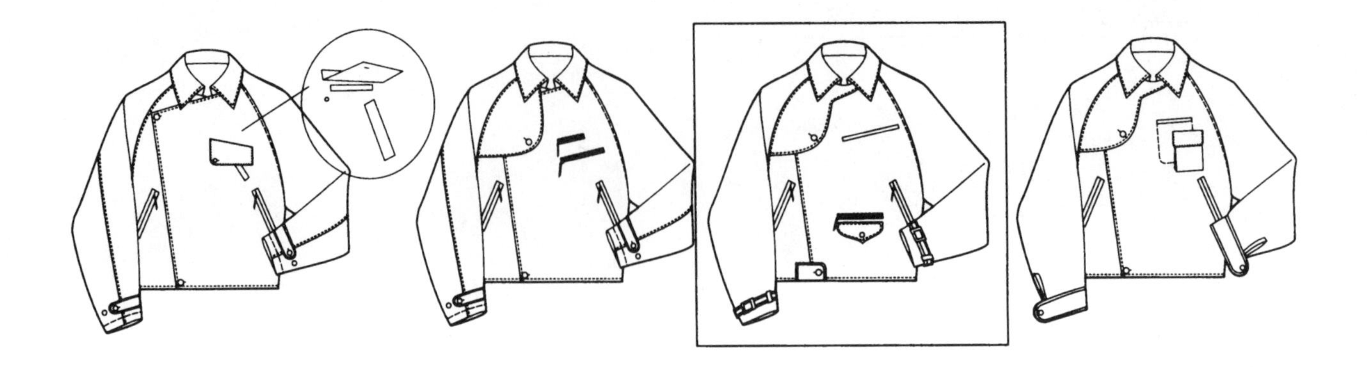

# 训练六　户外服纸样系列设计训练

## 一、一板多款巴布尔夹克纸样系列设计

### 直线三开身巴布尔夹克纸样设计（标准版）

* 运用基本纸样做 10cm 追加量（胸围）的变形放量设计，完成户外服亚基本纸样
* 在户外服亚基本纸样基础上完成直线三开身巴布尔夹克，以此作为户外服类基本纸样

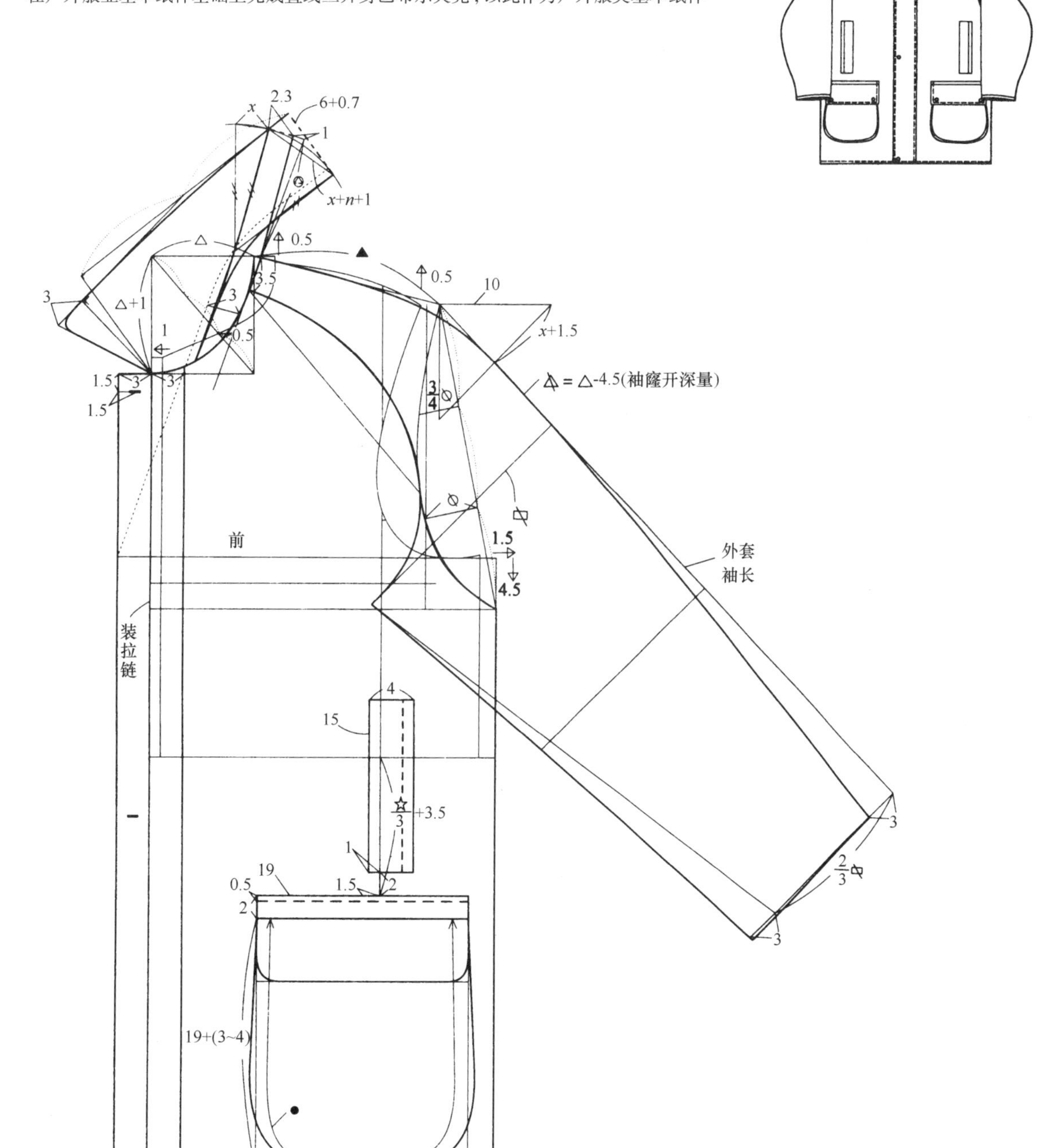

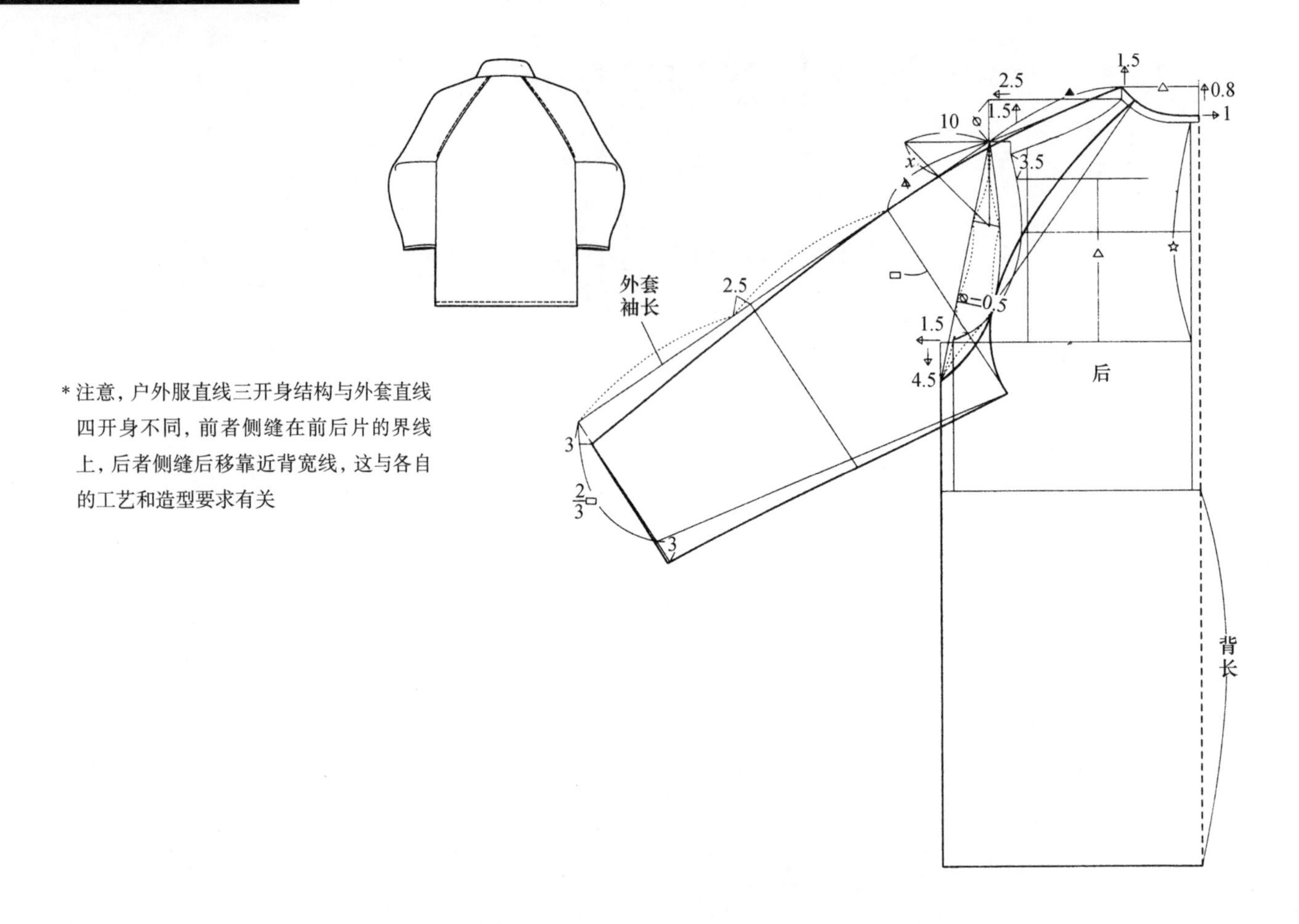


* 注意，户外服直线三开身结构与外套直线四开身不同，前者侧缝在前后片的界线上，后者侧缝后移靠近背宽线，这与各自的工艺和造型要求有关

## 直线三开身巴布尔夹克分解图

* 以此作为巴布尔夹克类基本纸样进行系列设计
* 巴布尔夹克直线三开身是户外服的典型和通用板，可在户外服纸样系列设计中普遍使用

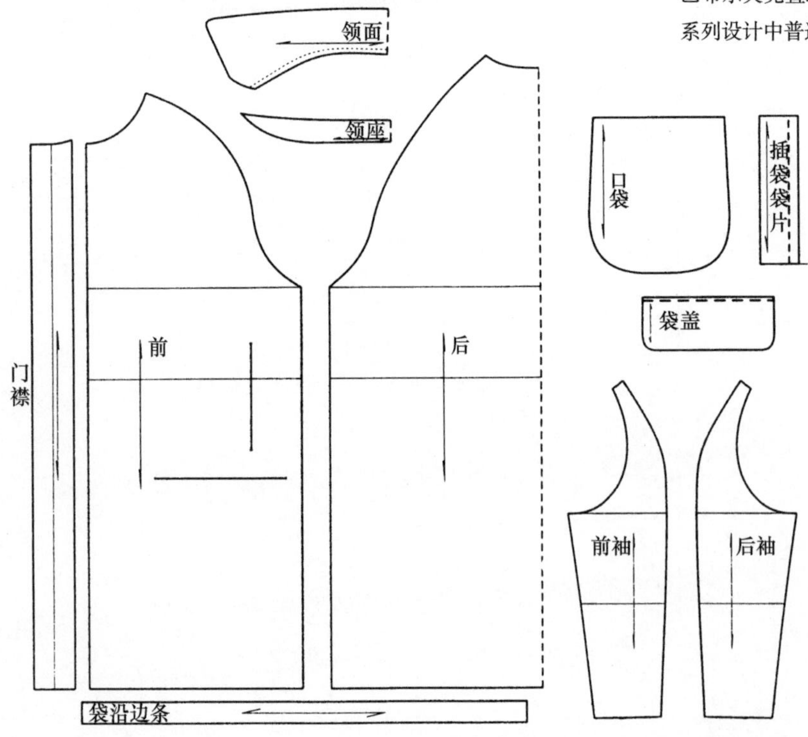

## 一板多款巴布尔夹克纸样系列设计——明袋暗做装袖巴布尔夹克

＊在标准版巴布尔夹克纸样的基础上做内贴袋缉明线挖袋和装袖结构设计

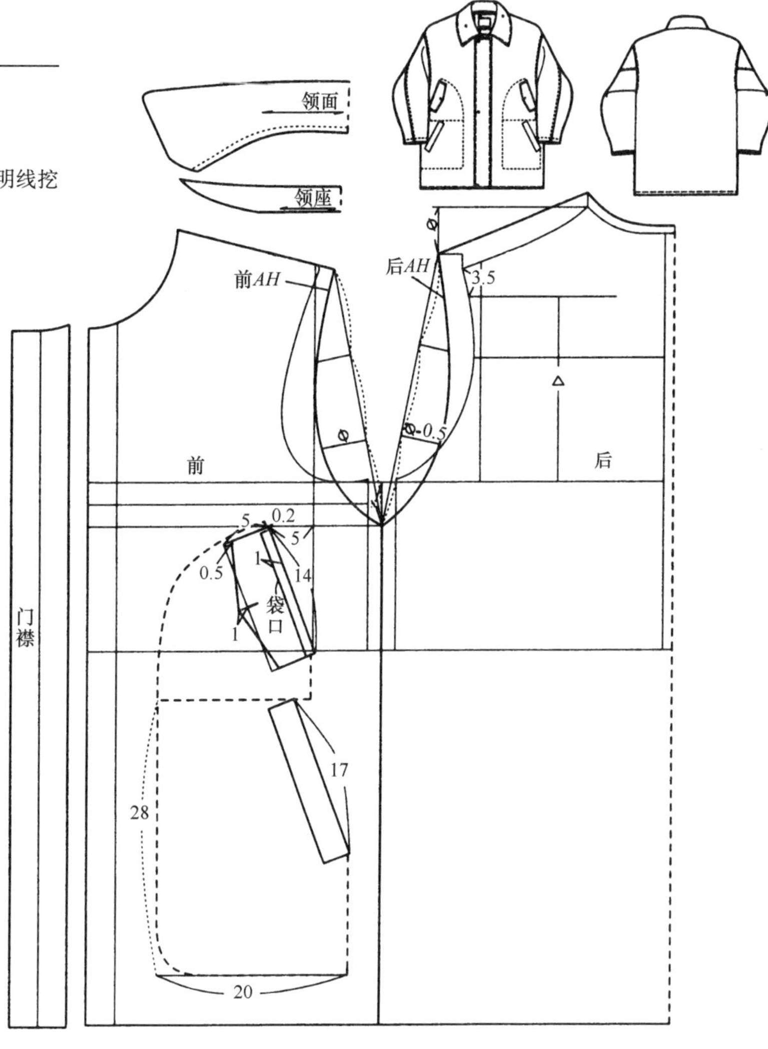


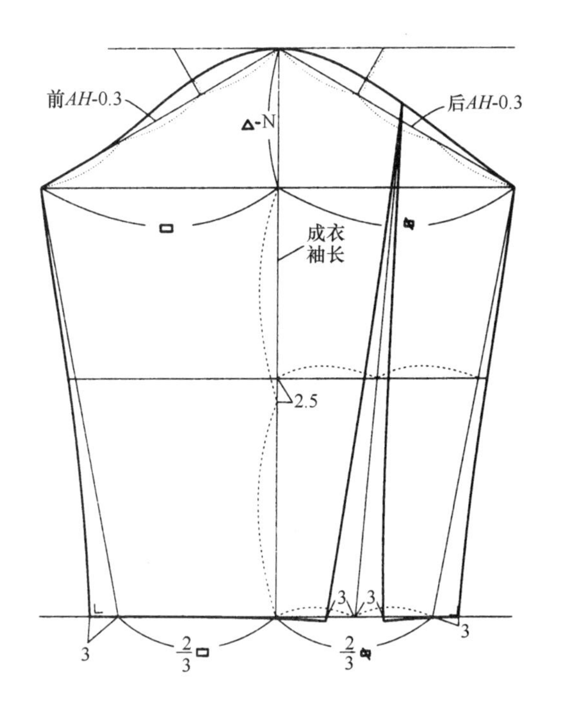


＊巴布尔夹克选择装袖时，采用“变形亚基本纸样”的方法设计，与标准版巴布尔插肩袖采寸系统相同

＊其他纸样通用

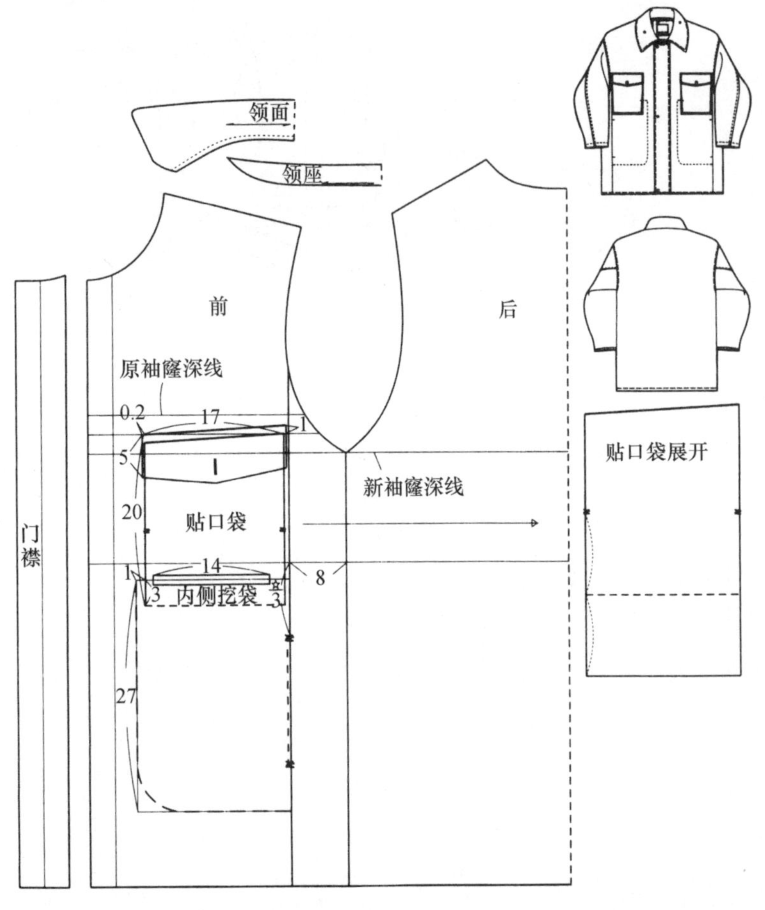


## 一板多款巴布尔夹克纸样系列设计——分割线明暗袋巴布尔夹克

* 在装袖巴布尔夹克纸样的基础上，在前身便于使用口袋的位置作竖线分割，并做两个暗袋，利用分割线设袋口（暖手袋），其上方设复合贴袋
* 其他纸样通用

## 一板多款巴布尔夹克纸样系列设计——连身袖复合口袋巴布尔夹克

* 在标准版巴布尔夹克纸样的基础上，在前身便于使用口袋的位置作横线分割，利用弧形线替代插肩线并进行悬挂口袋处理，在此口袋下层做一个暗袋，下边大袋作梯型口袋设计

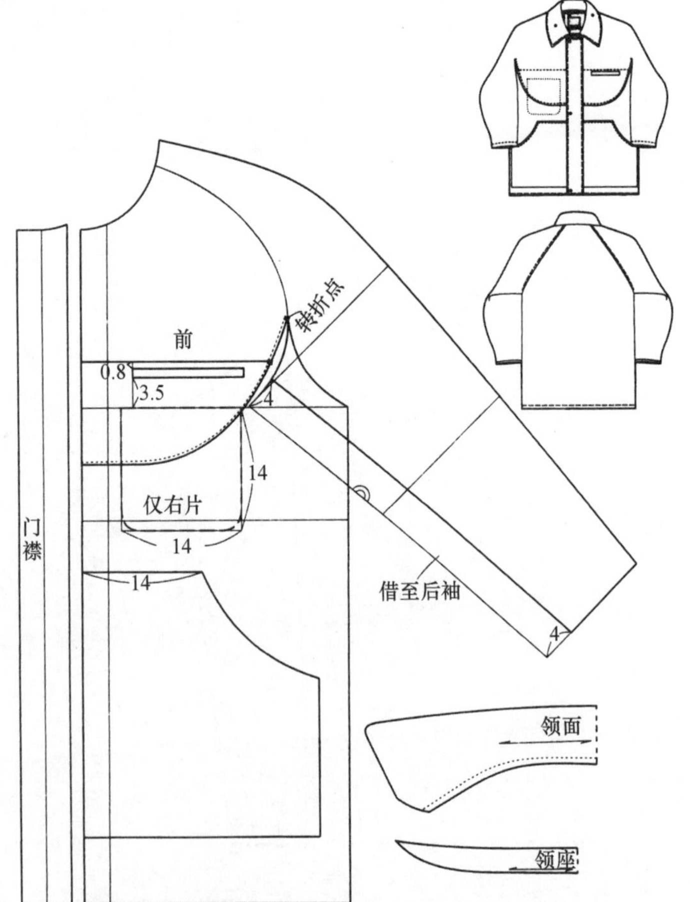

* 插肩线因前身设 U 型分割，将前袖底一部分移至后袖以便留出缝份，整体结构更加合理
* 其他纸样通用

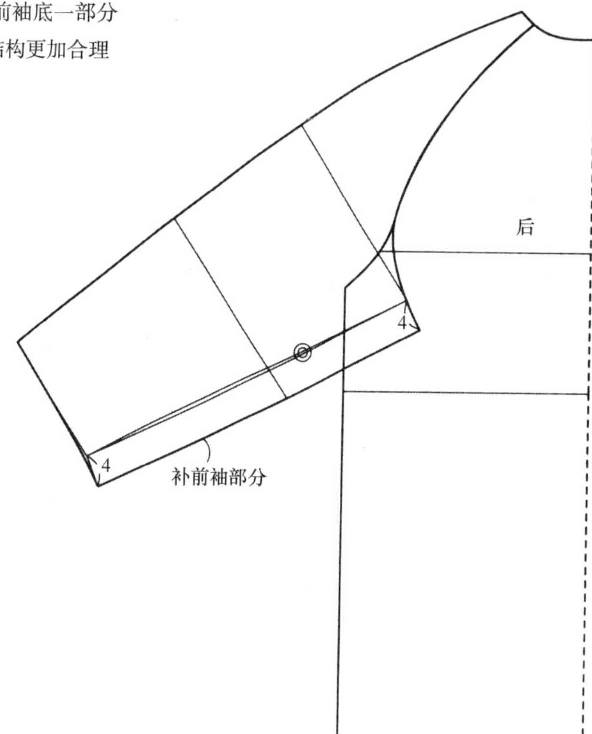


## 连身袖复合口袋巴布尔夹克分解图前身部分

* 注意，U 型分割的左襟为袋盖和口袋复合结构，右襟为袋盖

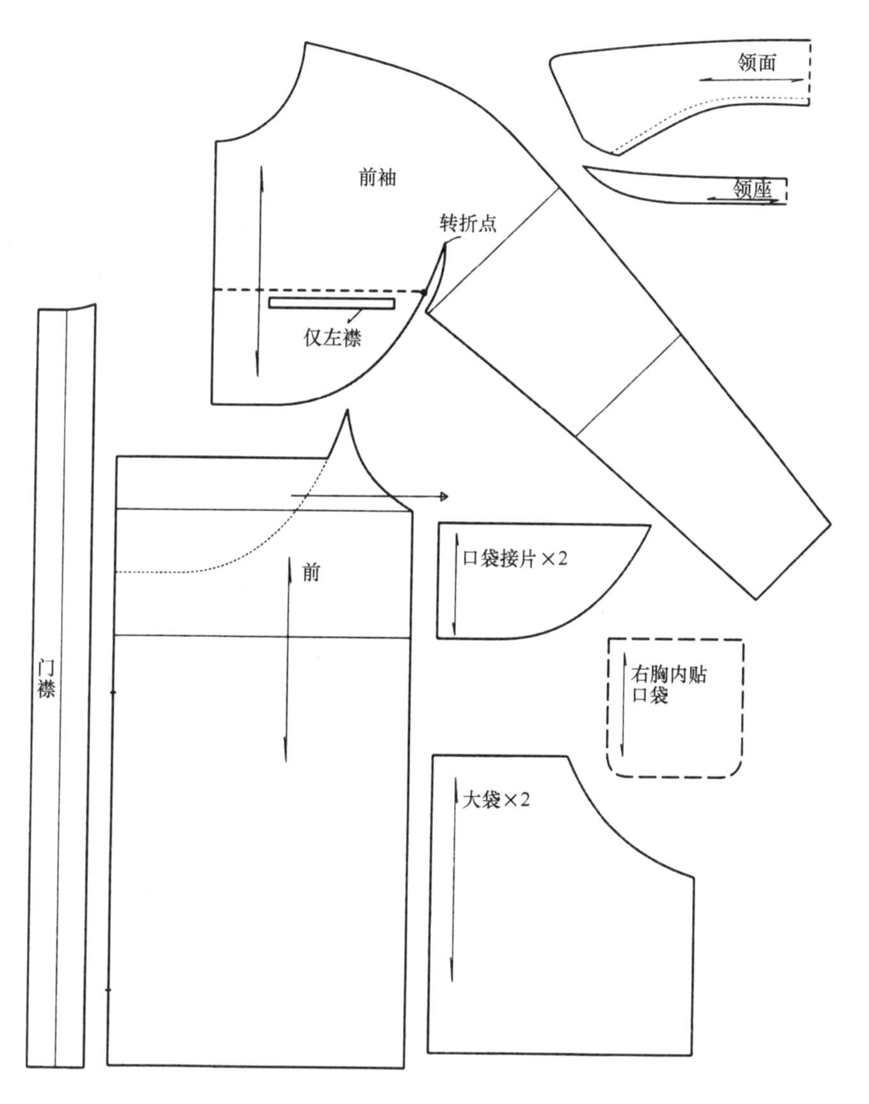

## 一板多款巴布尔夹克纸样系列设计——落肩袖分割线复合口袋巴布尔夹克

* 在插肩袖巴布尔夹克基础上，以转折点为基点做落肩线分割，使之合理分成袖片、前片和侧片，同时侧片与侧复合型挖袋结合，延展出袋盖设计

* 后身以转折点为基点与前身配合做落肩线分割，并在下摆利用分割线进行双侧开衩设计
* 其他纸样通用

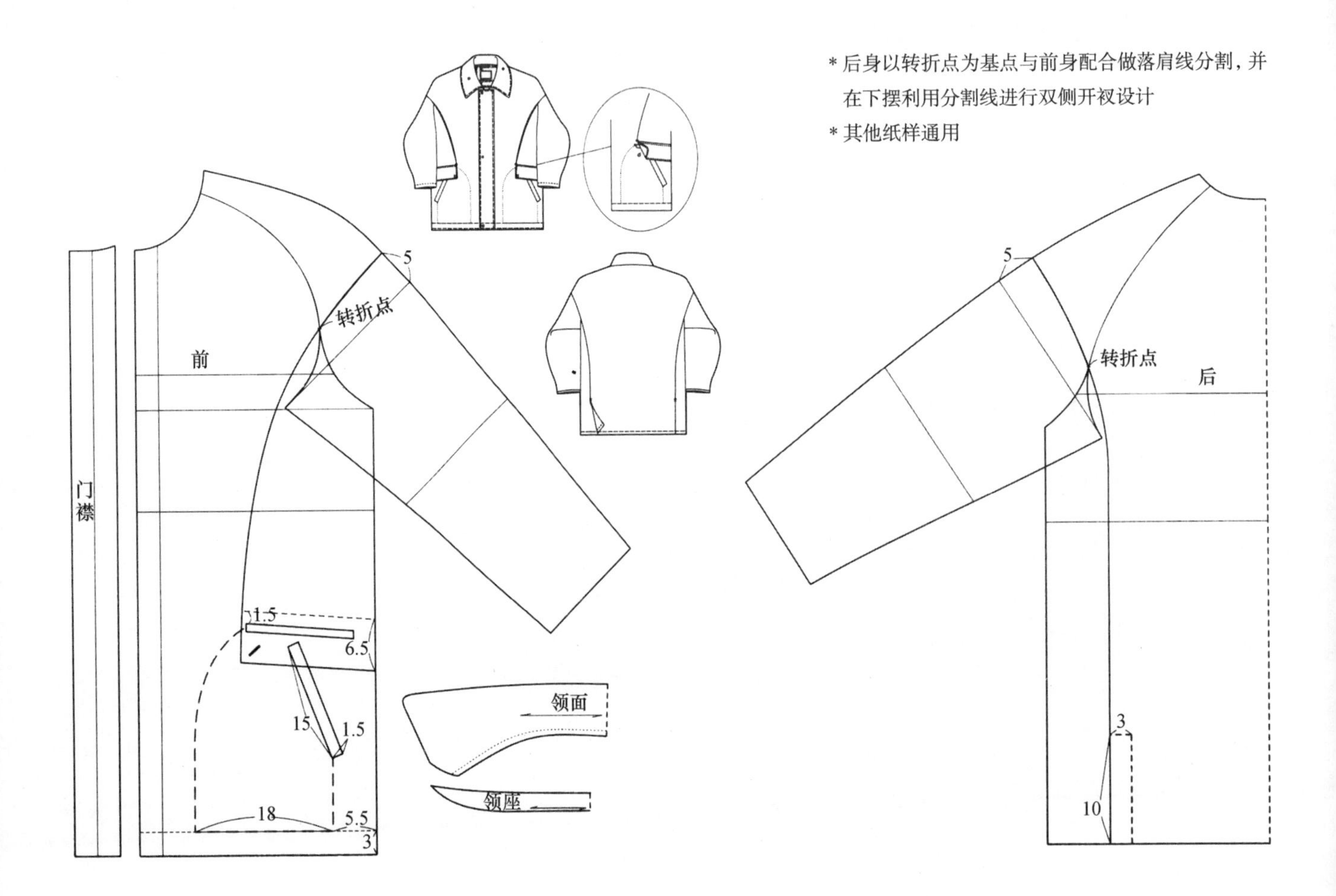

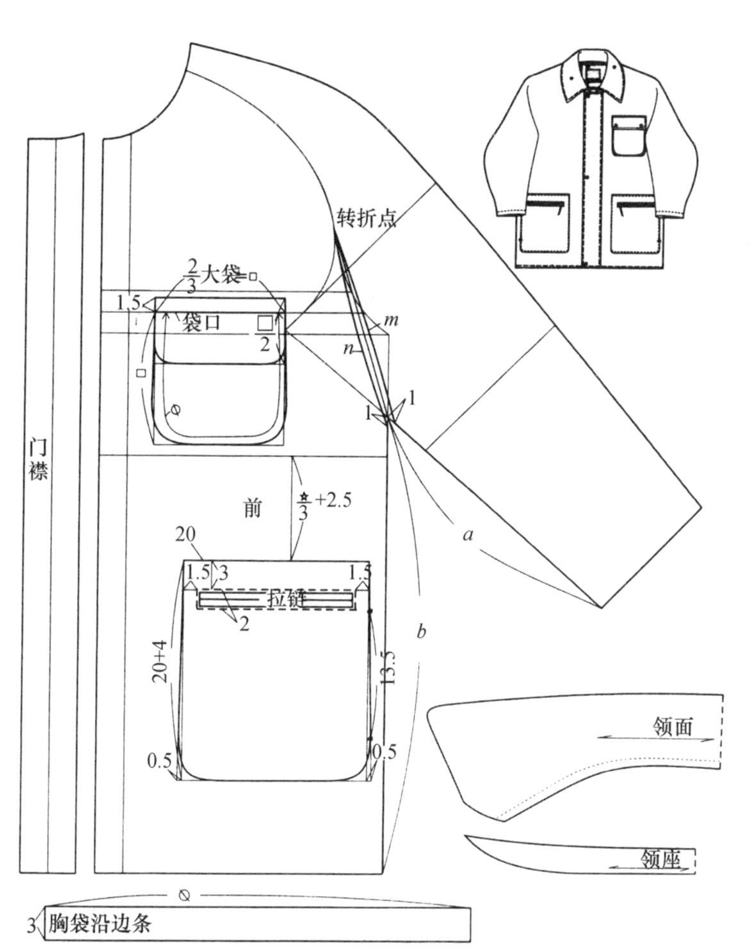


## 一板多款巴布尔夹克纸样系列设计——复合贴袋袖裆巴布尔夹克

*在标准插肩袖巴布尔夹克纸样的基础上，进行复合贴袋和袖裆结构设计

*户外服袖裆设计，以转折点为基点，以后片袖身腋下重叠量为袖裆活动量参数（图中$y$、$y'$ 值），以前身侧缝、袖缝（$b$、$a$ 值）截取后身等距尺寸获得综合参数完成袖裆设计

## 一板多款巴布尔夹克纸样系列设计——分割线复合口袋育克式连袖巴布尔夹克

* 在标准版巴布尔夹克纸样的基础上，从转折点做育克线分割形成育克式连袖，前身依据口袋功能做斜线分割，并在分割线上进行复合口袋处理
* 其他纸样通用

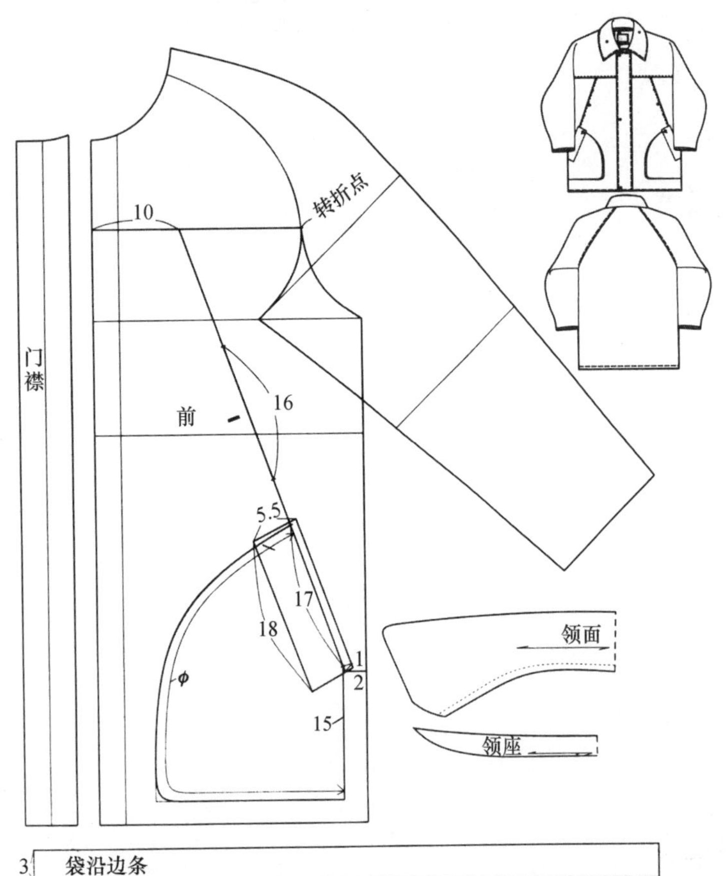


## 一板多款巴布尔夹克纸样系列设计——分割线复合口袋插肩袖巴布尔夹克

* 在插肩袖巴布尔夹克纸样的基础上，前身依据两个口袋功能做斜线贯通分割，并在分割线上进行上下复合口袋处理
* 其他纸样通用

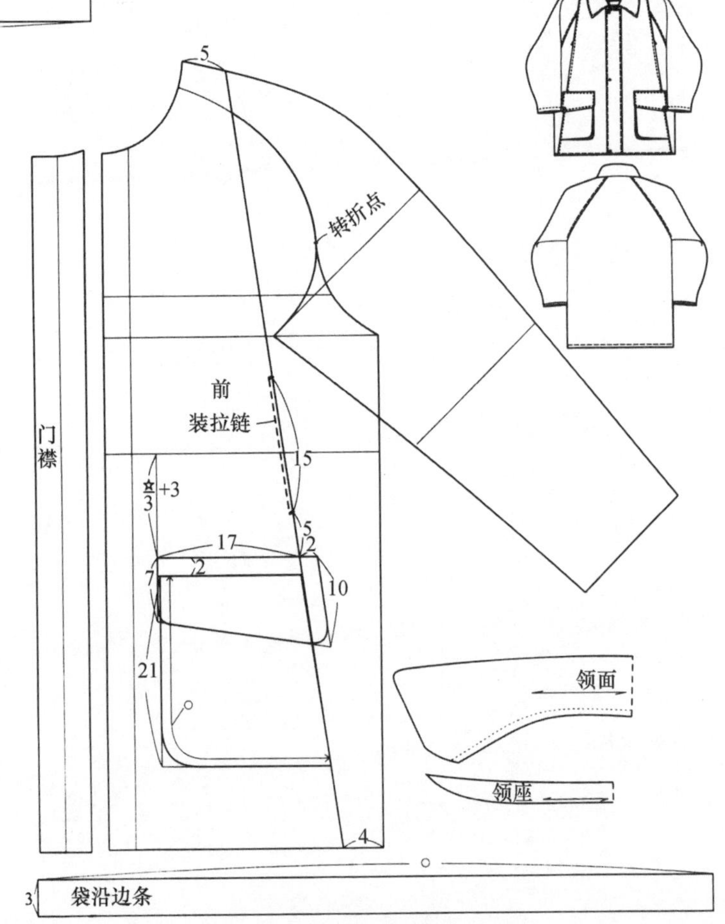

# 二、一板多款白兰度夹克纸样系列设计

## 一板多款白兰度夹克纸样系列设计——标准版白兰度夹克

* 在装袖巴布尔夹克纸样的基础上进行短款设计，获得短夹克类基本纸样
* 在短夹克类基本纸样的基础上加入白兰度夹克的标志性元素

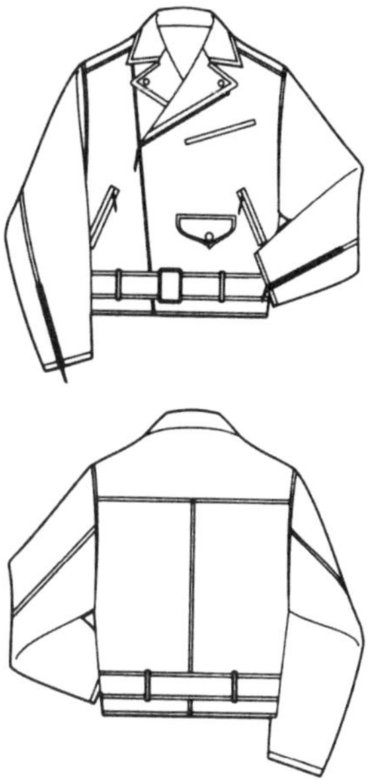

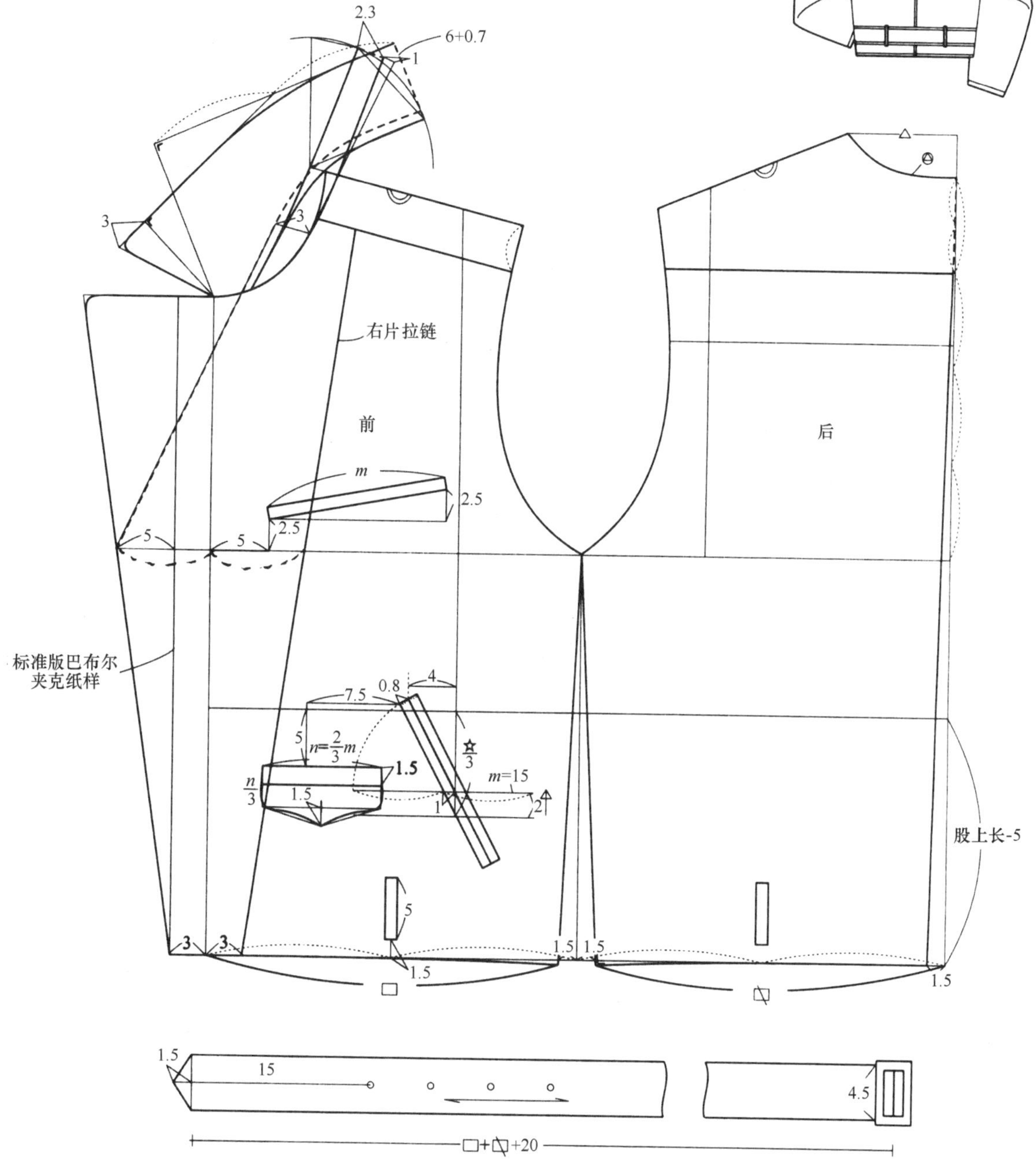

右片拉链

前

后

标准版巴布尔夹克纸样

股上长-5

## 标准版白兰度夹克分解图

* 装袖纸样与装袖巴布尔夹克相同
* 以此作为白兰度夹克基本纸样进行系列设计

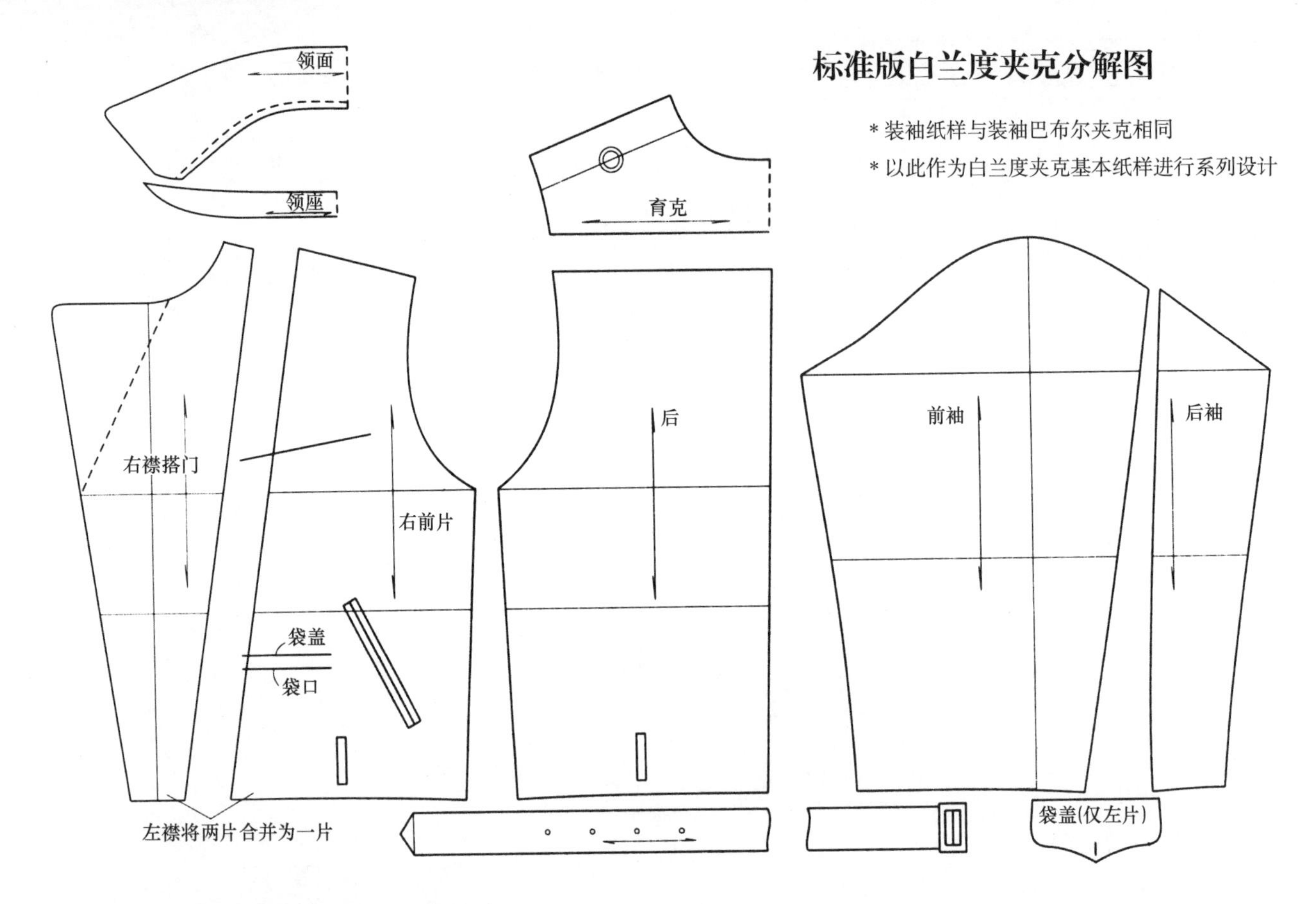


## 一板多款白兰度夹克纸样系列设计——拿破仑领白兰度夹克

* 在白兰度夹克基本纸样基础上进行拿破仑领设计，其他纸样不变

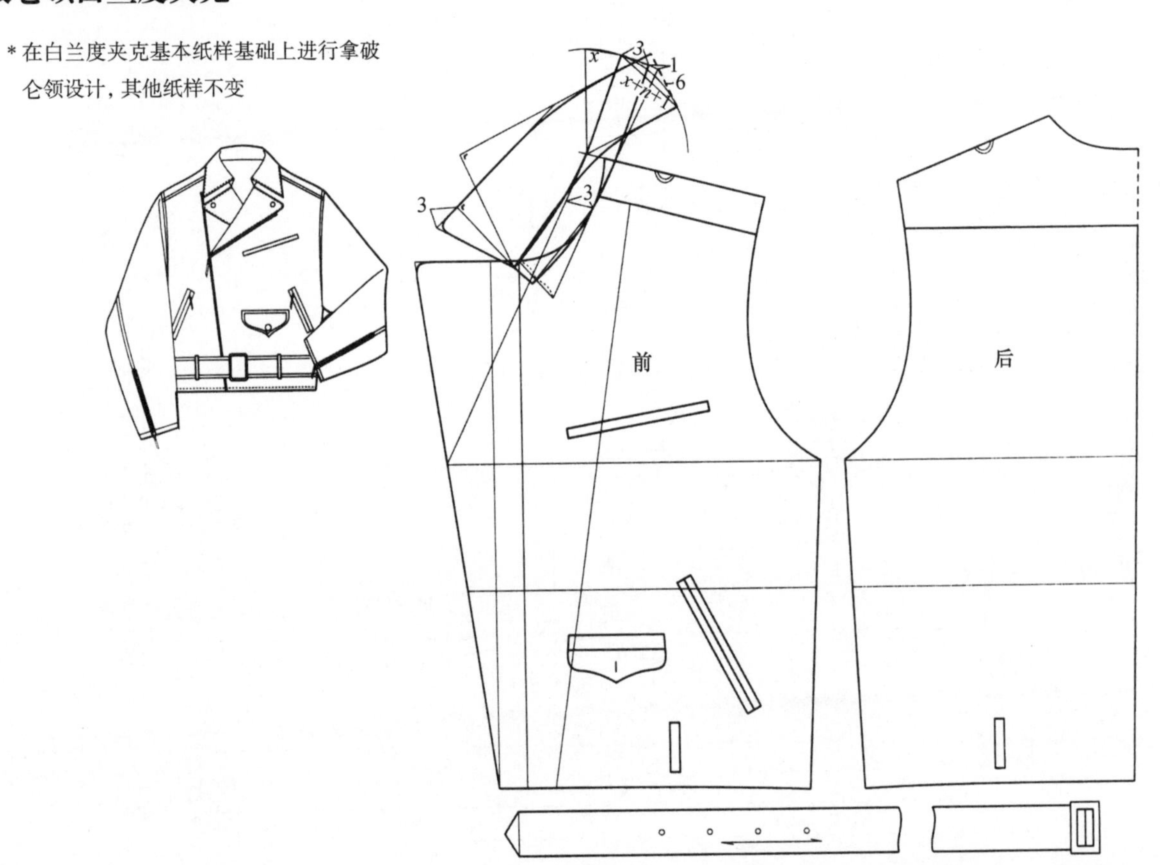

## 一板多款白兰度夹克纸样系列设计——襻式拿破仑领无腰带白兰度夹克

* 拿破仑领设领襻
* 在拿破仑领白兰度夹克基础上减掉腰带元素，同时，为加固拉链头设计固定襻
* 其他纸样通用

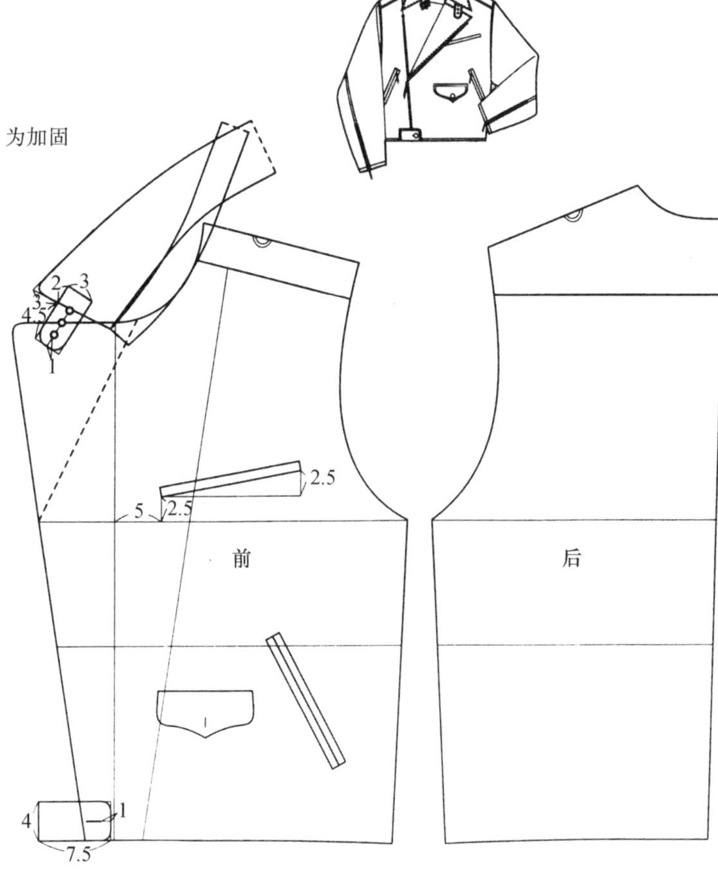


## 一板多款白兰度夹克纸样系列设计——拿破仑领复合门襟白兰度夹克

* 在拿破仑领白兰度夹克纸样的基础上，仅在右肩配合左襟斜搭门设计成复合型门襟，这是引入堑壕外套“前披胸布”的设计元素，具备多功能防风雨和防寒的作用
* 其他纸样通用

仅右肩
3
前
后

## 一板多款白兰度夹克纸样系列设计——
## 加入堑壕外套元素的白兰度夹克

* 在拿破仑领白兰度夹克纸样的基础上进行复合门襟、插肩袖和袖串带的设计

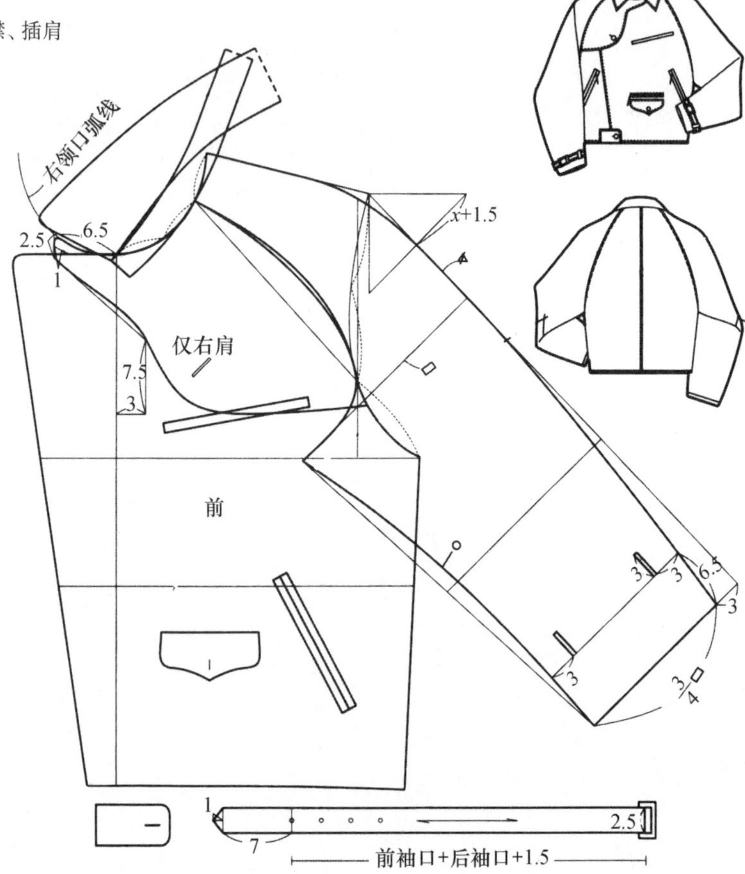


* 白兰度夹克纸样设计可用元素很多，仅本系列所用元素再进行排列组合又会产生新的系列
* 后身插肩袖作有省设计

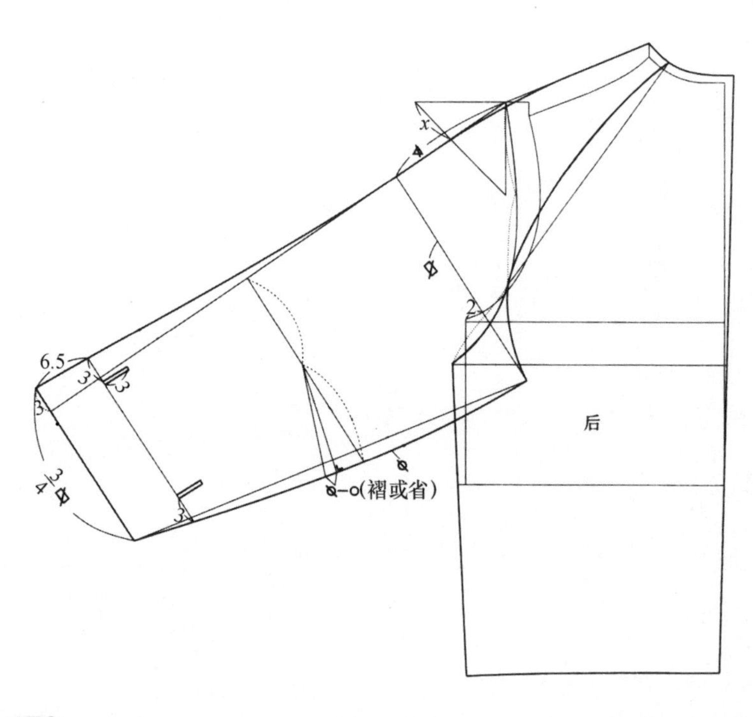

# 训练七　裤子款式系列设计训练

## 一、裤子基于 TPO 知识系统的基本分类

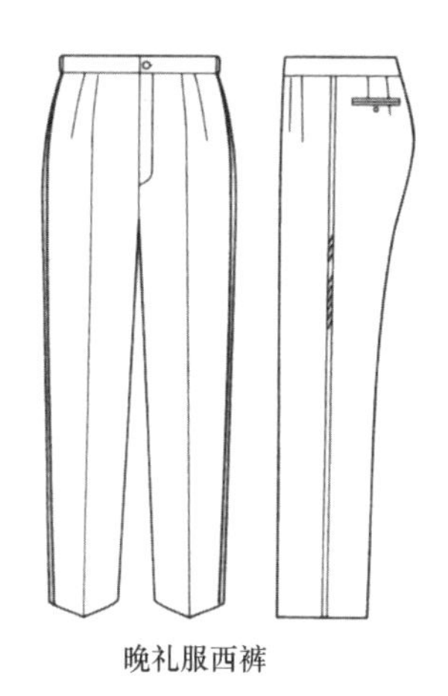
晚礼服西裤

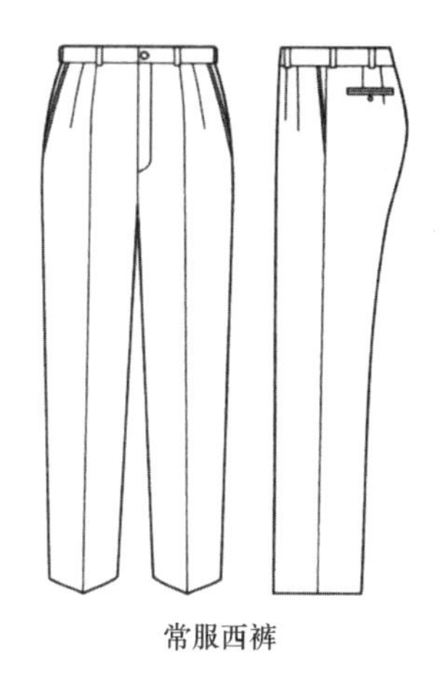
常服西裤

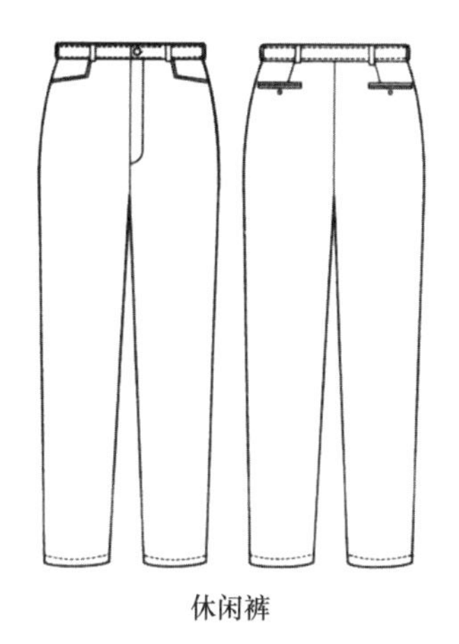
休闲裤

## 二、西裤款式系列设计

标准款式

* 配合正式礼服、黑色套装和西服套装设计，亦作为单独西裤设计

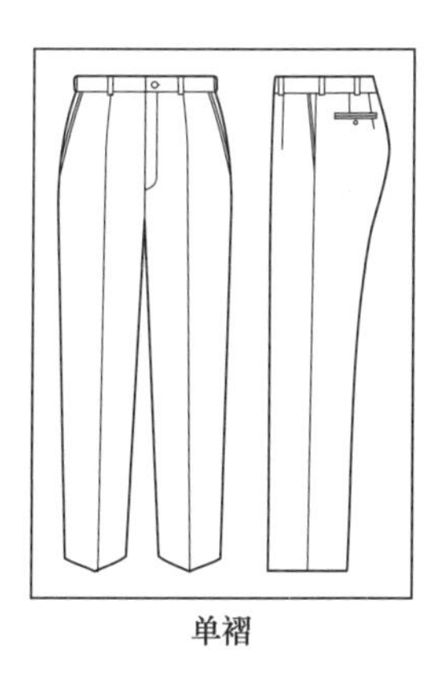
单褶

### 1. 褶的变化系列（西裤可用的褶型）

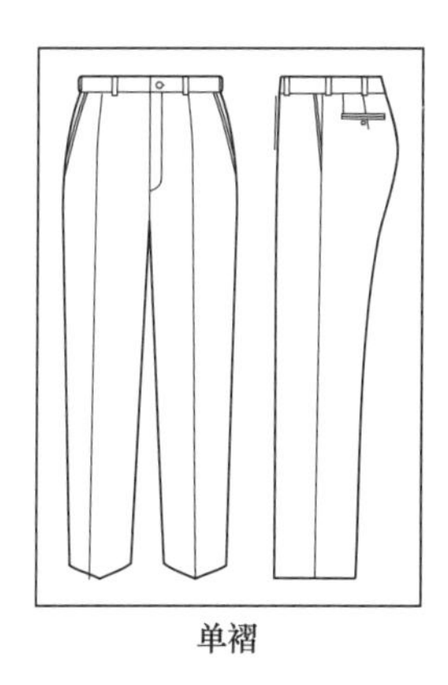
单褶

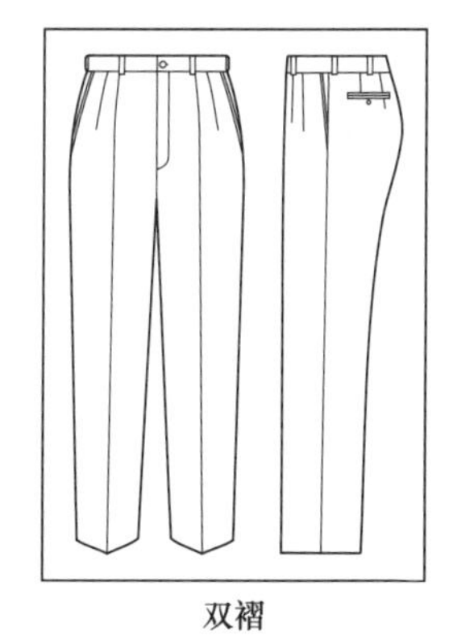
双褶

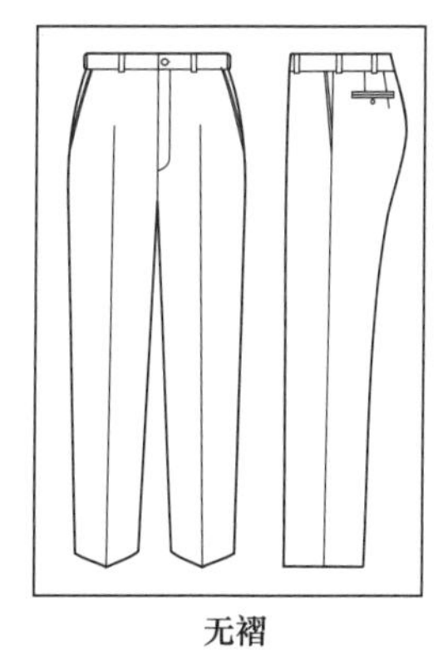
无褶

**2. 廓型变化系列（H 型用于正式西裤，Y 型和 A 型用于休闲西裤）**

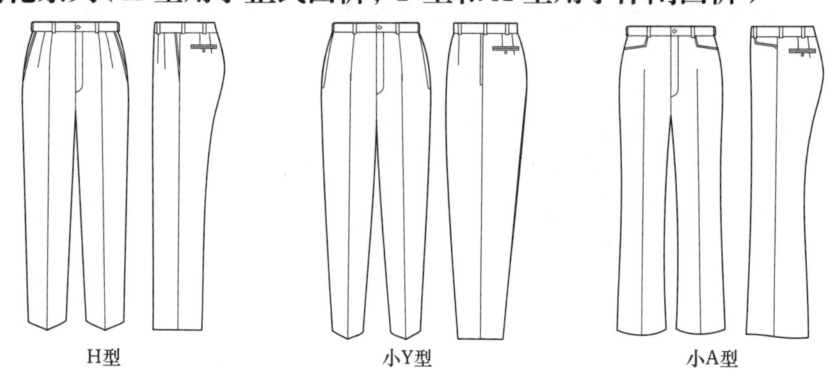

H型　　小Y型　　小A型

**3. 口袋变化系列（斜插袋和直插袋用于正式西裤，平插袋用于休闲西裤）**

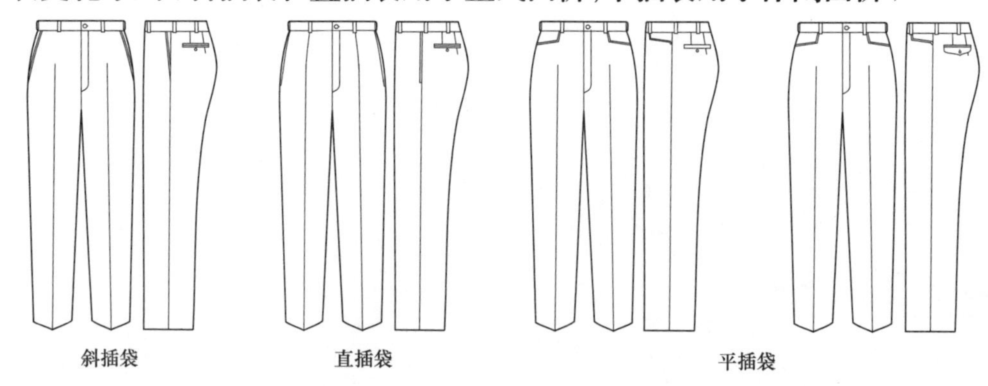

斜插袋　　直插袋　　平插袋

**4. 其他元素系列（翻脚裤为非正式西裤，表袋、连腰斜插袋暗示讲究的西裤）**

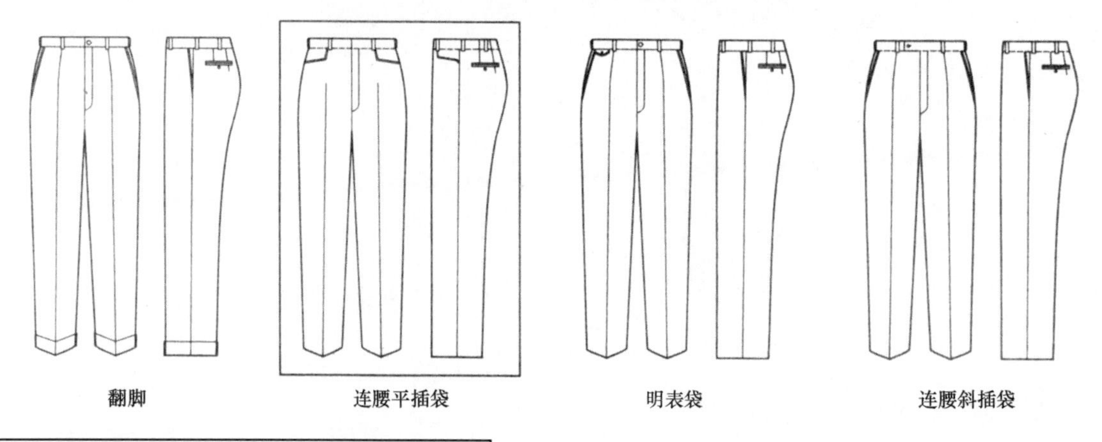

翻脚　　连腰平插袋　　明表袋　　连腰斜插袋

## 三、H 型休闲裤款式系列设计

标准款式

＊不受上衣制约的休闲裤款式设计

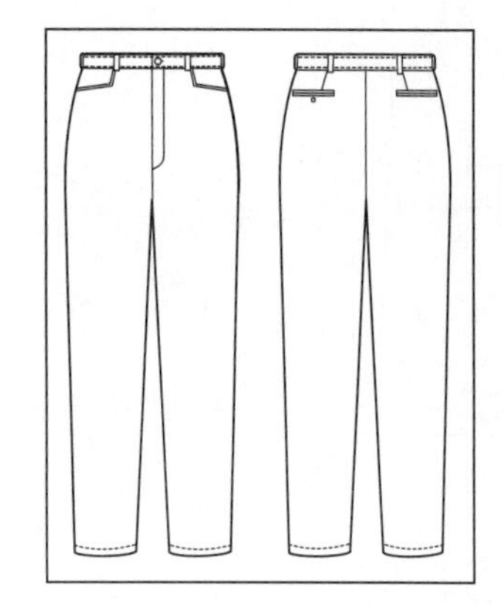

## 1. 口袋变化系列（包括明袋、贴袋、嵌线袋、复合袋等）

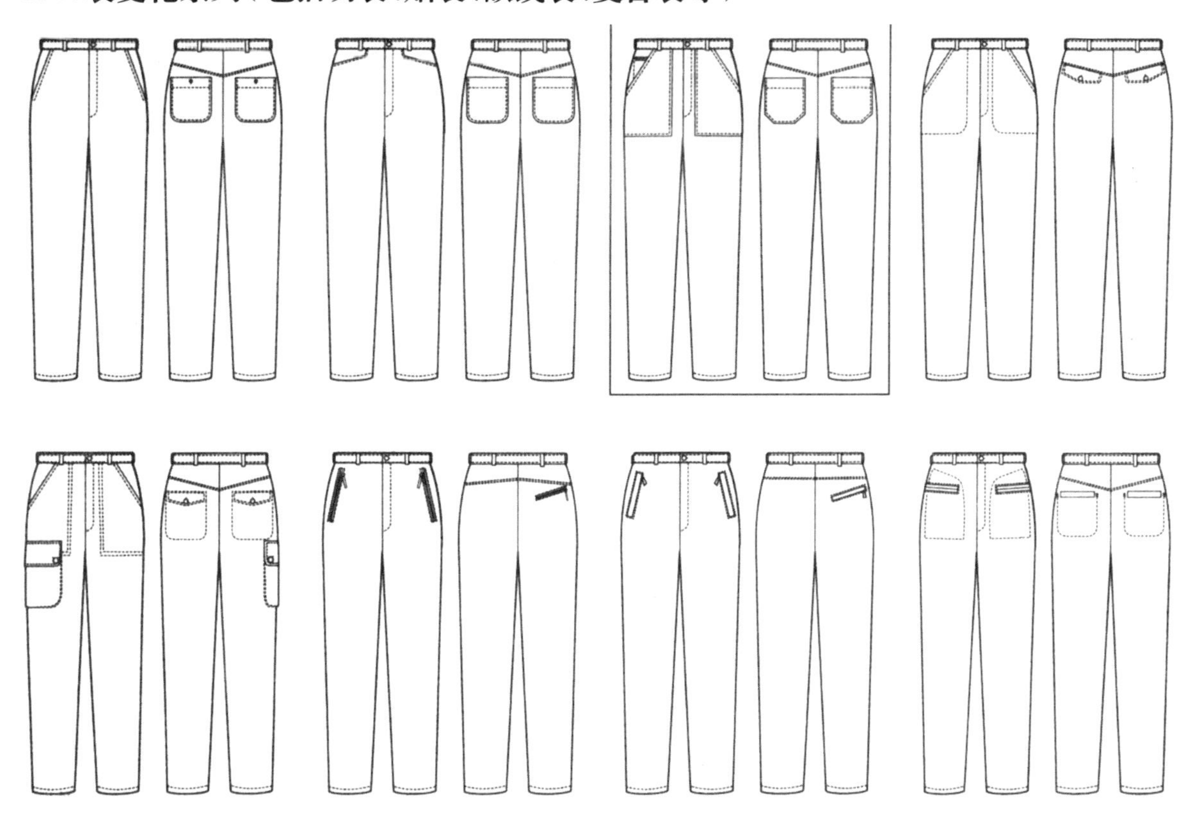

## 2. 育克变化系列（裤后身有省功能的育克线设计）

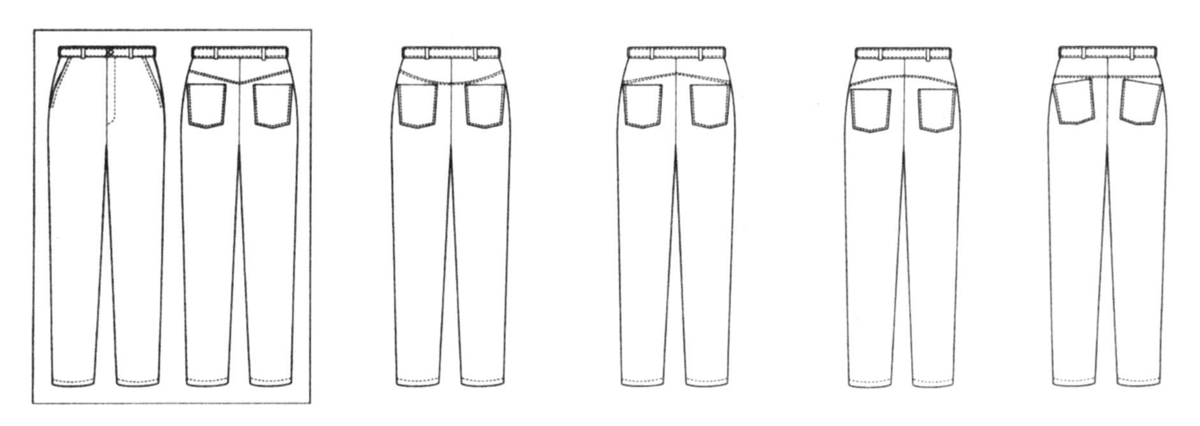

## 3. 腰头变化系列（包括连腰、缩褶腰、扣襻腰等）

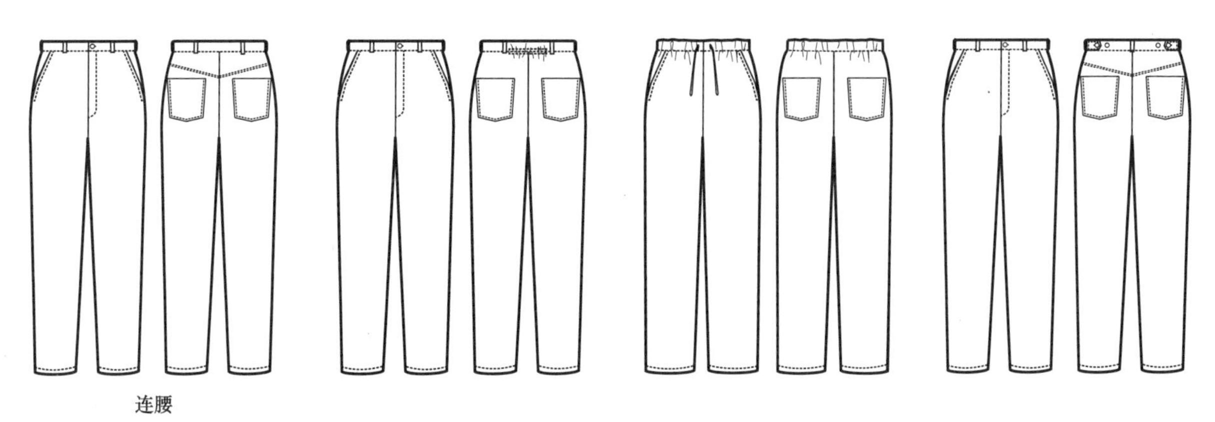

连腰

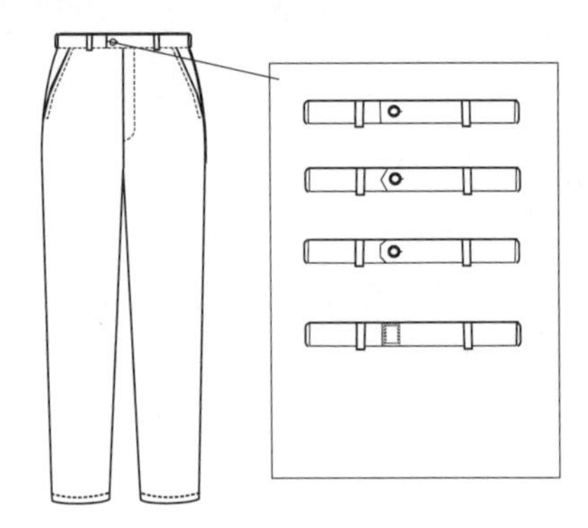

**4. 裤口变化系列(包括开衩、扣襻、缩褶、拉链等)**

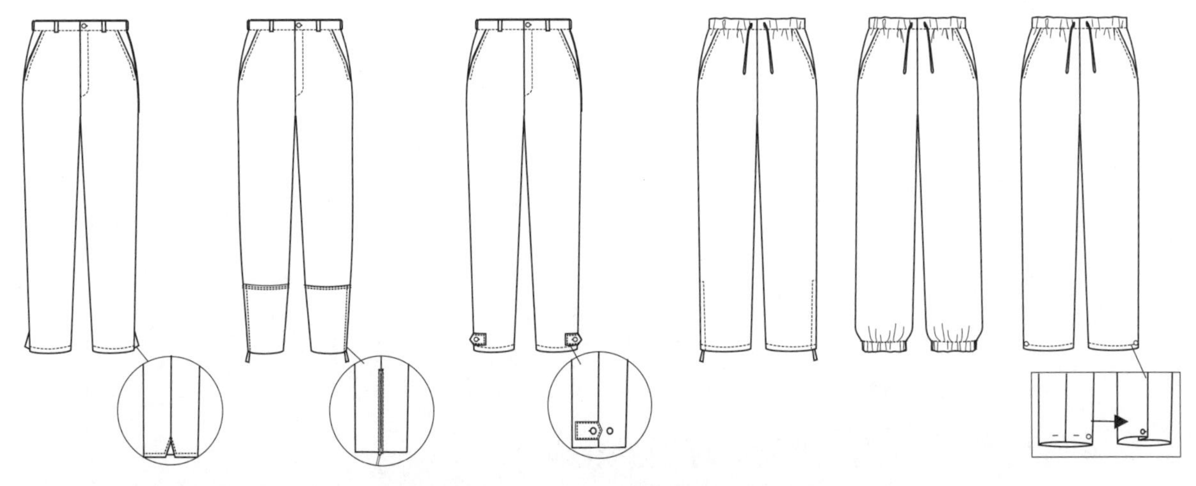

**5. 分割线变化系列(配合功能需要的复合分割线设计,忌装饰分割)**

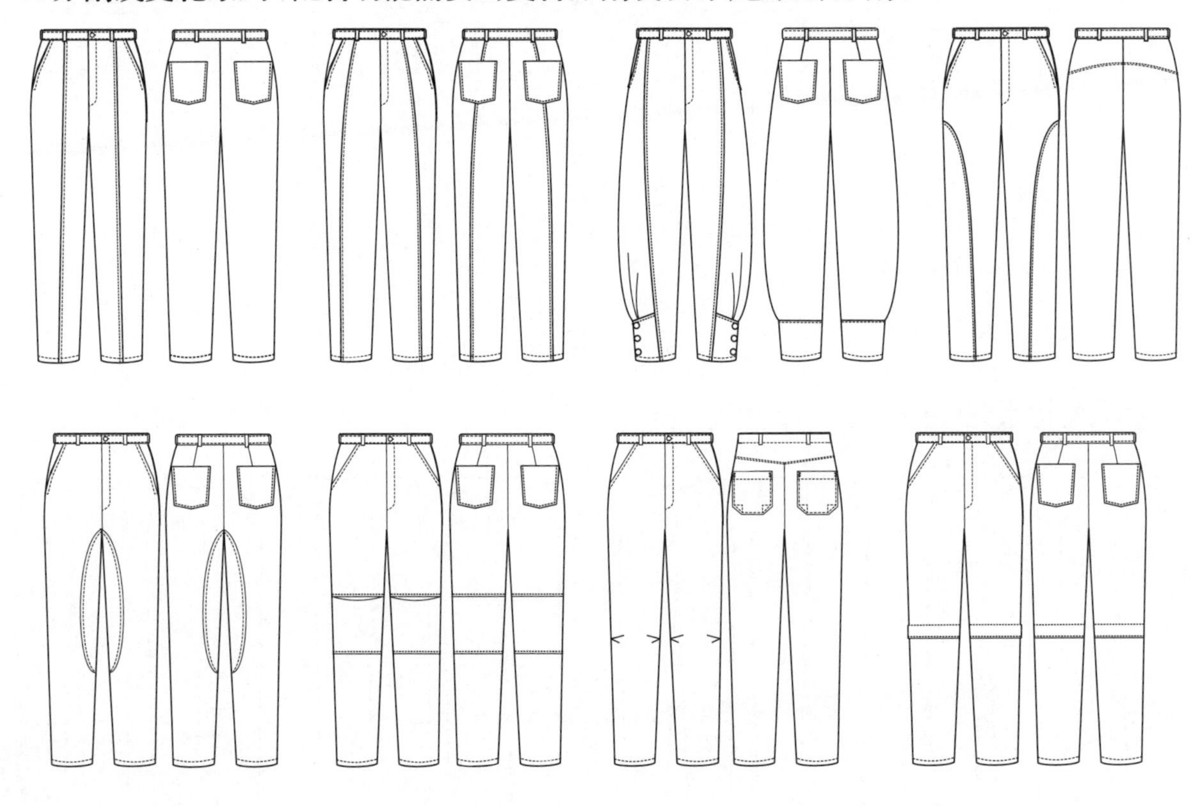

**6. 综合元素变化系列之一（分割主题，因为功能而采用的必要分割设计）**

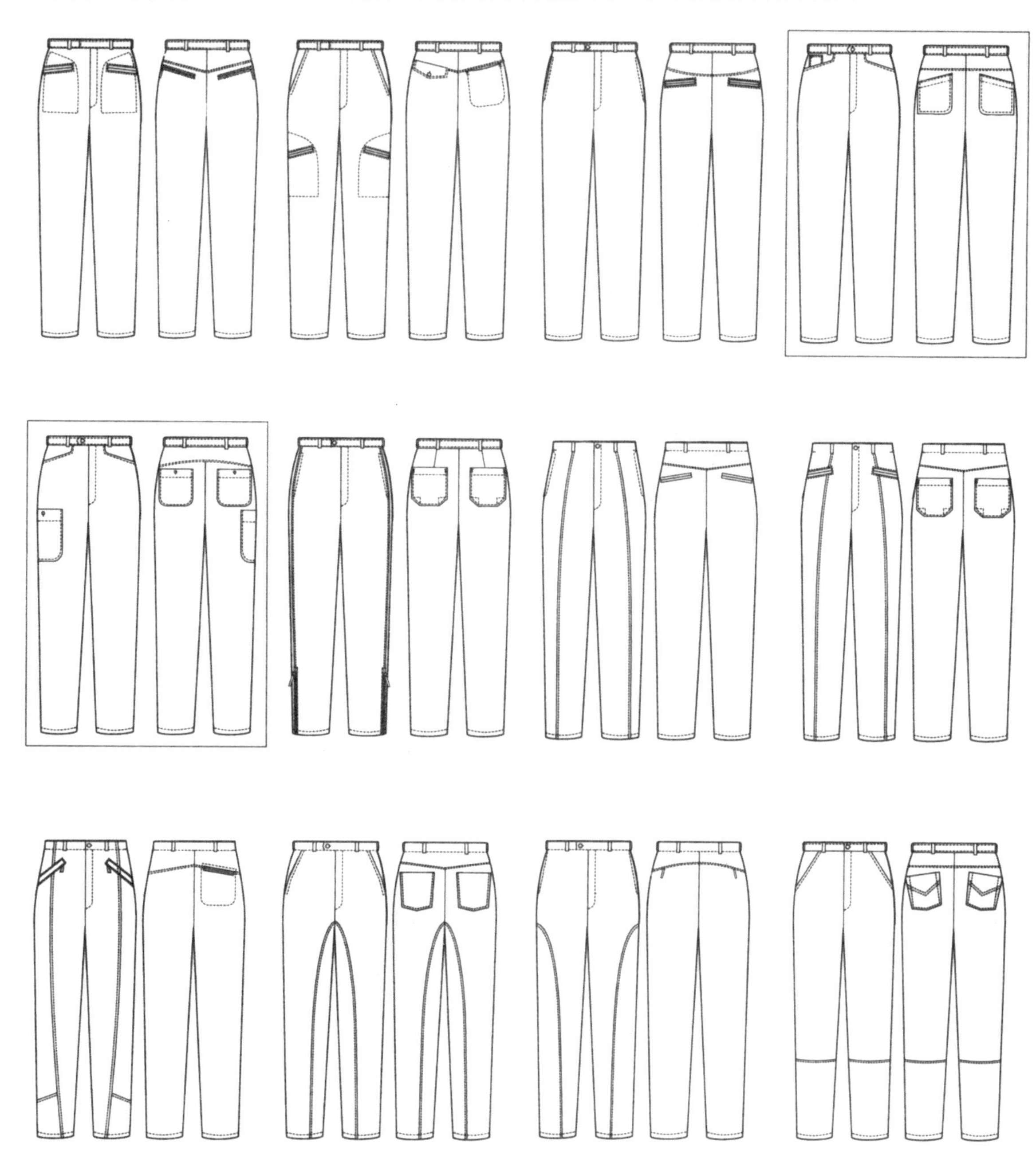

**7. 综合元素变化系列之二（松紧腰主题，因为运动、方便等而采用的松紧腰设计）**

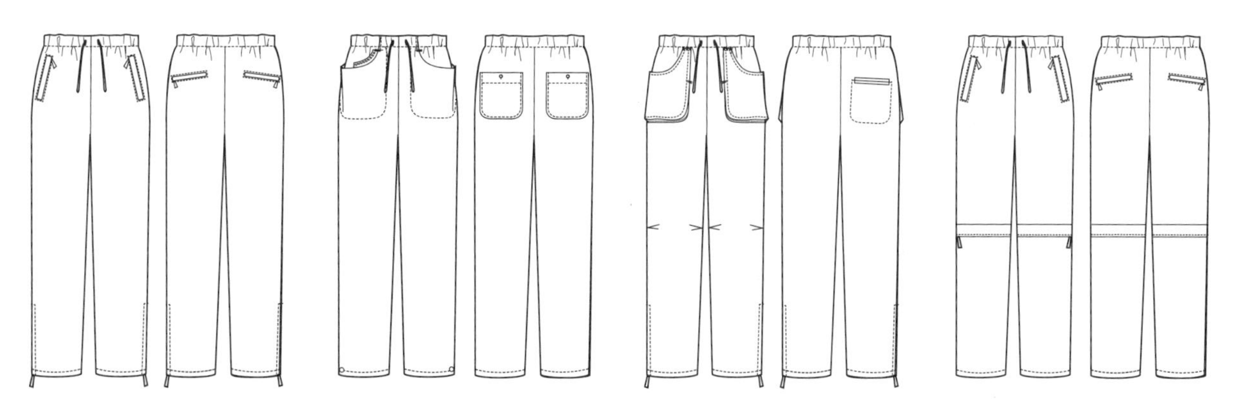

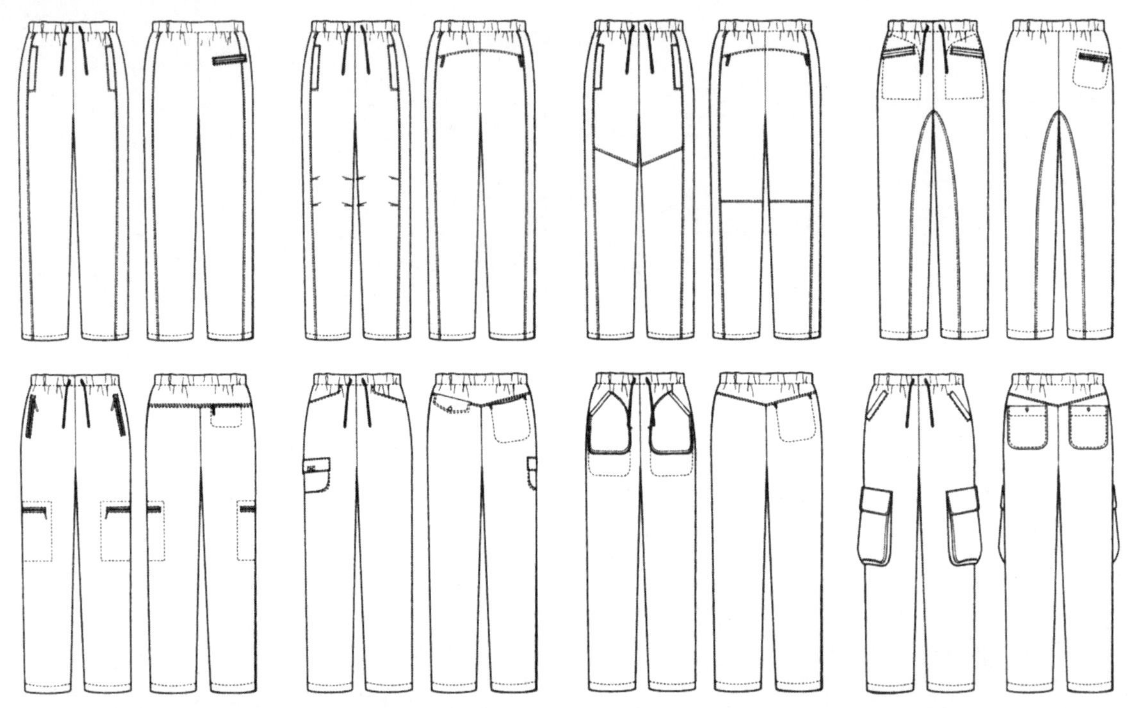

**8. 综合元素变化系列之三（灯笼形主题，因为安全、方便、运动等而采用的灯笼造型设计）**

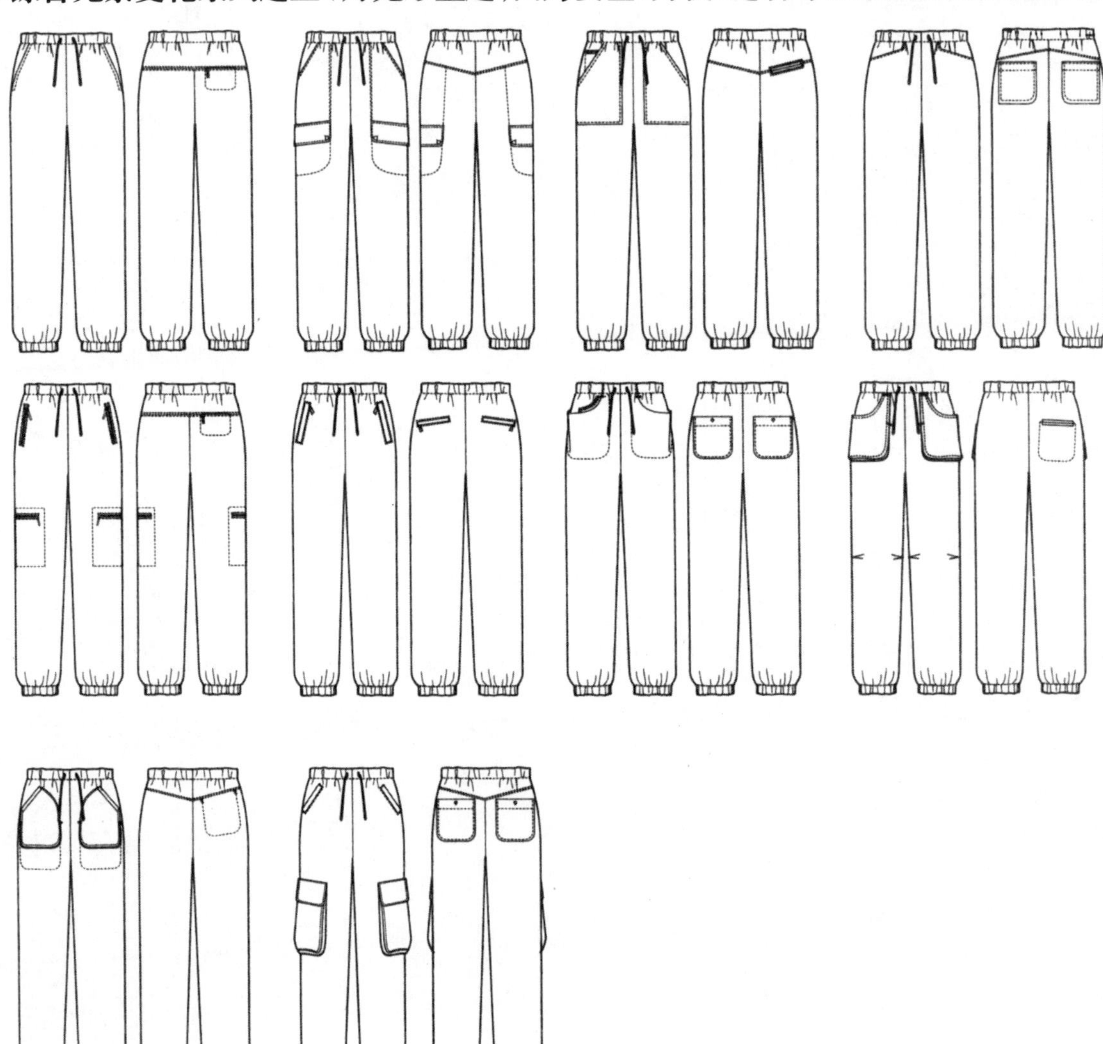

## 四、A 型休闲裤款式系列设计

标准款式

* 李维斯501牛仔裤创造的经典风格，多用于无褶裤设计

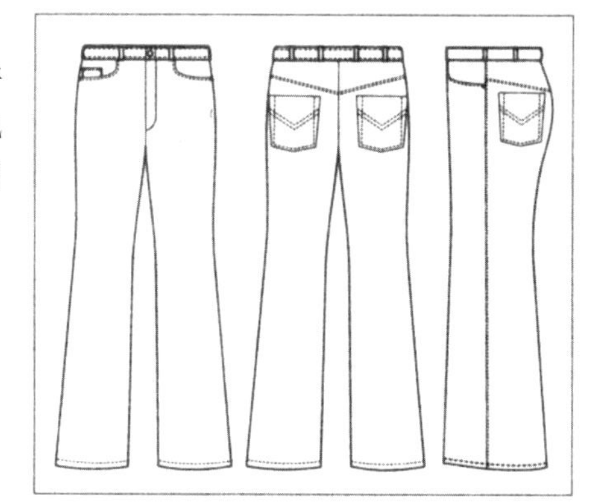

**1. 育克变化系列（育克主要设在后身，以省的功能塑造臀部造型）**

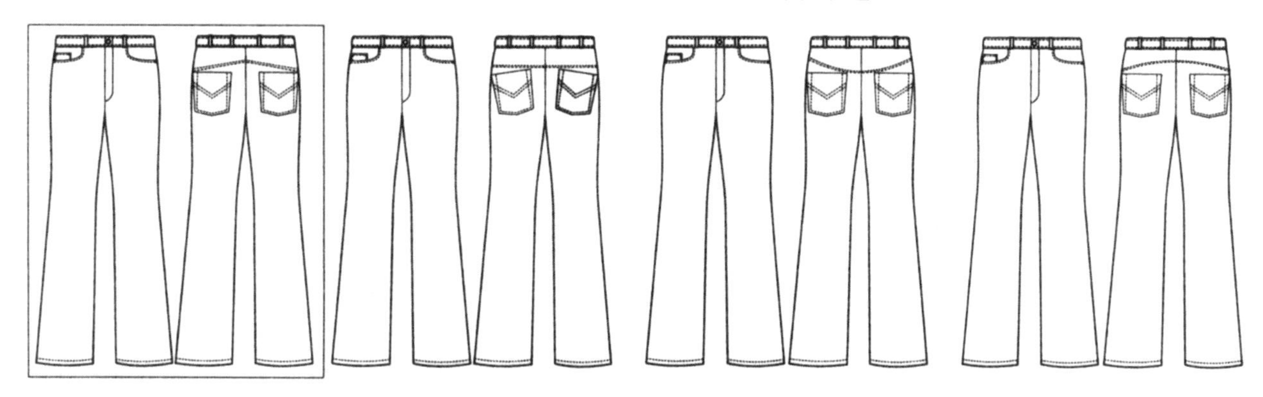

**2. 分割线变化系列（以利于塑造 A 造型，多采用竖线分割，或与育克线结合）**

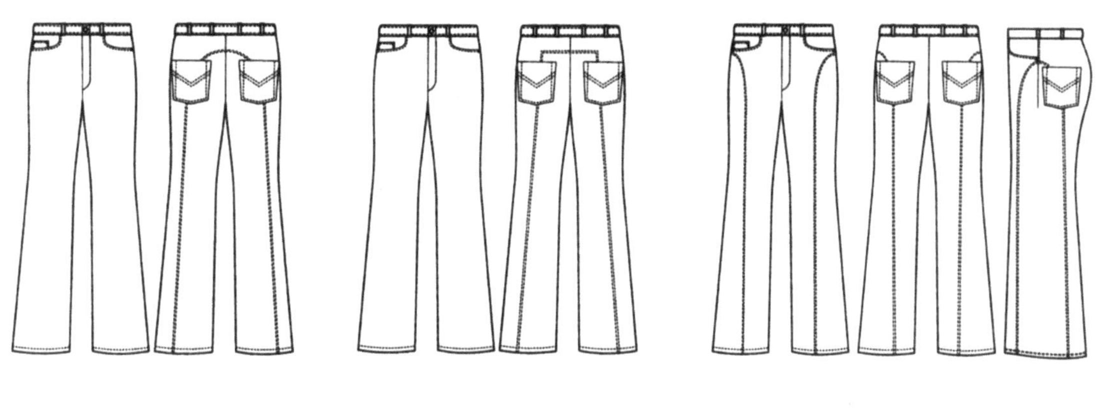

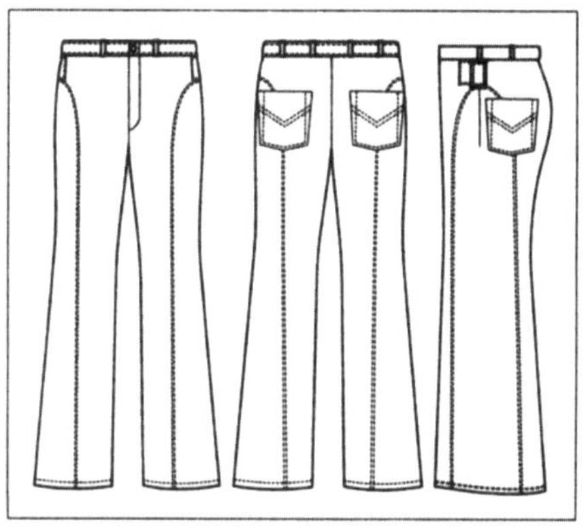

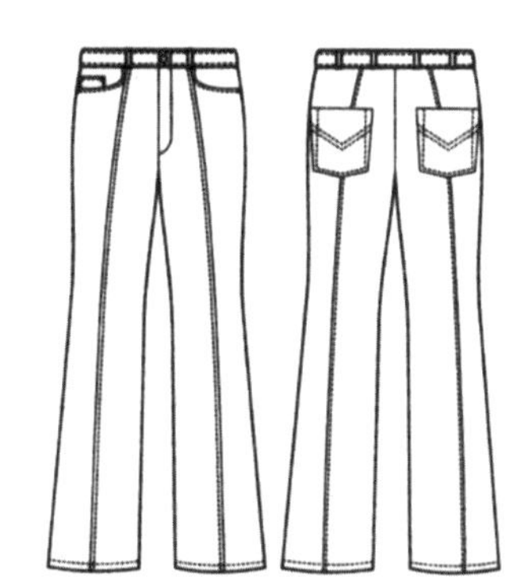

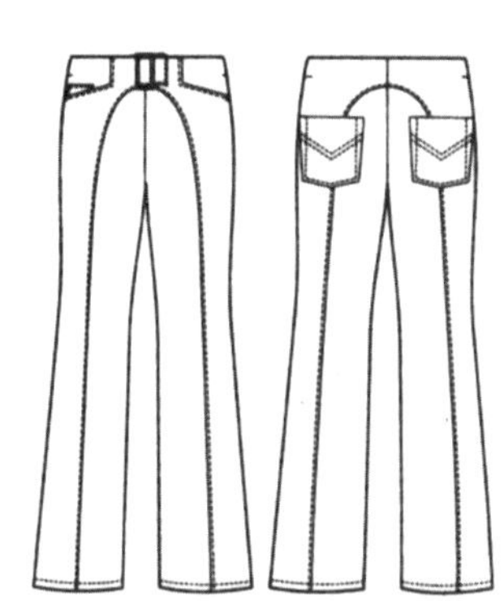

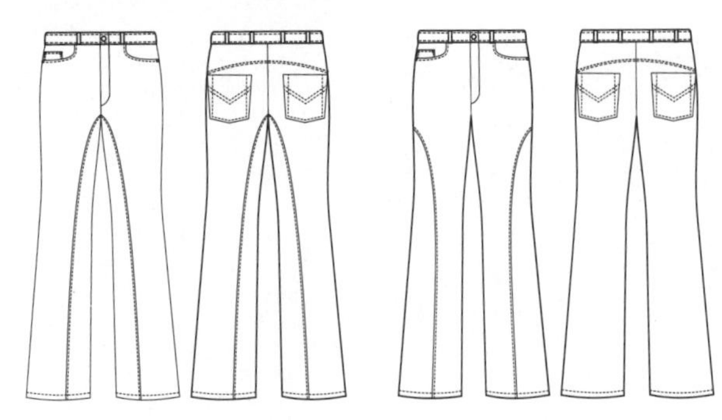

**3. 口袋变化系列（配合无褶A型裤，前身用平插装，后身用贴袋组合设计）**

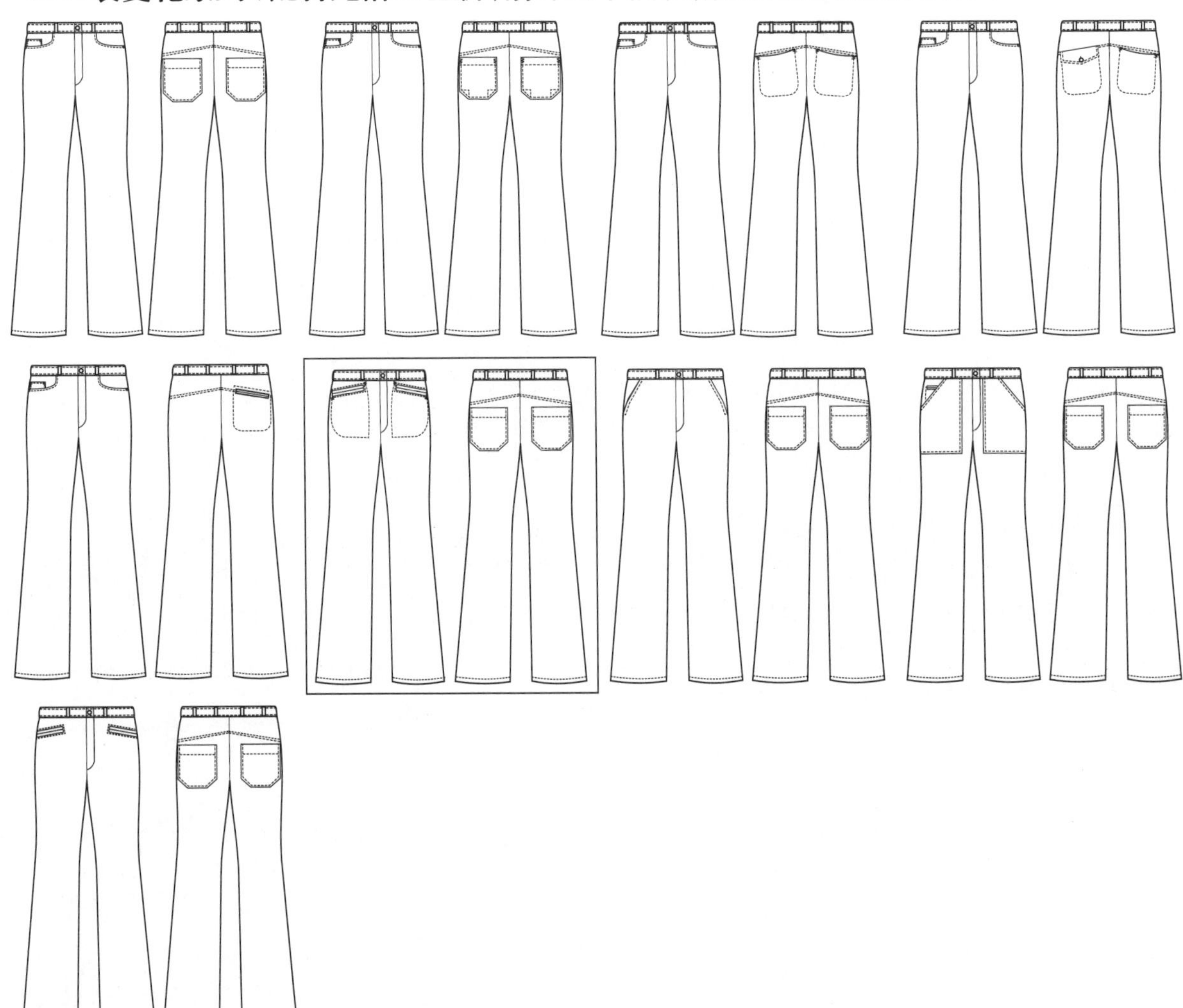

**4. 综合元素变化系列（包括育克、分割、口袋的综合设计）**

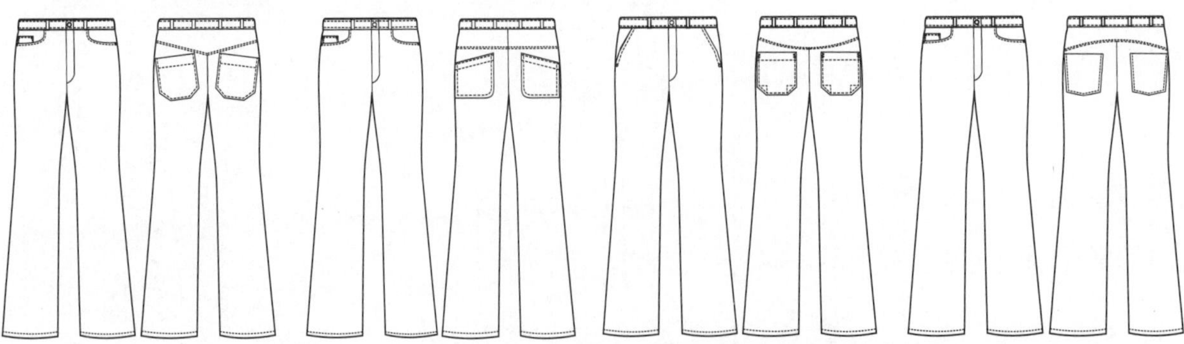

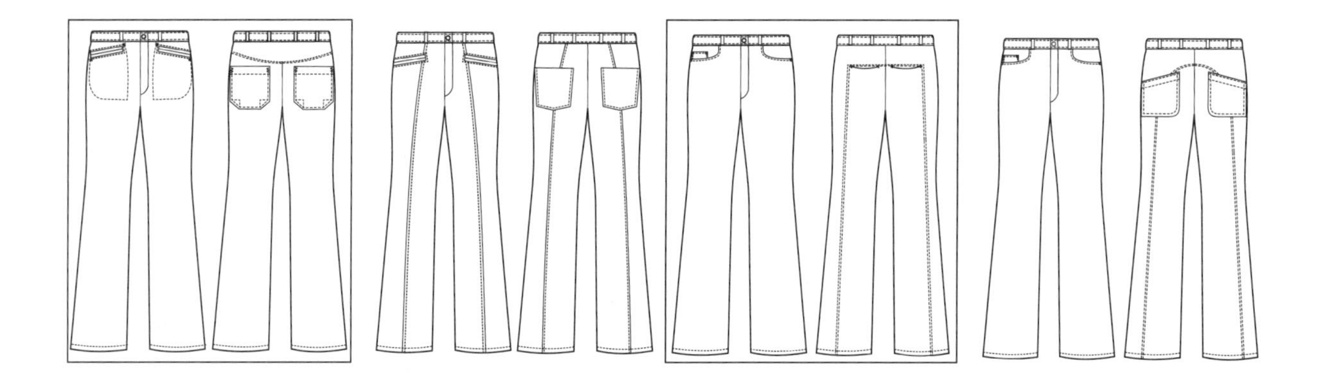

## 五、Y型休闲裤款式系列设计

标准款式

*增加腰褶和收裤口是它的主要设计手段

### 1. 腰头变化系列（门襻、育克与双褶）

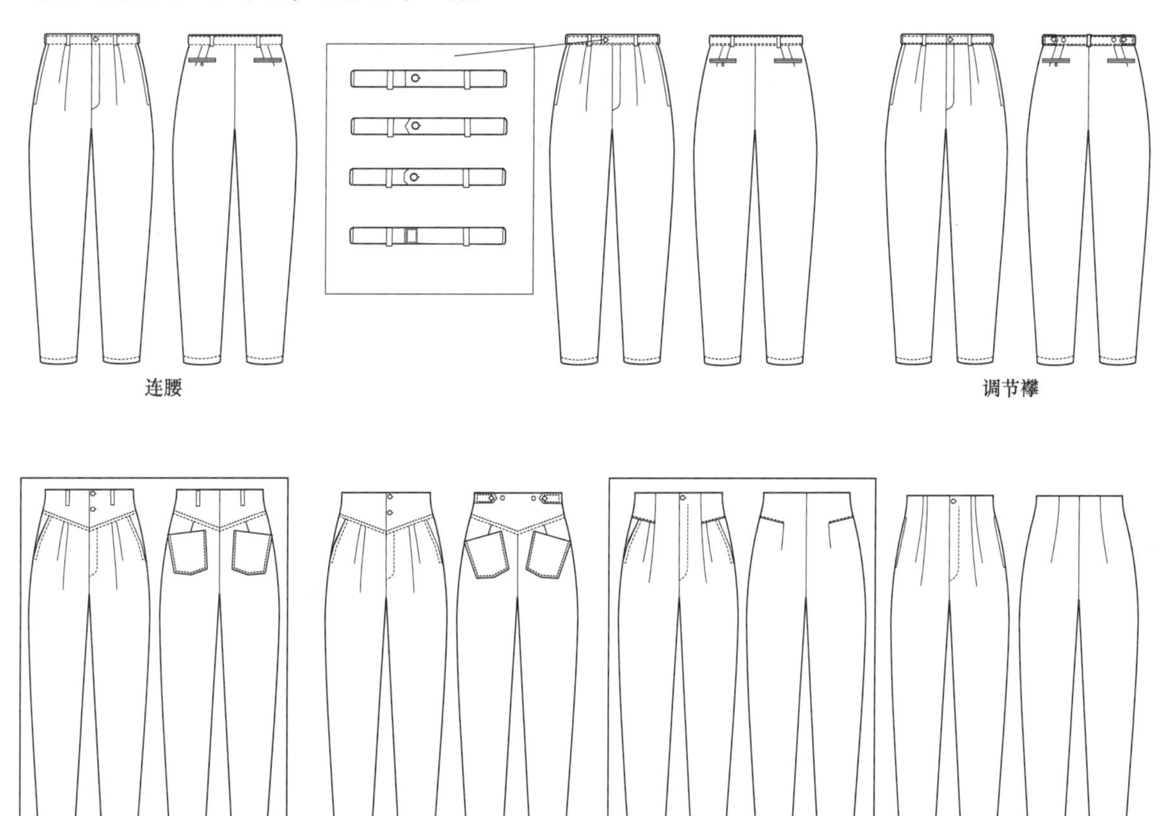

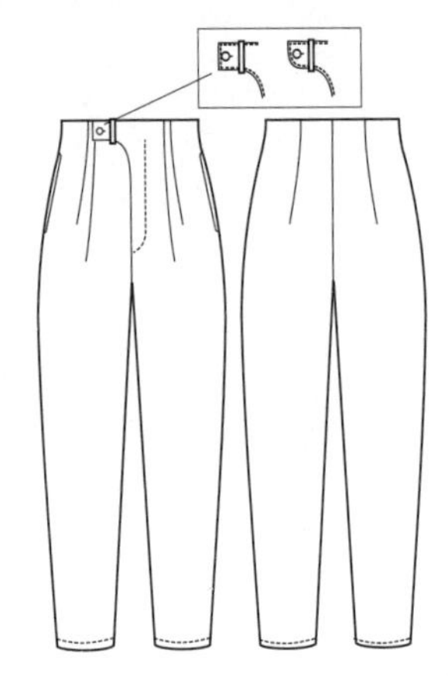

**2. 裤口变化系列（收裤口设计）**

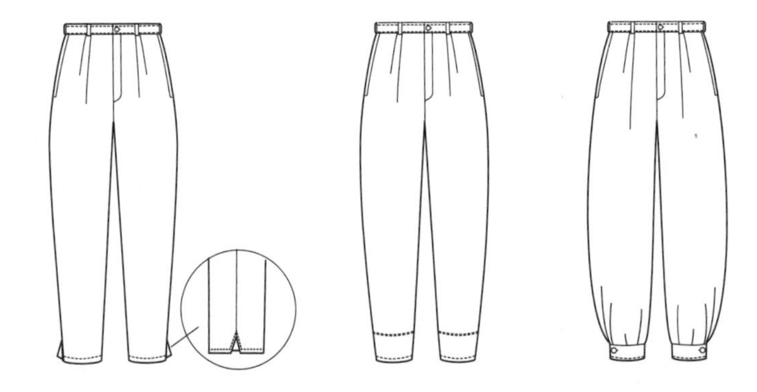

**3. 口袋变化系列（配合 Y 型裤作斜插袋、暗袋设计）**

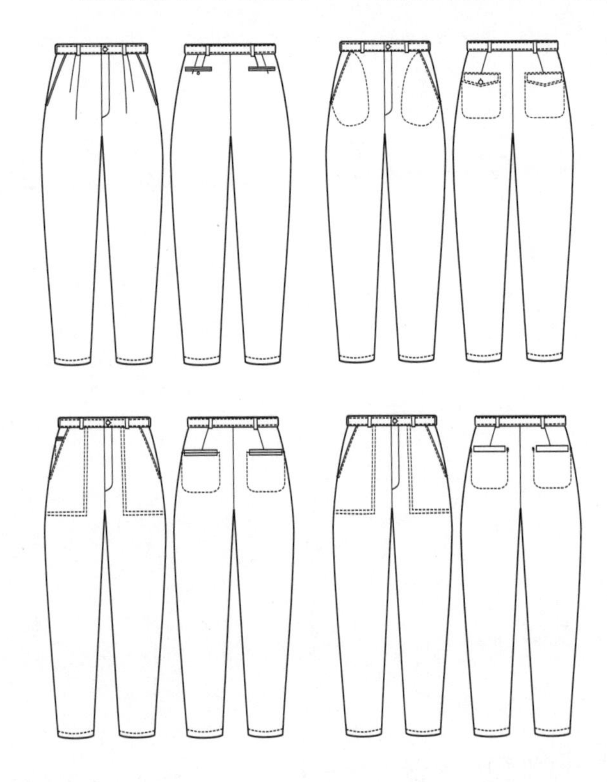

## 4. 综合元素变化系列（育克、褶、前门襟、口袋等综合设计）

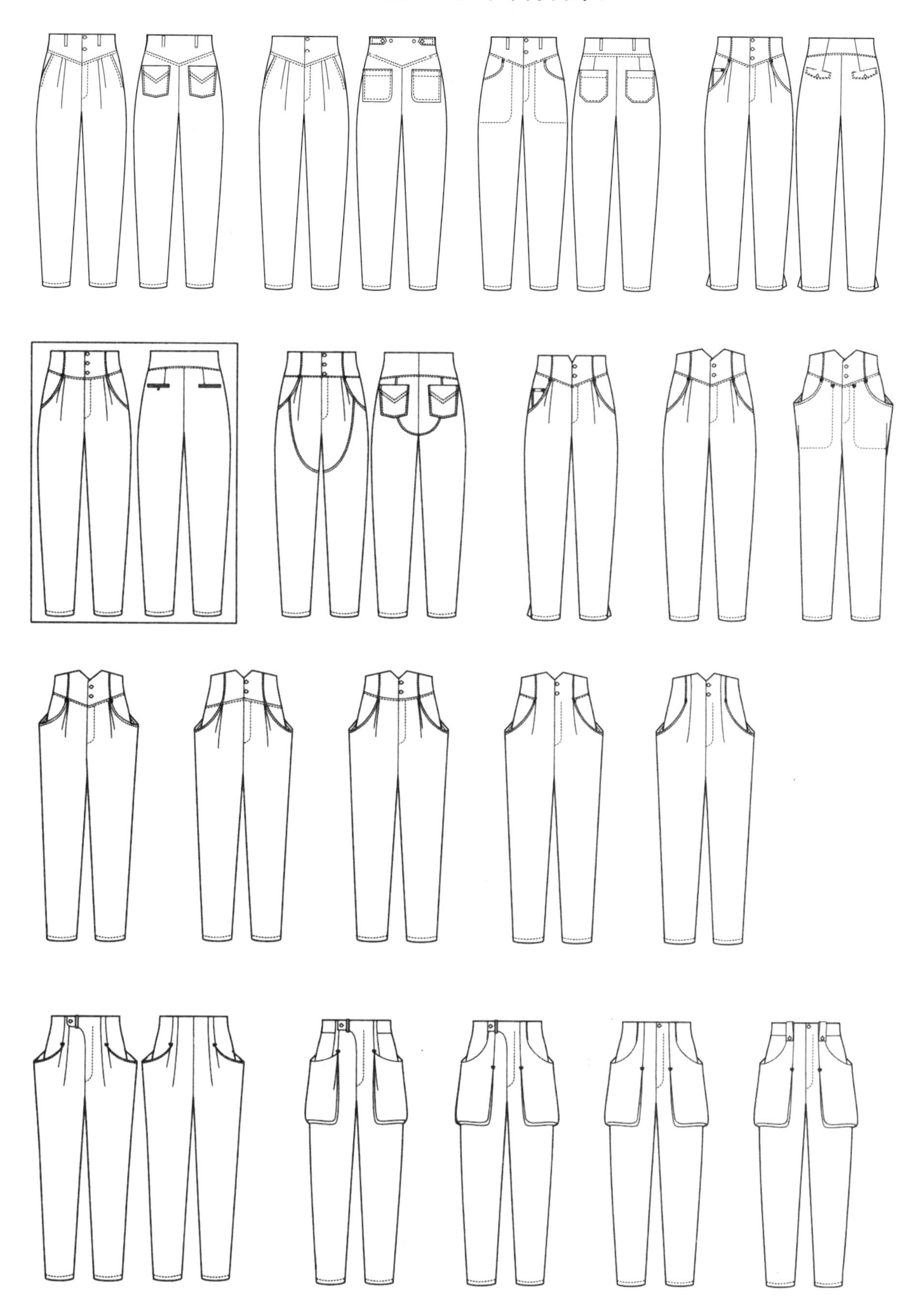

# 训练八　裤子纸样系列设计训练

## 一、一板多款 H 型裤子纸样系列设计

### H 型单褶西裤纸样设计（标准版）

＊根据腰围（$W$）、臀围（$H$）、股上长和股下长必要尺寸及相关公式，完成H型单褶西裤纸样设计

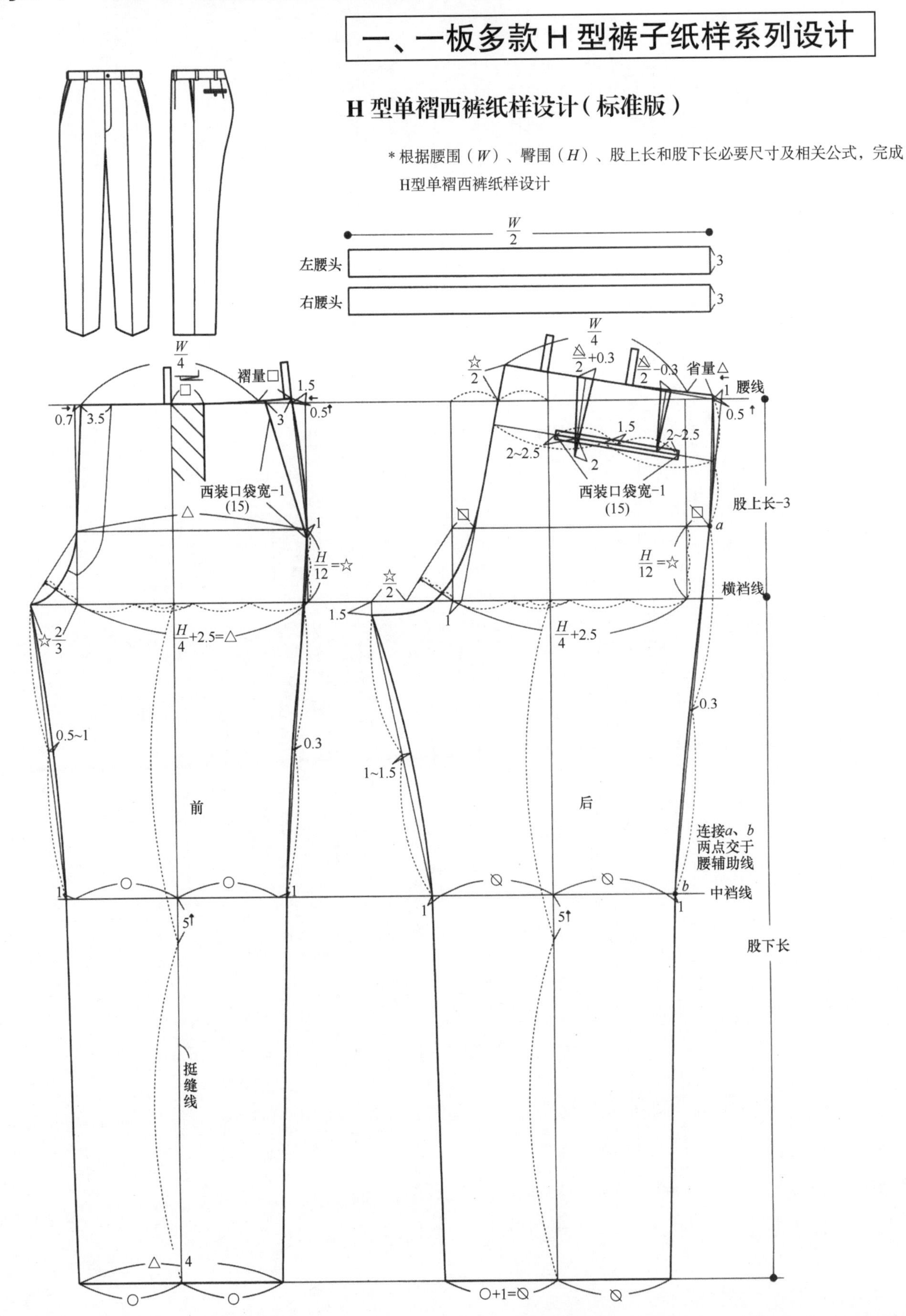

## H 型单褶西裤分解图

* 由于H型西裤展现出裤子的标准造型，它的纸样就被视为裤子的亚基本纸样，通过它可以完成A型和Y型裤纸样设计
* 裤子主板H型、A型和Y型三种类型，每个类型可以视为裤子类基本纸样，并通过一板多款的方法进行裤子系列纸样设计

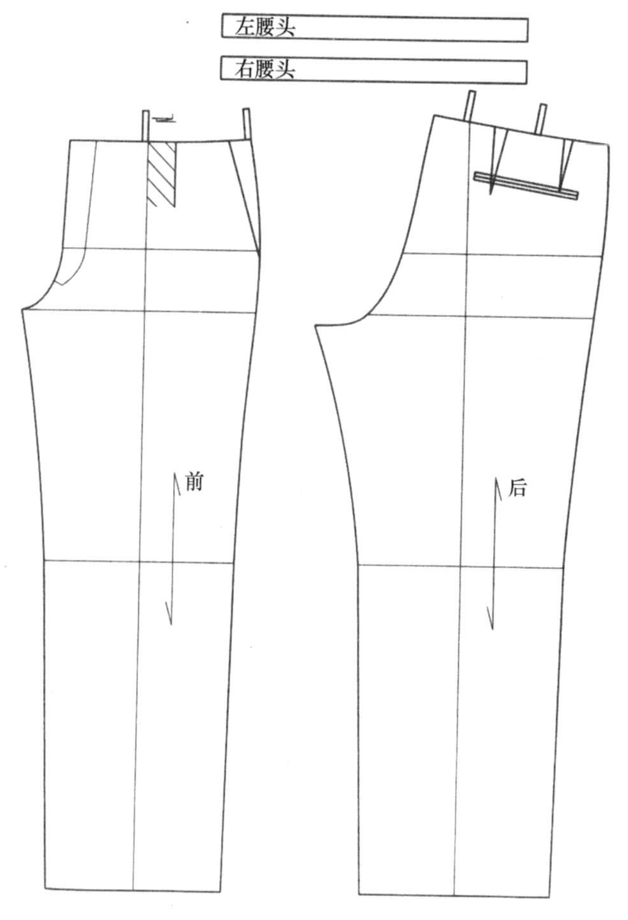

## 一板多款 H 型裤子纸样系列设计——双褶裤

* 运用标准版裤子基本纸样，将前片用切展的方法，在保留原褶基础上追加一个活褶，然后重新订正挺缝线
* 后裤片保持原样

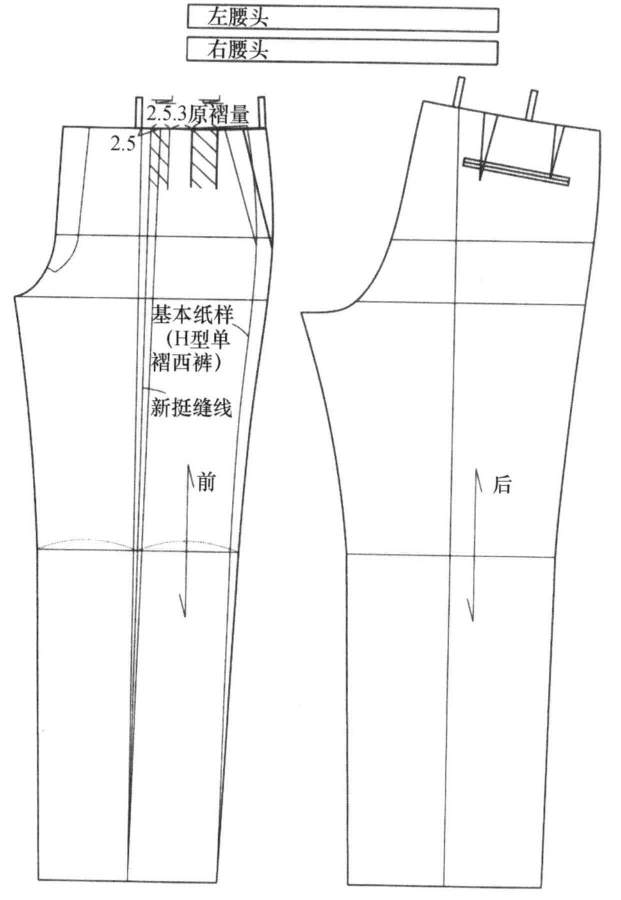

## 一板多款H型裤子纸样系列设计——无褶裤

* 无褶裤在纸样处理上与双褶裤相反，采用剪叠方法将前裤片原褶量在保证前臀围尺寸前提下进行消褶处理，此时腰部的余褶可通过后裤片分解掉

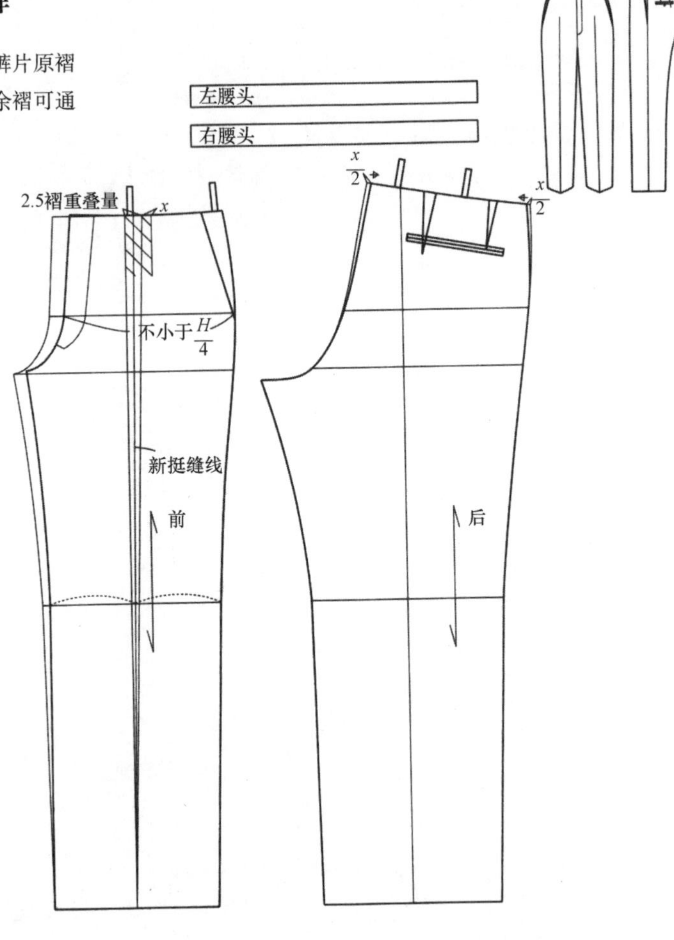


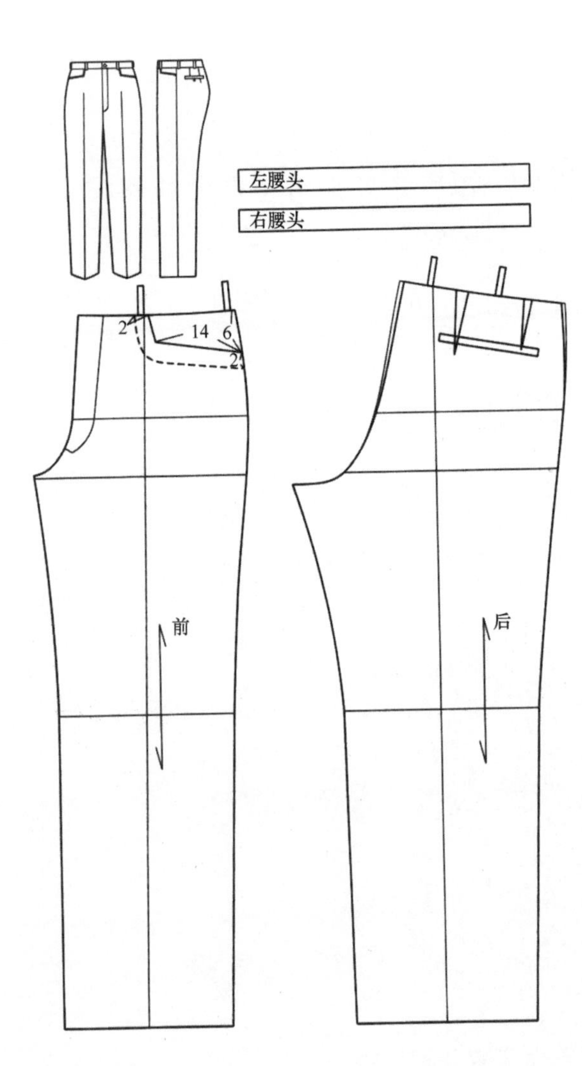


* 无褶裤由于去褶而臀围偏紧，常采用平插袋设计，配合低腰（浅立裆）设计是常用的手法，如牛仔裤

＊在无褶平插袋H型裤子纸样基础上，加入连腰设计，表现出对考究传统的诠释

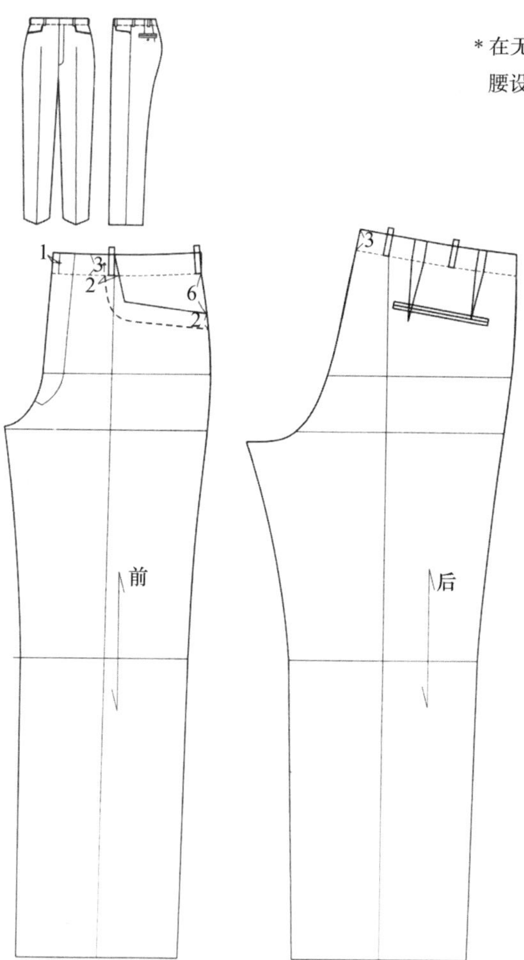


＊无褶H型裤子的后裤片可以处理成单省（其中一省很小时），去省方法在前后各接缝处平衡分解，采用通腰头（腰头后中无断线），这意味着进入休闲裤系列

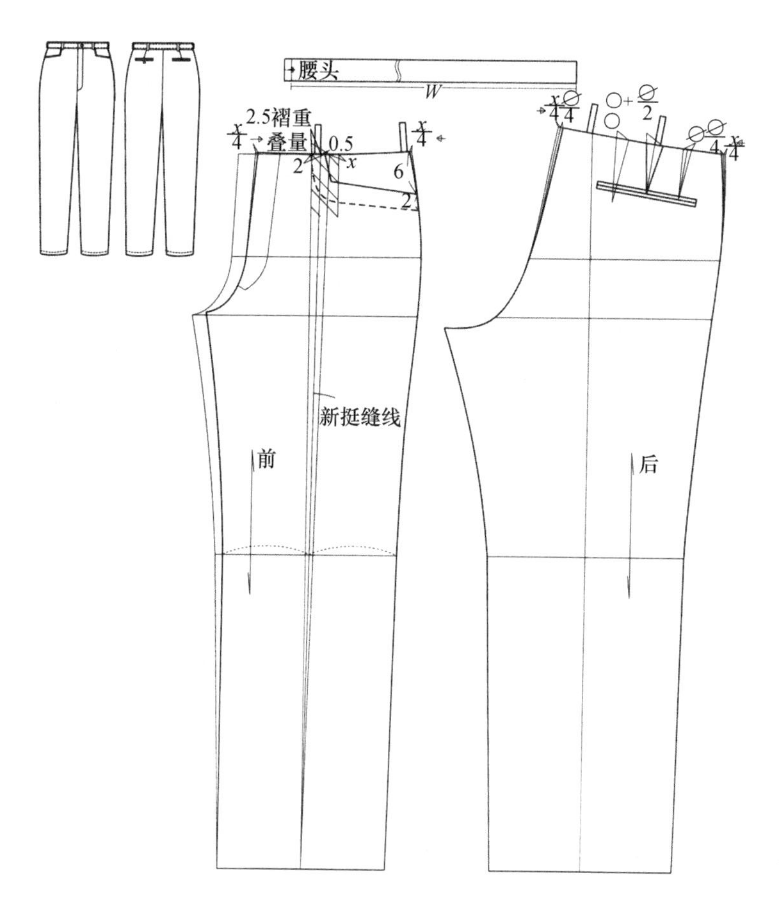

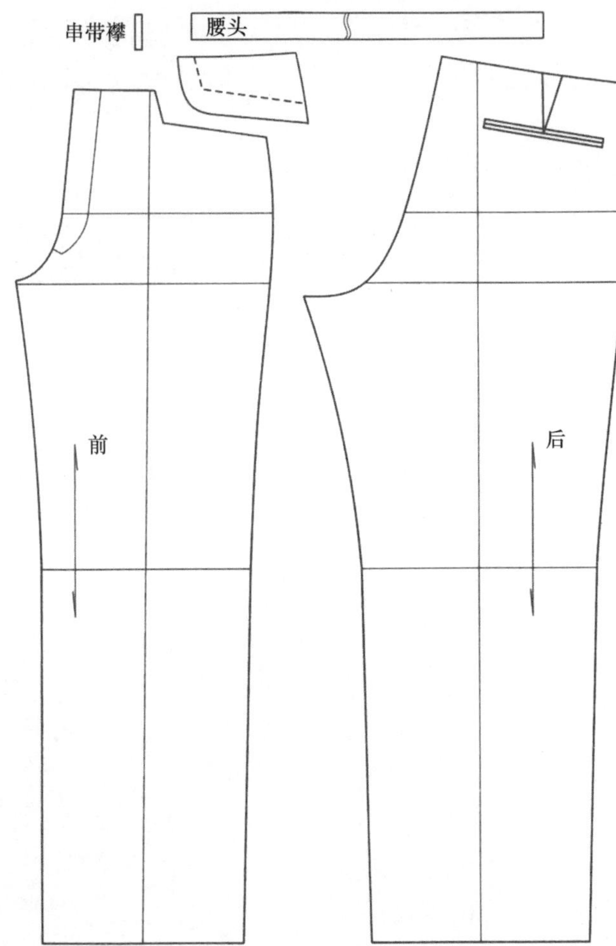


* 单省无褶H型裤分解图，以此可以作为牛仔风格休闲裤的基本纸样

## 一板多款H型裤子纸样系列设计——无褶牛仔风格休闲裤

* 在单省H型无褶裤纸样的基础上，对前裤片进行内挖袋外贴袋的复合贴袋设计，后裤片通过合并省设计育克结构，梯型贴袋与前袋相映成趣

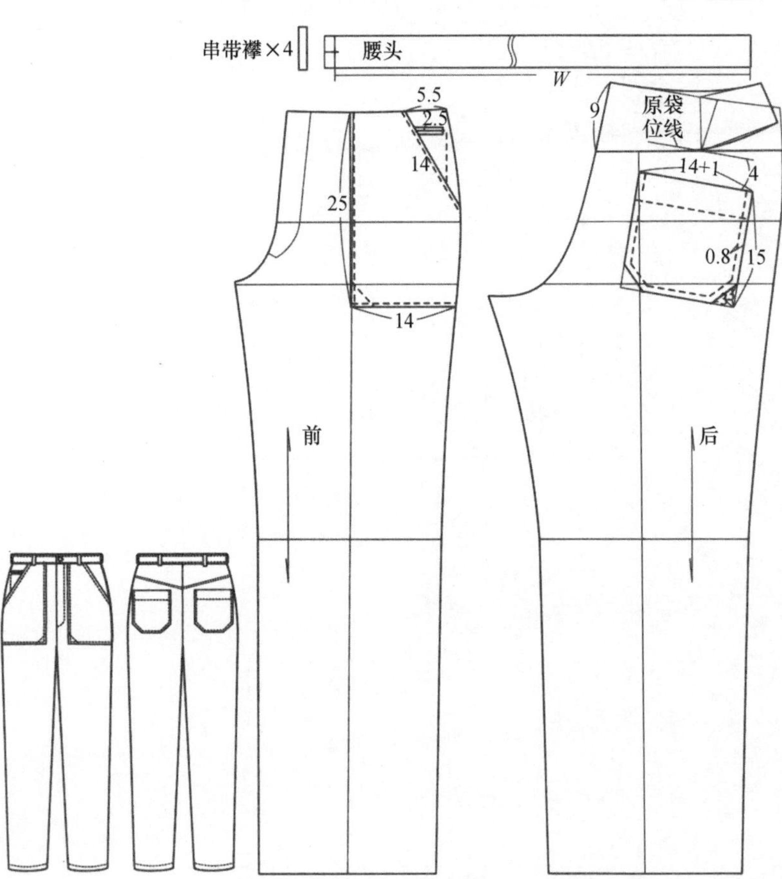

＊在单省H型无褶裤纸样的基础上，对前裤片进行连腰斜插袋处理，后裤片在育克腰线上做连腰处理，后贴袋改梯型贴袋为剑型贴袋

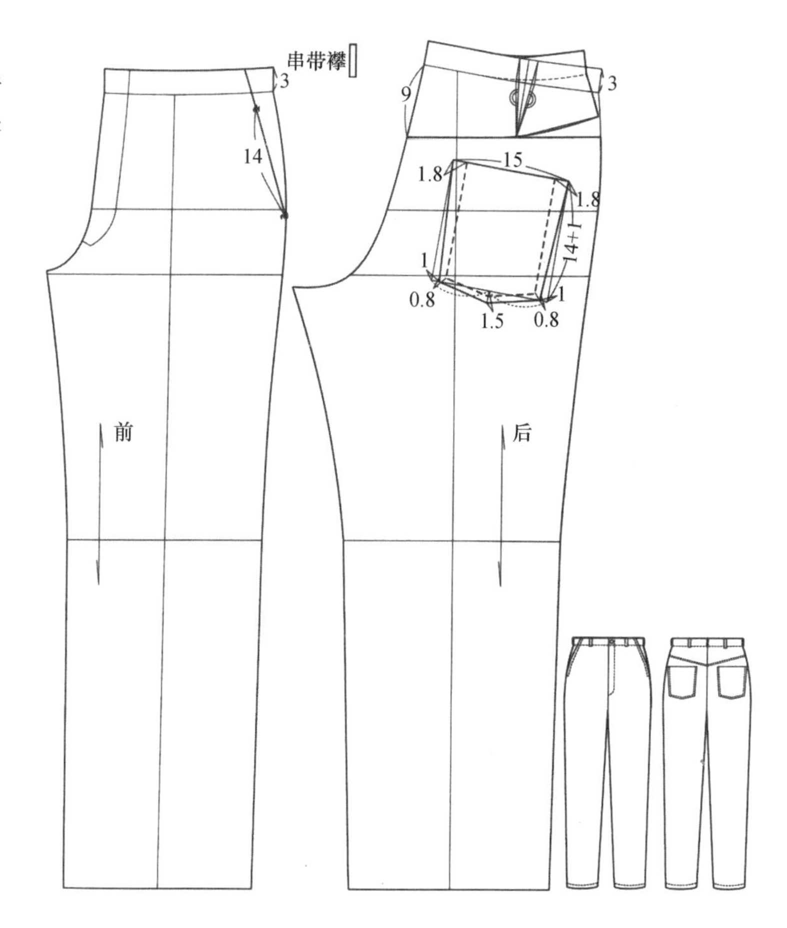


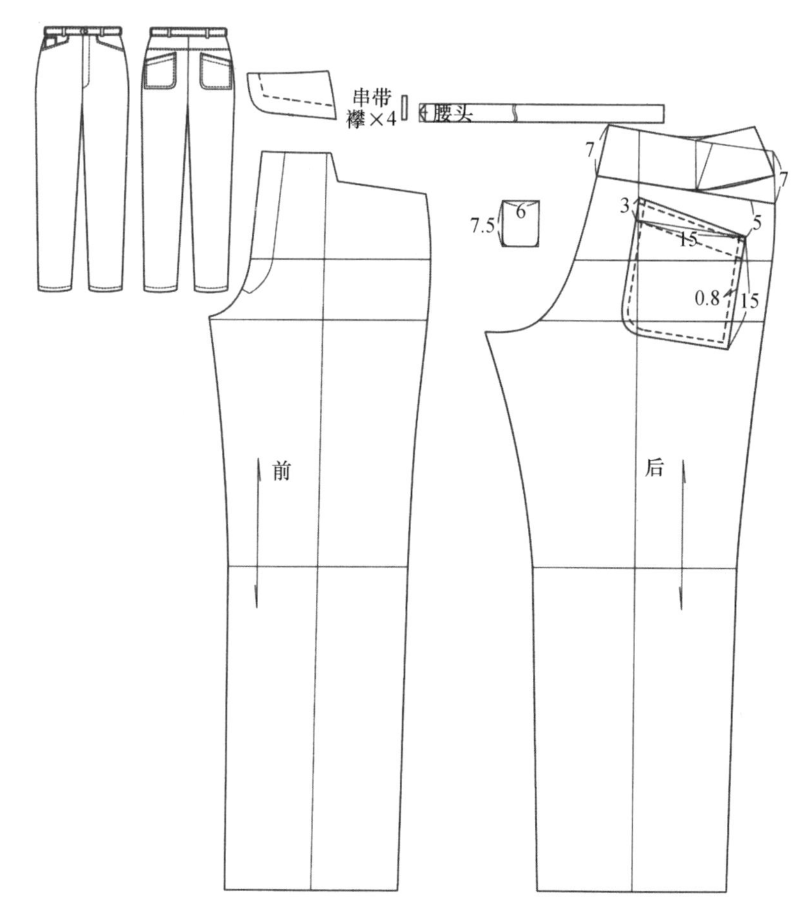


＊在单省H型无褶裤的纸样基础上强化牛仔裤元素，即构成牛仔裤元素的平插袋、表袋（前右片小袋）、后育克、大贴袋等；运用牛仔裤元素，与标准版有所不同

＊注意后袋口向侧缝倾斜更方便

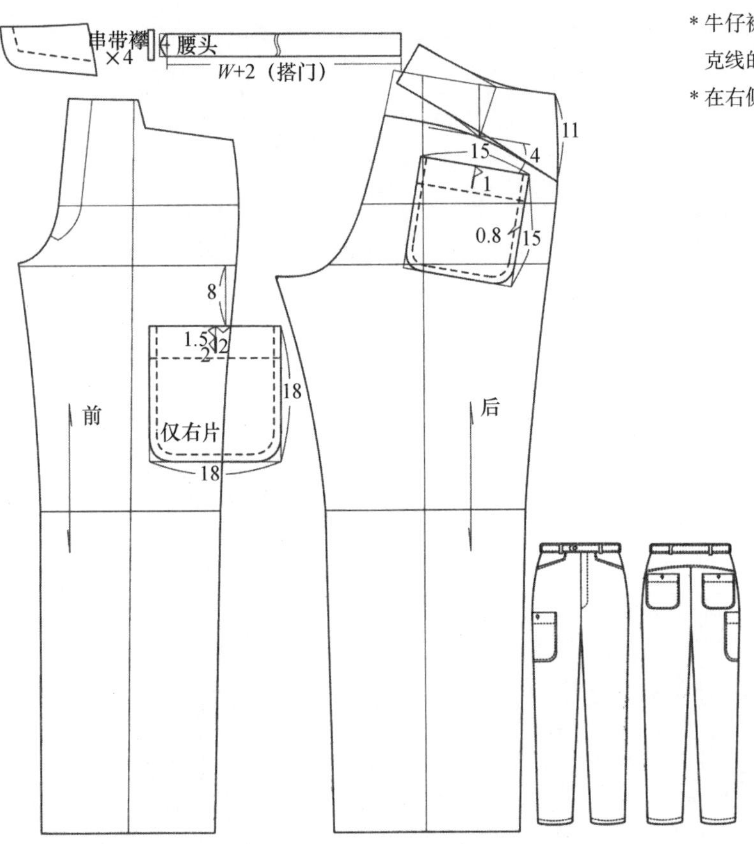


* 牛仔裤元素变化的惯性很强，故拓展设计空间会很大，如育克线的走势很丰富，还可以改分置式为连通式格局
* 在右侧缝设口袋，增加了它的专业功能

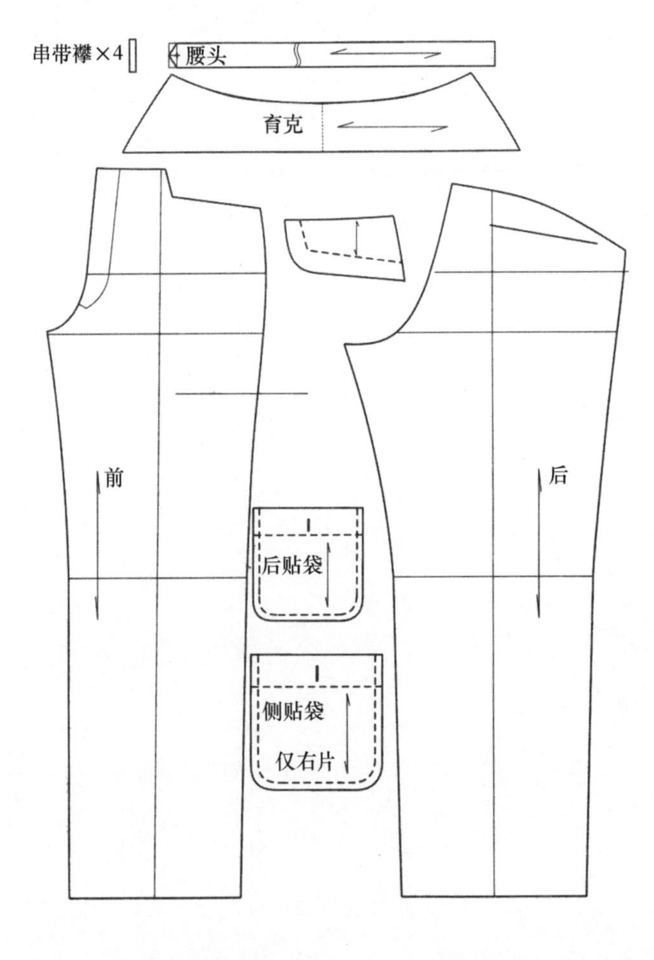


* 连通式育克H型牛仔裤分解图，将育克在后中缝做拼接，也可以用传统分育克设计，使系列更丰富

# 二、一板多款 A 型裤子纸样系列设计

## 一板多款 A 型裤子纸样系列设计——标准牛仔裤

*运用裤子的基本纸样，前裤片做去褶低腰、收中裆、增裤摆设计；后裤片做低腰育克、收中裆、增裤摆设计。口袋样式保持前片平插袋内加表袋，后片剑形贴袋501牛仔裤传统

*标准牛仔裤分解图可视为A型休闲裤基本纸样，用该纸样进行系列设计

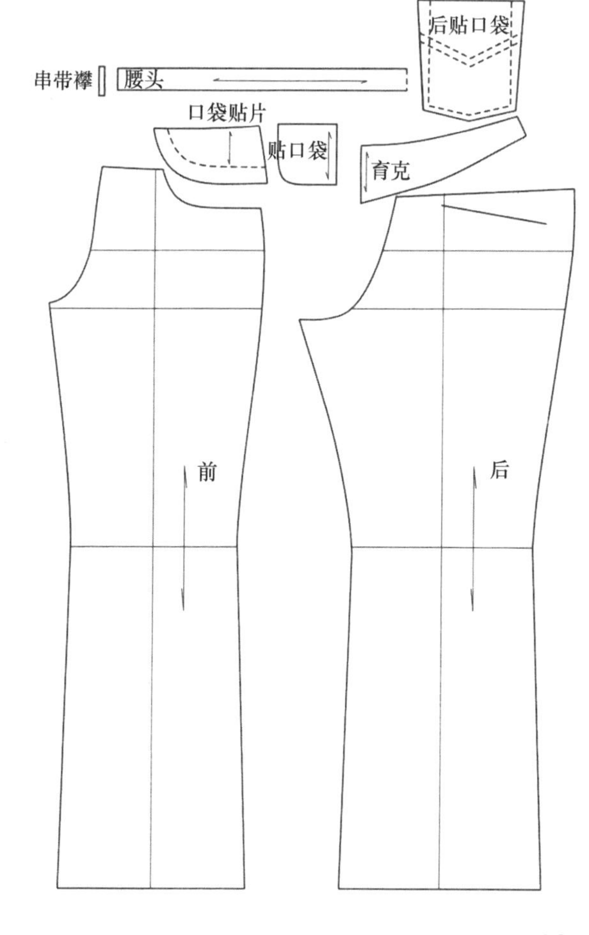

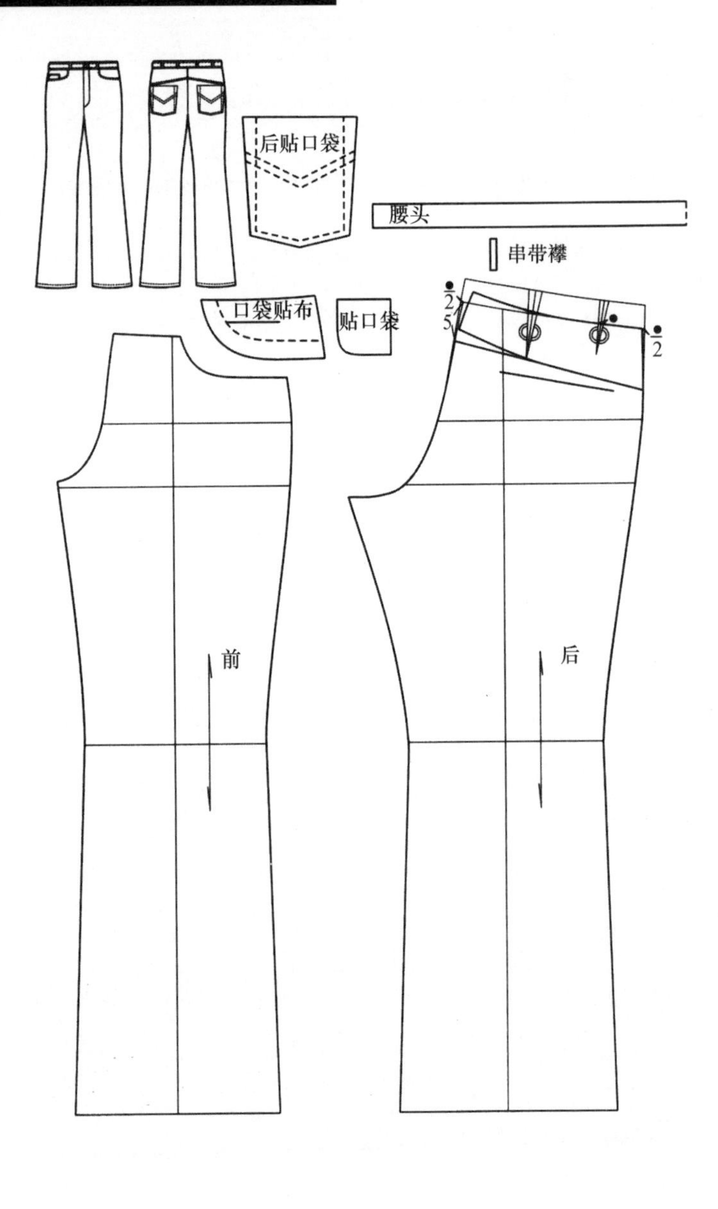


## 一板多款A型裤子纸样系列设计——A型牛仔裤系列

* 在A型标准版牛仔裤纸样的基础上进行逆向育克线设计
* 其他纸样通用

* 顺着逆向育克线设计的惯性，对前裤片进行暗袋明处理，后裤片改变贴袋形式（与前袋呼应）

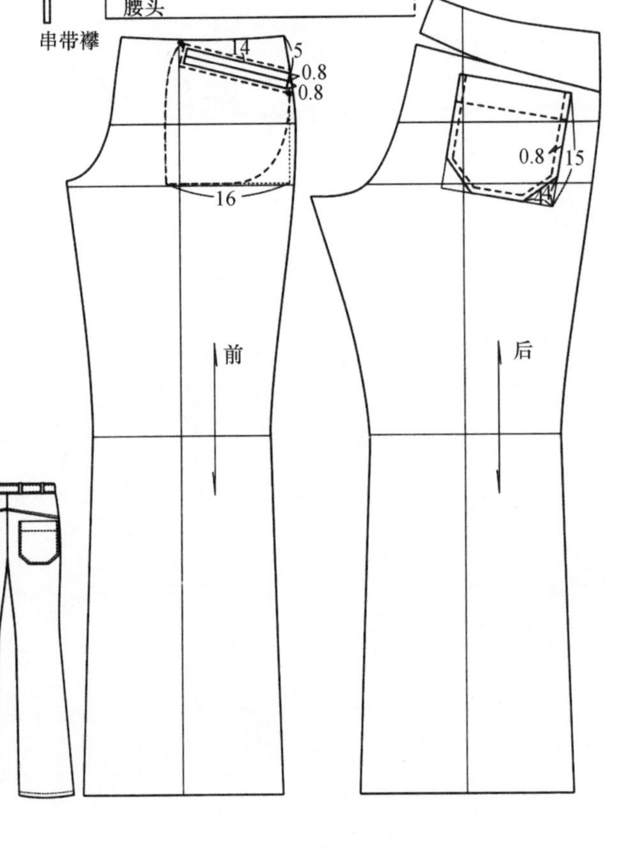

* 继续利用育克设计的惯性，将传统育克的硬朗线条设计成柔和线条，并裁剪成连通育克

* 如果将育克与竖分割线结合会产生先锋派味道，同时育克线加入袋口的设计不失为一种巧妙的构思

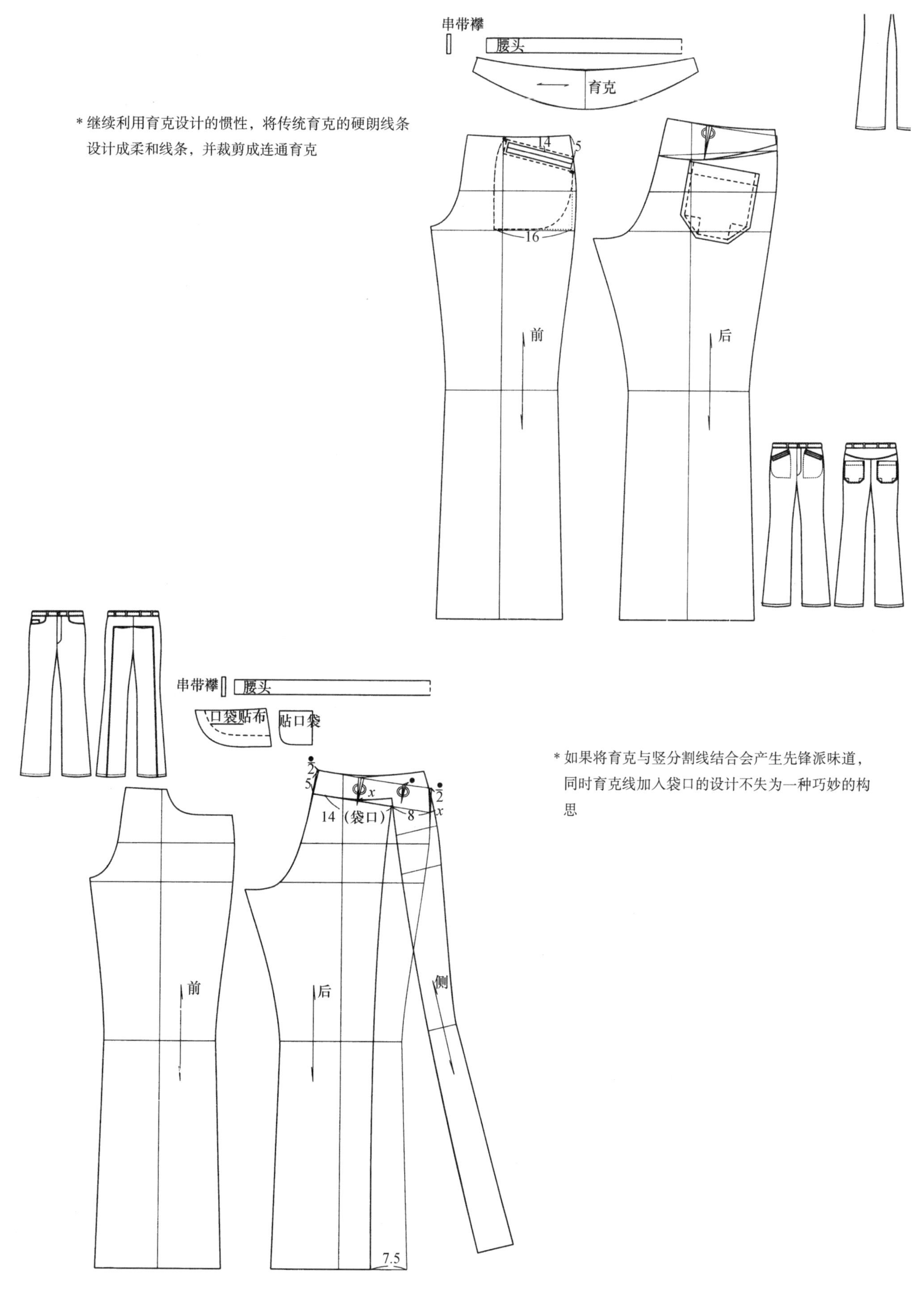

## 三、一款多板U型分割线裤子纸样系列设计

### 一款多板U型分割线裤子纸样系列设计——A型休闲裤

* 在无褶A型裤纸样的基础上，对应前、后裤片用U型分割线合并成完整侧片，同时，转移后省到分割线中并处理成侧腰襻

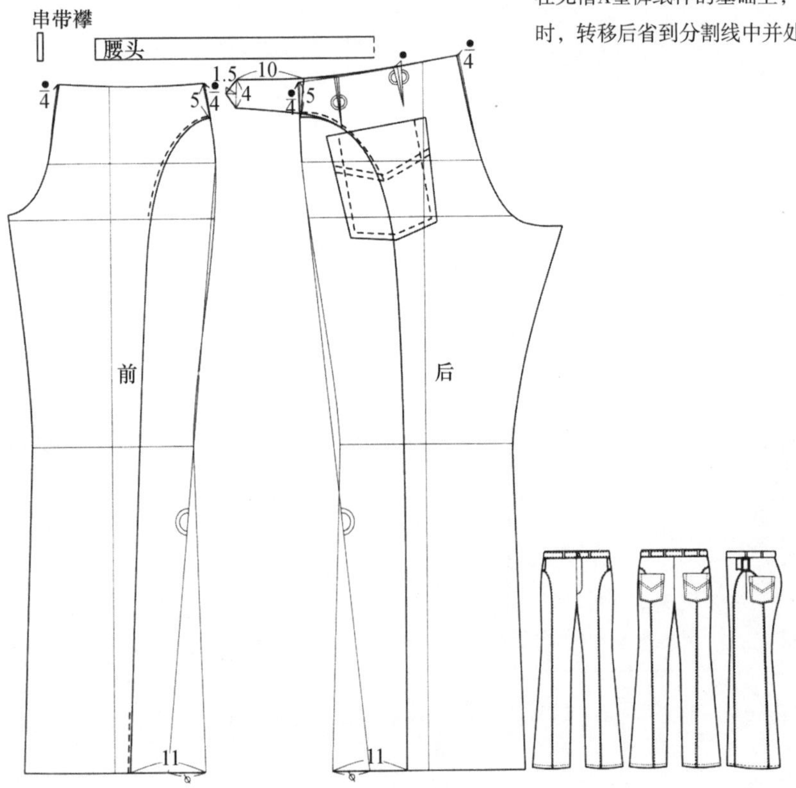


* 在做U型线分割的A型休闲裤分解图时，将裤摆侧片拼接，补充裤摆量成A造型

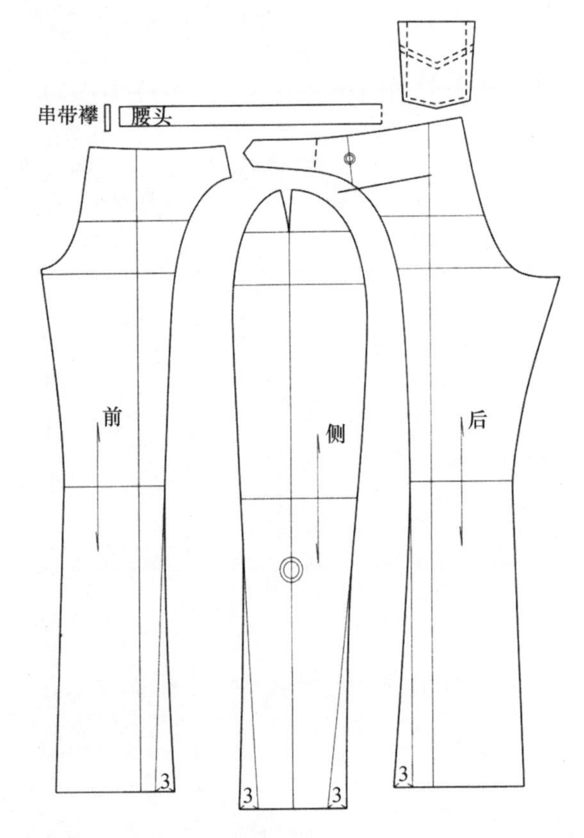

## 一款多板U型线分割裤子纸样系列设计——H型休闲裤

＊在U型线分割的A型休闲裤纸样基础上进行直裤口处理

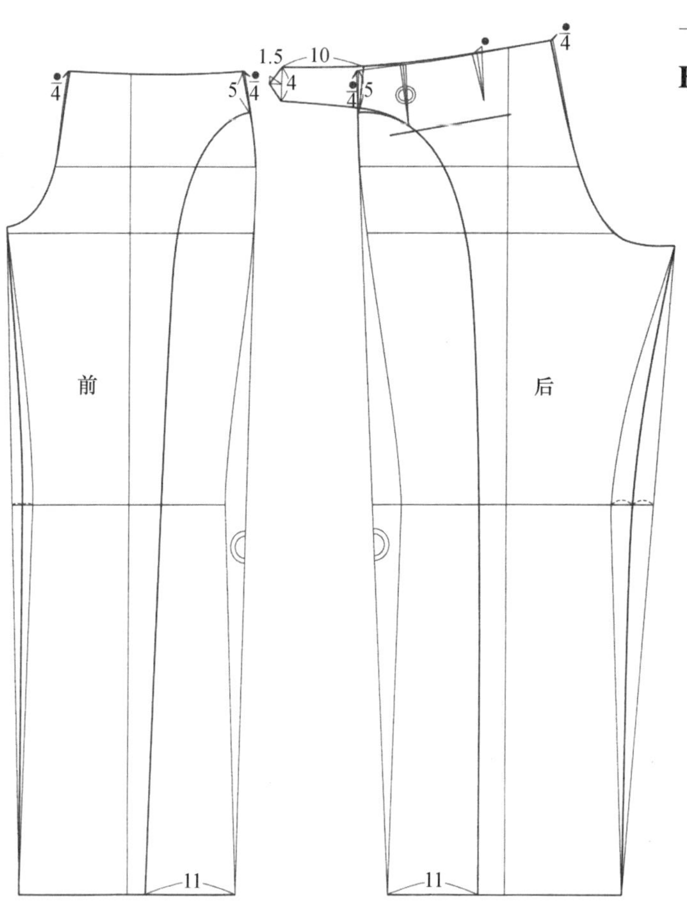


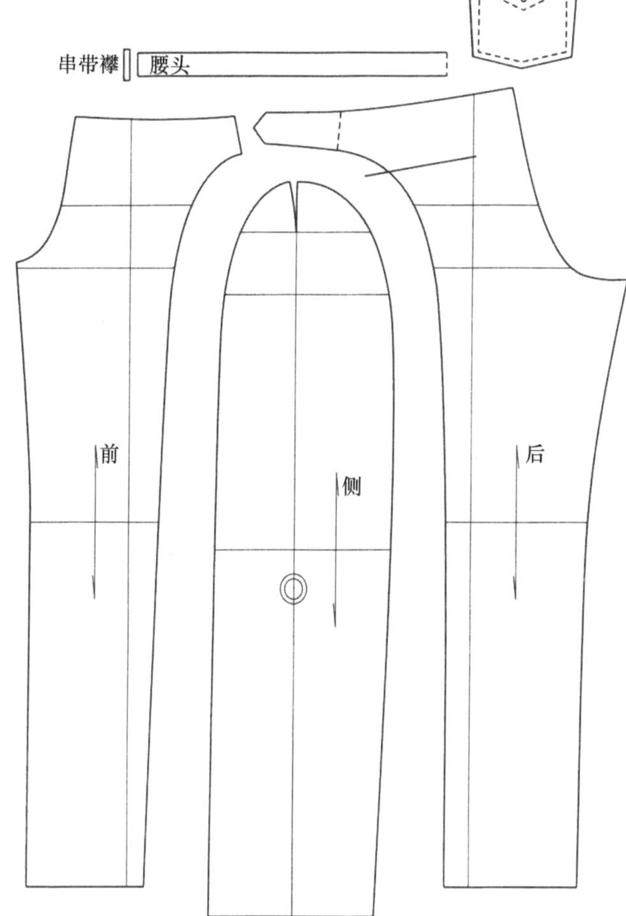


＊U型线分割H型休闲裤分解图

# 一款多板U型线分割裤子纸样系列设计——Y型休闲裤

* 在U型线分割的A型休闲裤纸样基础上进行收紧裤口处理

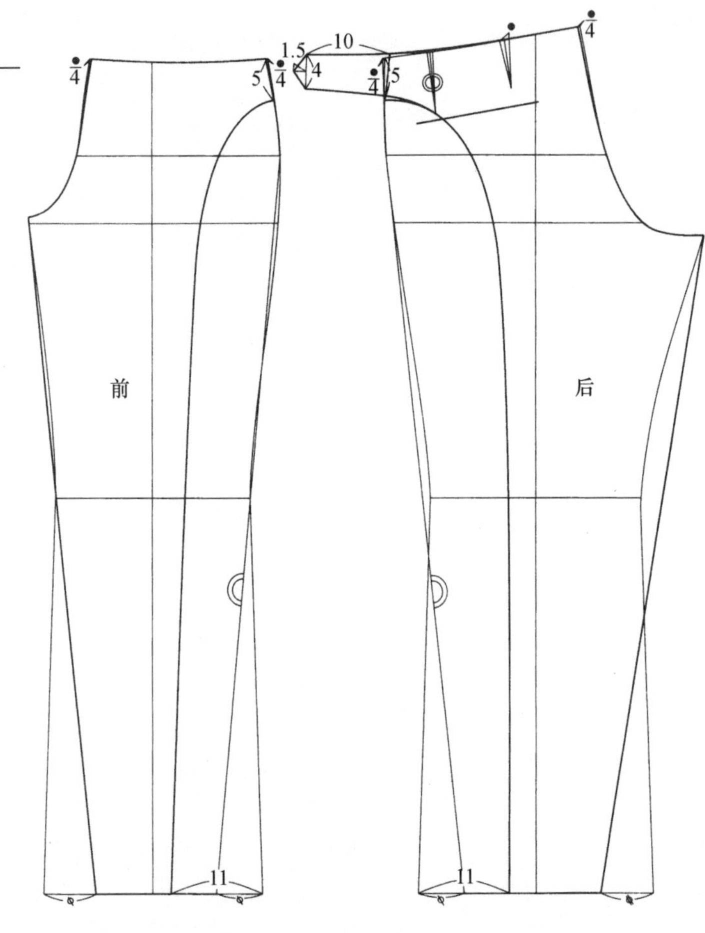


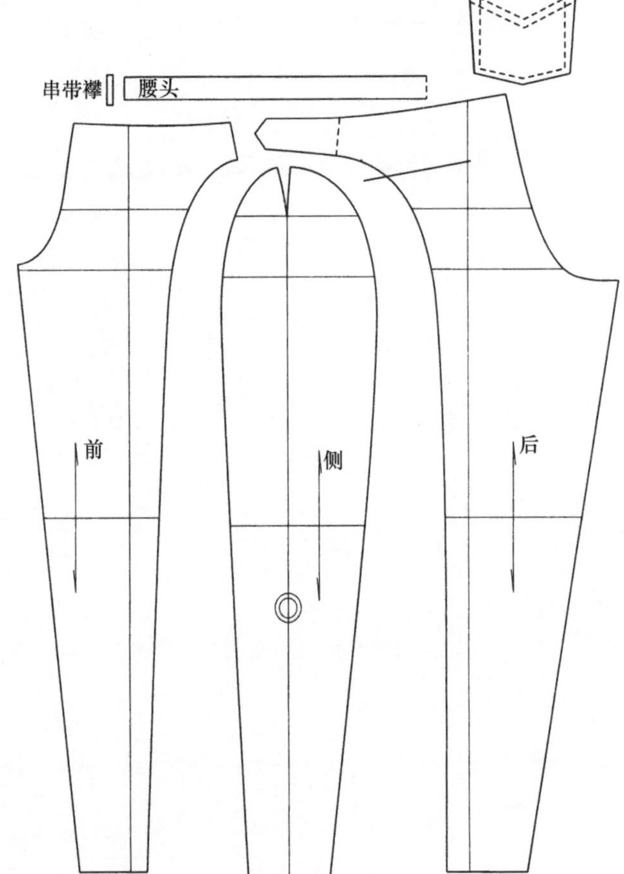


* U型线分割Y型休闲裤分解图

# 四、一板多款Y型裤子纸样系列设计

## 一板多款Y型裤子纸样系列设计——双褶Y型休闲裤（标准版）

* 在裤子基本纸样的基础上（单褶H型）适当提高腰位(2cm)，前裤片增腰褶、收紧裤口、重新订正挺缝线，进行直插袋设计；后裤片收紧裤口、重新订正挺缝线

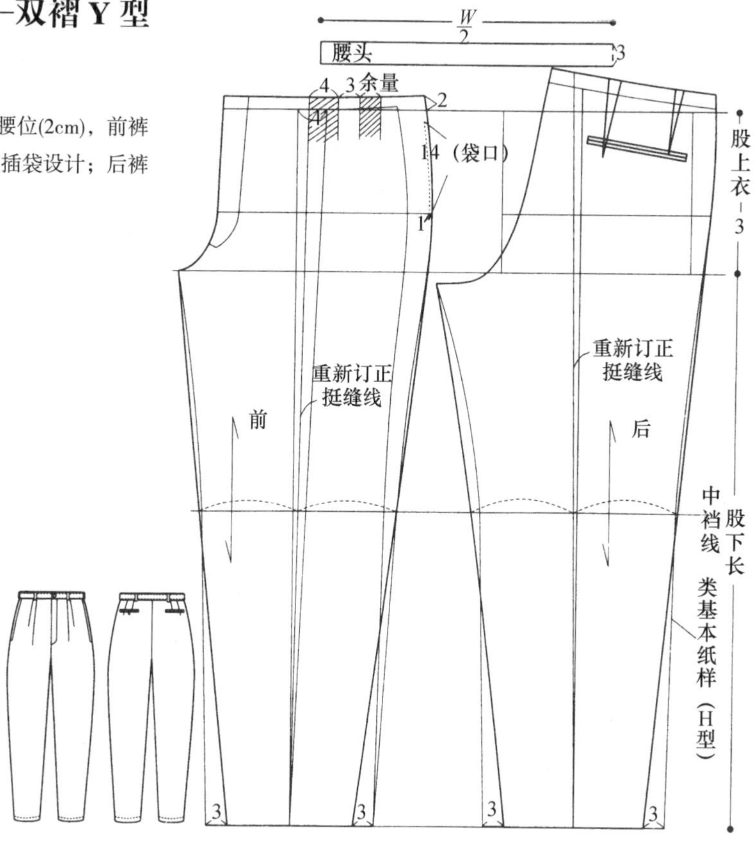


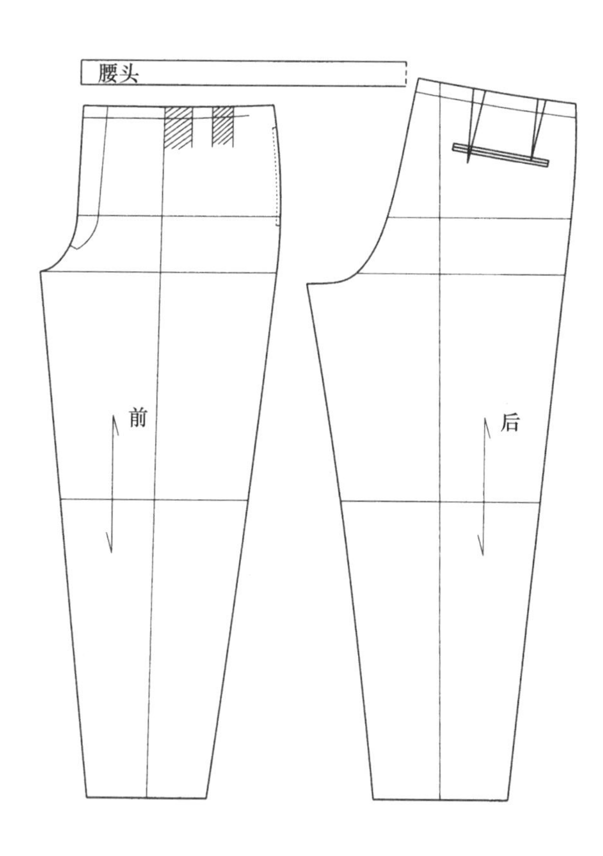


* 双褶Y型休闲裤分解图可作为Y型休闲裤纸样系列设计的基本纸样

# 一板多款Y型裤子纸样系列设计——腰育克Y型休闲裤系列

* 在双褶Y型休闲裤纸样的基础上进行前后育克连腰设计，注意前后育克在侧缝处要对接，前后省缝作拼合处理，贴袋回到原位并作倾斜处理

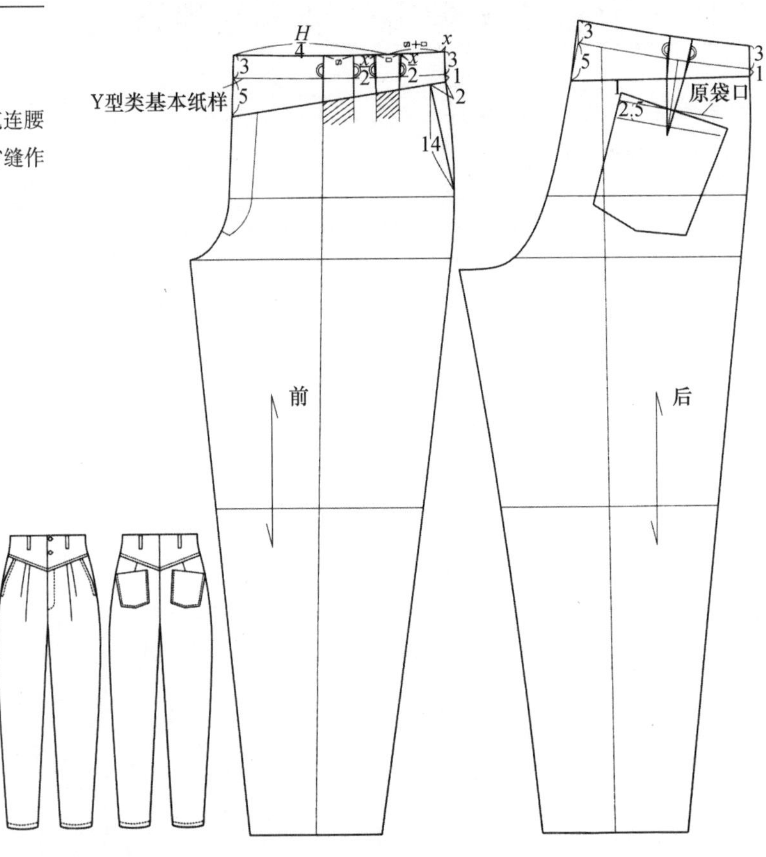


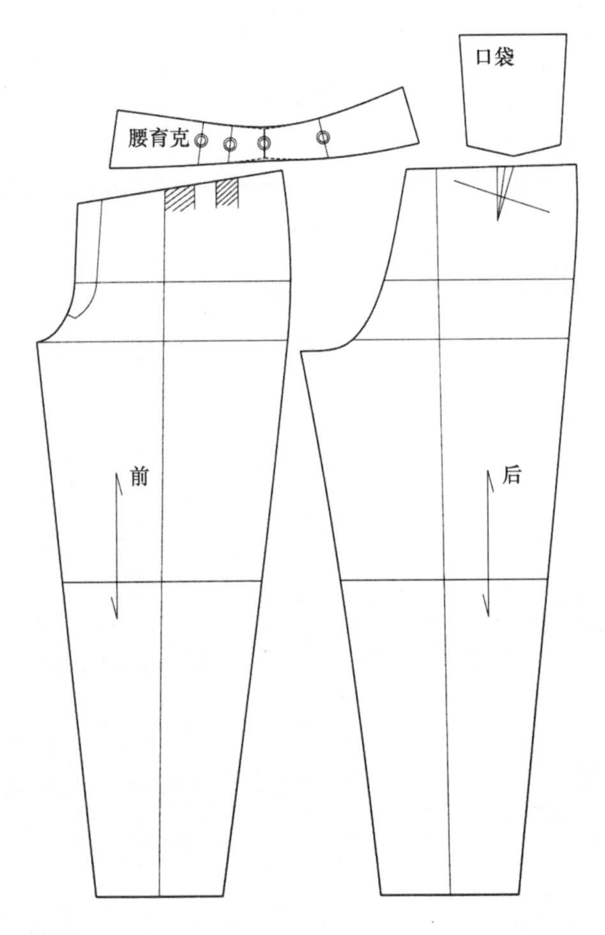


* 前育克并褶、后育克并省后形成完整左右育克结构

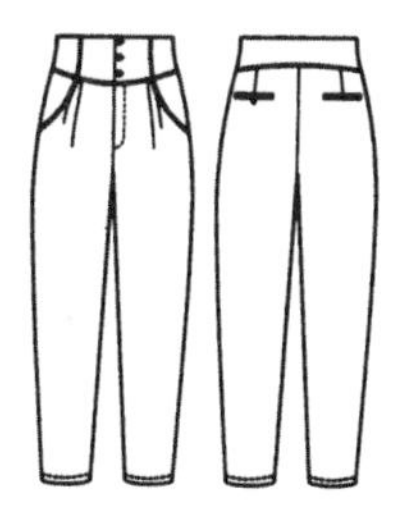

＊继续拓展育克设计，将育克直线分割变为弧线分割，使休闲风格变得柔和，前侧插袋与小褶对接，后袋回归嵌线口袋

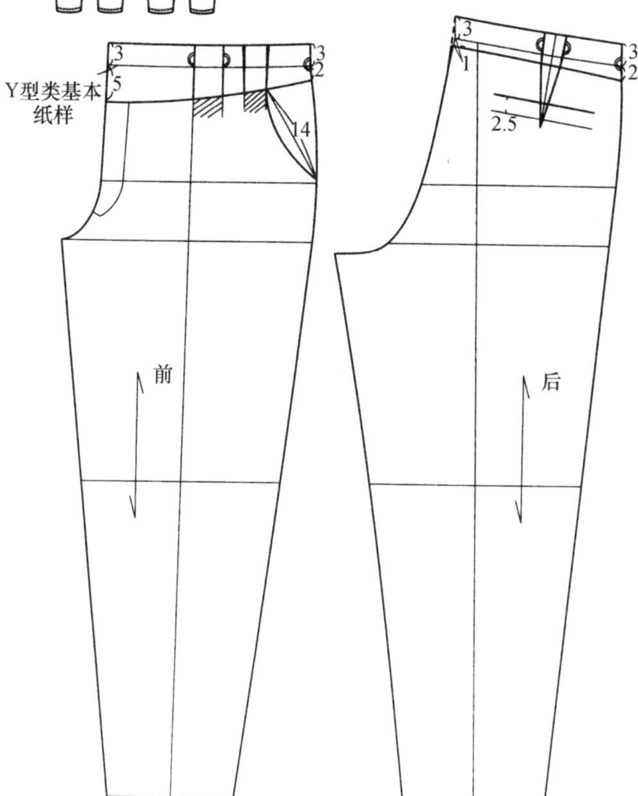


＊弧线育克在确定拼接线时，应考虑前片育克与小褶缝对应、后片育克的前、后侧缝拼合，再与后腰头拼合，使其构成跨越后片左右的完整育克结构

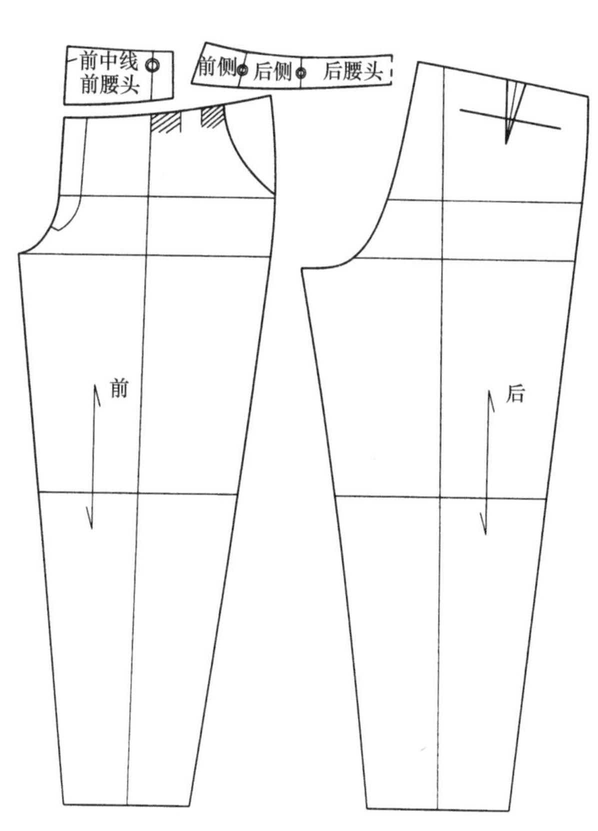

* 按照育克设计的惯性丰富育克造型，改变育克横竖线的布局，形成育克个性化设计

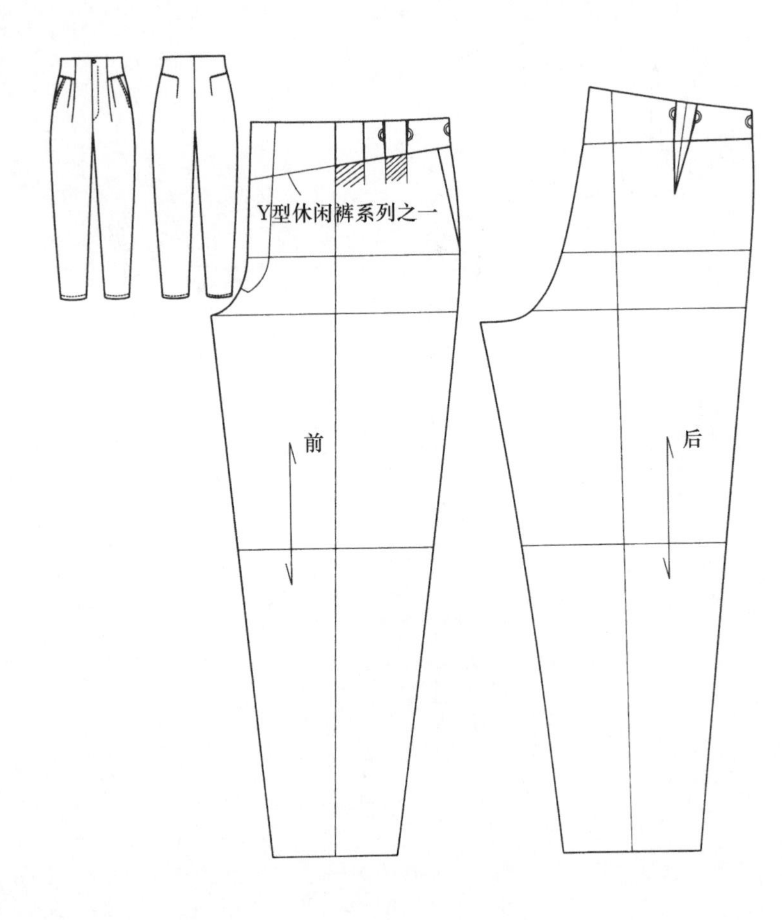


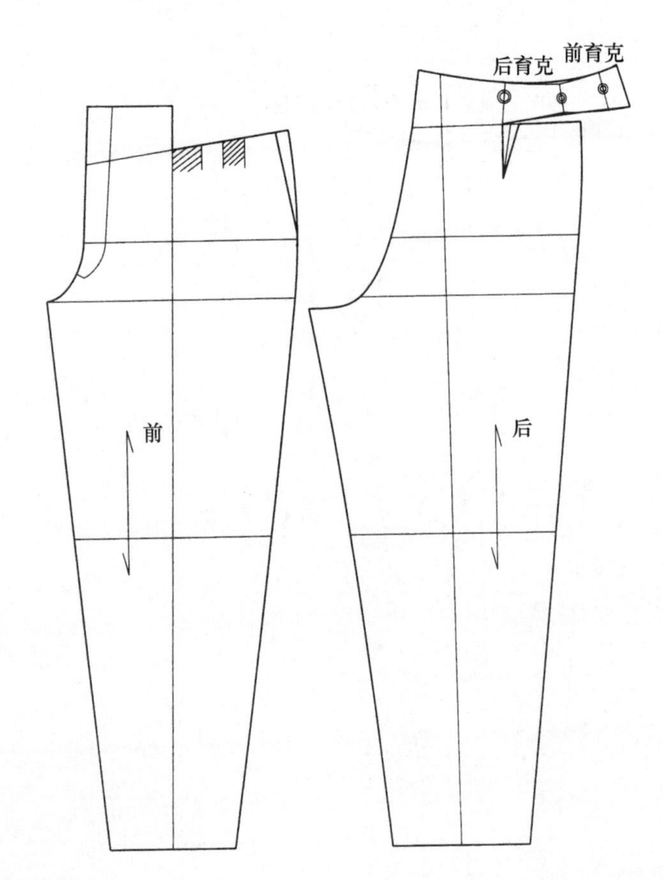


* 个性化育克Y型休闲裤分解图，将育克重新整合，分离前片育克部分与后片育克拼接，并与后裤片主体连接，产生个性化概念，提高了工艺的复杂性

# 训练九　背心款式系列设计训练

## 一、背心（内穿）基于TPO知识系统分类的经典款式

礼服背心

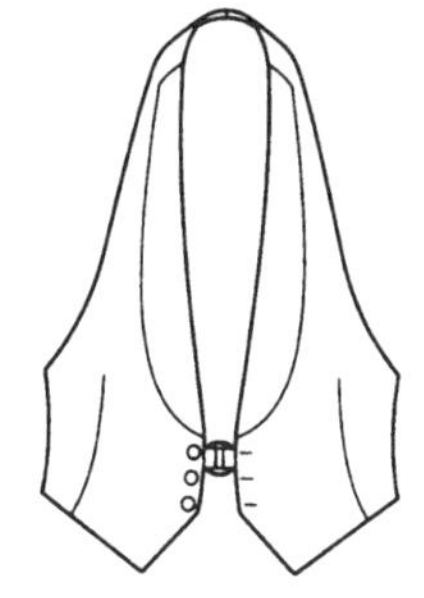

燕尾服背心（晚）

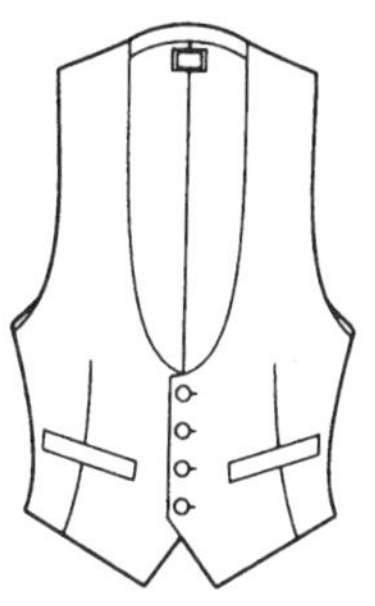

塔士多礼服背心（晚）

晨礼服背心（昼）

常服背心

套装背心（标准）

调和背心（休闲）

* 请注意，背心设计总体“禁忌大于自由”，因为它依据主服的存在而存在，要了解构成主服与它们元素的程式内涵

## 二、常服背心款式系列设计

标准款式

* 配合西服套装和日间礼服设计，亦作为单独背心设计

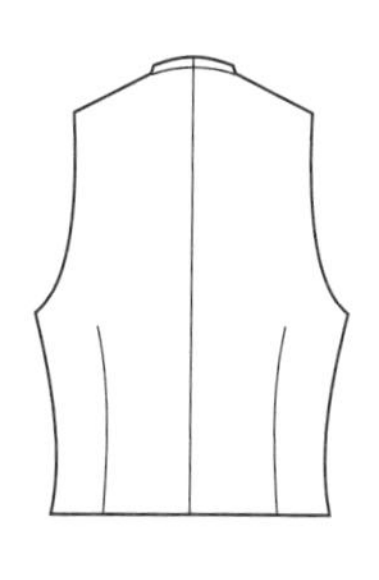

### 1. 口袋、门襟变化系列（四袋正式，两袋简装，袋盖形式休闲、三袋为法式，六扣正式，五扣简装）

**2. 平驳领六粒扣变化系列（有领六粒扣暗示怀旧风格，第一款视为最优雅的经典）**

**3. 平驳领五粒扣变化系列（五粒扣、平驳领、四袋背心，被视为简装化的优雅背心）**

## 三、晚礼服背心款式系列设计

标准款式

* 标准塔士多礼服背心

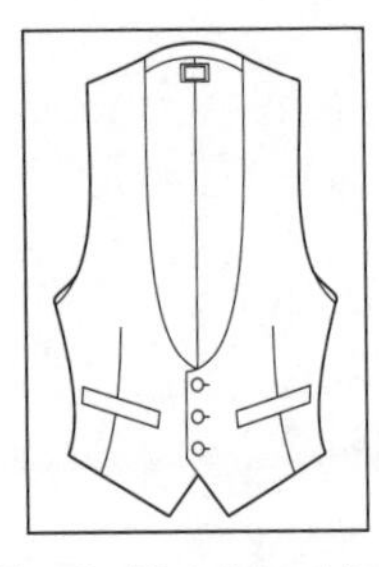
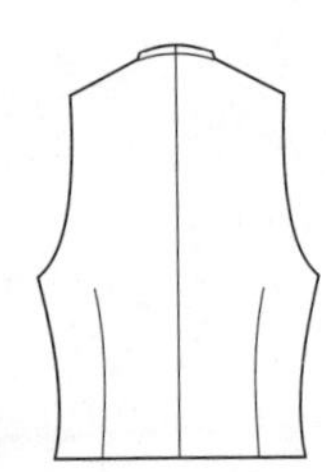

**1. 领型、门襟变化系列（低开领是晚礼服背心的特点，三粒扣为现代版，四粒扣为传统版）**

传统版塔士多背心

传统版方领燕尾服背心

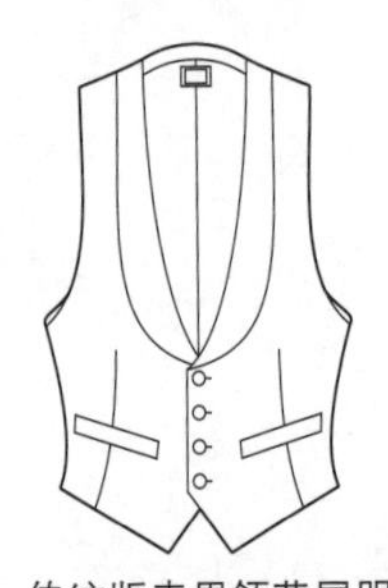
传统版青果领燕尾服背心

简装版晚礼服背心

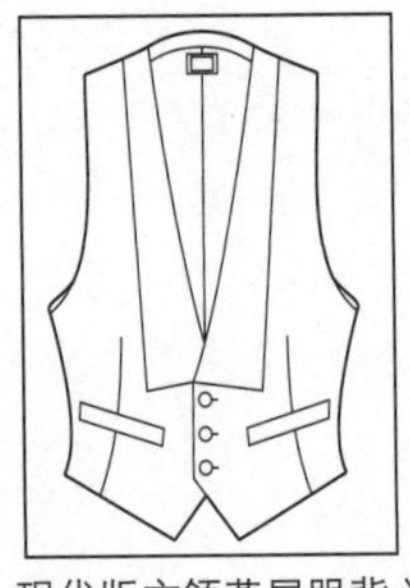
现代版方领燕尾服背心

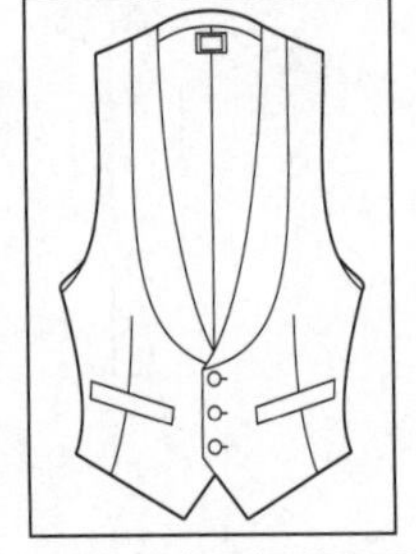
现代版青果领燕尾服背心

现代简装版晚礼服背心

**2. 无肩部领型变化系列（现代简约风格的燕尾服背心，亦可配合塔士多礼服，前者用白色，后者用黑色）**

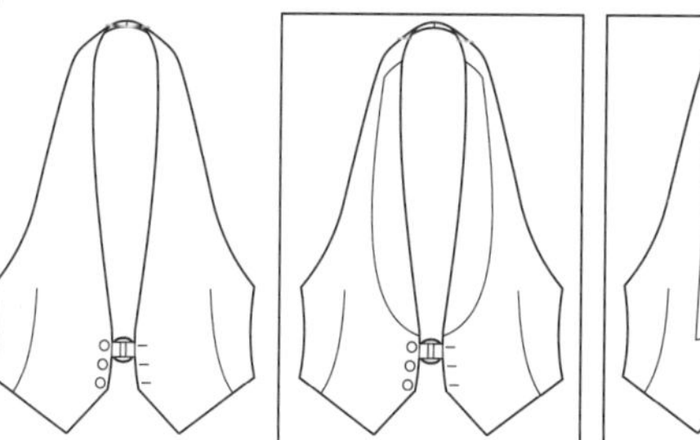

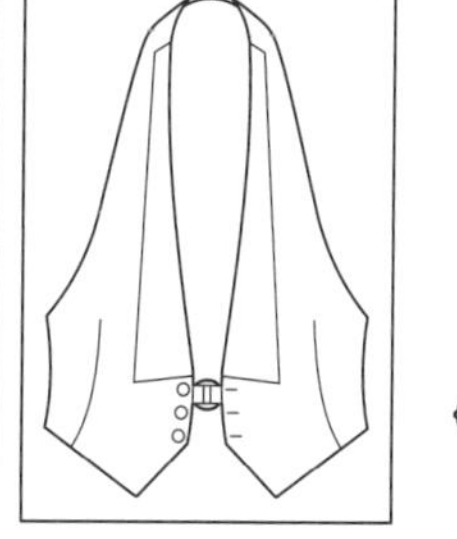

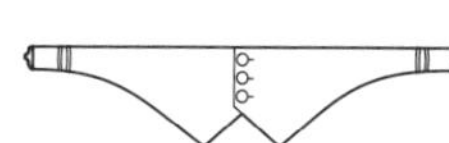

## 四、日间礼服背心款式系列设计

标准款式

* 标准晨礼服背心，双排扣为标志性特点

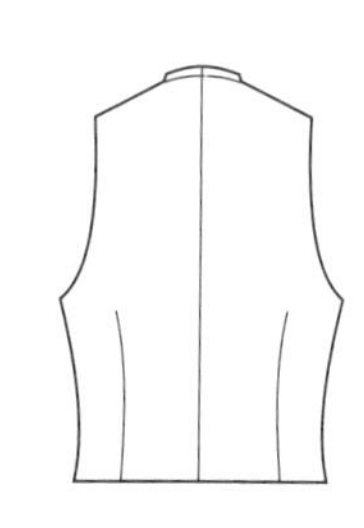

**1. 领型变化系列（高开领是日间礼服背心的特点，有领比无领更正式）**

戗驳领晨礼服背心

半戗驳领晨礼服背心

无领日间礼服背心

**2. 下摆、领型变化系列（综合有领、无领，角摆、平摆等元素的日间礼服背心概念设计）**

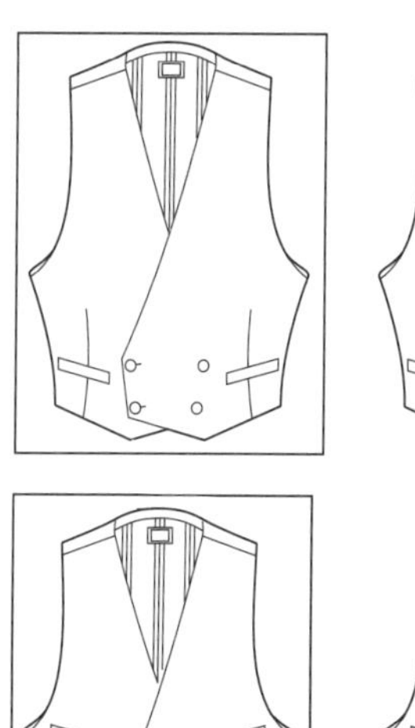

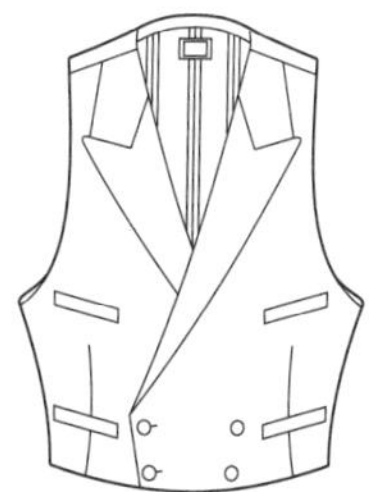

# 训练十　背心纸样系列设计训练

## 一、一板多款常服背心纸样系列设计

### 背心纸样设计（标准版）

* 运用基本纸样进行前片胸围减量设计，采用了与户外服放量设计相反的处理方法（内穿特点）
* 六粒扣对称四袋是标准版背心的基本特征

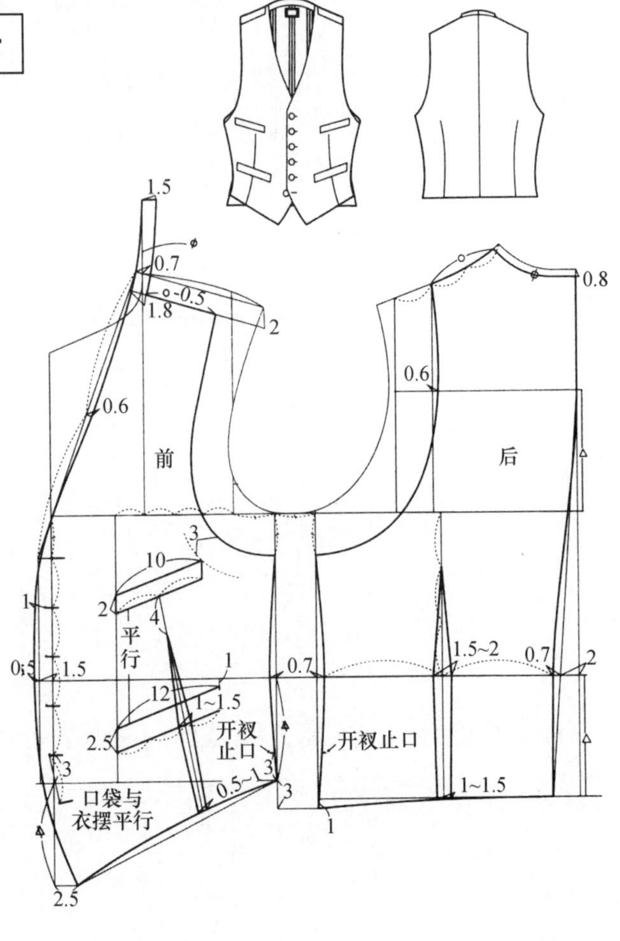


### 标准版背心分解图

* 以此作为内穿背心类基本纸样进行系列设计，内穿背心受主服制约走程式路线，相对稳定，一板多款方法应用普遍

## 一板多款常服背心纸样系列设计——夹领背心

* 在标准版背心纸样的基础上进行夹平驳领设计，前身小立领去掉补充在后领口上，驳领部分在肩线采用夹缝工艺，不采用真领（全领）结构是因为在与西装外衣组合时，后领不显臃肿

1.5
3
3
3.5
7.5
前
上口袋
下口袋
后
标准版
套装背心

## 一板多款常服背心纸样系列设计——五粒扣背心

* 在标准版背心纸样的基础上，将六粒扣通过调整扣位、扣距变成五粒，这是出于休闲的考虑，故有简装背心的趋势

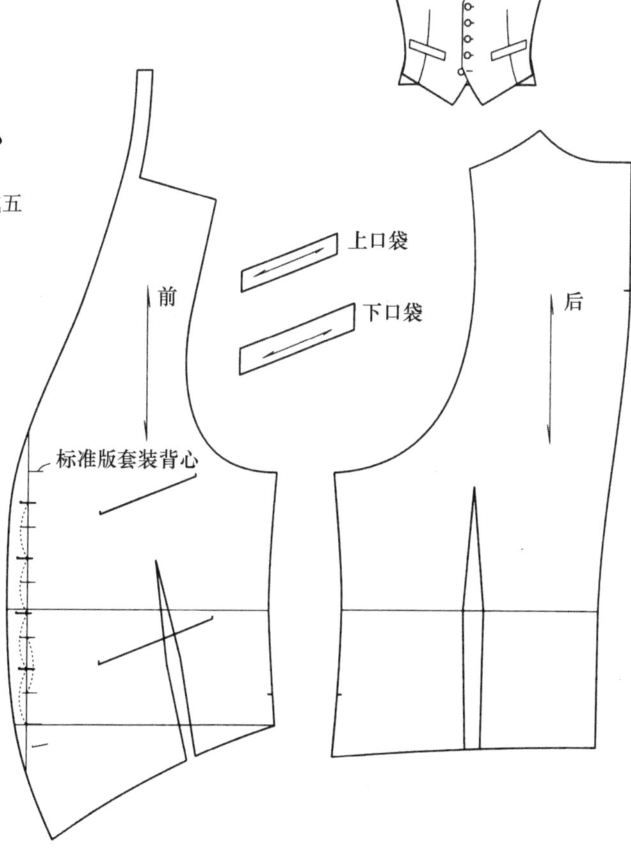

## 一板多款常服背心纸样系列设计——夹领五粒扣背心

* 在五粒扣背心纸样的基础上进行夹平驳领设计，有新古典风格的味道

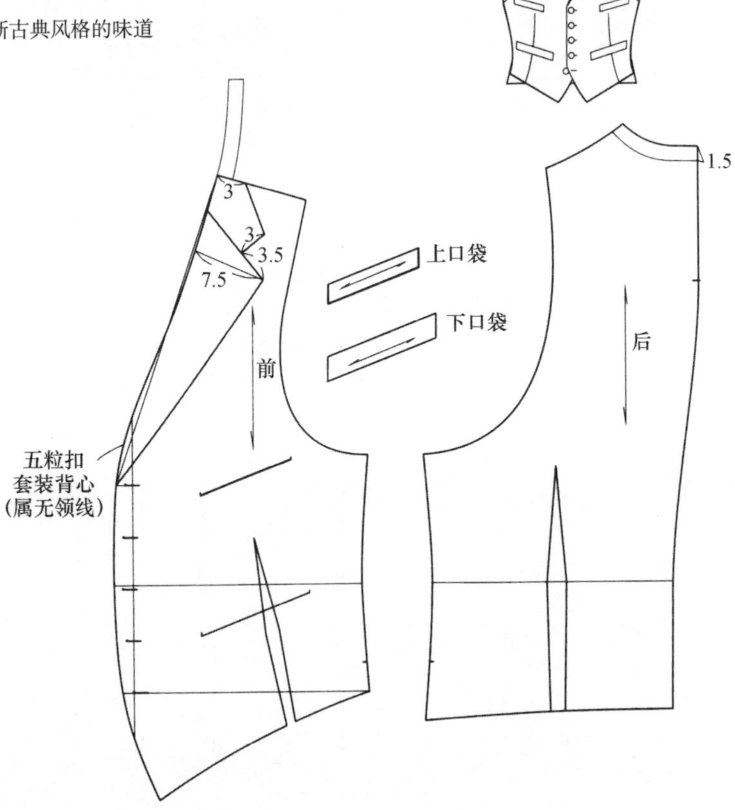


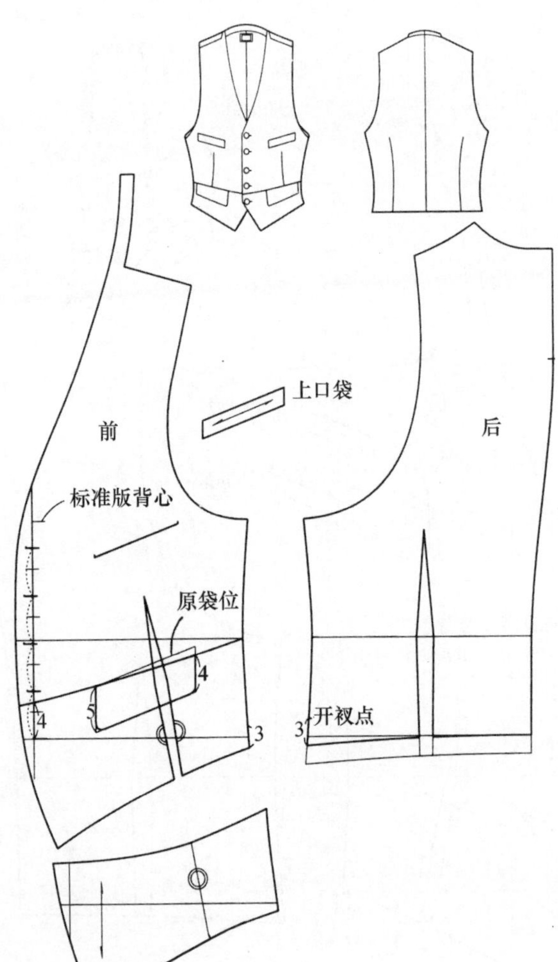


## 一板多款常服背心纸样系列设计——破腰线五粒扣背心

* 在五粒扣背心纸样的基础上，对前身进行破腰线夹袋结构设计，这是休闲背心的特点，常与运动西装、休闲西装组合
* 破腰线使前衣摆合并省成整片，同时后身处理成与前身同等长度（也可保持原状）

## 一板多款常服背心纸样系列设计——夹领五粒扣破腰线背心

＊在破腰线五粒扣背心纸样的基础上进行夹平驳领设计，这是休闲背心的古典风格

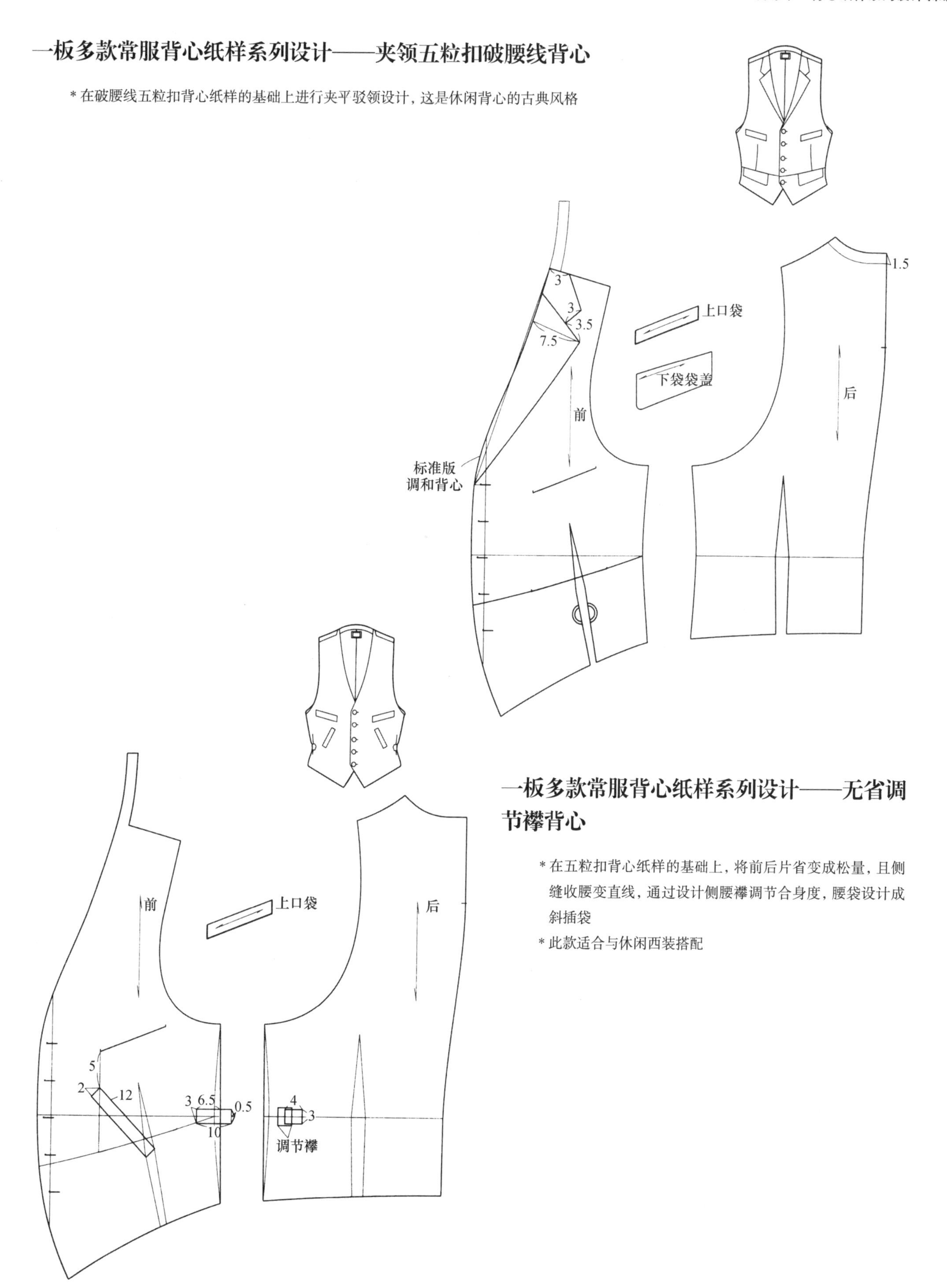


## 一板多款常服背心纸样系列设计——无省调节襻背心

＊在五粒扣背心纸样的基础上，将前后片省变成松量，且侧缝收腰变直线，通过设计侧腰襻调节合身度，腰袋设计成斜插袋

＊此款适合与休闲西装搭配

## 二、一板多款礼服背心纸样系列设计

### 一板多款礼服背心纸样系列设计——塔士多背心（标准版）

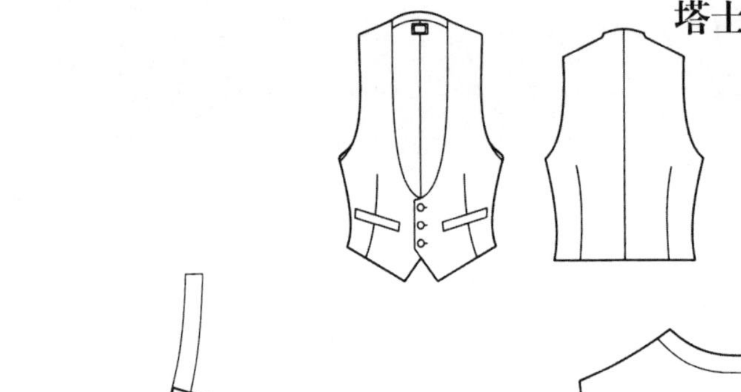

* 在标准版背心纸样的基础上，整体向腰部压缩处理，进行U型领口、三粒扣设计，去掉胸部口袋，腰袋调整与下摆平行并进行窄嵌线设计

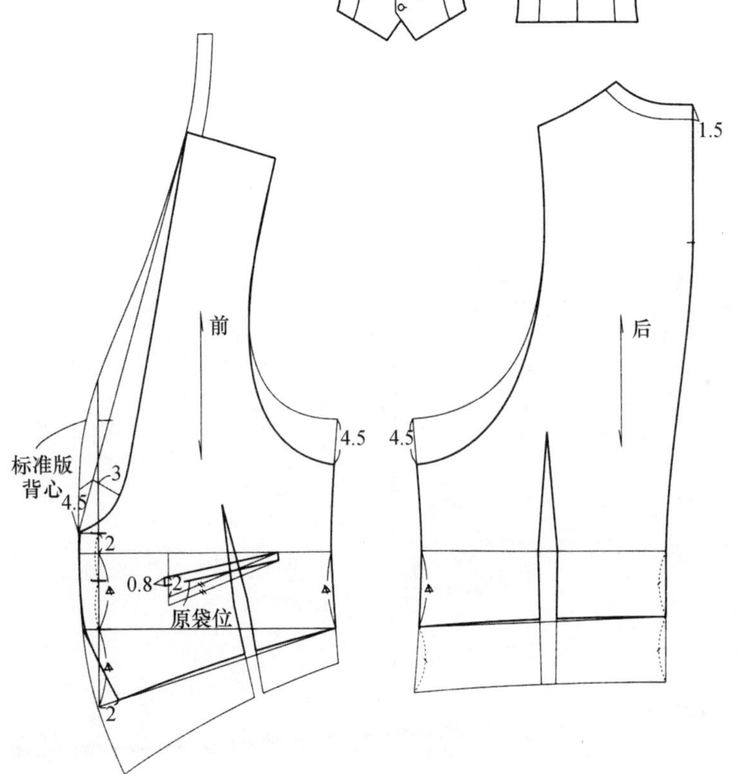


### 一板多款礼服背心纸样系列设计——四粒扣塔士多背心

* 在标准版塔士多背心纸样的基础上从三粒扣调整到四粒扣，这是传统版塔士多背心的特点

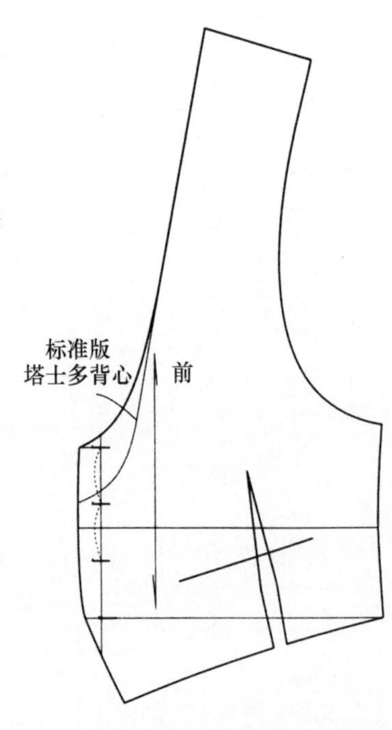


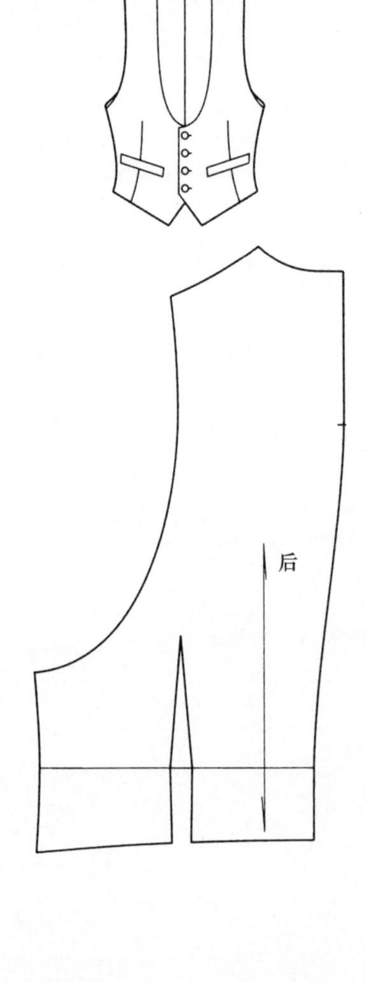

## 一板多款礼服背心纸样系列设计——燕尾服背心（标准版）

＊在标准版塔士多背心纸样的基础上，对前身进行V型领口夹方领设计

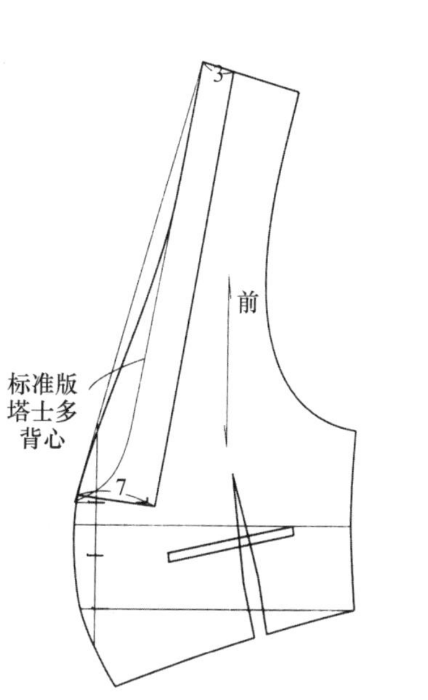


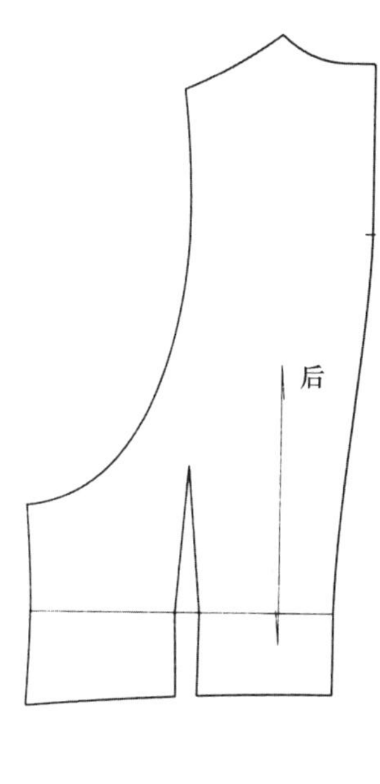


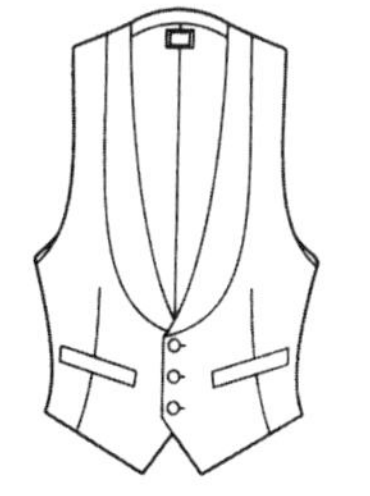

## 一板多款礼服背心纸样系列设计——夹青果领燕尾服背心

＊在标准版燕尾服背心纸样的基础上变方领为青果领

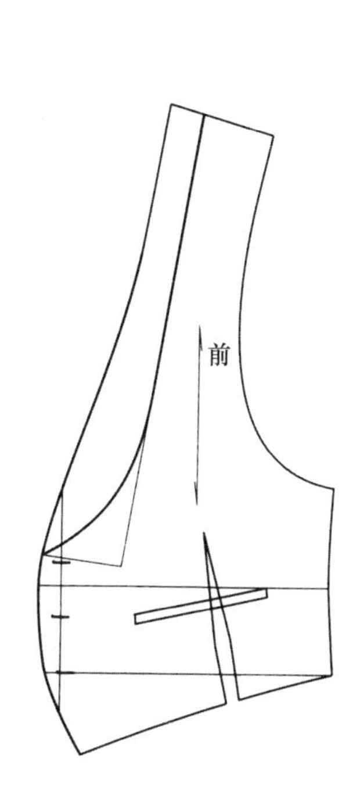


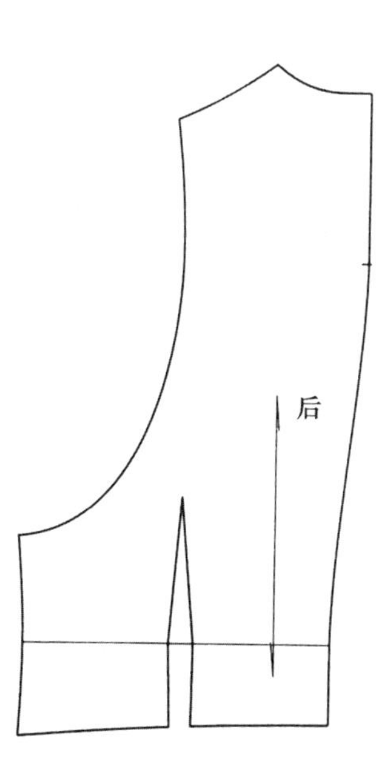

## 一板多款礼服背心纸样系列设计——简约风格燕尾服背心

* 在基本纸样的基础上，直接设计燕尾服简约风格背心的纸样，左右身由领缘连接，后身简化成带状结构，青果领保留在主体结构上并变窄，去掉口袋

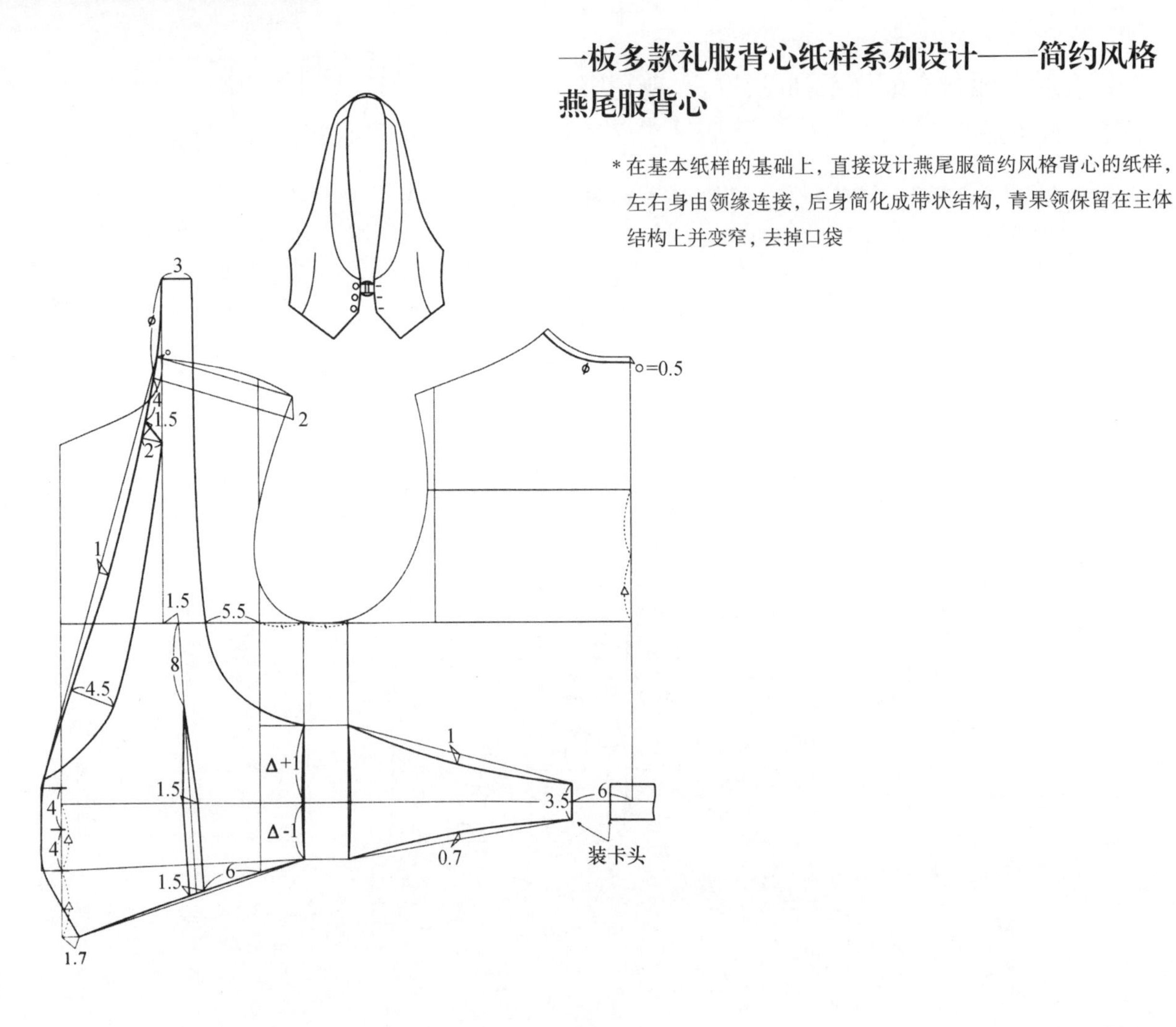


* 在简约风格燕尾服背心纸样的基础上，变青果领为方领会产生个性变化和流行感
* 简约风格燕尾服背心常降格使用，与塔士多礼服搭配有新古典主义味道，但要与外衣（黑色）色调一致，注意不能与日间礼服搭配，因为它的独特元素正是区别礼服昼夜的社交语言

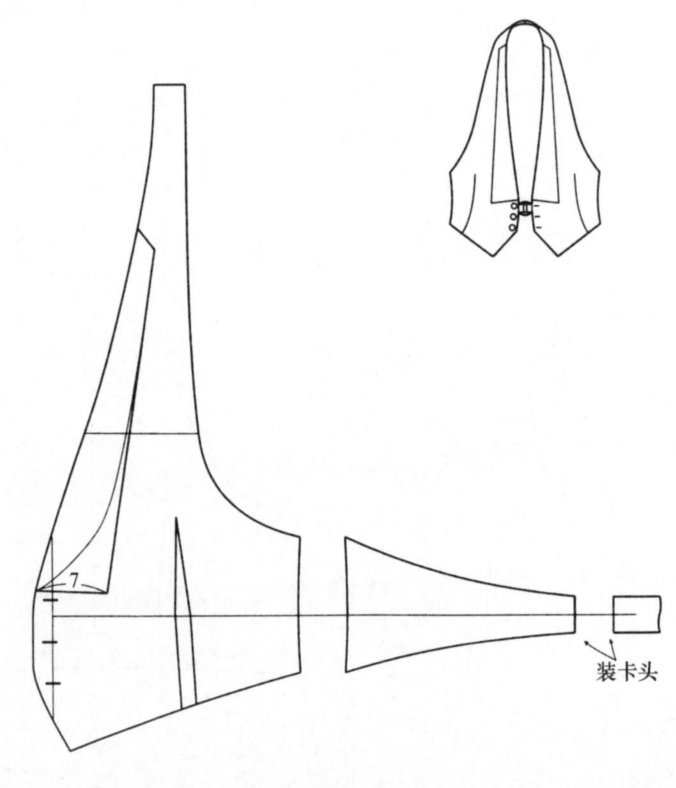

## 一板多款礼服背心纸样系列设计——晨礼服背心（标准版）

* 在标准版背心纸样的基础上，进行双排六粒扣、平摆和夹青果领设计，口袋调整成与下摆平行状态，袋型与标准版背心通用

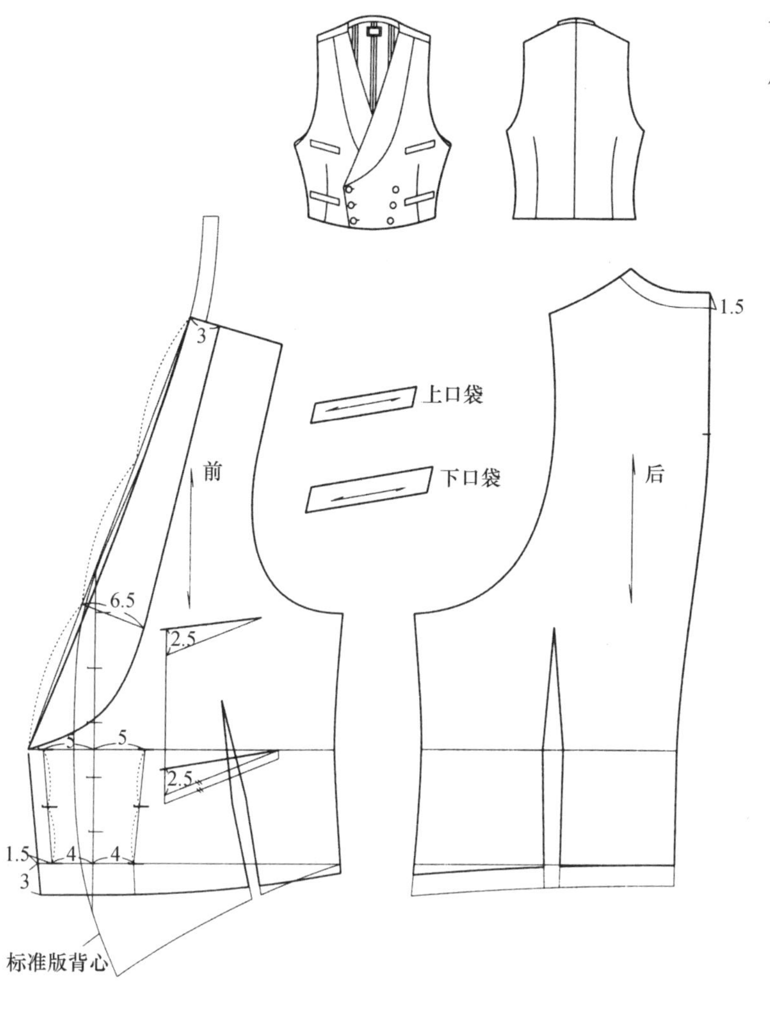

## 一板多款礼服背心纸样系列设计——夹戗驳领晨礼服背心

* 在标准版晨礼服背心纸样的基础上，变青果领为戗驳领

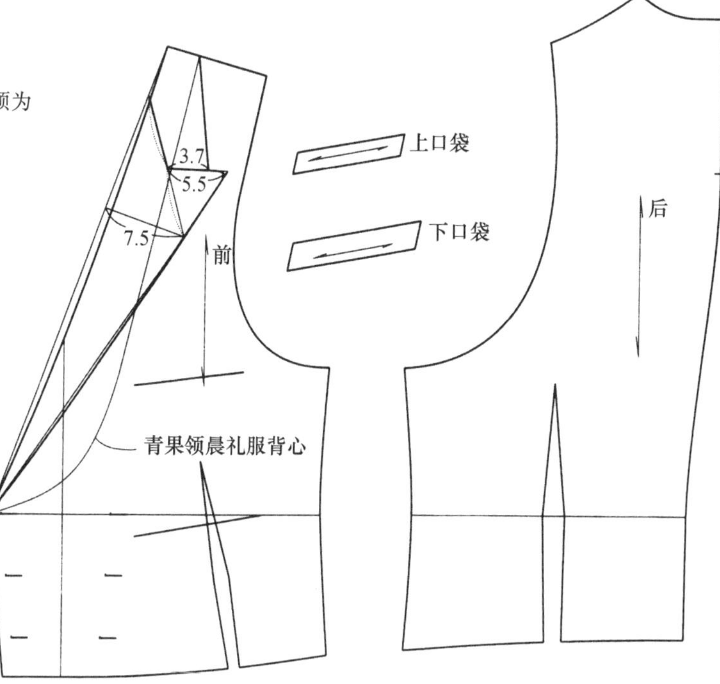

## 一板多款礼服背心纸样系列设计——夹半戗驳领晨礼服背心

* 在夹戗驳领晨礼服背心纸样的基础上进行半戗驳领处理

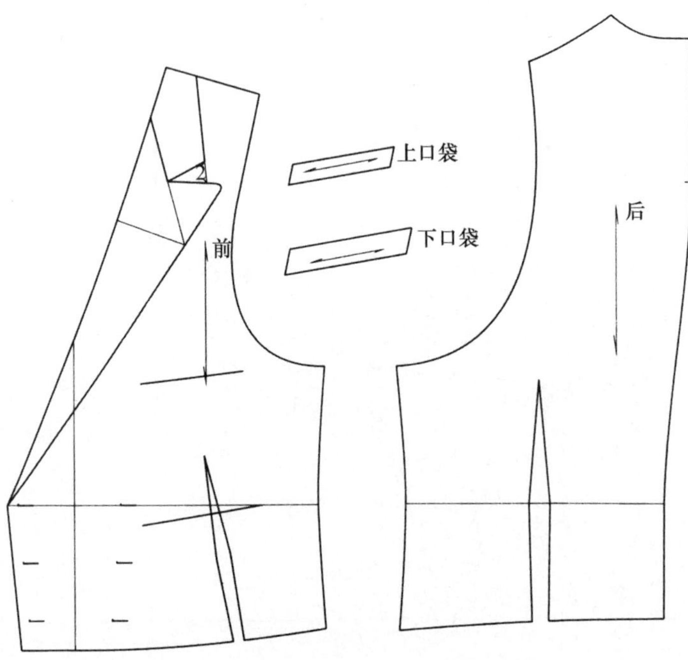

## 一板多款礼服背心纸样系列设计——无夹领日间礼服背心

* 在夹半戗驳领晨礼服背心纸样的基础上去掉夹领部分，它可以被视为简装版晨礼服背心，也是董事套装背心的标准版，与西服套装搭配，暗示怀旧风格

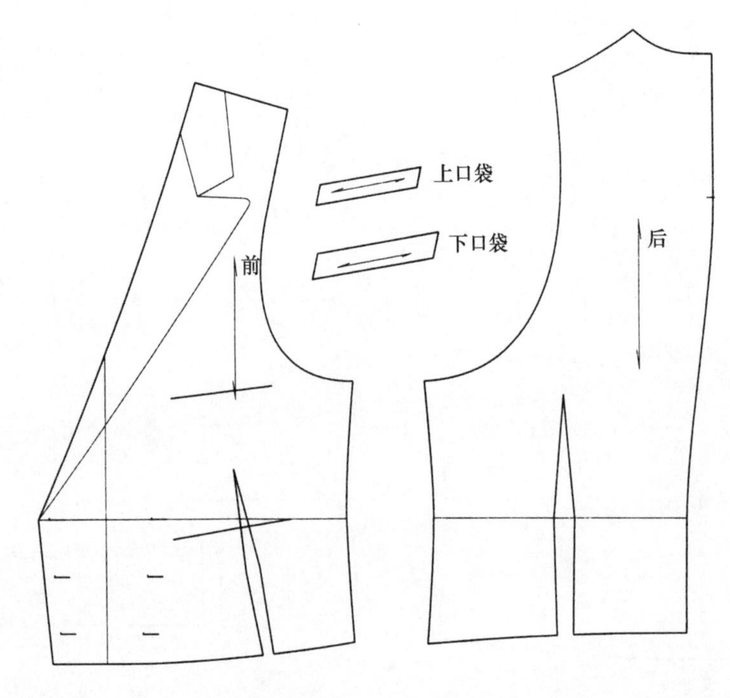

* 将无夹领日间礼服背心纸样进行大开领四粒扣处理，则强化了现代概念，搭配也变得自由

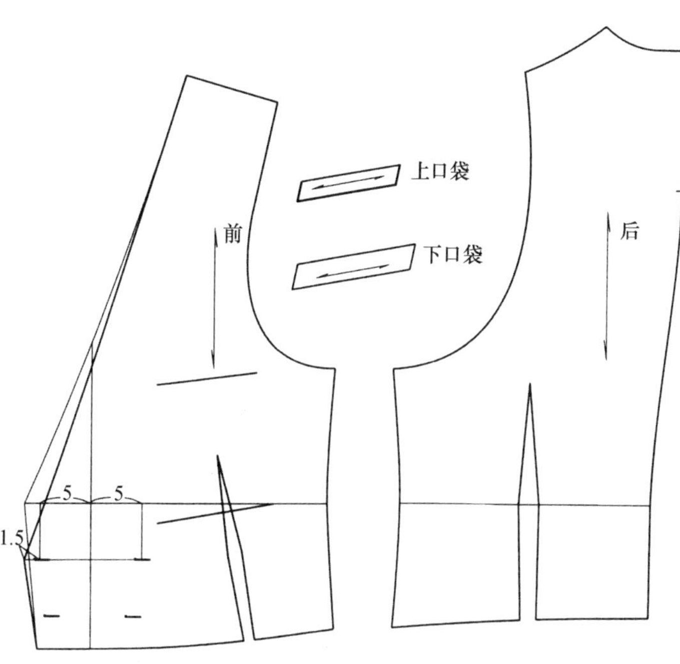


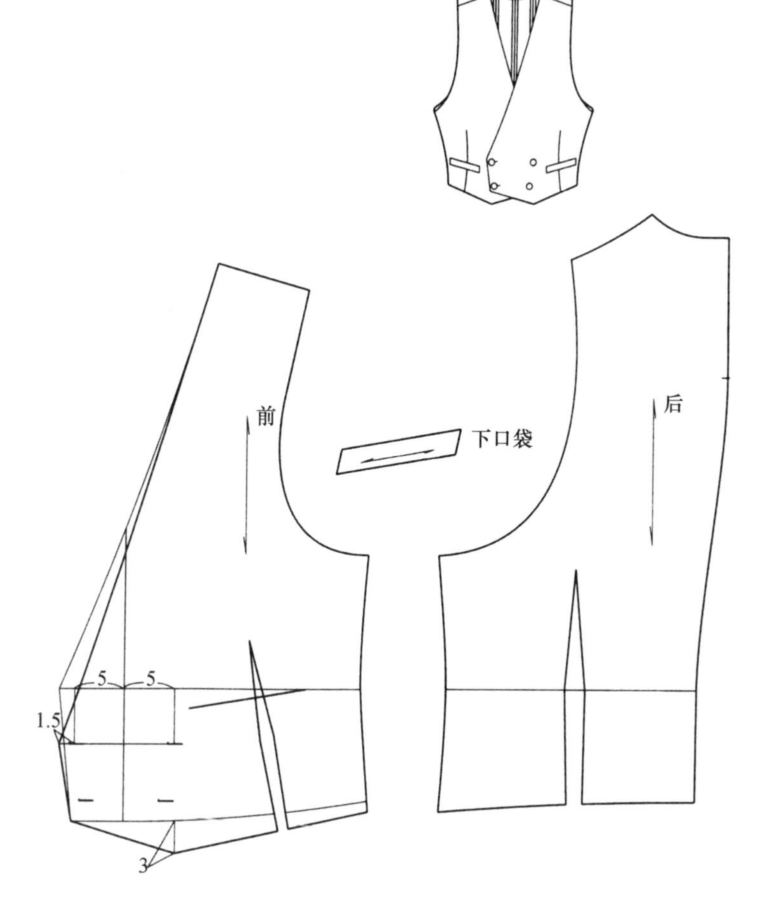


* 如果在概念化日间礼服背心纸样的基础上进行菱形角下摆、去胸袋的设计，表现出既简约又有个性的礼服风格
* 总体上无夹领日间礼服背心纸样系列，趋向简装版，可降格使用，与董事套装、黑色套装、西服套装搭配，但一般不与晚礼服搭配

# 训练十一　衬衫款式系列设计训练

## 一、衬衫基于 TPO 知识系统的基本分类

礼服衬衫（内穿）

普通衬衫（内穿）

外穿衬衫

*衬衫设计总体遵循“内穿衬衫禁忌大于自由，外穿衬衫自由大于禁忌”的原则，因为内穿衬衫为配服，原则上不能单独穿用；外穿衬衫为外衣类，可以单独穿用，只是它的形制是从内穿衬衫演变而来

## 二、普通内穿衬衫款式系列设计

标准款式

* 主要配合各种西装类型

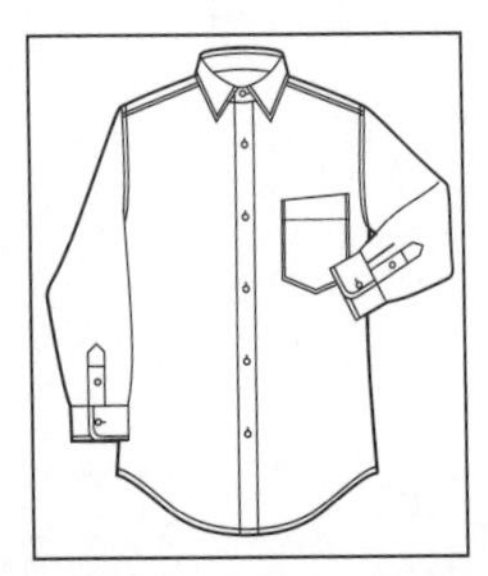

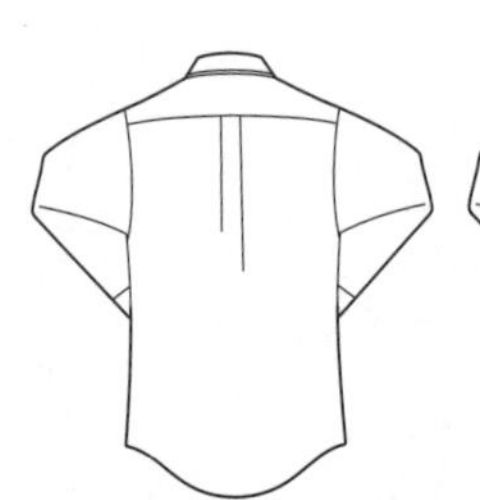

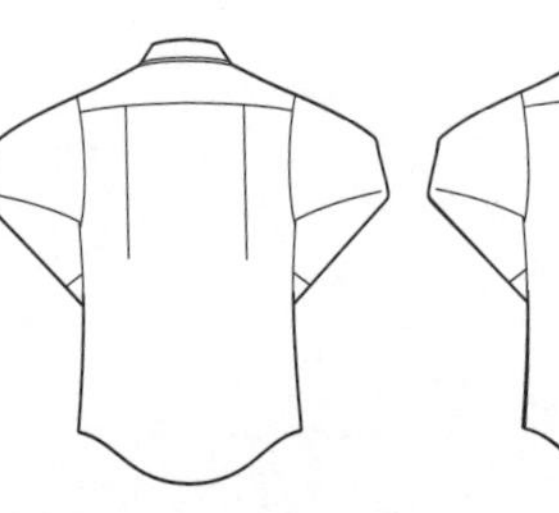

**1. 明门襟领型变化系列（明贴边门襟，企领各种领角变化和立领，不可使用翼领）**

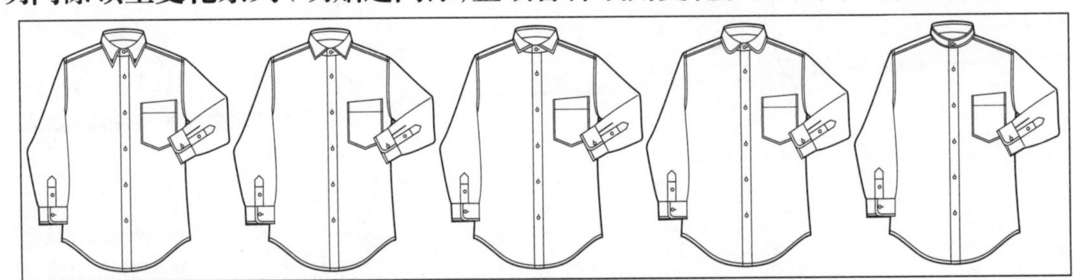

**2. 普通门襟领型变化系列（暗贴边门襟，企领各种领角变化和立领）**

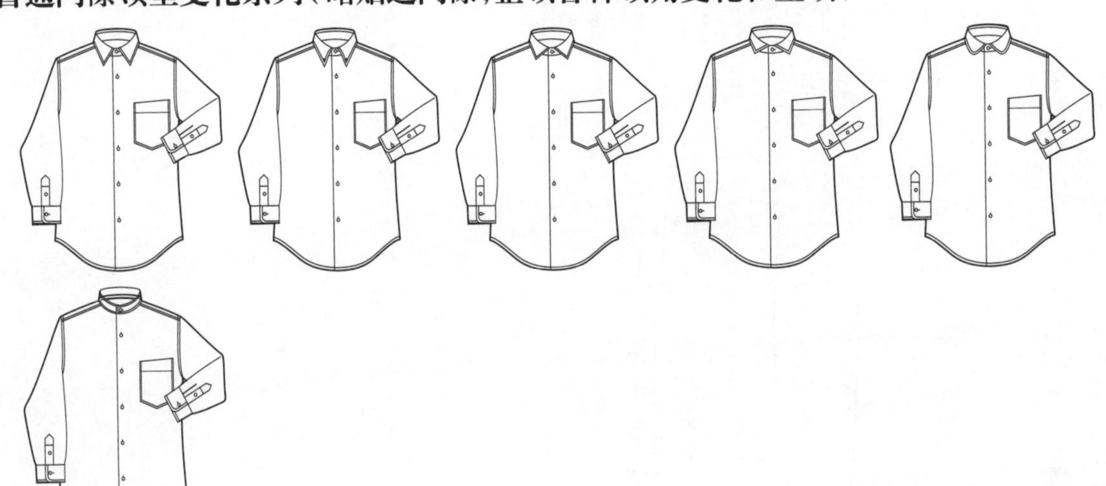

### 3. 袖克夫（袖头）变化系列

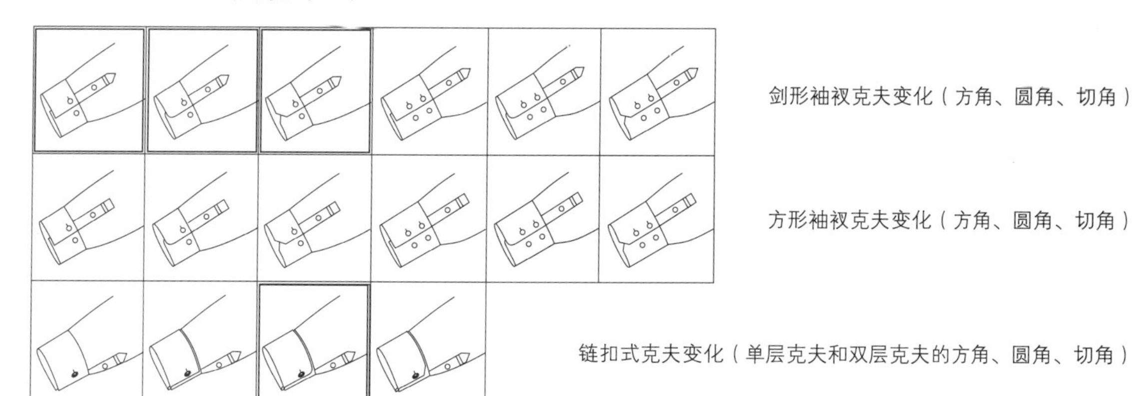

剑形袖衩克夫变化（方角、圆角、切角）

方形袖衩克夫变化（方角、圆角、切角）

链扣式克夫变化（单层克夫和双层克夫的方角、圆角、切角）

## 三、晚礼服衬衫款式系列设计

标准款式

* 为标准燕尾服衬衫

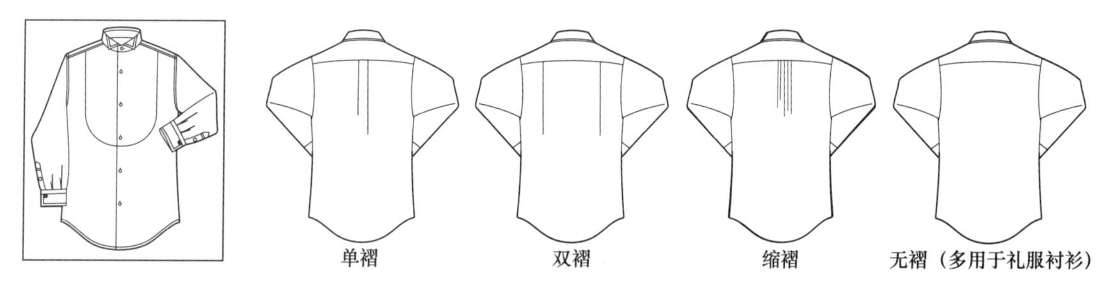

单褶　　双褶　　缩褶　　无褶（多用于礼服衬衫）

### 1.U 型胸挡领型变化系列（翼领系列为传统风格，企领系列为现代风格，立领必须配合翼领或企领的可用拆装结构）

### 2. 胸挡变化系列（U 型素胸挡配合燕尾服，竖褶胸挡配合塔士多，花式胸挡配合非正式塔士多，所有带胸挡衬衫只适用配合晚礼服）

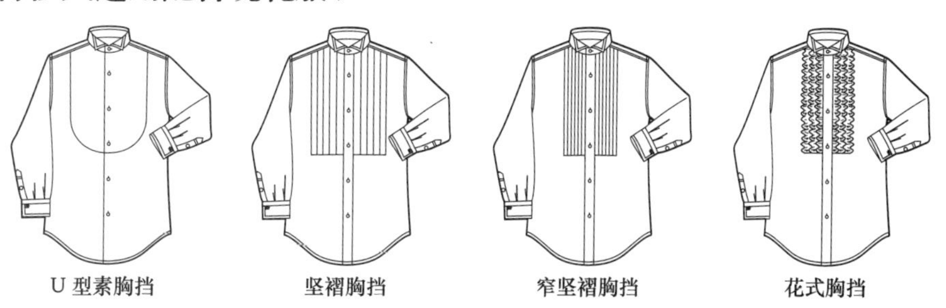

U 型素胸挡　　竖褶胸挡　　窄竖褶胸挡　　花式胸挡

**3. 门襟变化系列（暗贴边门襟或明贴边门襟配合胸挡设计暗示晚礼服衬衫）**

**4. 袖口克夫变化系列（链扣式单层或双层克夫，有方角、圆角和切角的变化，并在所有礼服衬衫和讲究的衬衫设计中应用）**

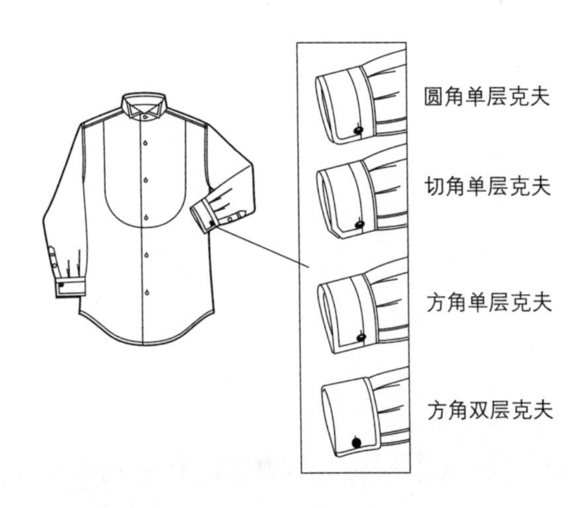


**5. 综合元素变化系列（包括领型、克夫和胸挡，唯胸挡有级别暗示，素胸挡高于褶式胸挡）**

## 四、晨礼服衬衫款式系列设计

标准款式

* 为标准晨礼服衬衫，现已适用于任何日间礼服衬衫

单褶

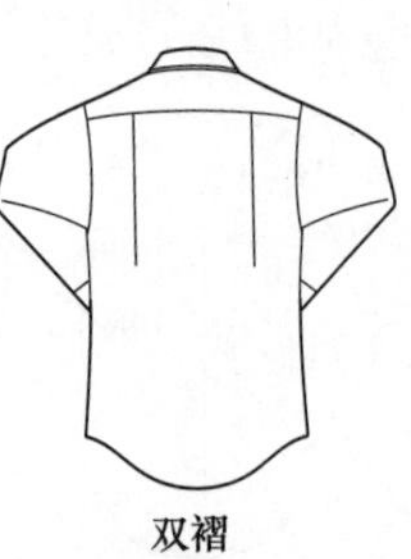

双褶

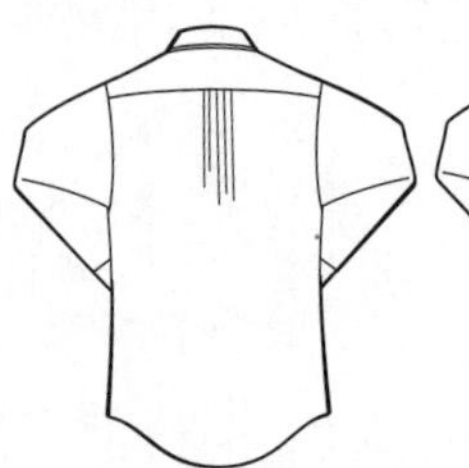

缩褶

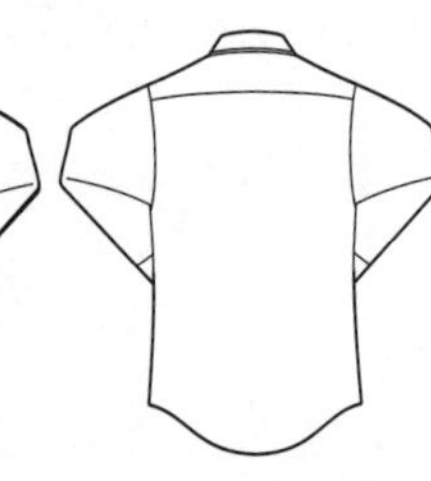

无褶（多用于礼服衬衫）

### 1. 领型变化系列（翼领、企领和立领，含义与晚礼服衬衫相同）

### 2. 门襟变化系列（暗贴边门襟和明贴边门襟无胸挡无胸袋设计，暗示日间礼服衬衫）

## 五、外穿衬衫款式系列设计

标准款式

* 只用企领、双胸袋为外穿衬衫主要特征，背褶通用

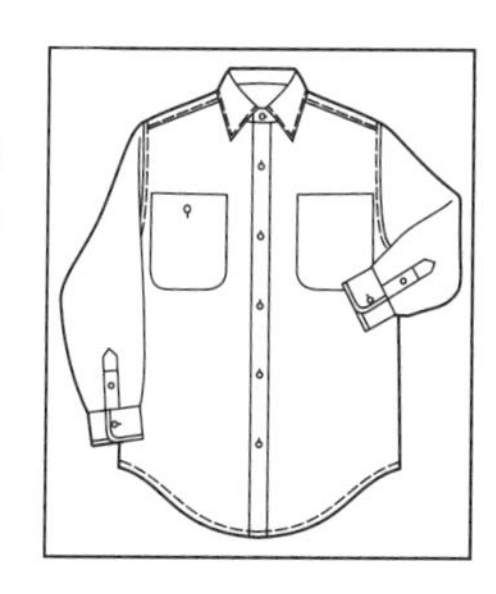

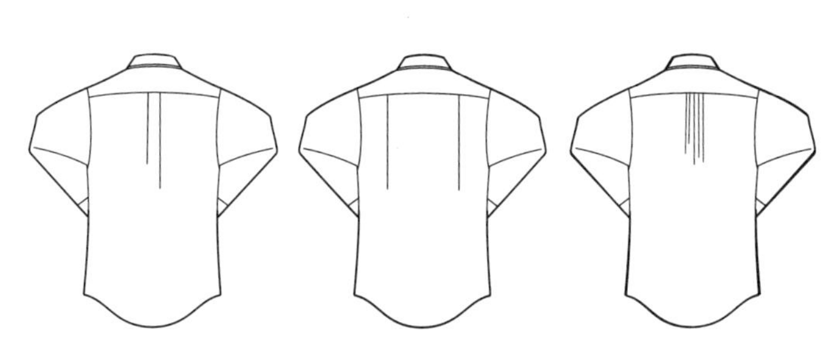

### 1. 领型变化系列（主要有企领、带扣企领和立领，不使用翼领）

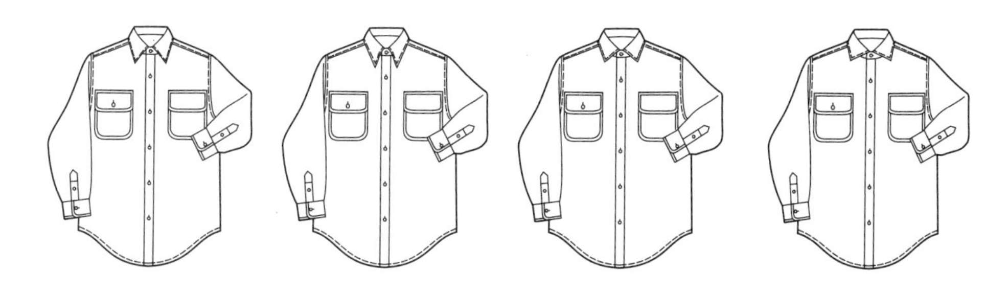

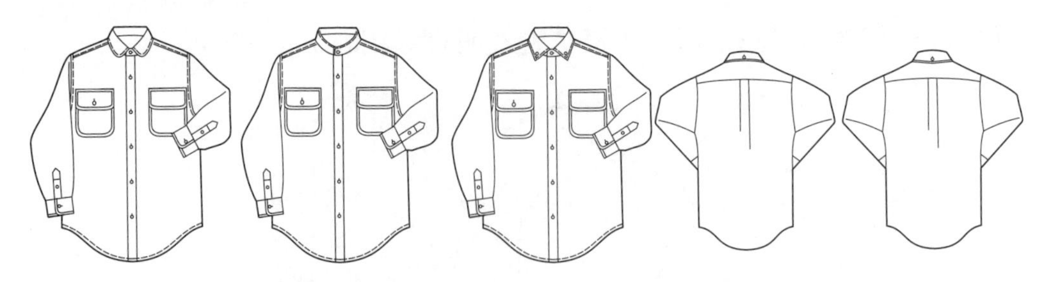

**2. 门襟变化系列（包括暗贴边门襟、明贴边门襟、暗扣门襟和复合门襟）**

**3. 口袋变化系列（双胸袋变化配合分割线和门襟设计）**

**4. 综合元素变化系列（协调领型、门襟、口袋、袖头等设计，袖头只用普通克夫变化）**

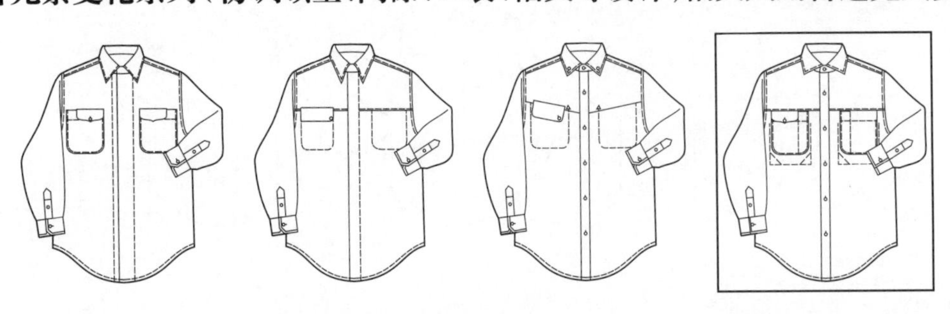

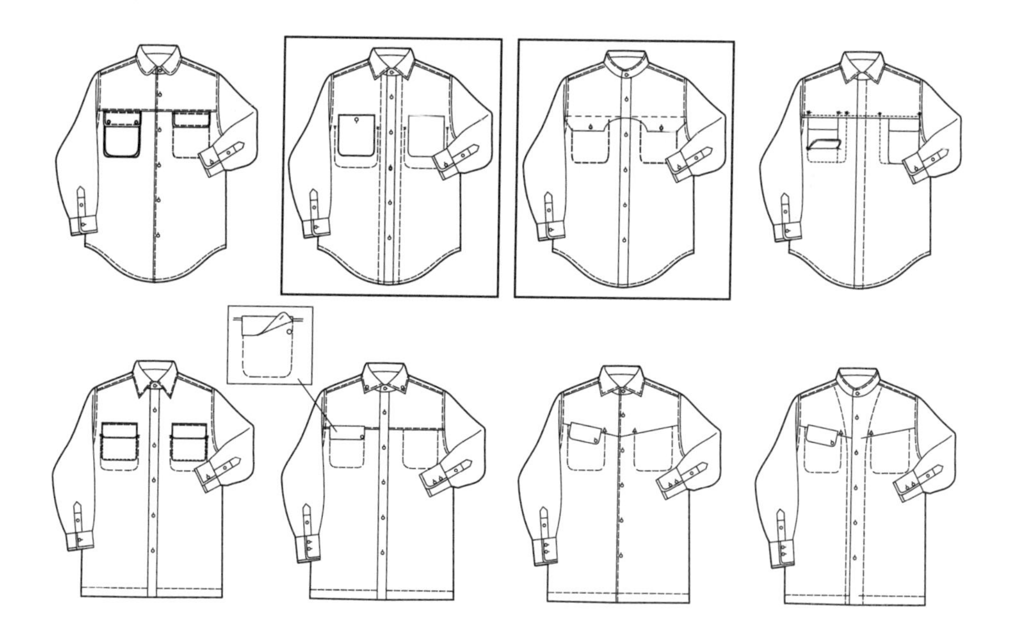

# 训练十二　衬衫纸样系列设计训练

## 一、一板多款常服衬衫纸样系列设计

### 常服衬衫纸样设计（标准版）

* 运用基本纸样进行胸围减量设计（前侧缝收进 1.5~3cm），锐角企领、育克（过肩）、左胸袋、普通袖头（简约克夫）、前短后长圆摆是标准版内穿衬衫的标志性元素

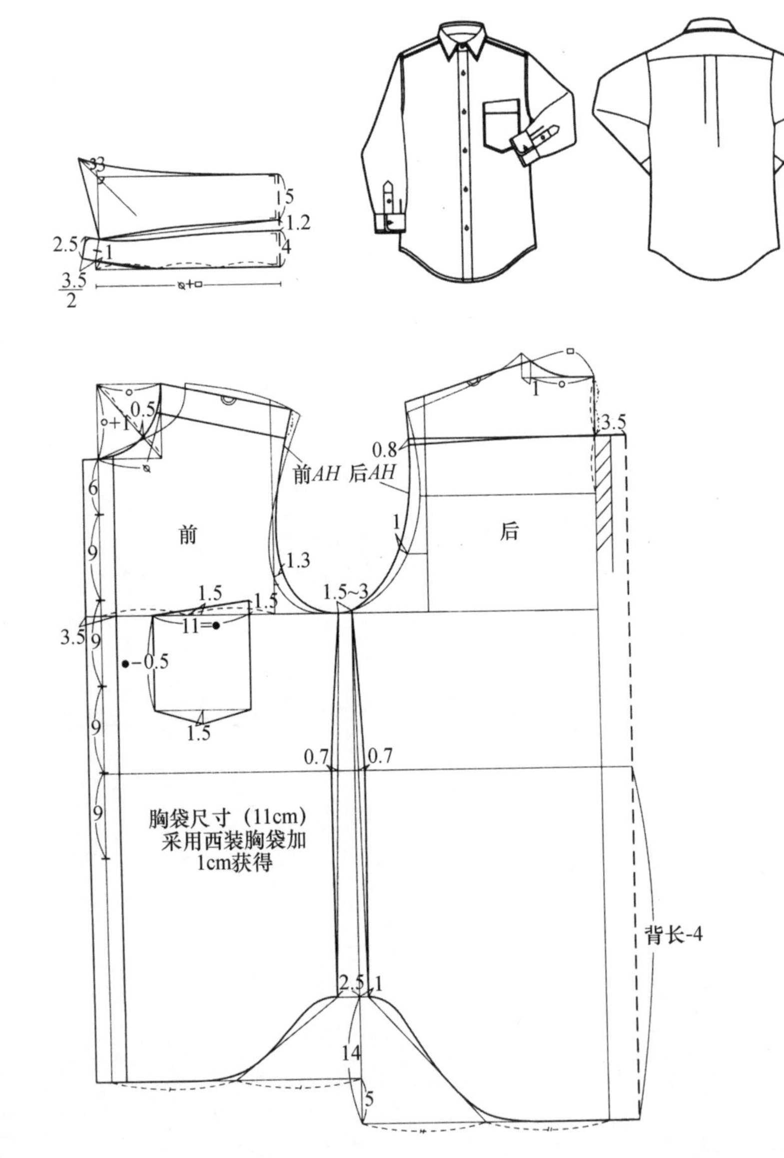


* 内穿衬衫的袖山高采用稳定公式 $AH/6$，$AH$ 是指完成的标准版衬衫纸样前后袖窿弧长之和

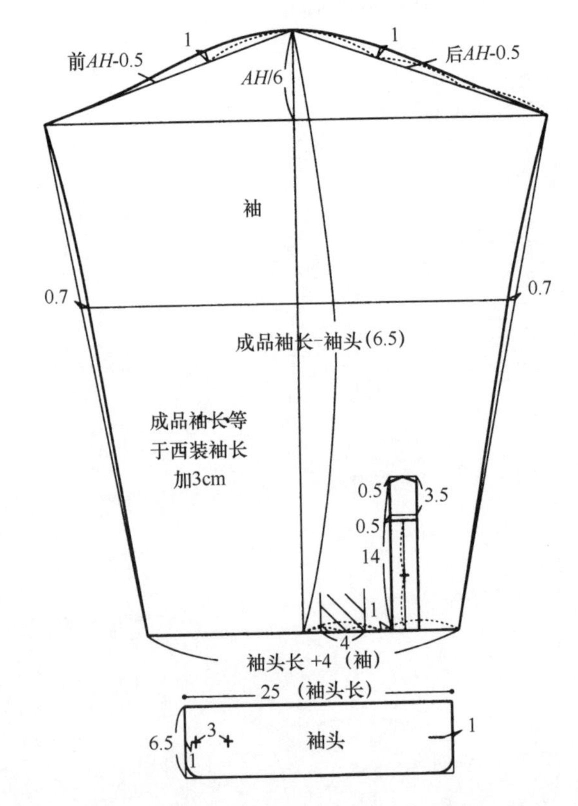

## 常服衬衫分解图

* 以此作为内穿衬衫类基本纸样进行系列设计
* 内穿衬衫主板相对稳定，一板多款方法应用普遍，款式设计主要集中在领型和袖头（袖克夫）上

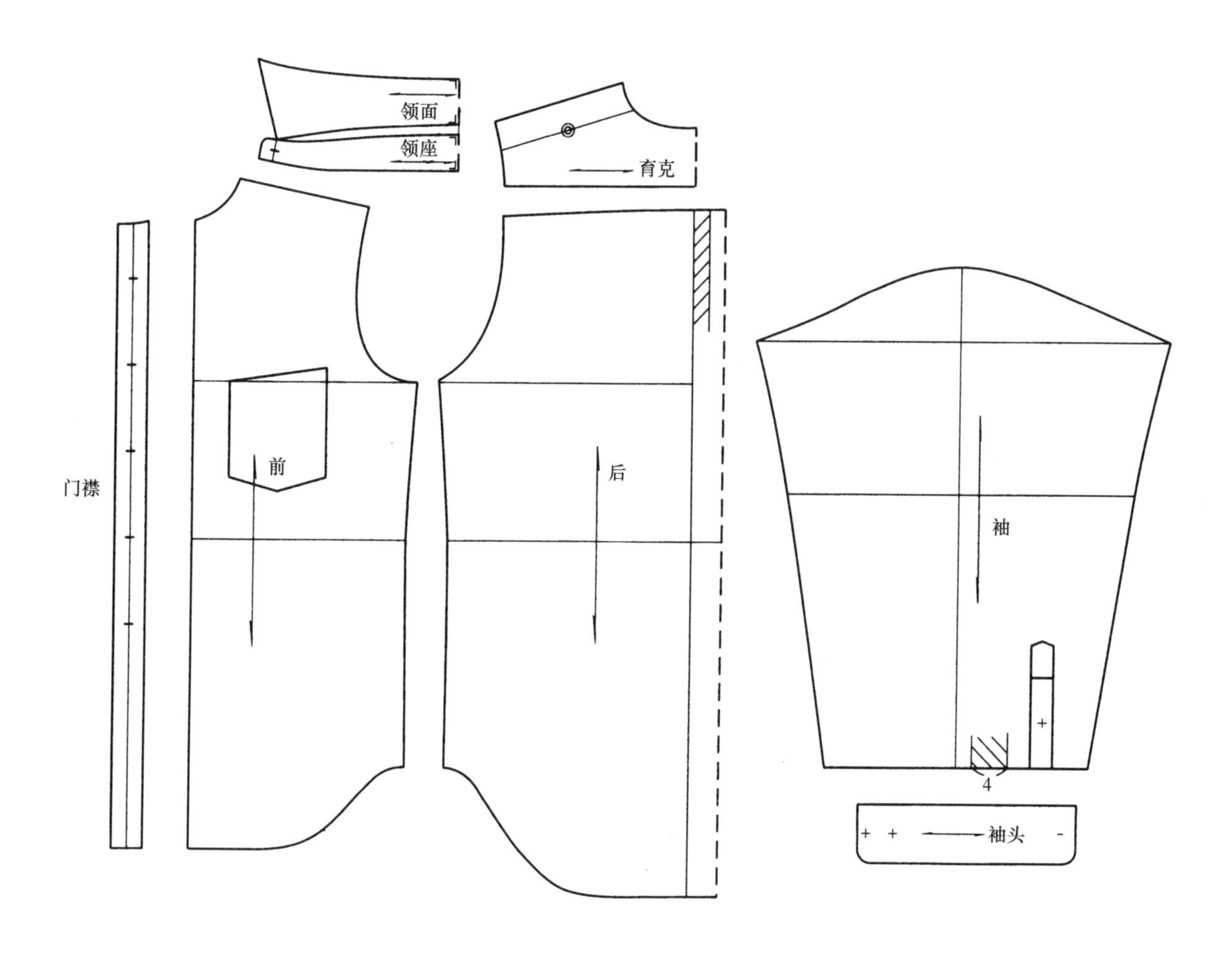

## 一板多款常服衬衫纸样系列设计——领型系列衬衫

* 固定标准版衬衫的主板和袖子纸样
* 在锐角企领纸样的基础上，可进行尖角、直角、钝角、圆角和立领设计，圆角设计是在直角结构基础上完成，其他领型也可以在尖角领到钝角领之间进行微量尺寸设计，产生细腻领型变化，立领为可拆装领结构

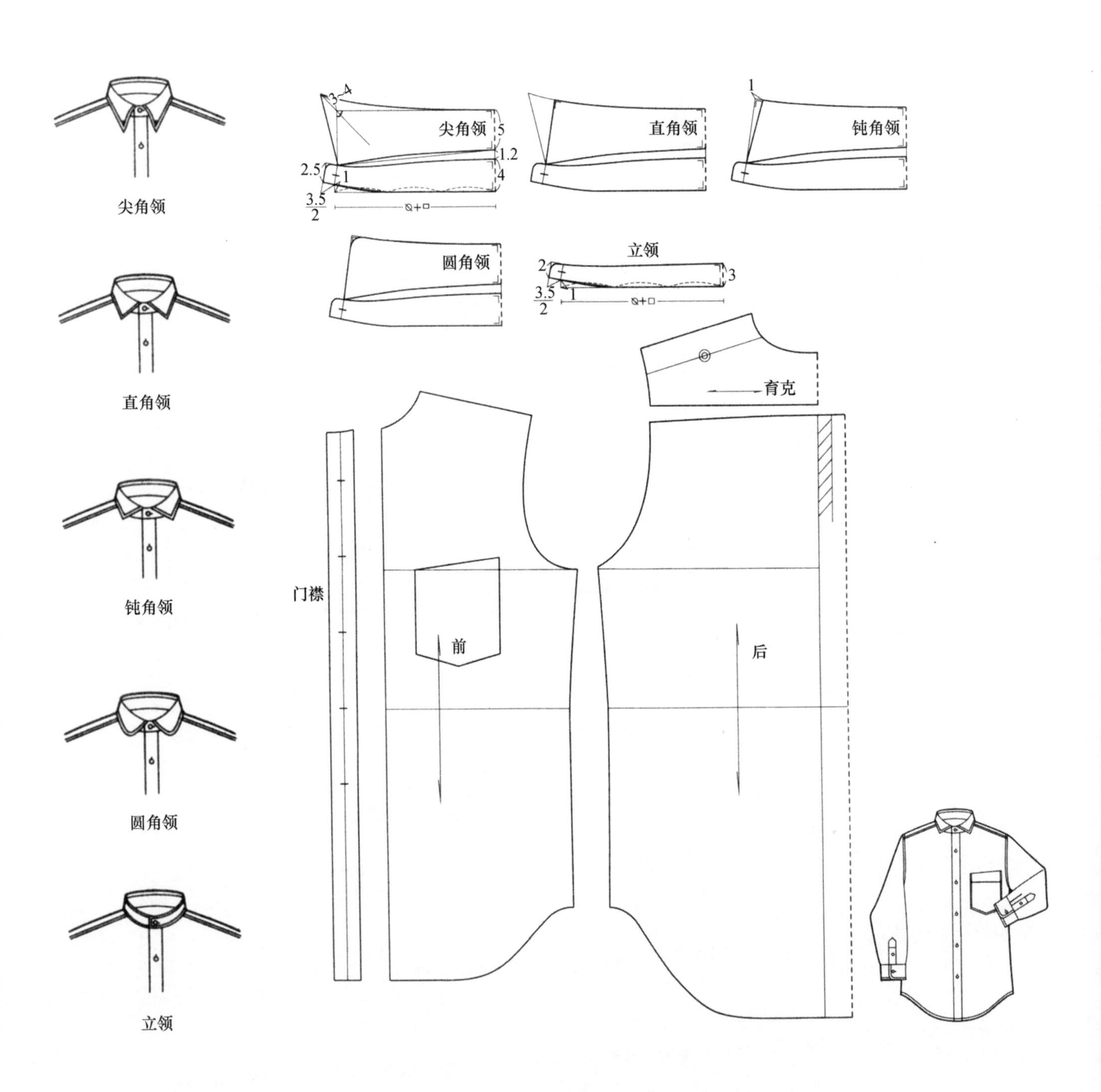

# 一板多款常服衬衫纸样系列设计——袖头系列衬衫

* 固定标准版衬衫的主板，领型可以有所选择也可以保持一致，无需考虑领型和袖克夫设计的呼应关系
* 在袖子主板不变的情况下，只改变袖克夫的款式，圆角袖头为标准版，还有方角和切角的设计

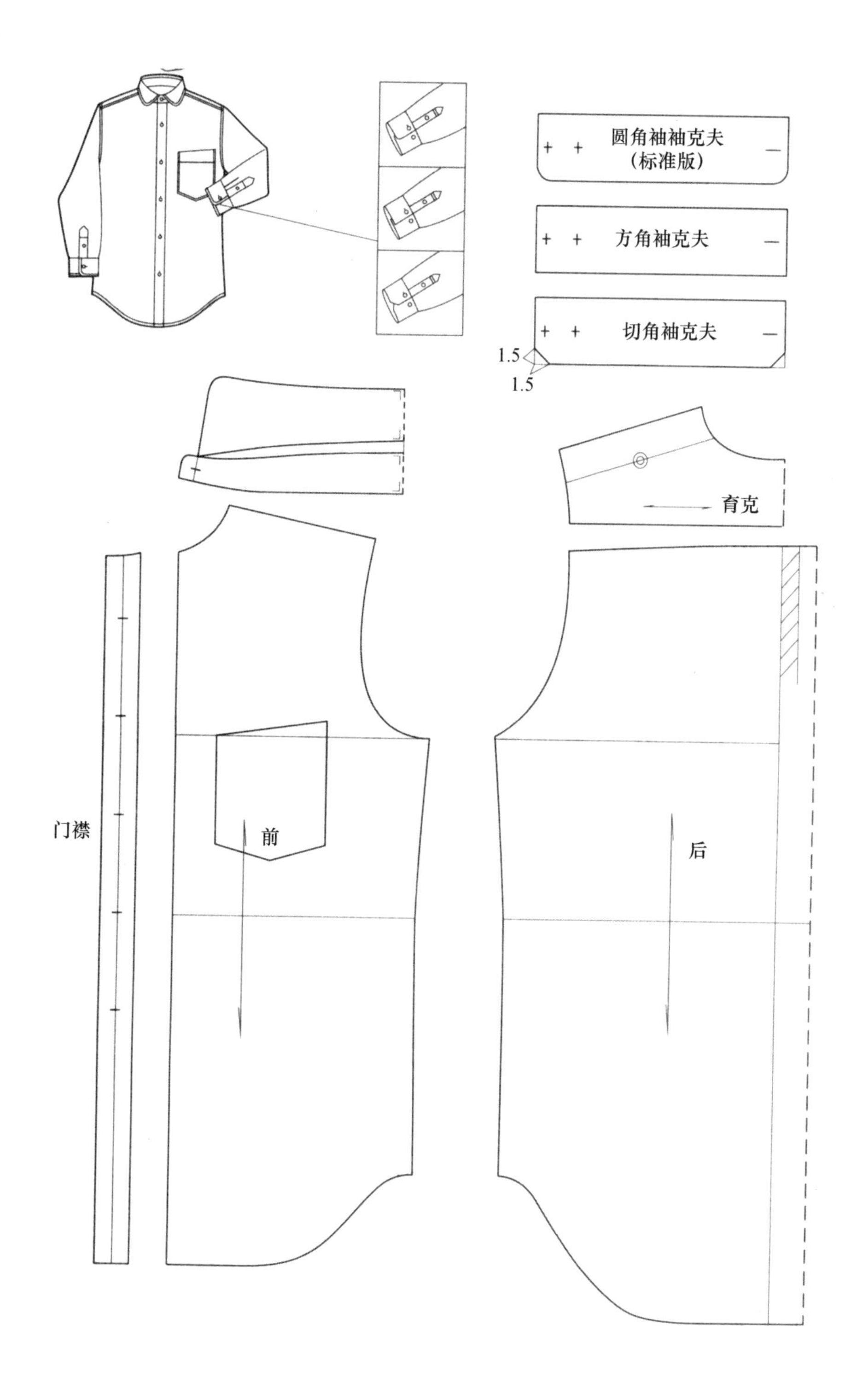

# 二、一板多款礼服衬衫纸样系列设计

## 一板多款礼服衬衫纸样系列设计——燕尾服衬衫

* 在标准版衬衫纸样的基础上，前身进行U型胸挡设计，后身和育克纸样通用
* 领型采用翼领或翼领和立领组合设计，采用后者时立领与大身，翼领与U型胸挡要分别制作，使用时再将它们组合起来，且立领衬衫在内，翼领胸挡在外组合，这是一种古老而讲究的工艺设计，故只用在高级礼服衬衫设计上
* 各种角型的企领也可以加入该系列（参考普通衬衫），翼领比一般企领要宽，领角也有大角、小角和圆角的变化

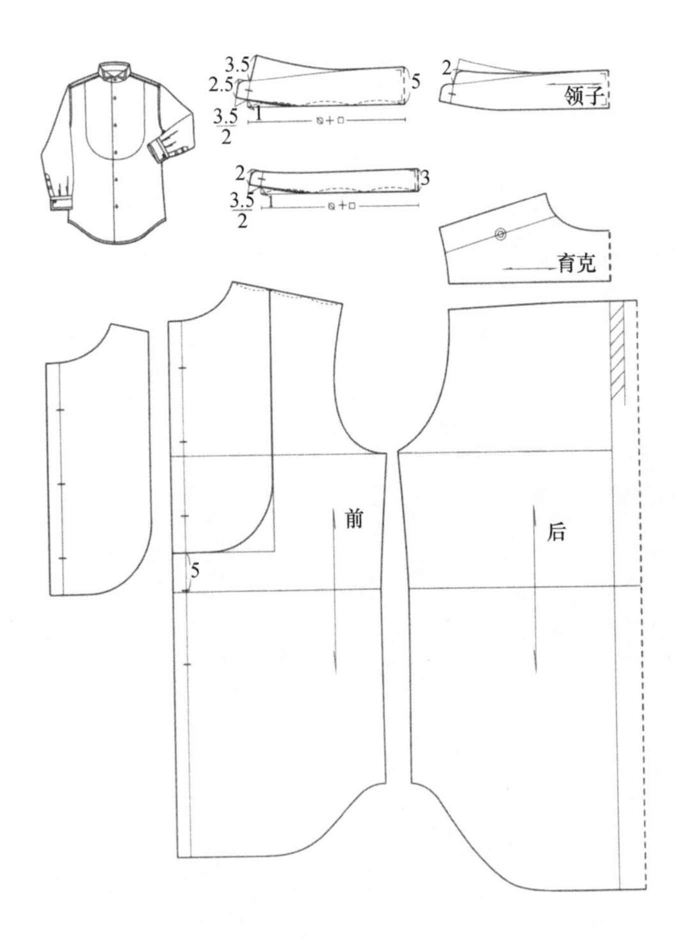


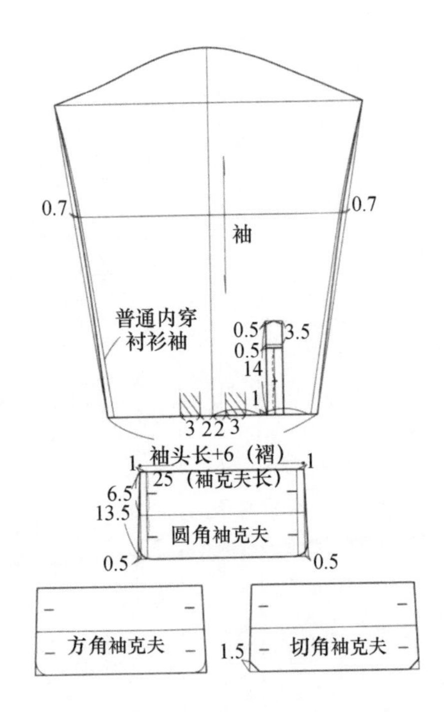


* 礼服衬衫袖子纸样采用双层袖克夫结构，在标准版衬衫袖的基础上进行双褶处理，袖克夫的宽度比标准版宽度宽一倍，它也有圆角、方角和切角的变化

## 一板多款礼服衬衫纸样系列设计——塔士多衬衫

* 塔士多衬衫和燕尾服衬衫都属于晚礼服衬衫，它们最大的区别是塔士多衬衫在U型胸挡位置换成同料的褶裥胸挡
* 领型和袖克夫纸样系列设计和燕尾服衬衫方法相同

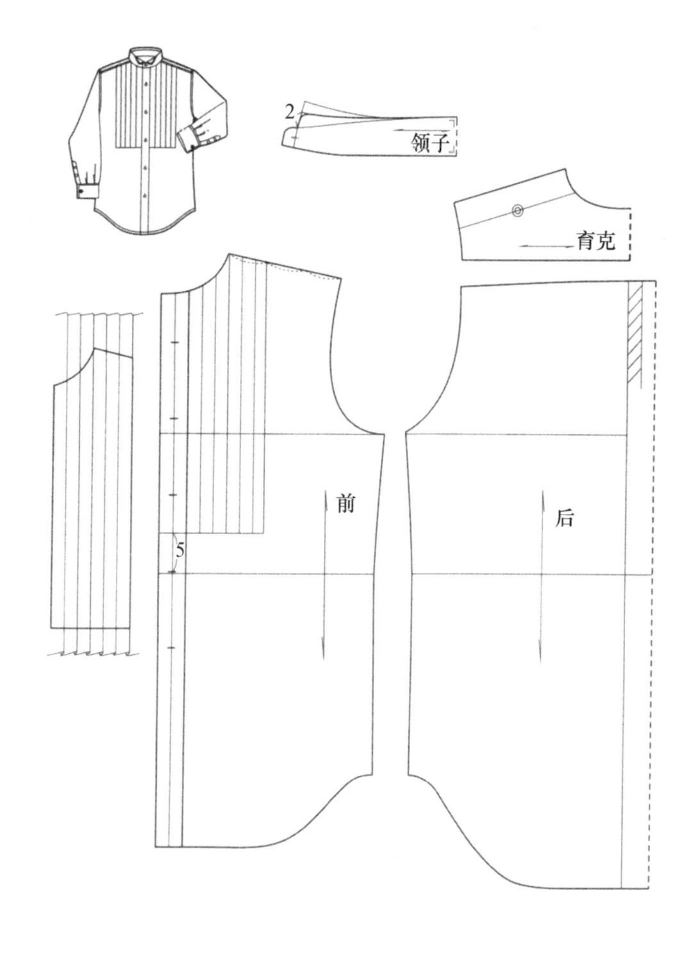


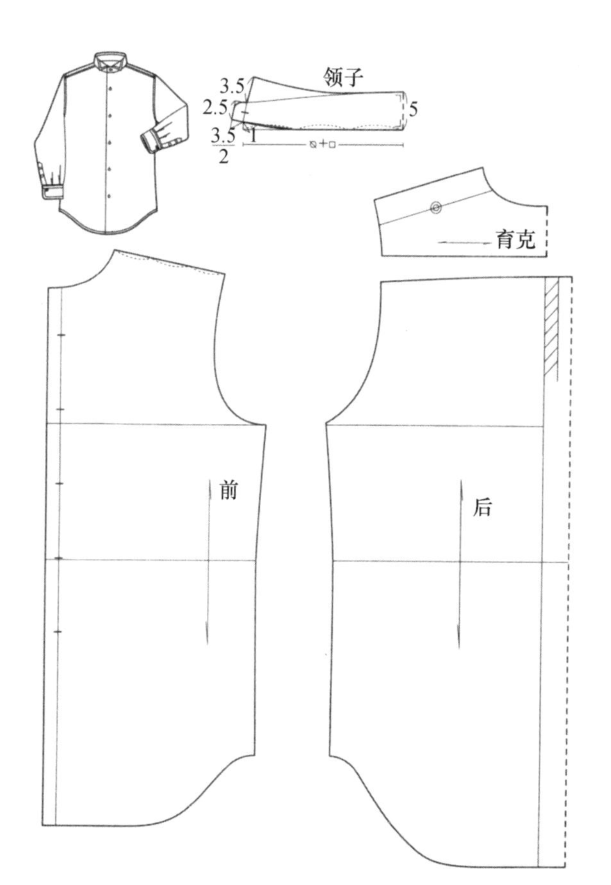


## 一板多款礼服衬衫纸样系列设计——晨礼服衬衫（日间礼服通用）

* 在标准版衬衫纸样的基础上，对前身进行素胸处理
* 领型和袖克夫纸样系列设计与燕尾服衬衫的方法相同
* 礼服衬衫纸样的区别——胸部元素是具有标签化的，其他纸样完全通用，包括领型、克夫（袖头）和门襟

# 三、一板多款外穿衬衫纸样系列设计

## 外穿衬衫纸样设计（标准版）

* 外穿衬衫和内穿衬衫纸样的最大区别是内穿衬衫进行胸围收缩处理，外穿衬衫进行胸围放量处理，属于变形亚基本纸样系统（户外服结构），但用在外穿衬衫纸样设计上要将领口还原，即后领口还原成基本纸样领口，甚至与内穿衬衫领口尺寸相同，并以此推导出前领口
* 领型、育克、口袋等按户外服比例设计

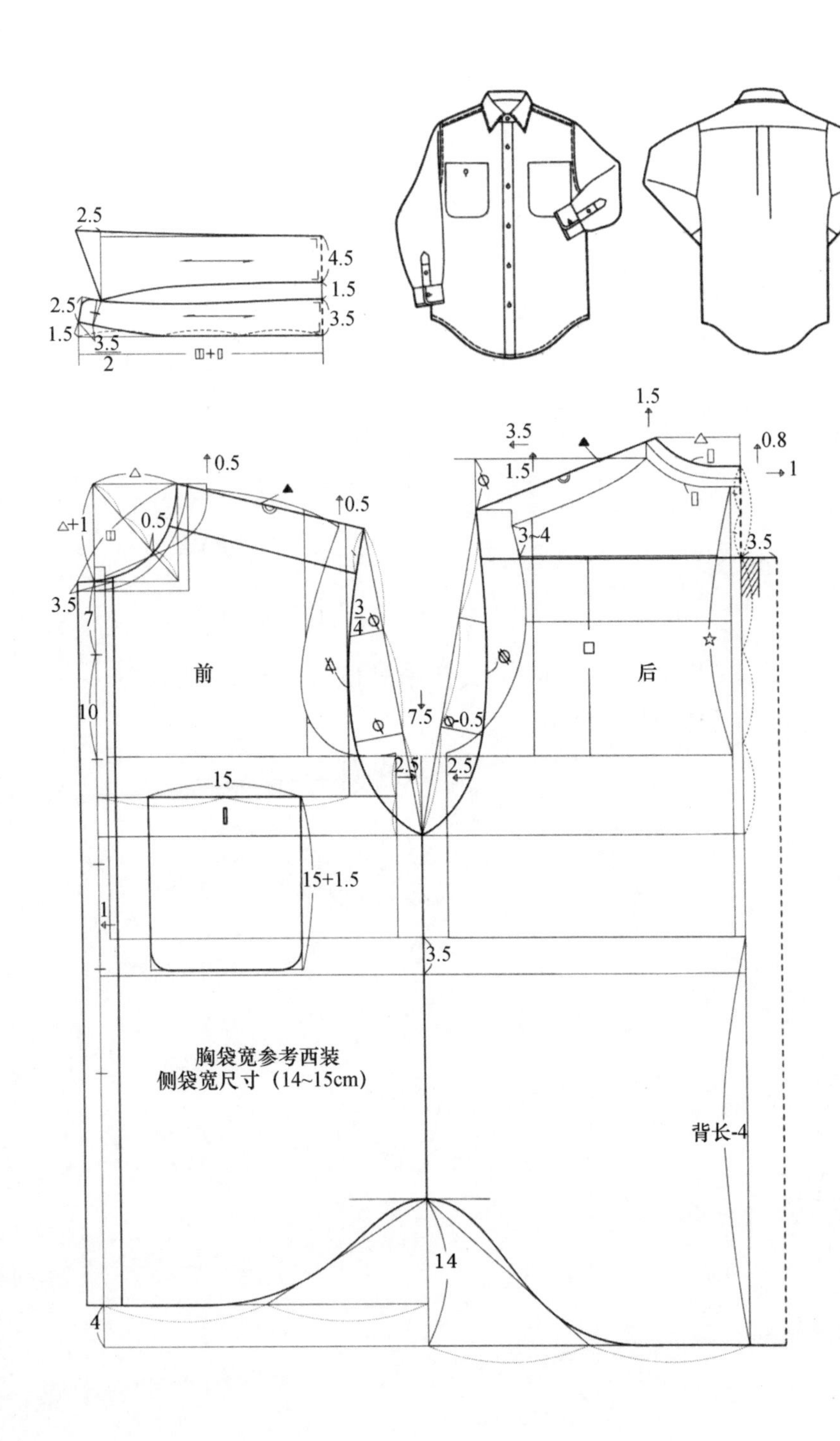


* 外穿衬衫袖子纸样设计与户外服相同，袖山高公式利用基本袖山（基本纸样中获取）减去袖窿开深量（□ -7.5），其他设计与内穿衬衫相同

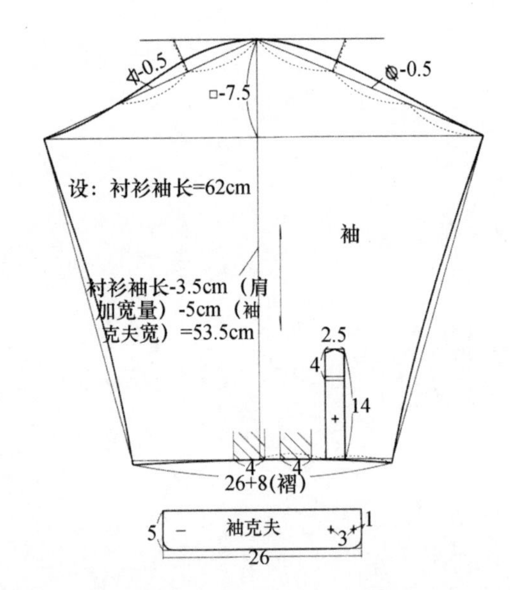

## 外穿衬衫分解图

* 以此作为外穿衬衫类基本纸样进行系列设计
* 外穿衬衫主板相对稳定，一板多款方法应用普遍，款式设计除内穿衬衫领型和袖头变化规律可以通用外，门襟、育克、口袋、下摆等几乎所有元素都可以按户外服设计规律进行

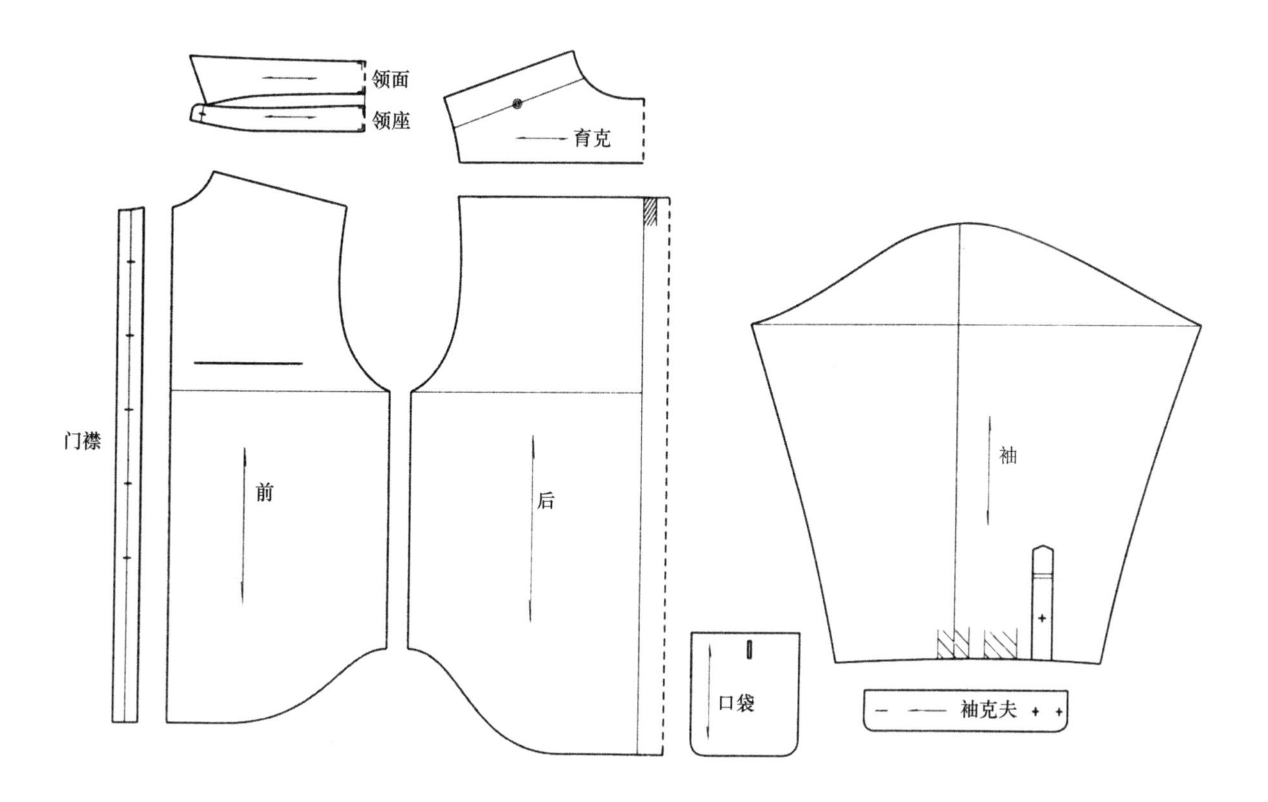

## 一板多款外穿衬衫纸样系列设计——直角领暗襟明做衬衫

* 在外穿衬衫标准版纸样基础上做直角领处理
* 暗襟明做，在外穿衬衫纸样基础上，前身进行上宽下窄的暗门襟贴边处理，内侧贴边设计成船型并缉明线
* 其他纸样通用

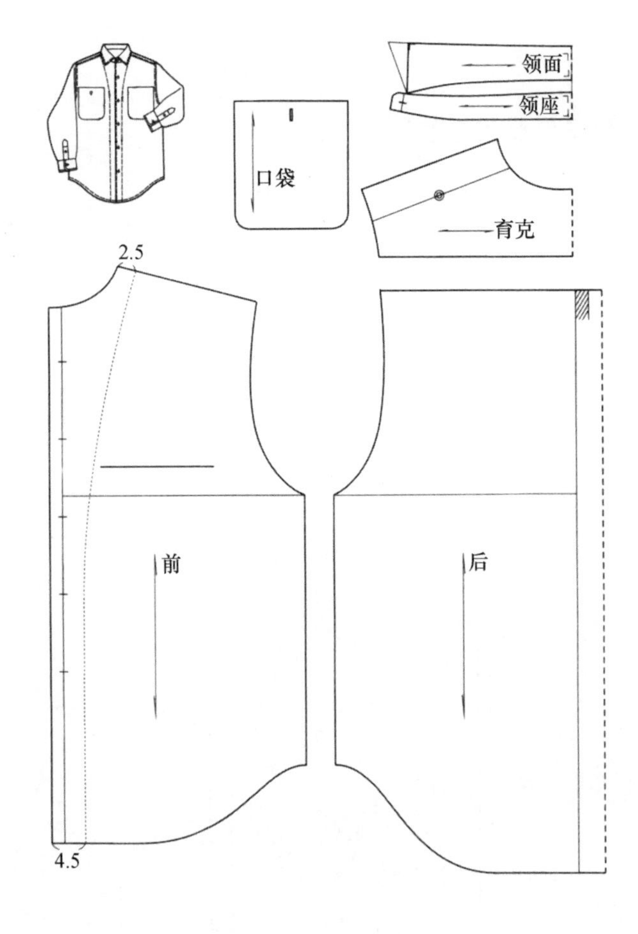


## 一板多款外穿衬衫纸样系列设计——钝角领明暗复合袋衬衫

* 在标准版衬衫直角领子纸样的基础上做钝角处理
* 在前身原口袋位置做断缝设计并夹入明袋袋盖。明袋位置内侧稍低并大于明袋设暗袋，故为明暗复合袋，源于户外服强化功能设计思想
* 其他纸样通用

1
领面
领座
口袋
育克
原袋位
3
1.5
5
仅右片
15
15
17
门襟
前
后

* 在钝角领明暗复合袋衬衫纸样的基础上，做明暗复合袋结构的简化设计，产生个性化的简约风格
* 其他纸样通用

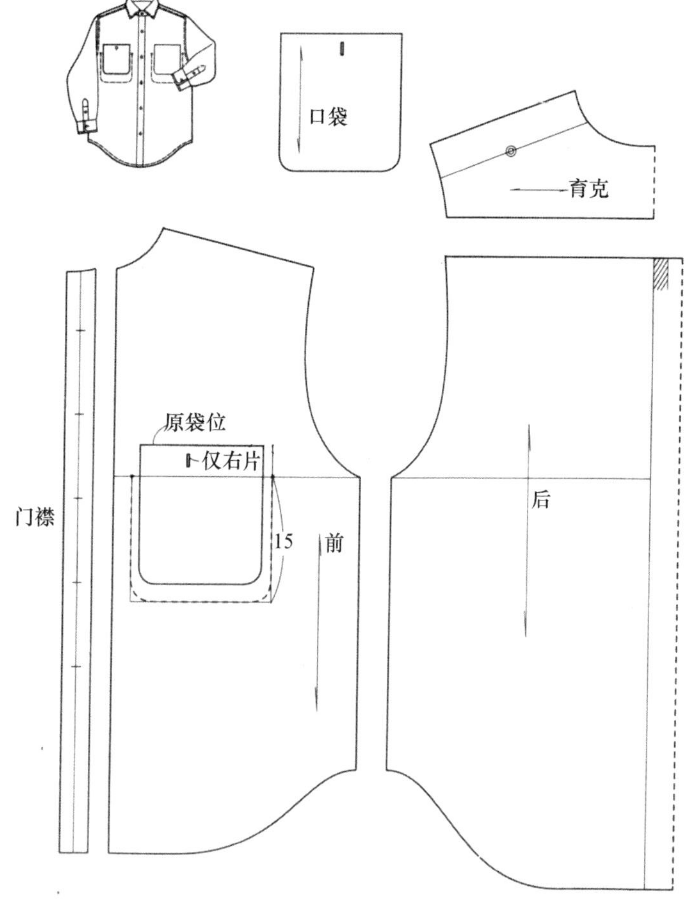


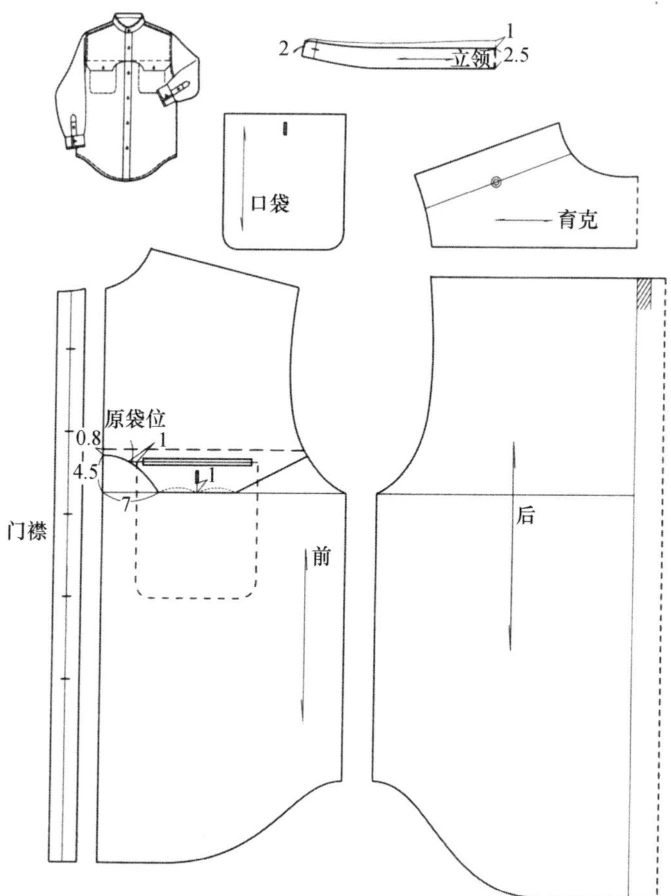


## 一板多款外穿衬衫纸样系列设计——立领异形口袋衬衫

* 在标准版衬衫纸样的基础上进行窄立领设计
* 异形口袋设计是在前身口袋位置做“台式”线分割，并处理成袋盖形式，口袋设计成“外挖内贴”结构，其他纸样通用

# 参考文献


[1] Riccardo V., Giuliano A. The Elegant Man—How to Construct the Indeal Wardrobe. New York: Random House. 1990.

[2] von Angelika Sproll.Fr ü hes Empire[J].R undschau（国际男士服装评论）, 2008.1.

[3] Bernhard Roetzel.Gentleman. Germany:Konemann, 1999.

[4] Alan Flusser. Clothes And The Man. United States: Villard Books, 1987.

[5] Alan Flusser. Style And The Man. United States: Hapercollins,Inc, 1996.

[6] James Bassil. The Style Bible. United States: Collins Living, 2007.

[7] Carson Kressley. Off The Cuff. USA :Penguin Group.Inc, 2005.

[8] Cally Blackman. One Hundred Years Of Menswear. UK:Laurence King Publishing Ltd, 2009.

[9] Kim Johnson Gross Jeff Stone. Clothes. New York: Alfred A. Knopf, Inc, 1993.

[10] Kim Johnson Gross Jeff Stone. Dress Smart Men. New York: Grand Central Pub, 2002.

[11] Tony Glenville. Top To Toe. UK: Apple Press, 2007.

[12] Birgit Engel. The 24–Hour Dress Code For Men.UK: Feierabend Verlag,Ohg, 2004.

[13] Man's Prevaiuing & Direction. Hanlin of China Publishing.Co, 2000.

[14] Field Crew 2005 Collection. Chikuma & Co,Ltd, 2005.

[15] Care And White Chapel , 2005.

[16] Bon 04–05 Office Wear Collection.

[17] Alpha Pier. 2004 Spring & Summer Collection. Chikuma & Co,Ltd, 2004.

[18] The Jacket. Chikuma Business Wear And Security Grand Uniform Collection 2004–05.

[19] Kim Johnson Gross Jeff Stone.Men's Wardrobe.UK: Thames and Hudson Ltd., 1998.

[20] 文化服装学院，文化女子大学．文化服装讲座・男装编［M］．台北：大陆书店印刷厂．

[21] 保罗・富塞尔．品位制服［M］．王建华，译．北京：生活・读书・新知三联书店，2005.

[22] 保罗・福塞尔．格调：社会等级与生活品味［M］．梁丽珍，等译．北京：中国社会科学出版社，1998.

[23] 伯恩哈德・勒策尔．"衣"表人才，男人穿衣的成功法则［M］．钟长盛，宁瑛，译．吉林美术出版社，2005.

[24] 戴卫．成功男人着装的秘密［M］．华文出版社，2003.

[25] 刘瑞璞．男装语言与国际惯例——礼服［M］．北京：中国纺织出版社，2002.

[26] 刘瑞璞．服装纸样设计原理与应用・男装编［M］．北京：中国纺织出版社，2008.

[27] 刘瑞璞．成衣系列产品设计及其纸样技术［M］．北京：中国纺织出版社，1998.

[28] 刘瑞璞，谢芳．TPO 规则与男装成衣设计 [J]. 装饰，2008，（1）.

# 后　记

与中国纺织出版社商定，本“十二五”规划教材，以服装本科专业体系化教材方式出版。这个决定很重要，因为在服装领域以主教材、电子教材和实训教材三位一体如此完备的体系化教材出版，在我国服装高等教育教材建设上具有里程碑的意义。教材体系包括：

《男装纸样设计原理与应用》（主教材）；

《男装TPO知识系统与应用》（电子教材，即网络教学资源）；

《男装纸样设计系统与应用》（电子教材，即网络教学资源）；

《男装纸样设计原理与应用训练教程》（实训教材）；

《女装纸样设计原理与应用》（主教材）；

《女装纸样设计原理与应用》（电子教材，即网络教学资源）；

《女装纸样设计原理与应用训练教程》（实训教材）。

它们既有完备的架构体系又相对独立，即每个单一独立的教材具有教学、培训和自学的功能。值得注意的是，本系列教材建设采用完善两头，深化中间的规划，即以TPO知识系统为指导，通过系列的学习，最后落实到男女装系列款式和纸样设计环节上。因此，本套教材提倡“理论与实践结合重实践”的教学原则，建议无论是男装还是女装，实训教材推荐学时比课堂教学多一倍并以自学为主。如果有条件，教师应该鼓励学生根据实训教材提供的方法和案例创造性地参与市场化产品开发，学生的成功案例教师要组织课堂交流、讨论并给予讲评，且纳入学生成绩评价机制，以提升学生自学、参与实践和产品开发的兴趣。谨此后记提示。

| TPO知识系统 | | |
| --- | --- | --- |
| 男装纸样设计原理与应用 | 主教材 | 课堂教学 |
| | 电子教材 | 自学或结合课堂教学使用 |
| | 实训教材 | 自学或结合课堂教学使用 |
| 女装纸样设计原理与应用 | 主教材 | 课堂教学 |
| | 电子教材 | 自学或结合课堂教学使用 |
| | 实训教材 | 自学或结合课堂教学使用 |

编著者

2015年12月